Basiswissen Angewandte Mathematik
– Numerik, Grafik, Kryptik

Burkhard Lenze

Basiswissen Angewandte Mathematik – Numerik, Grafik, Kryptik

Eine Einführung mit Aufgaben, Lösungen, Selbsttests und interaktivem Online-Tool

2., überarbeitete Auflage

Burkhard Lenze
FH Dortmund
Dortmund, Deutschland

ISBN 978-3-658-30027-2   ISBN 978-3-658-30028-9 (eBook)
https://doi.org/10.1007/978-3-658-30028-9

Die Deutsche Nationalbibliothek verzeichnet diese Publikation in der Deutschen Nationalbibliografie; detaillierte bibliografische Daten sind im Internet über http://dnb.d-nb.de abrufbar.

Springer Vieweg

Planung: Sybille Thelen

Springer Vieweg ist ein Imprint der eingetragenen Gesellschaft Springer Fachmedien Wiesbaden GmbH und ist ein Teil von Springer Nature.
Die Anschrift der Gesellschaft ist: Abraham-Lincoln-Str. 46, 65189 Wiesbaden, Germany

Das Buch versteht sich als anwendungsorientierte Abrundung der beiden im selben Verlag vom selben Autor erschienenen Bücher „**Basiswissen Analysis**" und „**Basiswissen Lineare Algebra**". Während in den letztgenannten Büchern die mathematischen Grundlagen im Vordergrund stehen, geht es im vorliegenden Buch um konkrete Anwendungen der Mathematik in den Gebieten „**Numerische Mathematik**", „**Computer-Grafik**" und „**Kryptografie**". Mit diesem breiten Themenspektrum ist das Buch konzeptionell ziemlich einzigartig, kann natürlich auf Grund eben dieser Breite auch nicht so in die Tiefe gehen, wie es Bücher können, die auf nur eines der drei Themengebiete fokussieren. Diesem Umstand trägt dann auch wieder das vorangestellte Substantiv „**Basiswissen**" Rechnung. Ferner setzt auch dieses Buch, neben der selbstverständlichen mathematischen Sorgfalt und Struktur (Definition, Satz, Beweis, Beispiel, Aufgabe), auf drei zentrale Aspekte, die bei vielen vergleichbaren Büchern zu den entsprechenden Themen nicht unbedingt im Vordergrund stehen:

- Die schon oben angesprochene Vermittlung von Basiswissen wird sehr ernst genommen: Es werden zielgerichtet wesentliche Aspekte der drei genannten Teilgebiete der Angewandten Mathematik erarbeitet und durch zahlreiche Beispiele und Aufgaben mit Lösungen veranschaulicht. Es handelt sich also zumindest teilweise um ein Kompendium mit motivierenden Anwendungen aus verschiedenen Bereichen der Mathematik und sollte deshalb für alle Studierende in Fächern mit mathematischer Fundierung interessant sein.
- Es werden kleine Selbsttests am Ende vieler Abschnitte angeboten, deren Fragen direkt durch ?+? (richtig) oder ?−? (falsch) beantwortet werden. Verdeckt man beim Lesen der Tests die angegebenen Antworten, hat man eine gute Möglichkeit der unmittelbaren Wissensüberprüfung.
- Online wird begleitend zum Buch ein interaktives PDF-Tool bereitgestellt, welches knapp 70 Aufgaben enthält, die zur Überprüfung des erlernten Wissens zufällige konkrete Aufgabenstellungen generieren können und auf Knopfdruck auch zur Kontrolle die jeweiligen Lösungen liefern. Der besondere Charme dieses Tools besteht darin, dass man lediglich über einen guten JavaScript-fähigen PDF-Viewer verfügen muss und keine aufwändige Installation von Zusatzsoftware erforderlich ist.

Im Folgenden noch in aller Kürze die wesentlichen Inhalte des Buchs:

- Motivation und Einführung
- **Numerik**
  - Einführung in die Numerische Mathematik
  - Zahldarstellungen und Fehleranalyse
  - Numerische Näherungsverfahren in $\mathbb{R}$
  - Numerische Näherungsverfahren in $\mathbb{R}^n$
- **Grafik**
  - Einführung in die Computer-Grafik
  - Klassische polynomiale Interpolationsmethoden
  - Klassische Subdivision-Techniken
  - Klassische Strategien über Rechtecken
  - Klassische Strategien über Dreiecken
- **Kryptik**
  - Einführung in die Kryptografie
  - Grundlagen der Zahlentheorie
  - Spezielle Galois-Felder
  - Einwegfunktionen
  - Asymmetrische Verschlüsselungsverfahren
  - Symmetrische Verschlüsselungsverfahren
  - Elliptische Kurven
  - Post-Quanten-Kryptografie

Abschließend möchte ich dem gesamten Springer-Team ganz herzlich für die angenehme und professionelle Zusammenarbeit danken und Ihnen nun viel Spaß mit dem Buch wünschen!

Dortmund   Burkhard Lenze
März 2020

Inhaltsverzeichnis

In vielen praktischen Gebieten und Anwendungen kommt der **Mathematik**, speziell der **Angewandten Mathematik**, als Grundlagentechnik im weitesten Sinne eine tragende Rolle zu. Im vorliegenden Buch werden aus drei ausgewählten Bereichen der Mathematik wichtige Techniken dieses Typs detaillierter vorgestellt. Dabei handelt es sich konkret um die **Numerische Mathematik, kurz Numerik,** (Entwicklung und Analyse effizienter Algorithmen zur Lösung mathematischer Probleme), die **Computer-Grafik, kurz Grafik,** (Generierung und Implementierung realitätsnaher geometrischer Formen und Modelle) sowie die **Kryptografie, kurz Kryptik,** (Entwurf schneller diskreter Verfahren zum Ver- und Entschlüsseln von Informationen).

Dass diese Anwendungsfelder für die Praxis von zentraler Relevanz sind, bedarf wohl keiner weiteren Erklärungen. Natürlich hätte man im Rahmen eines Buchs über **Angewandte Mathematik** auch durchaus andere Schwerpunkte setzen können (Differentialgleichungen, Differentialgleichungssysteme, Optimierung, Graphentheorie und Netzwerktechnik, Codierungstechnik, analoge und digitale Signalverarbeitung bzw. Fourier-Techniken etc.), so dass die getroffene Auswahl etwas willkürlich erscheinen mag. Das entscheidende Kriterium für die Festlegung auf die genannten Bereiche war die so ins Auge fallende **Breite der Angewandten Mathematik** und die damit verbundene Hoffnung, eine gewisse Begeisterung für dieses abwechslungsreiche und anwendungsorientierte Feld der Mathematik zu erzeugen.

Im Folgenden einige Bemerkungen zur generellen **Konzeption des Buchs**: Neben umfangreichen Sach-, Namen- und Mathe-Indizes ist die kleinste Einheit ein Abschnitt Y in einem Kapitel X, kurz X.Y. Es wurde versucht, die einzelnen Kapitel und auch die zugehörigen Abschnitte so autonom, einfach und unabhängig von anderen Kapiteln oder Abschnitten zu gestalten, wie eben möglich. Das hat den Vorteil, dass der Lesefluss nur in Ausnahmefällen von Verweisen auf andere Teile des Buchs unterbrochen wird und

Elektronisches Zusatzmaterial Die elektronische Version dieses Kapitels enthält Zusatzmaterial, das berechtigten Benutzern zur Verfügung steht https://doi.org/10.1007/978-3-658-30028-9_1.

B. Lenze, *Basiswissen Angewandte Mathematik – Numerik, Grafik, Kryptik,*
https://doi.org/10.1007/978-3-658-30028-9_1

man das Buch bei entsprechenden Vorkenntnissen auch weitgehend nicht linear studieren kann, d. h. selektiv diejenigen Kapitel auswählen kann, die von eigenem Interesse sind. Diese übersichtliche und möglichst einfach gehaltene Konzeption der einzelnen Kapitel stellt im Vergleich zu den zahlreichen anderen guten Lehrbüchern zur Angewandten Mathematik das **Alleinstellungsmerkmal** dieses Buchs dar: Jedes Kapitel kommt so schnell wie möglich und mit möglichst wenig Referenzen auf bereits bearbeitete Abschnitte auf den Punkt, wobei neben den in der Mathematik unverzichtbaren Definitionen, Sätzen und Beweisen besonders viel Wert auf konkrete, jeweils bis zum Ende durchgerechnete Beispiele gelegt wird, sowie kleine Selbsttests zur Festigung des Gelernten integriert sind. Das Buch orientiert sich also an der Maxime, **in schlanker und transparenter Form Basiswissen in Numerik, Grafik und Kryptik zu vermitteln** und nicht etwa am Anspruch, ein auf angehende Mathematikerinnen und Mathematiker zugeschnittenes Werk mit einem weitgehend vollständigen Kanon der Angewandten Mathematik zu präsentieren, was wahrscheinlich auch ein hoffnungsloses Unterfangen wäre.

Im Detail ist dieses Buch wie folgt gegliedert:

- Motivation und Einführung
- Numerische Näherungsverfahren (Numerik)
- Grafische Visualisierungsmethoden (Grafik)
- Kryptografische Basistechniken (Kryptik)

Im vorliegenden ersten Kapitel geht es um den behutsamen **Einstieg** in die Materie und einen groben Überblick über den zu bearbeitenden Stoff.

Der nächste größere Block des Buchs bildet dann den ersten Schwerpunkt und beschäftigt sich mit der **Numerischen Mathematik**, kurz **Numerik**, im weitesten Sinne. Zu Beginn geht es dabei darum, die für die Implementierung wichtigen Zahldarstellungen zu erarbeiten und auf die Auswirkungen hinzuweisen, die die Benutzung dieser Zahlen bei numerischen Berechnungen auf dem Computer nach sich zieht. Die so entstehenden und in gewisser Hinsicht unvermeidlichen Fehler werden dann analysiert sowie Handlungsanweisungen gegeben, um diese Fehler zu kontrollieren. Danach geht es um die Entwicklung von schnellen Algorithmen, die zur näherungsweisen Lösung mathematischer Probleme aus der Analysis und der Linearen Algebra herangezogen werden können und somit um die Kernaufgabe der numerischen Mathematik. Verfahren dieses Typs spielen eine zentrale Rolle in vielen anspruchsvollen Anwendungsprogrammen (Ingenieurwissenschaften, Wirtschaftswissenschaften, Sozialwissenschaften etc.) und sollten zumindest in Teilen bekannt sein.

Der folgende Block des Buchs hat Aspekte der **Computer-Grafik**, kurz **Grafik**, zum Gegenstand, und hier speziell mathematische Konzepte zur Generierung elementarer, realitätsnaher geometrischer Objekte. Während die prozessornahen und direkt bildschirmorientierten Techniken im Bereich der Computer-Grafik nach wie vor ständigen Innovationen unterworfen sind, hat sich die auf klassischen Interpolations- und Approximationsmethoden basierende Strategie zur Visualisierung von Kurven und Flächen inzwischen als

Quasi-Standard etabliert. Es ist deshalb sinnvoll, sich im Rahmen eines Buchs über Angewandte Mathematik mit diesen wichtigen grundlegenden Strategien auseinander zu setzen und sie zumindest partiell zu beherrschen.

Im letzten und recht umfangreichen Teil des Buchs geht es um die **Kryptografie**, kurz und prägnant mit dem Kunstwort **Kryptik** bezeichnet, und die dort benötigten mathematischen Grundlagen. Hier werden einige der wichtigsten Verfahren im Detail vorgestellt und einfache, auf ihnen basierende Beispiele durchgerechnet. Da der Sicherheitsaspekt bei aktuellen Anwendungen im Bereich der Informationsverarbeitung eine immer größere Rolle spielt, sollten für diese ausgewählten Verfahren zumindest die wesentlichen mathematischen Konzepte bekannt sein, so dass man mit diesem Wissen in die Lage versetzt wird, derartige Techniken gezielter einsetzen und besser beurteilen zu können.

Insgesamt gilt, dass das Buch **ohne Zusatzliteratur** studiert werden kann, sofern man über solides Grundwissen aus den Bereichen der Analysis und der Linearen Algebra verfügt, etwa im Umfang der in dieser Reihe zu den genannten Themen erschienenen Bücher [1, 2]. Möchte man über das vorliegende Buch hinausgehende Informationen zu den einzelnen besprochenen Bereichen, so findet man im Literaturverzeichnis sowie in den einleitenden Passagen der einzelnen Kapitel entsprechende Anregungen. Grundsätzlich bleibt es aber dabei: Mit soliden mathematischen Grundkenntnissen lässt sich das vorliegende Buch ohne weitere Zusatzliteratur bearbeiten!

Abschließend der obligatorische Hinweis, dass für möglicherweise noch vorhandene Fehler inhaltlicher oder schreibtechnischer Art, die trotz größter Sorgfalt bei der Erstellung des Buchs nie ganz auszuschließen sind, ausschließlich der Autor verantwortlich ist. In jedem Fall sind konstruktive Kritik und Verbesserungsvorschläge immer herzlich willkommen.

Und nun viel Spaß mit dem Buch!

Literatur

1. Lenze, B.: Basiswissen Analysis. Springer Vieweg, Wiesbaden (2020)
2. Lenze, B.: Basiswissen Lineare Algebra. Springer Vieweg, Wiesbaden (2020)

Im Rahmen der **Angewandten Mathematik** wird, und das sollte nicht wirklich überraschen, der Computer als eines der zentralen Hilfsmittel eingesetzt und ist bei anspruchsvollen und umfangreichen Rechnungen schlicht unersetzlich. Dabei gilt es prinzipiell zwischen mindestens zwei völlig unterschiedlichen Randbedingungen zu unterscheiden: Einerseits gibt es Probleme, deren Implementierungen ausschließlich unter Zugriff auf Variablen oder Felder vom Typ *boolean* oder *integer* realisiert werden können und somit i. Allg. **exakt** auf dem Computer darstellbar sind. Als Beispiele seien Anwendungen aus den Bereichen Logik, Graphentheorie oder Kryptografie genannt. Andererseits gibt es Probleme, deren Implementierungen auch des Zugriffs auf Variablen oder Felder vom Typ *float* oder *double* bedürfen und somit i. Allg. **nicht exakt** auf dem Computer darstellbar sind. Als Beispiele seien Anwendungen aus den Bereichen Analysis, Differential- und Integralgleichungen oder Optimierung genannt. Die Anwendungen des zuletzt genannten Typs ordnet man im engeren Sinne der sogenannten numerischen Mathematik zu.

Im Folgenden soll also zunächst etwas präzisiert werden, was man sich unter **numerischer Mathematik**, kurz **Numerik**, vorzustellen hat. In erster Näherung lässt sich diese Frage etwa wie folgt beantworten.

Unter numerischer Mathematik versteht man die konstruktive algorithmische Umsetzung mathematischer Lösungsstrategien unter Zugriff auf Zahlen vom float- und/oder double-Typ unter den Aspekten: Implementierbarkeit, Flexibilität, Effizienz, Komplexität, Stabilität, Robustheit, Fehlertoleranz, Fehlerkontrolle.

Während die meisten der oben genannten Qualitätskriterien einer detaillierten Analyse des jeweiligen numerischen Lösungsverfahrens bedürfen und nicht Gegenstand dieses einführenden Buchs sein sollen, gibt es jedoch mindestens zwei grundsätzliche Fragen, deren

Elektronisches Zusatzmaterial Die elektronische Version dieses Kapitels enthält Zusatzmaterial, das berechtigten Benutzern zur Verfügung steht https://doi.org/10.1007/978-3-658-30028-9_2.

Beantwortung zum Verständnis der folgenden Abschnitte auf jeden Fall erforderlich ist, und zwar:

- Wie werden die bei der numerischen Rechnung auftauchenden **Zahlen** ganz allgemein auf dem Computer dargestellt?
- Wieso kommt es bei Rechnungen mit Zahlen vom float- oder double-Typ zu **Fehlern** und wie kann man diese zumindest kontrollieren?

Die Bearbeitung dieser wichtigen Fragen setzt die Vertrautheit mit dem Funktionsbegriff sowie den sicheren Umgang mit Folgen und Reihen voraus, so wie dies etwa in [1] erarbeitet wird.

Daran anschließend geht es im engeren Sinne um numerische Strategien in $\mathbb{R}$, also um eindimensionale Probleme. Konkret werden wir verschiedene, inzwischen klassisch zu nennende Methoden vorstellen, mit denen man auf numerische Weise näherungsweise **Fixpunkte**, **Nullstellen**, **Wurzeln**, **Extrema**, **Ableitungen** und **Integrale** berechnen kann. Auch in diesem Kontext setzen wir wieder einen sicheren Umgang mit dem Funktionsbegriff sowie mit Folgen und Reihen voraus.

Zum Abschluss des kleinen Ausflugs in die Numerik beschäftigen wir uns mit numerischen Strategien in $\mathbb{R}^n$, also um mehrdimensionale Probleme. Hier geht es primär um die näherungsweise **Lösung großer linearer Gleichungssysteme** sowie der **Berechnung von Eigenwerten und -vektoren**. Dabei setzen wir Kenntnisse aus der Linearen Algebra voraus, wie man sie z. B. in [2] findet.

Als ergänzende und weiterführende Literatur zu allen oben genannten Aspekten seien schließlich bei Interesse die Bücher [3–6] empfohlen.

Literatur

1. Lenze, B.: Basiswissen Analysis. Springer Vieweg, Wiesbaden (2020)
2. Lenze, B.: Basiswissen Lineare Algebra. Springer Vieweg, Wiesbaden (2020)
3. Hermann, M.: Numerische Mathematik, 4. Aufl. De Gruyter Oldenbourg, München (2020)
4. Huckle, T., Schneider, S.: Numerische Methoden, 2. Aufl. Springer, Berlin, Heidelberg, New York (2006)
5. Locher, F.: Numerische Mathematik für Informatiker, 2. Aufl. Springer, Berlin, Heidelberg, New York (2013)
6. Freund, R.W., Hoppe, R.H.W.: Stoer/Bulirsch: Numerische Mathematik 1, 10. Aufl. Springer, Berlin, Heidelberg, New York (2007)

3.1 Zahldarstellungen und Maschinenzahlen

Bei der Durchführung nicht ganzzahliger **arithmetischer Operationen** auf dem Computer stehen i. Allg. nur endlich viele Zahlen zur Verfügung und es kann auch lediglich mit endlicher Genauigkeit gerechnet werden. Die in diesem Zusammenhang wesentlichsten Begriffe sind die **b-adischen Zahldarstellungen**, die **normalisierte Gleitpunktdarstellung**, die **Maschinenzahlen** und die **Maschinengenauigkeit**. Um das allgemeine Vorgehen zu motivieren, wird mit einem Beispiel begonnen, wobei beim Aufschrieb von Zahlen durchgängig die Punkt-Notation und nicht die Komma-Notation benutzt wird.

Beispiel 3.1.1

Gegeben sei die Zahl $x := 12.85$. Gesucht wird eine Darstellung von x als eine Summe von Potenzen der Basis $b := 2$. Dazu berechnet man zunächst die eindeutig bestimmte Zahl $k \in \mathbb{Z}$ mit $2^k \le x < 2^{k+1}$. Dies ist genau die größte ganze Zahl k mit $2^k \le x$ bzw. $k \le \ln(x)/\ln(2)$. Man erhält in diesem Fall $k = 3$. Damit ergibt sich durch sukzessives Teilen mit Rest durch $8 = 2^3, 4 = 2^2, \ldots, 0.25 = 2^{-2}, 0.125 = 2^{-3}$ etc.:

$$12.85 : 8 = 1 \text{ Rest } 4.85 \,,$$

$$4.85 : 4 = 1 \text{ Rest } 0.85 \,,$$

$$0.85 : 2 = 0 \text{ Rest } 0.85 \,,$$

$$0.85 : 1 = 0 \text{ Rest } 0.85 \,,$$

$$0.85 : 0.5 = 1 \text{ Rest } 0.35 \,,$$

Elektronisches Zusatzmaterial Die elektronische Version dieses Kapitels enthält Zusatzmaterial, das berechtigten Benutzern zur Verfügung steht https://doi.org/10.1007/978-3-658-30028-9_3.

B. Lenze, *Basiswissen Angewandte Mathematik – Numerik, Grafik, Kryptik*,
https://doi.org/10.1007/978-3-658-30028-9_3

$$0.35 : 0.25 = 1 \text{ Rest } 0.10 \,,$$
$$0.10 : 0.125 = 0 \text{ Rest } 0.10 \,,$$
$$0.10 : 0.0625 = 1 \text{ Rest } 0.0375 \,,$$
$$0.0375 : 0.03125 = 1 \text{ Rest } 0.00625 \,.$$

Also lässt sich 12.85 schreiben als

$$12.85 = \mathbf{1} \cdot 2^3 + \mathbf{1} \cdot 2^2 + \mathbf{0} \cdot 2^1 + \mathbf{0} \cdot 2^0 + \mathbf{1} \cdot 2^{-1} + \mathbf{1} \cdot 2^{-2} + \mathbf{0} \cdot 2^{-3} + \mathbf{1} \cdot 2^{-4}$$
$$+ \,\mathbf{1} \cdot 2^{-5} + \cdots$$

bzw. nach Ausklammern der maximalen Potenz 2^3 und richtiger Interpretation des Trennungspunkts als

$$12.85 = 1.10011011 \cdots 2^3 \,.$$

Rundet man nun z. B. auf die sechste Stelle nach dem Trennungspunkt, dann ergibt sich als Näherung für 12.85 die Zahl

$$Z_{12.85} = 1.100111 \cdot 2^3 \,.$$

Das obige Beispiel gibt Anlass zu folgendem allgemeinen Vorgehen: Zunächst kann jede Zahl $x \in \mathbb{R}^* := \mathbb{R} \setminus \{0\}$ in Bezug auf eine vorgegebene **Basis** $b \in \mathbb{N}$, $b \geq 2$, in einer speziellen Zahldarstellung, nämlich der sogenannten **b-adischen Zahldarstellung**

$$x = \operatorname{sign}(x) \sum_{n=0}^{\infty} z_n b^{k-n}$$

geschrieben werden. Dabei liefert die **Vorzeichenfunktion** $\operatorname{sign}(x)$ eine 1, falls $x > 0$ gilt, und eine -1, falls $x < 0$ gilt. Ferner ist $k \in \mathbb{Z}$ die eindeutig bestimmte Zahl mit $b^k \leq |x| < b^{k+1}$ und für die Ziffern z_n gelten die Bedingungen

$$z_n \in \{0, 1, \dots, b-1\} \,, \quad n \in \mathbb{N} \,,$$

sowie zusätzlich für $n = 0$ die Bedingung $z_0 \neq 0$ aufgrund der speziellen Wahl von k. Die konkreten Ziffern erhält man z. B. wieder durch sukzessives Abdividieren mit Rest von b^k, b^{k-1}, b^{k-2} etc..

Klammert man in der obigen Reihe die Potenz b^k aus, so ergibt sich eine der wichtigsten Zahldarstellungen, nämlich die sogenannte **normalisierte Gleitpunktdarstellung** zur Basis $b \in \mathbb{N}$, $b \geq 2$, genauer

$$x = \operatorname{sign}(x) \left(\sum_{n=0}^{\infty} z_n b^{-n} \right) \cdot b^k$$

oder, mit der Konvention, dass der Punkt genau die mit dem Faktor b^k zu multiplizierende Ziffer z_0 von der mit b^{k-1} zu multiplizierenden Ziffer z_1 trennt, die Darstellung

$$x = \text{sign}(x)\, z_0\,.\,z_1\, z_2\, z_3\, \cdots\, b^k\,.$$

Die Konvergenz der so entstehenden Reihen zeigt man leicht mit dem Wurzelkriterium und ihre Konvergenz gegen x ergibt sich aus ihrer speziellen Konstruktion (Nachweis als Übung empfohlen). Im vorliegenden Kontext reicht jedoch auch ein intuitives Verständnis aus, denn bei der konkreten Anwendung wird stets nur auf eine endliche Teilsumme der allgemeinen Reihe zugegriffen.

Bevor die genaue Konstruktion von Zahlen des obigen Typs in einem weiteren Beispiel und dann allgemein beschrieben wird, werden abschließend noch die Maschinenzahlen eingeführt.

Die **Maschinenzahlen** entstehen einfach aus der normalisierten Gleitpunktdarstellung, indem man für k nicht alle ganzen Zahlen zulässt, sondern nur $k_{\min} \le k \le k_{\max}$ als mögliche **Exponenten** k erlaubt und ebenfalls für n nicht alle natürlichen Zahlen gestattet, sondern nur mit einer sogenannten endlichen **Mantisse** arbeitet, also $0 \le n < n_{\max}$ fordert. Damit ergibt sich die endliche Menge aller Maschinenzahlen durch Vorgabe des minimalen Exponenten $k_{\min}$ und des maximalen Exponenten $k_{\max}$ mit $k_{\min} < k_{\max}$ sowie der Mantissenlänge $n_{\max}$ als

$$Z_x = \pm\, z_0\,.\,z_1\, z_2\, \cdots\, z_{n_{\max}-1} \cdot b^k\,, \qquad k_{\min} \le k \le k_{\max}$$

mit $z_n \in \{0, 1, \ldots, b-1\}$ für $n \in \{0, 1, \ldots, n_{\max}-1\}$ und $z_0 \ne 0$. Schließlich bezeichnet man mit

$$\mu := b^{1-n_{\max}}$$

die sogenannte **Maschinengenauigkeit**, die ein Maß für die kleinste Differenz zweier Zahlen darstellt, die bei gegebenem Exponenten $k = 0$ noch als verschieden codiert werden können. Gängige Größen für die Wahl von b, $n_{\max}$, $k_{\min}$ und $k_{\max}$ sind z. B.

$$b := 2\,, \qquad n_{\max} := 24\,, \qquad k_{\min} := -126 \quad \text{und} \quad k_{\max} := 127$$

bei den mit 32 Bit codierten Maschinenzahlen des Datentyps `float` in C/C++ oder Java oder

$$b := 2\,, \qquad n_{\max} := 53\,, \qquad k_{\min} := -1022 \quad \text{und} \quad k_{\max} := 1023$$

bei den mit 64 Bit codierten Maschinenzahlen des Datentyps `double` in C/C++ oder Java. Dabei ist zu beachten, dass in diesem Fall ja stets $z_0 = 1$ gilt (außer im Fall $x = 0$, der, gemeinsam mit weiteren Sonderfällen, einer speziellen Codierung bedarf), diese Information also nicht abgespeichert werden muss und statt dessen in diesem Bit das Vorzeichen von x gehalten wird. Hinsichtlich der Details sei verwiesen auf **IEEE Std. 754-2019, IEEE Standard for Floating-Point Arithmetic**.

In den folgenden beiden Tabellen werden die bisherigen Überlegungen nochmals zusammengefasst. Zunächst ergibt sich bezüglich der **normalisierten Gleitpunktdarstellung** für eine beliebige Zahl $x \in \mathbb{R}^*$ das prinzipielle Vorgehen:

$$
\begin{aligned}
\text{Zahl } x\colon &\quad x \in \mathbb{R}^* \,, \ \text{beliebig gegeben} \\
\text{Basis } b\colon &\quad b \in \mathbb{N} \,, \quad b \geq 2 \,, \ \text{fest vorgegeben} \\
\text{zulässige Ziffern } z_n\colon &\quad z_n \in \{0, 1, \ldots, b-1\} \,, \quad n \in \mathbb{N} \,, \\
\text{zulässige Exponenten } k\colon &\quad k \in \mathbb{Z} \\
\text{normalisierte Gleitpunktdarstellung von } x\colon &\quad x = \operatorname{sign}(x) z_0.z_1 z_2 z_3 \cdots b^k \quad \text{mit } z_0 \neq 0
\end{aligned}
$$

Entsprechend erhält man für die näherungsweise Realisierung einer geeigneten Zahl $x \in \mathbb{R}^*$ als **Maschinenzahl Z_x in normalisierter Gleitpunktdarstellung** die Systematik:

$$
\begin{aligned}
\text{Mantissenlänge } n_{\max}\colon &\quad n_{\max} \in \mathbb{N}, \ \text{fest vorgegeben} \\
\text{minimaler Exponent } k_{\min}\colon &\quad k_{\min} \in \mathbb{Z}, \ \text{fest vorgegeben} \\
\text{maximaler Exponent } k_{\max}\colon &\quad k_{\max} \in \mathbb{Z}, \ \text{fest vorgegeben} \\
\text{zulässige Exponenten } k\colon &\quad k \in \{k_{\min}, k_{\min}+1, \ldots, k_{\max}\} \\
\text{Maschinenzahl } Z_x \text{ von } x\colon &\quad Z_x = \operatorname{sign}(x) z_0.z_1 z_2 \cdots z_{n_{\max}-1} \cdot b^k \quad \text{mit } z_0 \neq 0 \\
\text{Maschinengenauigkeit } \mu\colon &\quad \mu = b^{1 - n_{\max}}
\end{aligned}
$$

Natürlich kann einer beliebigen Zahl $x \in \mathbb{R}^*$ nur dann eine sinnvolle Maschinenzahl Z_x zugeordnet werden, wenn für den Exponenten k von x in der normalisierten Gleitpunktdarstellung die Bedingung $k_{\min} \leq k \leq k_{\max}$ erfüllt ist. Die Ziffer $z_{n_{\max}-1}$, sowie durch Überlauf eventuell noch weitere Ziffern, werden dann noch wie üblich durch Rundung optimiert (auf die Beschreibung der Details wird hier verzichtet).

Für einige Basen sind in der Literatur im Zusammenhang mit der normalisierten Gleitpunktdarstellung und/oder den Maschinenzahlen spezielle Namen eingeführt worden, die im Folgenden kurz angegeben werden sollen. Im bereits ausführlich diskutierten Fall $b = 2$ spricht man von der **Dualdarstellung**, der **Binärdarstellung** oder der **dyadischen Darstellung**, im Fall $b = 8$ von der **Oktaldarstellung**, im Fall $b = 10$ von der vertrauten **Dezimaldarstellung** und schließlich im Fall $b = 16$ von der **Hexadezimaldarstellung**. Im letzten Fall hat man zusätzlich noch, um die Ziffern eindeutig und einfach unterscheiden zu können, folgende Abkürzungen eingeführt: $10 =: A, 11 =: B, 12 =: C, 13 =: D$, $14 =: E$ und $15 =: F$.

Beispiel 3.1.2

Gegeben sei erneut die Zahl $x := 12.85$. Gesucht wird eine Darstellung von x als eine Summe von Potenzen der Basis $b := 16$, also eine **Hexadezimaldarstellung**.

Dazu berechnet man zunächst die eindeutig bestimmte Zahl $k \in \mathbb{Z}$ mit $16^k \leq x < 16^{k+1}$. Dies ist genau die größte ganze Zahl k mit $16^k \leq x$ bzw. $k \leq \ln(x)/\ln(16)$. Man erhält ist diesem Fall $k = 0$. Damit ergibt sich durch sukzessives Teilen mit Rest durch $1 = 16^0$, $0.0625 = 16^{-1}$, $0.00390625 = 16^{-2}$ etc.:

$$12.85 : 1 = 12 \text{ Rest } 0.85 \,,$$
$$0.85 : 0.0625 = 13 \text{ Rest } 0.0375 \,,$$
$$0.0375 : 0.00390625 = \quad 9 \text{ Rest } 0.00234375 \,.$$

Also lässt sich 12.85 in 16-adischer Darstellung schreiben als

$$12.85 = \mathbf{C} \cdot 16^0 + \mathbf{D} \cdot 16^{-1} + \mathbf{9} \cdot 16^{-2} + \cdots$$

bzw. nach Ausklammern der maximalen Potenz 16^0 und richtiger Interpretation des Trennungspunkts in hexadezimaler normalisierter Gleitpunktdarstellung als

$$12.85 = C.D9 \cdots 16^0 \,.$$

Rundet man nun z. B. auf die erste Stelle nach dem Trennungspunkt, dann ergibt sich als Näherung für 12.85 die Maschinenzahl

$$Z_{12.85} = C.E \cdot 16^0$$

in hexadezimaler normalisierter Gleitpunktdarstellung mit der Mantissenlänge $n_{\max} = 2$.

Um das obige Vorgehen zu automatisieren, kann man z. B. den folgenden einfachen Java-Code heranziehen, in dem allerdings direkt davon ausgegangen wird, dass die gegebene Zahl x positiv ist.

```java
n=n_max;
k=(int)(Math.log(x)/Math.log(b));
do
{
  teil=(int)(x/Math.pow(b,k)); rest=x%Math.pow(b,k);
  System.out.print(" "+teil+" ");
  if(n==n_max) {System.out.print(".");}
  x=rest; k=k-1; n=n-1;
}
while (n>0);
System.out.println(" mal ("+b+" hoch "+(n_max+k)+")");
```

Zwei weitere Beispiele ohne detaillierte Rechnung schließen den Abschnitt ab.

Beispiel 3.1.3

Für die Zahl $x := -134.68$ ergeben sich die normalisierte Gleitpunktdarstellung sowie die von den vorgegebenen Parametern abhängige Maschinenzahl gemäß den folgenden beiden Tabellen:

$$
\begin{aligned}
\text{Zahl } x\colon &\quad x := -134.68 \\
\text{Basis } b\colon &\quad b := 10 \\
\text{zulässige Ziffern } z_n\colon &\quad z_n \in \{0, 1, \ldots, 9\}\,, \quad n \in \mathbb{N}\,, \\
\text{normalisierte Gleitpunktdarstellung von } x\colon &\quad x = -1.3468000000 \cdots 10^2
\end{aligned}
$$

$$
\begin{aligned}
\text{Mantissenlänge } n_{\max}\colon &\quad n_{\max} := 8 \\
\text{minimaler Exponent } k_{\min}\colon &\quad k_{\min} := -5 \\
\text{maximaler Exponent } k_{\max}\colon &\quad k_{\max} := 5 \\
\text{zulässige Exponenten } k\colon &\quad k \in \{-5, -4, \ldots, 5\} \\
\text{Maschinenzahl } Z_x \text{ von } x\colon &\quad Z_x = -1.3468000 \cdot 10^2 \\
\text{Maschinengenauigkeit } \mu\colon &\quad \mu = 10^{-7}
\end{aligned}
$$

Beispiel 3.1.4

Für die Zahl $x := -16.342$ ergeben sich die normalisierte Gleitpunktdarstellung sowie die von den vorgegebenen Parametern abhängige Maschinenzahl gemäß den folgenden beiden Tabellen:

$$
\begin{aligned}
\text{Zahl } x\colon &\quad x := -16.342 \\
\text{Basis } b\colon &\quad b := 16 \\
\text{zulässige Ziffern } z_n\colon &\quad z_n \in \{0, 1, \ldots, D, E, F\}\,, \quad n \in \mathbb{N}\,, \\
\text{normalisierte Gleitpunktdarstellung von } x\colon &\quad x = -1.0578D4 \cdots 16^1
\end{aligned}
$$

$$
\begin{aligned}
\text{Mantissenlänge } n_{\max}\colon &\quad n_{\max} := 4 \\
\text{minimaler Exponent } k_{\min}\colon &\quad k_{\min} := -3 \\
\text{maximaler Exponent } k_{\max}\colon &\quad k_{\max} := 3 \\
\text{zulässige Exponenten } k\colon &\quad k \in \{-3, -2, \ldots, 3\} \\
\text{Maschinenzahl } Z_x \text{ von } x\colon &\quad Z_x = -1.058 \cdot 16^1 \\
\text{Maschinengenauigkeit } \mu\colon &\quad \mu = 16^{-3}
\end{aligned}
$$

3.2 Aufgaben mit Lösungen

Aufgabe 3.2.1 *Gegeben sei die Zahl* $x := 822.8423$*. Wie lautet – bei Rundung auf die letzte gültige Mantissenstelle – die Maschinenzahl* Z_x *von* x *in normalisierter Gleitpunktdarstellung zur*

- *Basis* $b := 10$ *und Mantissenlänge* $n_{\max} := 6$,
- *Basis* $b := 2$ *und Mantissenlänge* $n_{\max} := 12$,
- *Basis* $b := 16$ *und Mantissenlänge* $n_{\max} := 4$?

Geben Sie auch jeweils die zugehörige Maschinengenauigkeit an, und setzen Sie voraus, dass mit $k_{\min} := -10$ *und* $k_{\max} := 10$ *jeweils hinreichend große Bereiche für die Exponenten vorgegeben sind.*

Lösung der Aufgabe Für die gegebene Zahl $x := 822.8423$ ergeben sich die normalisierten Gleitpunktdarstellungen sowie die von den vorgegebenen Parametern abhängigen Maschinenzahlen gemäß den folgenden Tabellen:

Zahl x:	$x := 822.8423$
Basis b:	$b := 10$
zulässige Ziffern z_n:	$z_n \in \{0, 1, \ldots, 9\}\,, \quad n \in \mathbb{N}\,,$
normalisierte Gleitpunktdarstellung von x:	$x = 8.228423000\cdots 10^2$

Mantissenlänge $n_{\max}$:	$n_{\max} := 6$
minimaler Exponent $k_{\min}$:	$k_{\min} := -10$
maximaler Exponent $k_{\max}$:	$k_{\max} := 10$
zulässige Exponenten k:	$k \in \{-10, -9, \ldots, 10\}$
Maschinenzahl Z_x von x:	$Z_x = 8.22842 \cdot 10^2$
Maschinengenauigkeit μ:	$\mu = 10^{-5}$

Zahl x:	$x := 822.8423$
Basis b:	$b := 2$
zulässige Ziffern z_n:	$z_n \in \{0, 1\}\,, \quad n \in \mathbb{N}\,,$
normalisierte Gleitpunktdarstellung von x:	$x = 1.1001101101101\cdots 2^9$

Mantissenlänge $n_{\max}$:	$n_{\max} := 12$
minimaler Exponent $k_{\min}$:	$k_{\min} := -10$
maximaler Exponent $k_{\max}$:	$k_{\max} := 10$
zulässige Exponenten k:	$k \in \{-10, -9, \ldots, 10\}$
Maschinenzahl Z_x von x:	$Z_x = 1.10011011011 \cdot 2^9$
Maschinengenauigkeit μ:	$\mu = 2^{-11}$

$$
\begin{array}{rl}
\text{Zahl } x: & x := 822.8423 \\
\text{Basis } b: & b := 16 \\
\text{zulässige Ziffern } z_n: & z_n \in \{0, 1, \ldots, D, E, F\}, \quad n \in \mathbb{N}, \\
\text{normalisierte Gleitpunktdarstellung von } x: & x = 3.36D7A0\cdots 16^2
\end{array}
$$

$$
\begin{array}{rl}
\text{Mantissenlänge } n_{\max}: & n_{\max} := 4 \\
\text{minimaler Exponent } k_{\min}: & k_{\min} := -10 \\
\text{maximaler Exponent } k_{\max}: & k_{\max} := 10 \\
\text{zulässige Exponenten } k: & k \in \{-10, -9, \ldots, 10\} \\
\text{Maschinenzahl } Z_x \text{ von } x: & Z_x = 3.36D \cdot 16^2 \\
\text{Maschinengenauigkeit } \mu: & \mu = 16^{-3}
\end{array}
$$

Selbsttest 3.2.2　Welche der folgenden Zahlen sind korrekte Maschinenzahlen in normalisierter Gleitpunktdarstellung (hinreichend große Exponentenbereiche und Mantissenlängen seien gegeben)?

?−? $12.3453 \cdot 8^4$

?−? $2.34953 \cdot 8^4$

?+? $A.66BED \cdot 16^5$

?−? $-1.00900 \cdot 2^0$

?+? $1.01011 \cdot 2^8$

?−? $0.0101001 \cdot 2^6$

3.3　Fehlerarten und ihre Kontrolle

Zur Einstimmung in die Problematik wird zunächst ein kleines Beispiel angegeben, wobei hier der Einfachheit halber die Dezimaldarstellung und nicht die Dualdarstellung zur Veranschaulichung herangezogen wird. In diesem Beispiel tauchen die wesentlichen **Fehlerarten** auf, die es im Rahmen der numerischen Mathematik zu berücksichtigen gibt.

Beispiel 3.3.1

Es möge die Zahl e^π oder mindestens eine gute Näherung für diese Zahl zu berechnen sein. Da die irrationale Zahl π keine Maschinenzahl ist, muss diese zunächst angenähert werden. Benutzt man dazu die Dezimaldarstellung mit einer Mantissenlänge von drei Ziffern, so erhält man die Näherung $\pi \approx 3.14$. Dies bedingt den sogenannten **Eingangsfehler**. Da die Exponentialfunktion als Reihe definiert ist,

$$
e^x = \sum_{k=0}^{\infty} \frac{x^k}{k!}, \quad x \in \mathbb{R},
$$

auf dem Computer aber nur endlich viele Operationen zulässig sind, muss man die Reihe abbrechen, z. B. nach vier Summanden. Man erhält so die Näherung

$$e^\pi \approx \sum_{k=0}^{3} \frac{(3.14)^k}{k!} \,,$$

und verursacht neben dem Eingangsfehler auch noch den sogenannten **Formelfehler**. Setzt man nun voraus, dass die endgültige Rechnung nur Maschinenzahlen mit einer Mantissenlänge von fünf Ziffern liefern darf, so führen unter dieser Prämisse Eingangsfehler und Formelfehler zu

$$e^\pi \approx \sum_{k=0}^{3} \frac{(3.14)^k}{k!} = 1 + 3.14 + \frac{(3.14)^2}{2} + \frac{(3.14)^3}{6}$$

$$= 1 + 3.14 + 4.9298 + 5.1598\underline{573} = 14.2296\underline{573} \approx 1.4230 \cdot 10^1 \,.$$

Die Näherung in diesem letzten Schritt bezeichnet man dann als **Rundungsfehler**. Die Aufgabe in der numerischen Mathematik besteht nun darin zu entscheiden, ob die erhaltene endgültige Näherung gut genug ist und, wenn nicht, wie man sie möglichst effizient verbessern kann. Zieht man hier als Referenz zur Beurteilung des Ergebnisses das Resultat laut Taschenrechner zu Rate, $e^\pi \approx 23.1406$, dann muss man feststellen: Die durch die obigen Näherungen erhaltene Lösung ist schlecht! Man findet dabei schnell heraus, dass hier die größte Fehlerquelle der Formelfehler ist. Daher ist es naheliegend, zunächst beim Formelfehler anzusetzen und diesen zu verringern. In der Tat liefert die Berücksichtigung von insgesamt sieben Summanden der Exponentialreihe die Näherung

$$e^\pi \approx \sum_{k=0}^{6} \frac{(3.14)^k}{k!} \approx 2.2155 \cdot 10^1 \,,$$

und diese ist offenbar schon erkennbar besser.

Das obige Beispiel macht prinzipiell deutlich, mit welchen Fragestellungen man es im Rahmen numerischer Rechnungen mit Maschinenzahlen zu tun hat. Generell muss bei nicht befriedigenden Endresultaten entschieden werden, an welcher Stelle man ansetzt und zusätzliche Ressourcen investiert, um zu **besseren Ergebnissen** zu kommen:

- Soll man die Genauigkeit der Eingabe erhöhen, um den Eingangsfehler zu verringern?
- Soll man nach besseren Formeln für die Funktionen suchen, um den Formelfehler zu reduzieren?

- Soll man die Maschinenzahlbereiche vergrößern, um den Rundungsfehlereinfluss zu senken?

Diese Fragen sollen im Rahmen dieses Buchs nicht weiter vertieft werden, sondern lediglich im Überblick nochmals festgehalten werden, welche Fehler es warum gibt und wie man sie **in Grenzen halten** kann:

- **Eingangsfehler:** Messfehler, Eingabefehler (menschlicher Irrtum), Beschränkung auf die Maschinenzahlen des Computers
  Kontrolle: genauere Messungen, Sorgfalt, Plausibilitätstests, doppelte oder erweiterte Genauigkeit durch Vergrößerung von Mantisse und Exponent, rein ganzzahlige oder rationale Eingaben, Einsatz von Computeralgebrasystemen zur exakten Eingabe rationaler Zahlen
- **Formelfehler:** n-tes Glied einer Folge statt Grenzwert der Folge, n-te Partialsumme einer Reihe statt Grenzwert der Reihe, Differenzenquotient statt Ableitung, Riemannsche Summe statt Integral
  Kontrolle: Herleitung von Fehlerabschätzungen, Suche nach der best-nähernden Formel, Optimierung bekannter Formeln
- **Rundungsfehler:** Beschränkung auf die Maschinenzahlen des Computers, Zwang zur Rundung bis hin zur rein ganzzahligen Rechnung bei speziellen zeitkritischen Anwendungen
  Kontrolle: doppelte oder erweiterte Genauigkeit durch Vergrößerung von Mantisse und Exponent, rein ganzzahlige oder rationale Rechnungen, Einsatz von Computeralgebrasystemen zur exakten Rechnung mit rationalen Zahlen, Rundungsfehlerfortpflanzungsanalyse (numerische Stabilität von Algorithmen)

Die obigen Ausführungen mögen an dieser Stelle genügen und hoffentlich dazu beitragen, dass man beim Umgang mit Maschinenzahlen auf dem Computer sensibel und kritisch ist und nicht unreflektiert die erhaltenen Ergebnisse akzeptiert. Eine detailliertere Analyse der auftauchenden Probleme und weitere theoretische Betrachtungen bleiben speziellen Büchern über numerische Mathematik vorbehalten wie z. B. [1–6]. Der Abschnitt soll mit einem abschließenden Beispiel zur angerissenen Problematik beendet werden.

Beispiel 3.3.2
Gegeben sei die Funktion $f : [1, \infty) \to \mathbb{R}$ mit

$$f(x) := x + \sqrt{x^2 - 1}, \qquad x \geq 1 \, .$$

Diese Funktion nimmt für große Argumente x als Funktionswert näherungsweise stets den Wert $2x$ an, da $x^2 - 1$ in diesem Fall ungefähr gleich x^2 ist. Ferner lässt sich leicht zeigen, dass f alternativ berechnet werden kann gemäß

$$f(x) = \left(x - \sqrt{x^2 - 1}\right)^{-1}, \qquad x \geq 1 \; .$$

Dies ergibt sich unmittelbar aus der Identität

$$f(x) = x + \sqrt{x^2 - 1} = \frac{(x + \sqrt{x^2 - 1})(x - \sqrt{x^2 - 1})}{(x - \sqrt{x^2 - 1})} = \frac{1}{x - \sqrt{x^2 - 1}} \; .$$

Damit stehen für die Implementierung dieser Funktion potentiell zwei Varianten zur Verfügung, von denen nun die numerisch geeignetere ermittelt werden soll. Dazu werden die Funktionswerte $f(k \cdot 10^7)$ für $k = 1, 2, \ldots, 6$ in einem kleinen Java-Programm (Java Version 1.5.0, Datentyp *double*) einmal gemäß der ersten, dann gemäß der zweiten Vorschrift berechnet und tabellarisch festgehalten:

x	$x + \sqrt{x^2 - 1}$	$\left(x - \sqrt{x^2 - 1}\right)^{-1}$
$1 \cdot 10^7$	$1.9999999999999948 \cdot 10^7$	$1.988410785185185 \cdot 10^7$
$2 \cdot 10^7$	$3.999999999999997 \cdot 10^7$	$3.834792228571428 \cdot 10^7$
$3 \cdot 10^7$	$5.9999999999999985 \cdot 10^7$	$6.7108864 \cdot 10^7$
$4 \cdot 10^7$	$7.999999999999999 \cdot 10^7$	$6.7108864 \cdot 10^7$
$5 \cdot 10^7$	$1.0 \cdot 10^8$	$1.34217728 \cdot 10^8$
$6 \cdot 10^7$	$1.2 \cdot 10^8$	$1.34217728 \cdot 10^8$

Die Resultate unter Benutzung der zweiten Berechnungsvorschrift für f werden auffallend schlecht (für andere Programmierumgebungen und andere Datentypen taucht das Problem i. Allg. für andere Zahlen auf, die man durch Ausprobieren finden kann). Die Ursache ist darin zu suchen, dass bei Anwendung dieser Berechnungsformel zwei nahezu gleich große Zahlen subtrahiert werden, deren signifikanter Unterschied im Rahmen der zu Verfügung stehenden Mantissenziffern nicht mehr korrekt dargestellt werden kann. Man spricht in diesem Fall von einem sogenannten **Auslöschungseffekt**. Anhand einer kleinen Zusatzüberlegung kann man sich dieses Phänomen leicht klar machen: Bei Rundung auf fünf Mantissenziffern ergibt sich z. B. anstelle des korrekten Ergebnisses

$$\frac{1}{1.0002 - 1.000149999} = 19999.6000\ldots$$

das deprimierend falsche Ergebnis

$$\frac{1}{1.0002 - 1.0001} = 10000 \; .$$

Das aus diesen Beobachtungen zu ziehende Fazit lautet also: Man vermeide beim Umgang mit Maschinenzahlen die Subtraktion zweier nahezu gleich großer Zahlen!

3.4   Aufgaben mit Lösungen

Aufgabe 3.4.1   *Bekannterweise lässt sich die Exponentialfunktion, außer über die bereits benutzte Reihe, auch mit Hilfe der Folge*

$$e^x = \lim_{n\to\infty} \left(1 + \frac{x}{n}\right)^n , \quad x \in \mathbb{R} ,$$

berechnen. Um speziell eine Näherung für e^π zu bestimmen, setze man $\pi \approx 3.14$ (Eingangsfehler) und berechne bei Rundung auf fünf Mantissenziffern (Rundungsfehler)

$$\left(1 + \frac{3.14}{4}\right)^4 , \qquad \left(1 + \frac{3.14}{10}\right)^{10} , \qquad \left(1 + \frac{3.14}{100}\right)^{100} .$$

Welcher Berechnungsformel würden Sie nach diesen Ergebnissen aus Effizienzgründen den Vorzug geben: Der Reihenformel

$$e^\pi = \sum_{k=0}^{\infty} \frac{\pi^k}{k!}$$

oder der Folgenformel

$$e^\pi = \lim_{n\to\infty} \left(1 + \frac{\pi}{n}\right)^n ?$$

Begründung Sie Ihre Entscheidung!

Lösung der Aufgabe   Für die gesuchten Näherungen erhält man nach kurzer Rechnung

$$\left(1 + \frac{3.14}{4}\right)^4 \approx 1.0152 \cdot 10^1 , \qquad \left(1 + \frac{3.14}{10}\right)^{10} \approx 1.5345 \cdot 10^1 \quad \text{und}$$

$$\left(1 + \frac{3.14}{100}\right)^{100} \approx 2.2015 \cdot 10^1 .$$

Vorzug hat offensichtlich die Reihenformel, da sie mit weniger Operationen auf bessere Näherungen führt (nachprüfen!). Bei realen Implementierungen der Exponentialfunktion wird weder die eine noch die andere Formel benutzt, sondern neben der Ausnutzung der Funktionalgleichung der Exponentialfunktion mit sogenannten Čebyšev-Entwicklungen und gebrochenrationalen Näherungsformeln gearbeitet.

Aufgabe 3.4.2 *Gegeben seien die Funktionen $f : \mathbb{R} \to \mathbb{R}$ und $g : \mathbb{R} \to \mathbb{R}$ gemäß*

$$f(x) := e^x, \qquad g(x) := e^{10000x}.$$

*Bei der Auswertung der Funktionen an der Stelle $x_0 = 0$ ist man bedingt durch Rundungsfehler nicht auf $x_0 = 0$, sondern nur auf $\tilde{x}_0 = 0.0001$ gestoßen. Berechnen Sie $f(x_0)$ und $f(\tilde{x}_0)$ sowie den **absoluten Fehler** $f(\tilde{x}_0) - f(x_0)$ und den **relativen Fehler** $\frac{f(\tilde{x}_0) - f(x_0)}{f(x_0)}$. Gehen Sie entsprechend für g vor. Was fällt Ihnen auf? Begründung! Wie ändern sich absoluter und relativer Fehler, wenn Sie f und g mit einem Faktor 10^m bzw. 10^{-m} multiplizieren? Welcher Fehler ist also der geeignete, um die Qualität eines Ergebnisses zu beurteilen?*

Lösung der Aufgabe Zunächst werden die durchzuführenden Rechnungen tabellarisch angegeben:

$$
\begin{array}{ll}
f(x_0) = e^0 = 1 & \cdot (10^{\pm m}) \\
f(\tilde{x}_0) = e^{0.0001} = 1.0001\ldots & \cdot (10^{\pm m}) \\
f(\tilde{x}_0) - f(x_0) = 0.0001\ldots & \cdot (10^{\pm m}) \\
\frac{f(\tilde{x}_0) - f(x_0)}{f(x_0)} = 0.0001\ldots &
\end{array}
$$

$$
\begin{array}{ll}
g(x_0) = e^0 = 1 & \cdot (10^{\pm m}) \\
g(\tilde{x}_0) = e^{1.0} = 2.71828\ldots & \cdot (10^{\pm m}) \\
g(\tilde{x}_0) - g(x_0) = 1.71828\ldots & \cdot (10^{\pm m}) \\
\frac{g(\tilde{x}_0) - g(x_0)}{g(x_0)} = 1.71828\ldots &
\end{array}
$$

Es fällt auf, dass die durch g erhaltenen Näherungen deutlich schlechter sind als die durch f erhaltenen. Dies ist darauf zurückzuführen, dass g im Punkt $x_0 = 0$ die Steigung $g'(0) = 10000$ hat, also kleine Veränderungen im Argument von g zu enormen Änderungen des Funktionswerts führen. Im Gegensatz dazu besitzt f im Ursprung die Steigung $f'(0) = 1$, was zur Folge hat, dass moderate Fehler in den Argumenten von f auch nur moderate Fehler bei den entsprechenden Funktionsauswertungen implizieren. Das zu ziehende Fazit lautet also: Vermeide die Auswertung von Funktionen mit betragsmäßig großer Steigung! Ferner lässt ein Blick auf die in der Tabelle festgehaltenen Fehler unmittelbar den Schluss zu: Der **absolute** Fehler ist von der jeweiligen Skalierung abhängig, der **relative** Fehler nicht. Man sollte also stets relative Fehler vergleichen und nicht die absoluten Fehler!

Selbsttest 3.4.3 Welche der folgenden Aussagen sind wahr?

?+? Bei der Eingabe von $\frac{1}{3}$ in Dualdarstellung gibt es einen Eingabefehler.

?−? Rundungsfehler können bei Rechnungen mit *float*- oder *double*-Zahlen vernachlässigt werden.

?+? Beim Rechnen mit *int*-Zahlen gibt es keine Rundungsfehler.

?+? Der Auslöschungseffekt ist beim Rechnen mit Maschinenzahlen prinzipiell unvermeidbar.

?−? Es gibt bei endlicher Mantissenlänge und Exponentenmenge unendlich viele Maschinenzahlen.

Literatur

1. Deuflhard, P., Hohmann, A.: Numerische Mathematik 1, 5. Aufl. De Gruyter Verlag, Berlin, New York (2019)
2. Hermann, M.: Numerische Mathematik, 4. Aufl. De Gruyter Oldenbourg, München (2020)
3. Huckle, T., Schneider, S.: Numerische Methoden, 2. Aufl. Springer, Berlin, Heidelberg, New York (2006)
4. Knorrenschild, M.: Numerische Mathematik, 6. Aufl. Carl Hanser, München (2017)
5. Locher, F.: Numerische Mathematik für Informatiker, 2. Aufl. Springer, Berlin, Heidelberg, New York (2013)
6. Freund, R.W., Hoppe, R.H.W.: Stoer/Bulirsch: Numerische Mathematik 1, 10. Aufl. Springer, Berlin, Heidelberg-New York (2007)

Bei den meisten numerischen Näherungsverfahren handelt es sich um sogenannte **Iterationsverfahren**. Unter diesen Verfahren versteht man Vorgehensweisen, mit denen man die näherungsweise Lösung eines gegebenen Problems mit Hilfe speziell konstruierter konvergenter Folgen angeht. Vielfach tauchen derartige Probleme im Zusammenhang mit der Suche nach einem sogenannten **Fixpunkt** einer geeignet definierten Funktion auf und der Grenzwert der Folge der Iterationswerte liefert genau diesen gesuchten Fixpunkt. Um ein konkretes Beispiel vor Augen zu haben, betrachte man das folgende, stark vereinfachte **Räuber-Beute-Modell**.

In einem See leben Hechte und Forellen (siehe Abb. 4.1). Sind zu Beginn nur einige Hechte im See und hinreichend viele Forellen, dann steht den Hechten ein praktisch unbegrenzter Vorrat an nachwachsenden Forellen zur Verfügung. Die Hechte vermehren sich aufgrund der guten Versorgungslage also sehr schnell. Das hat zur Folge, dass sich die Zahl der Forellen dadurch natürlich erheblich vermindert. Auf diese Art zerstören die Hechte ihre wesentliche Lebensgrundlage, nämlich ihre Hauptnahrungsquelle. Jetzt dezimiert also die Übervölkerung der Hechte ihren eigenen Bestand und bedroht ihre Population. Da die Population der Hechte stark abgenommen hat, vermehren sich die Forellen allmählich von neuem und ihre Zahl wächst stetig. Dem stark reduzierten Hechtbestand geht es nun wieder gut. Er besitzt reichlich Futter und kann sich so wieder vergrößern. Es entsteht auf diese Art eine Dynamik zwischen der Zahl der Hechte und der Zahl der Forellen, also zwischen Raubtier und Beute. Will man diese Dynamik beschreiben, so bietet sich als erstes einfaches Modell folgendes Vorgehen an. Man bezeichnet die Menge an Hechten zu einem diskreten Zeitpunkt $k \in \mathbb{N}$ mit $x_k \in [0, 1]$. Dabei bedeutet $x_k = 0$, dass die Hechte ausgestorben sind und damit die Forellen ihre maximale Population annehmen können, und $x_k = 1$, dass es nur noch Hechte gibt und keine Forellen mehr im See sind. Geht man also stark vereinfachend davon aus, dass die Gesamtzahl

Elektronisches Zusatzmaterial Die elektronische Version dieses Kapitels enthält Zusatzmaterial, das berechtigten Benutzern zur Verfügung steht https://doi.org/10.1007/978-3-658-30028-9_4.

23

B. Lenze, *Basiswissen Angewandte Mathematik – Numerik, Grafik, Kryptik*, https://doi.org/10.1007/978-3-658-30028-9_4

von Hechten und Forellen im See zu jedem Zeitpunkt gleich 1 ist, dann beschreibt die Größe $1 - x_k$ genau die Forellenpopulation zum Zeitpunkt $k \in \mathbb{N}$. Zum Zeitpunkt $k + 1$ ist nun die Hechtpopulation x_{k+1} einerseits proportional zu x_k (je mehr Hechte es gab, umso mehr Hechte konnten geboren werden), anderseits aber auch proportional zu $1 - x_k$ (je mehr Forellen es gab, umso mehr Hechte konnten satt werden). Bezeichnet man die Proportionalitätskonstante mit $\alpha \in (0, \infty)$, dann ergibt sich folgender Zusammenhang

$$x_{k+1} = \alpha x_k(1 - x_k) \,, \quad k \in \mathbb{N} \,,$$

der auch als die **logistische Wachstumsgleichung** bezeichnet wird. Auf der rechten Seite dieser Gleichung stehen zwei miteinander konkurrierende Faktoren. Wird x_k größer, so wird $1 - x_k$ kleiner und umgekehrt. Die Faktoren beschränken also wechselseitig das Wachstum von x_k. Der Parameter α ist ein Steuerungsparameter, der das qualitative Verhalten der Populationsfolge $(x_k)_{k \in \mathbb{N}}$ entscheidend beeinflusst und z. B. Konvergenz oder Divergenz der Folge implizieren kann. Im Fall des Hecht-Forelle-Modells könnte er näherungsweise durch Messung bestimmt werden, wenn man zu gewissen Zeitpunkten $k \in \mathbb{N}$ die Anzahl von Hechten und Forellen im See kennen würde. Nimmt man also z. B. an, dass $\alpha = 2.5$ ist und die Hechtpopulation zu Beginn $x_0 = 0.35$ beträgt, so ergeben sich folgende Populationszahlen:

k	0	1	2	$\cdots$	1000	$\cdots$	$\to \infty$
x_k	0.35	0.56875	$0.61318\ldots$	$\cdots$	$0.60000\ldots$	$\cdots$	$\frac{3}{5}$

Die Hechtpopulation und damit natürlich auch die Forellenpopulation münden also unter den angenommenen Anfangsbedingungen in einen stabilen Zustand, denn die Folge $(x_k)_{k \in \mathbb{N}}$ konvergiert gegen $x^* = 0.6$: Es wird 60 % Hechte und 40 % Forellen im See geben. Zu diesem Ergebnis hätte man aber auch auf einem völlig anderen Weg kommen können: Betrachtet man die Funktion $\Phi : \mathbb{R} \to \mathbb{R}$,

$$\Phi(x) := \alpha x(1 - x) \,, \quad x \in \mathbb{R} \,,$$

so bedeutet ein stabiler Zustand $x^* \in \mathbb{R}$ im Sinne des Räuber-Beute-Modells, dass er die sogenannte **Fixpunktgleichung**

$$\Phi(x^*) = x^*$$

erfüllen muss, also ein sogenannter **Fixpunkt der Modellfunktion** Φ ist. Diesen Fixpunkt kann man im vorliegenden einfachen Fall nicht nur als Grenzwert der Iterationsfolge

$$x_{k+1} = \Phi(x_k) \,, \quad k \in \mathbb{N} \,,$$

bestimmen (wie oben vorgeführt), sondern auch durch Auflösung der Fixpunktgleichung direkt berechnen (als Übung empfohlen).

Abb. 4.1 Forelle und Hecht

In einem weiteren Schritt soll das betrachtete Populationsproblem dahingehend verallgemeinert werden, dass sich die Hecht- und Forellenbestände etwas unabhängiger voneinander entwickeln dürfen. Man bezeichnet die Menge an Hechten zu einem diskreten
Zeitpunkt $k \in \mathbb{N}$ wieder mit $x_k \in [0, 1]$ und die der Forellen mit $y_k \in [0, 1]$. Nimmt man
nun an, dass die Hechtpopulation x_{k+1} zum Zeitpunkt $k + 1 \in \mathbb{N}$ positiv durch den Hecht-
und Forellenbestand zum Zeitpunkt $k \in \mathbb{N}$ bestimmt wird gemäß

$$x_{k+1} = 0.6x_k + 0.6y_k \, , \quad k \in \mathbb{N} \, ,$$

und dass die Forellenpopulation y_{k+1} zum Zeitpunkt $k + 1 \in \mathbb{N}$ negativ durch den Hecht-
und positiv durch den Forellenbestand zum Zeitpunkt $k \in \mathbb{N}$ bestimmt wird gemäß

$$y_{k+1} = -0.2x_k + 1.3y_k \, , \quad k \in \mathbb{N} \, ,$$

dann erhält man zusammen mit der Normierung auf Gesamtpopulation 1 für alle $k \in \mathbb{N}$
die Iterationsvorschrift

$$\tilde{x}_{k+1} = 0.6x_k + 0.6y_k \, ,$$
$$\tilde{y}_{k+1} = -0.2x_k + 1.3y_k \, ,$$
$$x_{k+1} = \frac{\tilde{x}_{k+1}}{\tilde{x}_{k+1} + \tilde{y}_{k+1}} \, ,$$
$$y_{k+1} = \frac{\tilde{y}_{k+1}}{\tilde{x}_{k+1} + \tilde{y}_{k+1}} \, .$$

In Matrix-Vektor-Notation lässt sich das auch schreiben als

$$\begin{pmatrix} \tilde{x}_{k+1} \\ \tilde{y}_{k+1} \end{pmatrix} = \begin{pmatrix} 0.6 & 0.6 \\ -0.2 & 1.3 \end{pmatrix} \begin{pmatrix} x_k \\ y_k \end{pmatrix} \, ,$$
$$\begin{pmatrix} x_{k+1} \\ y_{k+1} \end{pmatrix} = \frac{1}{\tilde{x}_{k+1} + \tilde{y}_{k+1}} \begin{pmatrix} \tilde{x}_{k+1} \\ \tilde{y}_{k+1} \end{pmatrix} \, .$$

Man erhält also nun zu jedem Zeitpunkt $k \in \mathbb{N}$ einen **Populationsvektor** und die entstehende Folge ist eine **Folge von Vektoren**. Nimmt man z. B. wieder an, dass die Hechtpopulation zu Beginn $x_0 = 0.35$ beträgt und damit die Forellenpopulation $y_0 = 0.65$, so

ergeben sich folgende Populationsvektoren:

k	0	1	2	$\cdots$	1000	$\cdots$	$\to \infty$
x_k	0.35	0.43636...	0.48175...	$\cdots$	0.59999...	$\cdots$	$\frac{3}{5}$
y_k	0.65	0.56363...	0.51824...	$\cdots$	0.40000...	$\cdots$	$\frac{2}{5}$

Die Hechtpopulation und damit natürlich auch die Forellenpopulation münden also auch in diesem Modell unter den angenommenen Anfangsbedingungen in einen stabilen Zustand, denn die Vektorfolge $\left((x_k, y_k)^T\right)_{k\in\mathbb{N}}$ konvergiert gegen den Populationsvektor $(x^*, y^*)^T = (0.6, 0.4)^T$: Es wird also auch in diesem Fall 60 % Hechte und 40 % Forellen im See geben. Zu diesem Ergebnis hätte man aber auch wieder auf einem völlig anderen Weg kommen können: Betrachtet man die Funktion $\Phi : \mathbb{R}^2 \to \mathbb{R}^2$,

$$\Phi((x, y)^T) := \begin{pmatrix} 0.6 & 0.6 \\ -0.2 & 1.3 \end{pmatrix} \begin{pmatrix} x \\ y \end{pmatrix},$$

so bedeutet ein stabiler **Zustandsvektor** $(x^*, y^*)^T \in \mathbb{R}^2$ im Sinne des Räuber-Beute-Modells, dass er die sogenannte **Fixpunktgleichung**

$$\Phi((x^*, y^*)^T) = (x^*, y^*)^T$$

erfüllen muss, also wieder ein **Fixpunkt der Modellfunktion** Φ ist, die hier allerdings Vektoren auf Vektoren abbildet. Diesen Fixpunkt kann man im vorliegenden einfachen Fall nicht nur als Grenzwert der Iterationsfolge der Vektoren bestimmen (wie oben vorgeführt), sondern durch Auflösung der Fixpunktgleichung auch direkt berechnen (als Übung empfohlen). Im Sinne der **Linearen Algebra** hat man nämlich nichts anderes zu tun, als einen Eigenvektor der Iterationsmatrix zum Eigenwert 1 zu bestimmen und geeignet zu normieren, also ein **Eigenwert-Eigenvektor-Problem** zu lösen.

Nachdem im Rahmen des obigen kleinen Beispiels einige erste Szenarien für **Iterationsverfahren und Fixpunktgleichungen** sowohl im ein- als auch im mehrdimensionalen Fall skizziert wurden, geht es im Folgenden um die Vorstellung ausgewählter wichtiger Verfahren dieses Typs aus dem Umfeld der numerischen Mathematik. Zum Verständnis wird erwartet, dass man sicher im Umgang mit dem Funktionsbegriff ist sowie über Kenntnisse über Folgen und ihr Konvergenzverhalten verfügt, wie sie etwa in [1] vermittelt werden. Für einige Abschnitte bedarf es ferner geeigneter Grundkenntnisse aus der Linearen Algebra, die man z. B. in [2] nachlesen kann.

Hinweise zu ergänzender oder weiterführender Literatur werden jeweils innerhalb der einzelnen Abschnitte gegeben.

4.1 Banachscher Fixpunktsatz in $\mathbb{R}$

Der im Folgenden zu entwickelnde **Banachsche Fixpunktsatz** ist einer der wichtigsten Sätze der konstruktiven **Angewandten Mathematik**. Er wurde im Jahre 1922 von Stefan Banach (1892–1945), einem polnischen Mathematiker, erstmals formuliert und bewiesen. Auf ihm beruhen direkt oder indirekt nahezu alle iterativen Verfahren, die als Fixpunktproblem interpretierbar sind. Er wird in diesem Abschnitt zunächst in seiner elementarsten Variante, nämlich für den eindimensionalen Fall, hergeleitet. Dazu müssen zu Beginn zwei grundlegende Begriffe aus dem Bereich der Funktionen bereitgestellt werden. Es handelt sich dabei um die sogenannten **Selbstabbildungen** (Urbilder und Bilder der Funktion liegen stets in ein und demselben Intervall) sowie die **kontrahierenden Abbildungen** (der Abstand zweier Bilder der Funktion ist stets echt kleiner als der Abstand der zugehörigen Urbilder, wobei noch zu präzisieren ist, was unter echt zu verstehen ist).

Definition 4.1.1 Selbstabbildung

Es sei $[a,b] \subseteq \mathbb{R}$ ein nichtleeres abgeschlossenes Intervall und $\Phi : \mathbb{R} \to \mathbb{R}$ eine Abbildung. Dann heißt Φ **Selbstabbildung** bezüglich $[a,b]$, falls gilt

$$x \in [a,b] \quad \Longrightarrow \quad \Phi(x) \in [a,b] . \quad \blacktriangleleft$$

Beispiel 4.1.2

Die Funktion $\Phi : \mathbb{R} \to \mathbb{R}$ mit

$$\Phi(x) := \frac{5}{2}x(1-x) , \quad x \in \mathbb{R} ,$$

ist eine Selbstabbildung bezüglich des Intervalls $[\frac{7}{20}, \frac{13}{20}]$ (in Abb. 4.2 durch Verdickungen auf den Achsen markiert).

Als nach unten geöffnete Parabel mit Scheitelpunkt in $\frac{1}{2}$ nimmt sie nämlich ihre Extremwerte im Intervall $[\frac{7}{20}, \frac{13}{20}]$ genau an den Randpunkten $\frac{7}{20}$ und $\frac{13}{20}$ sowie am Scheitelpunkt $\frac{1}{2}$ an, und diese Funktionswerte liegen wegen $\Phi(\frac{7}{20}) = \Phi(\frac{13}{20}) = \frac{91}{160}$ sowie $\Phi(\frac{1}{2}) = \frac{5}{8}$ alle wieder im Intervall $[\frac{7}{20}, \frac{13}{20}]$.

Definition 4.1.3 Kontrahierende Abbildung

Es sei $[a,b] \subseteq \mathbb{R}$ ein nichtleeres abgeschlossenes Intervall und $\Phi : \mathbb{R} \to \mathbb{R}$ eine Abbildung. Ferner sei $K \in [0,1)$. Dann heißt Φ **kontrahierende Abbildung** bezüglich $[a,b]$ mit **Kontraktionszahl** K, falls gilt

$$x,y \in [a,b] \quad \Longrightarrow \quad |\Phi(x) - \Phi(y)| \leq K\,|x-y| . \quad \blacktriangleleft$$

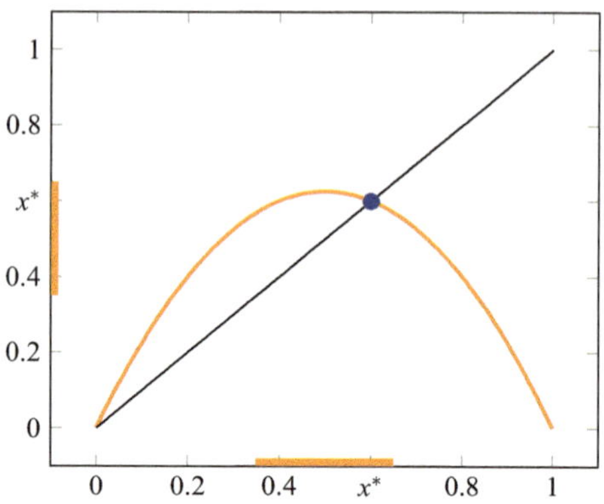

Abb. 4.2 Beispielfunktion Φ mit Identität $f(x) := x$

Ob eine gegebene Abbildung eine Kontraktion ist, ist i. Allg. nicht einfach zu überprüfen. Falls die Abbildung jedoch differenzierbar ist und eine stetige Ableitung besitzt (eine derartige Abbildung nennt man auch kurz eine **stetig differenzierbare Funktion**), kann man eine sehr einfach zu überprüfende **hinreichende Kontraktionsbedingung** angeben.

▶   **Satz 4.1.4 Hinreichende Kontraktionsbedingung** Es sei $[a, b] \subseteq \mathbb{R}$ ein nichtleeres abgeschlossenes Intervall und $\Phi : \mathbb{R} \to \mathbb{R}$ eine differenzierbare Abbildung mit stetiger Ableitung auf $[a, b]$. Falls nun

$$\max\{|\Phi'(x)| \mid x \in [a, b]\} =: K < 1$$

gilt, dann ist Φ eine **kontrahierende Abbildung** bezüglich $[a, b]$ mit **Kontraktionszahl** K.

Beweis Es seien $x, y \in [a, b]$ beliebig gegeben. Da für $x = y$ die Kontraktionsungleichung auf jeden Fall erfüllt ist, sei nun $x \neq y$. Aufgrund des **Mittelwertsatzes der Differentialrechnung** gibt es dann einen Punkt $\xi \in [a, b]$ mit

$$\frac{\Phi(x) - \Phi(y)}{x - y} = \Phi'(\xi) \, .$$

Durch Übergang zum Betrag folgt daraus sofort

$$\left| \frac{\Phi(x) - \Phi(y)}{x - y} \right| = |\Phi'(\xi)| \leq \max\{|\Phi'(x)| \mid x \in [a, b]\} = K$$

und daraus die Behauptung.   □

Beispiel 4.1.5

Die Funktion $\Phi : \mathbb{R} \to \mathbb{R}$ mit

$$\Phi(x) := \frac{5}{2}x(1-x)\,, \quad x \in \mathbb{R}\,,$$

ist eine **kontrahierende Abbildung** bezüglich des Intervalls $[\frac{7}{20}, \frac{13}{20}]$. Dies folgt mit dem obigen Satz sofort aus der stetigen Differenzierbarkeit von Φ sowie der Abschätzung

$$\max\left\{|\Phi'(x)| \mid x \in \left[\frac{7}{20}, \frac{13}{20}\right]\right\} = \max\left\{\left|\frac{5}{2} - 5x\right| \mid x \in \left[\frac{7}{20}, \frac{13}{20}\right]\right\} = \frac{3}{4} =: K < 1\,.$$

Mit den obigen Konzepten sind nun die Grundlagen bereitgestellt, um den **Banachschen Fixpunktsatz** formulieren und beweisen zu können.

▶ **Satz 4.1.6 Banachscher Fixpunktsatz** Es sei $[a, b] \subseteq \mathbb{R}$ ein nichtleeres abgeschlossenes Intervall, $\Phi : \mathbb{R} \to \mathbb{R}$ eine Abbildung und $K \in [0, 1)$. Ferner sei Φ eine **kontrahierende Selbstabbildung** bezüglich $[a, b]$ mit **Kontraktionszahl** K. Dann gelten folgende Aussagen:

- Es gibt genau ein $x^* \in [a, b]$ mit $\Phi(x^*) = x^*$, d.h. die **Existenz und Eindeutigkeit eines Fixpunkts** ist gesichert.
- Für alle Startwerte $x_0 \in [a, b]$ konvergiert die durch $x_{k+1} := \Phi(x_k)$, $k \in \mathbb{N}$, generierte Folge gegen den Fixpunkt x^*, d.h. die **Konvergenz der Fixpunktiteration** ist gesichert.
- Für jede durch eine Fixpunktiteration im obigen Sinne erzeugte Folge $(x_k)_{k\in\mathbb{N}}$ gelten die beiden **a-priori- und a-posteriori-Fehlerabschätzungen**

$$|x^* - x_k| \leq \frac{K^k}{1-K}|x_1 - x_0| \qquad \textbf{(a-priori)},$$

$$|x^* - x_k| \leq \frac{K}{1-K}|x_k - x_{k-1}| \qquad \textbf{(a-posteriori)}.$$

Beweis Für jeden Startwert $x_0 \in [a, b]$ wird durch die Fixpunktiteration $x_{k+1} := \Phi(x_k)$, $k \in \mathbb{N}$, offensichtlich eine Folge erzeugt, die aufgrund der Selbstabbildungseigenschaft von Φ bezüglich $[a, b]$ ganz in $[a, b]$ liegt, also $x_k \in [a, b]$, $k \in \mathbb{N}$. Außerdem ist die Folge eine **Cauchy-Folge**. Dies lässt sich wie folgt nachweisen: Zunächst erhält man aufgrund der **Dreiecksungleichung**, der **Kontraktionseigenschaft** von Φ bezüglich $[a, b]$ und der bekannten **Summenformel für die geometrische Reihe** für alle $k, l \in \mathbb{N}$, $l > k$, die Abschätzung

$$|x_l - x_k| = \left| \sum_{m=0}^{l-k-1} (x_{k+m+1} - x_{k+m}) \right| \leq \sum_{m=0}^{l-k-1} |x_{k+m+1} - x_{k+m}|$$

$$\leq \sum_{m=0}^{l-k-1} K^m |x_{k+1} - x_k| \leq \frac{1}{1-K} |x_{k+1} - x_k| \leq \frac{K^k}{1-K} |x_1 - x_0| \ .$$

Zum Nachweis der obigen Abschätzung wurde mehrmals ausgenutzt, dass für $k \in \mathbb{N}^*$ gilt

$$|x_{k+1} - x_k| = |\Phi(x_k) - \Phi(x_{k-1})| \leq K \, |x_k - x_{k-1}| \ .$$

Aus der Abschätzung

$$|x_l - x_k| \leq \frac{K^k}{1-K} |x_1 - x_0| \ , \quad l > k \ ,$$

folgt natürlich insbesondere, dass $(x_k)_{k \in \mathbb{N}}$ eine **Cauchy-Folge** ist, denn

$$\lim_{k \to \infty} \frac{K^k}{1-K} = 0 \ ,$$

für $K \in [0, 1)$. Da wegen der **Vollständigkeit von** $\mathbb{R}$ jede Cauchy-Folge in $\mathbb{R}$ konvergiert, gibt es ein $x^* \in \mathbb{R}$ mit

$$\lim_{k \to \infty} x_k = x^* \ .$$

Ferner überlegt man sich leicht, dass sogar $x^* \in [a, b]$ gelten muss, da – wie bereits oben erwähnt – $x_k \in [a, b]$, $k \in \mathbb{N}$, gilt. Im nächsten Schritt wird gezeigt, dass x^* ein Fixpunkt von Φ ist. Zunächst erhält man

$$0 \leq |x^* - \Phi(x^*)| \leq |x^* - x_{k+1}| + |x_{k+1} - \Phi(x^*)|$$
$$= |x^* - x_{k+1}| + |\Phi(x_k) - \Phi(x^*)| \leq |x^* - x_{k+1}| + K \, |x_k - x^*| \ .$$

Da die obige Ungleichung für alle $k \in \mathbb{N}$ erfüllt ist und

$$\lim_{k \to \infty} |x^* - x_{k+1}| = \lim_{k \to \infty} |x^* - x_k| = 0$$

gilt, folgt notwendigerweise

$$|x^* - \Phi(x^*)| = 0 \ .$$

Dies impliziert natürlich sofort $x^* = \Phi(x^*)$, d. h. x^* ist ein Fixpunkt von Φ. Er ist aber auch der einzige Fixpunkt von Φ in $[a, b]$, denn angenommen, es gäbe einen weiteren Fixpunkt $x_\star \in [a, b]$ von Φ mit $x_\star \neq x^*$, so hätte dies zur Folge, dass gilt

$$0 < |x_\star - x^*| = |\Phi(x_\star) - \Phi(x^*)| \leq K\,|x_\star - x^*| < |x_\star - x^*|\;.$$

Diese Ungleichungskette führt zum Widerspruch. Also ist x^* der einzige Fixpunkt von Φ in $[a, b]$.

Es sind nun lediglich noch die beiden Fehlerabschätzungen nachzuweisen. Dazu wird auf die zu Beginn des Beweises hergeleitete Ungleichung

$$|x_l - x_k| \leq \frac{1}{1 - K}\,|x_{k+1} - x_k|\;, \quad l > k\;,$$

zurückgegriffen. Mit Hilfe der Dreiecksungleichung erhält man daraus für alle $l > k$ die Abschätzung

$$|x^* - x_k| \leq |x^* - x_l| + |x_l - x_k| \leq |x^* - x_l| + \frac{1}{1 - K}\,|x_{k+1} - x_k|\;.$$

Da diese Ungleichung für alle $l > k$ gültig ist, kann man l gegen ∞ konvergieren lassen und erhält so die **a-posteriori- und die a-priori-Abschätzungen** gemäß

$$|x^* - x_k| \leq \frac{1}{1 - K}\,|x_{k+1} - x_k| \leq \frac{K}{1 - K}\,|x_k - x_{k-1}| \qquad \textbf{(a-posteriori)}$$

$$\leq \frac{K^k}{1 - K}\,|x_1 - x_0| \qquad \textbf{(a-priori)}.$$

Damit ist der Satz vollständig bewiesen. $\qquad\qquad\qquad\qquad\qquad\qquad\qquad\qquad\quad\square$

Beispiel 4.1.7
Die Funktion $\Phi : \mathbb{R} \to \mathbb{R}$ mit

$$\Phi(x) := \frac{5}{2}x(1 - x)\;, \quad x \in \mathbb{R}\;,$$

ist eine **kontrahierende Selbstabbildung** bezüglich des Intervalls $[\frac{7}{20}, \frac{13}{20}]$ mit **Kontraktionszahl** $K := \frac{3}{4}$. Ihr somit eindeutig bestimmter Fixpunkt $x^* \in [\frac{7}{20}, \frac{13}{20}]$ ist z. B. durch Auflösung der quadratischen Fixpunktgleichung berechenbar und lautet $x^* = \frac{3}{5}$. Ein einfacher Java-Code zur Berechnung von x^* ausgehend vom Startwert $x_0 := 0.35$ bis auf eine Genauigkeit von 10^{-6} unter Ausnutzung der a-posteriori Fehlerabschätzung könnte z. B. wie folgt aussehen:

```
K=0.75; x_neu=0.35; System.out.println(x_neu);
do
{
    x_alt=x_neu; x_neu=2.5*x_alt*(1-x_alt);
    System.out.println(x_neu);
}
while ((K/(1-K))*Math.abs(x_neu-x_alt)>=0.000001);
```

4.2 Aufgaben mit Lösungen

Aufgabe 4.2.1 *Gegeben sei die Funktion* $\Phi : \mathbb{R} \to \mathbb{R}$ *mit* $\Phi(x) := \frac{1}{2}\exp(-x)$ *für alle* $x \in \mathbb{R}$*. Zeigen Sie, dass* Φ *eine kontrahierende Selbstabbildung bezüglich des Intervalls* $[0, 1]$ *ist, bestimmen Sie eine Kontraktionszahl* $K \in [0, 1)$*, und berechnen Sie den gesuchten Fixpunkt* $x^* \in [0, 1]$ *mit* $\Phi(x^*) = x^*$ *bis auf einen Fehler kleiner als* 10^{-2}*. Dabei sei als Startwert der Punkt* $x_0 := \frac{1}{2}$ *vorgegeben.*

Lösung der Aufgabe Die Selbstabbildungseigenschaft der Funktion Φ bezüglich des Intervalls $[0, 1]$ ergibt sich wegen der Monotonie der Exponentialfunktion sofort aus $\Phi(0) = \frac{1}{2}$ und $\Phi(1) = \frac{1}{2e}$. Die Kontraktionseigenschaft der Funktion Φ bezüglich des Intervalls $[0, 1]$ erhält man ebenfalls aufgrund der Monotonie der Exponentialfunktion unter Ausnutzung der hinreichenden Kontraktionsbedingung für stetig differenzierbare Funktionen aus der Abschätzung

$$\max\{|\Phi'(x)| \mid x \in [0, 1]\} = \max\left\{\left|-\frac{1}{2}\exp(-x)\right| \mid x \in [0, 1]\right\} = \frac{1}{2} =: K < 1 \, .$$

Damit ist die Existenz eines eindeutig bestimmten Fixpunkts $x^* \in [0, 1]$ von Φ gesichert. Passt man den Java-Code entsprechend an die neue Situation an, so ergeben sich die Näherungen $x_0 = 0.5$, $x_1 = 0.3032\ldots$, $x_2 = 0.3692\ldots$, $x_3 = 0.3456\ldots$ und $x_4 = 0.3538\ldots$, wobei x_4 den gesuchten Fixpunkt x^* bis auf einen Fehler von maximal 10^{-2} genau wiedergibt.

Selbsttest 4.2.2 Welche Aussagen für eine beliebige Funktion $\Phi : \mathbb{R} \to \mathbb{R}$ sind wahr?

?−? Φ besitzt mindestens einen Fixpunkt $x^* \in \mathbb{R}$.

?−? Φ besitzt höchstens einen Fixpunkt $x^* \in \mathbb{R}$.

?+? Wenn Φ eine ungerade Funktion ist, dann hat sie mindestens einen Fixpunkt $x^* \in \mathbb{R}$.

?−? Wenn Φ eine gerade Funktion ist, dann hat sie mindestens einen Fixpunkt $x^* \in \mathbb{R}$.

4.3   Newton-Verfahren

Die **Berechnung von Nullstellen** komplizierter Funktionen ist i. Allg. nicht direkt durch Auflösung erreichbar. Deshalb bedarf es intelligenter Verfahren, um die gesuchten Nullstellen iterativ anzunähern. Speziell beim **Newton-Verfahren**, welches auf Sir Isaac Newton (1643–1727) zurückgeht und somit mehr als 300 Jahre alt ist, besteht die generelle Idee aus zwei Schritten:

- Wähle einen Startwert x_0 in der Nähe der gesuchten Nullstelle der Funktion f, und bestimme mittels Punkt-Steigungs-Form die Tangente T_{x_0} an f durch $(x_0, f(x_0))^T$ mit Steigung $f'(x_0)$.
- Berechne die Nullstelle x_1 der **Tangente** T_{x_0}. Falls $f(x_1) = 0$ ist, dann ist eine Nullstelle von f gefunden und nichts weiter zu tun. Falls $f(x_1) \neq 0$ ist, beginne von vorne mit x_1 anstelle von x_0 ... etc.

Wie Abb. 4.3 zeigt, ist das Vorgehen geometrisch gesehen nichts anderes, als dass man die komplizierte Funktion f näherungsweise durch eine einfache **Gerade** ersetzt, genauer durch eine **Tangente** an f, deren Nullstelle berechnet, und dieses Vorgehen iteriert.

Die explizite Berechnung der Tangenten an f sowie die Bestimmung ihrer Nullstellen ergibt sich Schritt für Schritt wie folgt:

$$T_{x_0}(x_1) := f(x_0) + f'(x_0)(x_1 - x_0) = 0 \implies x_1 = x_0 - \frac{f(x_0)}{f'(x_0)}$$

$$T_{x_1}(x_2) := f(x_1) + f'(x_1)(x_2 - x_1) = 0 \implies x_2 = x_1 - \frac{f(x_1)}{f'(x_1)}$$

$$T_{x_2}(x_3) := f(x_2) + f'(x_2)(x_3 - x_2) = 0 \implies x_3 = x_2 - \frac{f(x_2)}{f'(x_2)}$$

$$\text{etc.}$$

Zusammenfassend ergibt sich also folgender Satz für das **Newton-Verfahren**.

Abb. 4.3 Newton-Verfahren

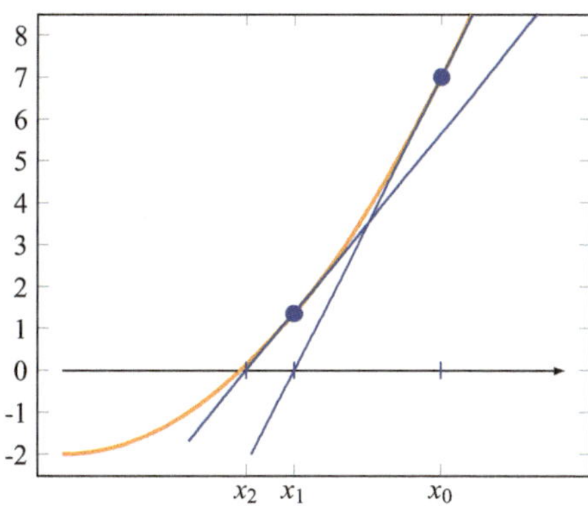

▶ **Satz 4.3.1 Newton-Verfahren** Es sei $f : \mathbb{R} \to \mathbb{R}$ eine zweimal stetig differenzierbare Funktion mit $f(\xi) = 0$ und $f'(\xi) \neq 0$. Dann gibt es ein $\epsilon > 0$, so dass für jeden beliebig vorgegebenen Startwert $x_0 \in [\xi - \epsilon, \xi + \epsilon]$ die Iterationsfolge $(x_k)_{k \in \mathbb{N}}$ mit den Folgengliedern

$$x_{k+1} := x_k - \frac{f(x_k)}{f'(x_k)}, \quad k \in \mathbb{N},$$

gegen ξ konvergiert, also $\lim_{k \to \infty} x_k = \xi$ gilt.

Beweis Es wird lediglich die Beweisidee skizziert. Man betrachte die Funktion $\Phi : \mathbb{R} \to \mathbb{R}$ mit

$$\Phi(x) := \left\{ \begin{array}{ll} x - \frac{f(x)}{f'(x)} & \text{falls} \quad f'(x) \neq 0 \\ x & \text{falls} \quad f'(x) = 0 \end{array} \right\}$$

und zeige, dass diese Funktion für ein geeignetes $\epsilon > 0$ eine **kontrahierende Selbstabbildung** bezüglich des Intervalls $[\xi - \epsilon, \xi + \epsilon]$ ist. Dann folgt die Behauptung mit Hilfe des **Banachschen Fixpunktsatzes**. Einen ausführlichen Beweis findet man z. B. in [3, 4]. □

Beispiel 4.3.2

Gesucht wird die positive Nullstelle der Funktion $f : \mathbb{R} \to \mathbb{R}$, $f(x) := x^2 - 2$. Wegen $f'(x) = 2x$ ergeben sich mit dem **Newton-Verfahren** zum Startwert $x_0 := 2$ unter Anwendung der Iterationsvorschrift

$$x_{k+1} := x_k - \frac{x_k^2 - 2}{2x_k}, \quad k \in \mathbb{N},$$

die folgenden Iterationswerte:

$$k = 0: \quad x_1 = 2 - \frac{2^2 - 2}{2 \cdot 2} = 1.5,$$

$$k = 1: \quad x_2 = 1.5 - \frac{1.5^2 - 2}{2 \cdot 1.5} = 1.41666666\ldots,$$

$$k = 2: \quad x_3 = 1.414215686\ldots,$$

$$k = 3: \quad x_4 = 1.414213562\ldots,$$

$$k = 4: \quad x_5 = 1.414213562\ldots,$$

$$k = 5: \quad x_6 = 1.414213562\ldots.$$

Ein einfacher Java-Code zur Implementierung des Newton-Verfahrens könnte z. B. wie folgt aussehen:

```
double x=x_0;
while (Math.abs(f(x))>0.0000001)
{
    x=x-f(x)/f_strich(x);
    System.out.println("Nullstennäherung:     "+x);
}
```

▶ **Bemerkung 4.3.3 Anwendbarkeit des Newton-Verfahrens** Grundsätzlich ist das **Newton-Verfahren** für jede differenzierbare Funktion f mit einer Nullstelle ξ definierbar, sofern die Division durch $f'(x_k)$ immer möglich ist. Um Konvergenz zu sichern, braucht man jedoch i. Allg. Zusatzbedingungen an f. Eine relativ restriktive hinreichende Bedingung wurde im obigen Satz angegeben.

▶ **Bemerkung 4.3.4 Variante des Newton-Verfahrens** Eine Variante des Newton-Verfahrens ist das sogenannte **vereinfachte Newton-Verfahren**, bei dem stets mit einer festen Steigung, z. B. $f'(x_0)$, gearbeitet wird. Es vermeidet die permanente Neuberechnung von Ableitungswerten, ist aber i. Allg. nicht so schnell konvergent wie das echte Newton-Verfahren.

4.4 Aufgaben mit Lösungen

Aufgabe 4.4.1 *Berechnen Sie ausgehend von $x_0 := 0$ mit dem Newton-Verfahren Näherungen für die in $[0, 2]$ gelegene Nullstelle der Funktion $f : \mathbb{R} \to \mathbb{R}$, $f(x) := x - e^{-x^2}$.*

Lösung der Aufgabe Wegen $f'(x) = 1 + 2xe^{-x^2}$ ergeben sich mit dem Newton-Verfahren zum Startwert $x_0 = 0$ unter Anwendung der Iterationsvorschrift

$$x_{k+1} := x_k - \frac{x_k - e^{-x_k^2}}{1 + 2x_k e^{-x_k^2}} \, , \quad k \in \mathbb{N} \, ,$$

die folgenden Iterationswerte:

$$
\begin{aligned}
k = 0: \quad & x_1 = 1, \\
k = 1: \quad & x_2 = 0.635824\ldots, \\
k = 2: \quad & x_3 = 0.652937\ldots, \\
k = 3: \quad & x_4 = 0.652918\ldots, \\
k = 4: \quad & x_5 = 0.652918\ldots, \\
k = 5: \quad & x_6 = 0.652918\ldots.
\end{aligned}
$$

Aufgabe 4.4.2 *Berechnen Sie ausgehend von $x_0 := 1$ mit dem Newton-Verfahren die ersten beiden Näherungen x_1 und x_2 für die in $[0, 3]$ gelegene Nullstelle der Funktion $f : \mathbb{R} \to \mathbb{R}$, $f(x) := x^3 - 2$.*

Lösung der Aufgabe Wegen $f'(x) = 3x^2$ ergeben sich mit dem Newton-Verfahren zum Startwert $x_0 = 1$ unter Anwendung der Iterationsvorschrift

$$x_{k+1} := x_k - \frac{x_k^3 - 2}{3x_k^2} \,, \quad k \in \mathbb{N} \,,$$

die folgenden Iterationswerte:

$$k = 0: \quad x_1 = \frac{4}{3} = 1.333333\ldots,$$

$$k = 1: \quad x_2 = \frac{91}{72} = 1.263888\ldots.$$

Selbsttest 4.4.3 Welche Aussagen über das Newton-Verfahren sind wahr?

?−? Mit dem Newton-Verfahren kann man näherungsweise Ableitungen berechnen.

?−? Das Newton-Verfahren ist für jede stetige Funktion durchführbar.

?+? Unter gewissen Zusatzbedingungen kann man die Konvergenz des Newton-Verfahrens sicherstellen.

?−? Das Newton-Verfahren konvergiert nur für zweimal stetig differenzierbare Funktionen.

?−? Das Newton-Verfahren konvergiert nur für Polynome.

4.5 Heron-Verfahren

Mit dem sogenannten **Heron-Verfahren** (Heron von Alexandria, um 50), das auch als **babylonische Methode** bezeichnet wird, ist es möglich, näherungsweise die Quadratwurzel einer positiven reellen Zahl a zu bestimmen. Historisch gesehen ist das Heron-Verfahren wesentlich älter als das **Newton-Verfahren** (vgl. Abschn. 4.3), kann aber formal sehr elegant auf dieses zurückgeführt werden. In diesem Sinne besteht das Heron-Verfahren einfach aus der Anwendung des Newton-Verfahrens zur Nullstellenbestimmung des quadratischen Polynoms $p : \mathbb{R} \to \mathbb{R}$ mit $p(x) := x^2 - a$ und $a > 0$. Für die Suche nach der Nullstelle von p ergibt sich mit dem Newton-Verfahren wegen $p'(x) = 2x$ bei beliebig vorgegebenem $x_0 > 0$ nämlich das folgende algorithmische Vorgehen:

$$x_{k+1} := x_k - \frac{p(x_k)}{p'(x_k)} = x_k - \frac{x_k^2 - a}{2x_k} = \frac{1}{2}\left(x_k + \frac{a}{x_k}\right), \quad k \in \mathbb{N} \,.$$

Für das so entstandene **Heron-Verfahren** gilt nun der folgende Satz.

▸ **Satz 4.5.1 Heron-Verfahren** Es sei $a \in \mathbb{R}$, $a > 0$, beliebig gegeben. Ferner sei der Startwert $x_0 \in \mathbb{R}$ ebenfalls positiv, d. h. $x_0 > 0$. Dann konvergiert die Iterationsfolge $(x_k)_{k \in \mathbb{N}}$ mit den Folgengliedern

$$x_{k+1} := \frac{1}{2}\left(x_k + \frac{a}{x_k}\right), \quad k \in \mathbb{N},$$

gegen $\sqrt{a}$, es gilt also $\lim_{k \to \infty} x_k = \sqrt{a}$.

Beweis Man betrachte die Funktion $\Phi : (0, \infty) \to (0, \infty)$ mit

$$\Phi(x) := \frac{1}{2}\left(x + \frac{a}{x}\right), \quad x \in (0, \infty).$$

Wegen

$$\Phi'(x) = \frac{1}{2}\left(1 - \frac{a}{x^2}\right), \quad x \in (0, \infty),$$

ist Φ streng monoton fallend auf $(0, \sqrt{a})$ und streng monoton wachsend auf $(\sqrt{a}, \infty)$. Aus dieser Vorüberlegung folgt für alle $x_0 \in (0, \infty)$ sofort die Abschätzung

$$x_1 := \Phi(x_0) \geq \Phi(\sqrt{a}) = \frac{1}{2}\left(\sqrt{a} + \frac{a}{\sqrt{a}}\right) = \sqrt{a}.$$

Da ferner für alle $x_0 \in [\sqrt{a}, \infty)$ die Abschätzung

$$x_1 := \Phi(x_0) = \frac{1}{2}\left(x_0 + \frac{a}{x_0}\right) \leq \frac{1}{2}\left(x_0 + \frac{x_0^2}{x_0}\right) = x_0$$

gilt, handelt es sich bei der Iterationsfolge $(x_k)_{k \in \mathbb{N}}$ mit den Folgengliedern

$$x_{k+1} := \Phi(x_k) = \frac{1}{2}\left(x_k + \frac{a}{x_k}\right), \quad k \in \mathbb{N},$$

spätestens ab Index $k = 1$ um eine monoton fallende Folge, die nach unten durch $\sqrt{a}$ beschränkt ist. Nach dem **Monotonie- und Beschränktheitskriterium** für Folgen ist somit die Konvergenz der Folge gesichert. Dass ihr Grenzwert x^* auch gleich $\sqrt{a}$ sein muss, prüft man leicht anhand der vom Grenzwert zu erfüllenden Identität $x^* = \frac{1}{2}(x^* + \frac{a}{x^*})$ nach. $\qquad\square$

Beispiel 4.5.2

Gesucht wird eine Näherung für $\sqrt{2}$. Mit dem **Heron-Verfahren** zum Startwert $x_0 := 2$ ergeben sich unter Anwendung der Iterationsvorschrift

$$x_{k+1} := \frac{1}{2}\left(x_k + \frac{2}{x_k}\right), \quad k \in \mathbb{N},$$

die folgenden Iterationswerte:

$$k = 0: \quad x_1 = \frac{1}{2}\left(2 + \frac{2}{2}\right) = 1.5,$$

$$k = 1: \quad x_2 = \frac{1}{2}\left(1.5 + \frac{2}{1.5}\right) = 1.41666666\ldots,$$

$$k = 2: \quad x_3 = 1.414215686\ldots,$$

$$k = 3: \quad x_4 = 1.414213562\ldots,$$

$$k = 4: \quad x_5 = 1.414213562\ldots,$$

$$k = 5: \quad x_6 = 1.414213562\ldots.$$

Ein einfacher Java-Code zur Implementierung des Heron-Verfahrens könnte z. B. wie folgt aussehen:

```
double x=x_0,a=given_number;
while (Math.abs(x*x-a)>0.0000001)
{
    x=0.5*(x+a/x);
    System.out.println("Wurzelnäherung:     "+x);
}
```

Die obige Implementierung lässt sich natürlich noch wesentlich verfeinern und effizienter gestalten. Dabei geht man prinzipiell wie folgt vor: Zunächst darf man voraussetzen, dass die Zahl $a \in \mathbb{R}$, $a > 0$, deren Wurzel gesucht wird, auf dem Computer als **Maschinenzahl** Z_a zur Basis $b = 2$ mit Mantissenlänge n_{max} in normalisierter Gleitpunktdarstellung vorliegt,

$$Z_a = z_0 . z_1 z_2 \cdots z_{n_{max}-1} \cdot 2^k,$$

mit $z_n \in \{0, 1\}$ für $n \in \{0, 1, \ldots, n_{max} - 1\}$ und $z_0 \neq 0$. Falls der Exponent k in der obigen Darstellung gerade ist, dann ist nichts weiter zu tun. Falls der Exponent k in der obigen Darstellung ungerade ist, dann denkt man sich Z_a maschinenintern dargestellt als

$$Z_a = z_0 z_1 . z_2 z_3 \cdots z_{n_{max}-1} \cdot 2^{k-1},$$

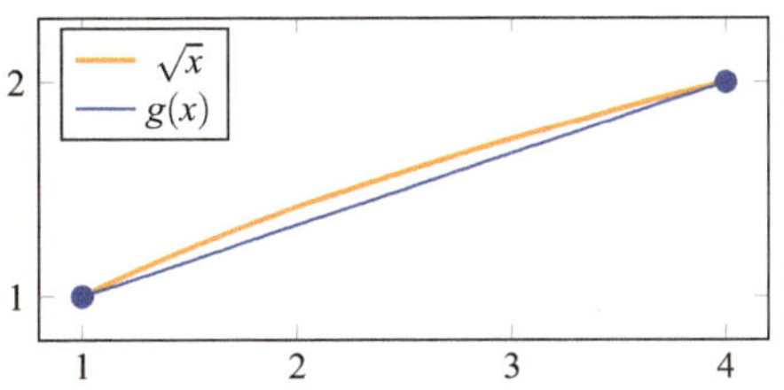

Abb. 4.4 Verbessertes Heron-Verfahren

mit $z_n \in \{0, 1\}$ für $n \in \{0, 1, \ldots, n_{max} - 1\}$ und $z_0 \neq 0$. Die obigen Darstellungen kann man sich nun durch Zusammenfassung von je zwei benachbarten Ziffern der Mantisse in Maschinenzahlen Z_a von a zur Basis $b = 4$ überführt denken, also

$$Z_a = y_0 \cdot y_1\, y_2 \cdots y_{m-1} \cdot 4^t \,,$$

mit $y_n \in \{0, 1, 2, 3\}$ für $n \in \{0, 1, \ldots, m - 1\}$ und $y_0 \neq 0$. Zieht man nun die **Wurzel** aus dieser Darstellung, so erhält man in ausgeschriebener Form

$$\sqrt{Z_a} = \sqrt{\sum_{i=0}^{m-1} y_i \cdot 4^{-i}} \cdot 2^t \,,$$

d. h. die Wurzelberechnung ist reduziert auf die Berechnung der Wurzel einer Zahl

$$\alpha := \sum_{i=0}^{m-1} y_i \cdot 4^{-i} \,,$$

die im Intervall $[1, 4)$ liegt.

Bestimmt man nun die **Gerade** $g : \mathbb{R} \to \mathbb{R}$ durch die Punkte $(1, \sqrt{1})^T = (1, 1)^T$ und $(4, \sqrt{4})^T = (4, 2)^T$ (vgl. Abb. 4.4), also

$$g(x) := \frac{2 - 1}{4 - 1}(x - 1) + 1 = \frac{1}{3}x + \frac{2}{3} \,,$$

so ist es naheliegend, als Startnäherung für das **Heron-Verfahren** den Wert der Gerade an der Stelle α zu nehmen, also

$$x_0 := g(\alpha) = g\left(\sum_{i=0}^{m-1} y_i \cdot 4^{-i}\right) .$$

Beispiel 4.5.3

Zu berechnen ist eine Näherung für $\sqrt{1001}$ gemäß obigem Vorgehen, wobei $1001 = 1.001 \cdot 10^3$ eine Zahl in Dezimaldarstellung sei:

- Bestimmung der Maschinenzahl in Dualdarstellung bei Vorgabe der Mantissenlänge 10:

$$Z_{1001} = 1.111101001 \cdot 2^9 = 11.11101001 \cdot 2^8 \, .$$

- Bestimmung der Maschinenzahl zur Basis 4:

$$Z_{1001} = 3.3221 \cdot 4^4 \, .$$

- Bestimmung von x_0, der Einfachheit halber in dezimaler Notation:

$$x_0 = g\left(\frac{1001}{2^8}\right) = \frac{1}{3} \cdot \frac{1001}{256} + \frac{2}{3} = \frac{1513}{768} = 1.970052\ldots \, .$$

- Berechnung einiger Iterationswerte gemäß dem **Heron-Verfahren**, ebenfalls in dezimaler Notation. Man beachte die enorm schnelle Konvergenz aufgrund der Wahl des sehr guten Startwerts:

$$x_0 = 1.970052\ldots ,$$
$$x_1 = \frac{1}{2}\left(1.970052\ldots + \frac{1001}{256}\frac{1}{1.970052\ldots}\right) = 1.9774252\ldots ,$$
$$x_2 = \frac{1}{2}\left(1.9774252\ldots + \frac{1001}{256}\frac{1}{1.9774252\ldots}\right) = 1.9774115\ldots ,$$
$$x_3 = \frac{1}{2}\left(1.9774115\ldots + \frac{1001}{256}\frac{1}{1.9774115\ldots}\right) = 1.9774115\ldots \, .$$

- Multiplikation der letzten Iterierten mit 2^4, welches dual durch einfaches Shiften realisierbar ist:

$$\sqrt{1001} \approx 1.9774115 \cdot 2^4 = 31.638584 \, .$$

4.6 Aufgaben mit Lösungen

Aufgabe 4.6.1 *Berechnen Sie eine Näherung für $\sqrt{14.125}$ gemäß dem oben skizzierten verbesserten Heron-Verfahren. Bestimmen Sie dazu zu Beginn die Dualdarstellung der Maschinenzahl von 14.125 für $n_{max} = 8$ und Rundung auf die letzte angegebene Mantissenstelle.*

Lösung der Aufgabe Zur Berechnung der Näherung für $\sqrt{14.125}$ geht man wie folgt vor:

- Bestimmung der Maschinenzahl in Dualdarstellung:

$$Z_{14.125} = 1.1100010 \cdot 2^3 = 11.100010 \cdot 2^2 \,.$$

- Bestimmung der Maschinenzahl zur Basis 4:

$$Z_{14.125} = 3.202 \cdot 4^1 \,.$$

- Bestimmung von x_0:

$$x_0 = g\left(\frac{14.125}{2^2}\right) = \frac{1}{3} \cdot \frac{14.125}{4} + \frac{2}{3} = \frac{177}{96} = 1.84375 \,.$$

- Berechnung einiger Iterationswerte gemäß dem Heron-Verfahren:

$$x_0 = 1.84375 \,,$$
$$x_1 = \frac{1}{2}\left(1.84375 + \frac{14.125}{4}\frac{1}{1.84375}\right) = 1.879502\ldots \,,$$
$$x_2 = \frac{1}{2}\left(1.879502\ldots + \frac{14.125}{4}\frac{1}{1.879502\ldots}\right) = 1.879162\ldots \,,$$
$$x_3 = \frac{1}{2}\left(1.879162\ldots + \frac{14.125}{4}\frac{1}{1.879162\ldots}\right) = 1.879162\ldots \,.$$

- Multiplikation der letzten Iterierten mit 2^1:

$$\sqrt{14.125} \approx 1.879162 \cdot 2^1 = 3.758324 \,.$$

Selbsttest 4.6.2 Welche Aussagen über das Heron-Verfahren sind wahr?

?+? Für positive Startwerte konvergiert das Heron-Verfahren immer.

?−? Mit dem Heron-Verfahren kann man dritte Wurzeln berechnen.

?+? Die Konvergenzgeschwindigkeit des Heron-Verfahrens hängt von der Wahl des Startwerts ab.

?−? Man darf beim Heron-Verfahren auch Null als Startwert nehmen.

4.7 Sekanten-Verfahren

Der Nachteil des **Newton-Verfahrens** (vgl. Abschn. 4.3) besteht darin, dass die Funktion, deren Nullstelle gesucht wird, differenzierbar sein muss. Handelt es sich bei der zugrunde liegenden Funktion aber lediglich um eine stetige Funktion, muss man das Newton-Verfahren geeignet modifizieren. Eine derartige Modifikation liefert das sogenannte **Sekanten-Verfahren**. Die prinzipielle Idee dieses Verfahrens besteht aus zwei

Abb. 4.5 Sekanten-Verfahren

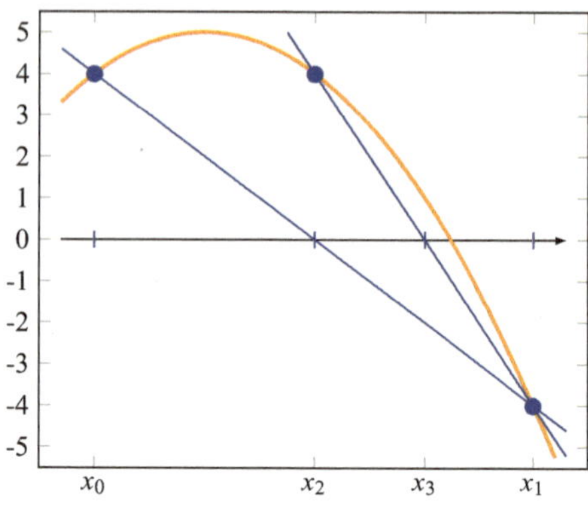

Schritten:

- Wähle zwei verschiedene Startwerte x_0 und x_1 in der Nähe der gesuchten Nullstelle der Funktion f, und bestimme mittels Punkt-Steigungs-Form die Sekante S_{x_0,x_1} an f durch $(x_0, f(x_0))^T$ und $(x_1, f(x_1))^T$.
- Berechne die Nullstelle x_2 der **Sekante** S_{x_0,x_1}. Falls $f(x_2) = 0$ ist, dann ist eine Nullstelle von f gefunden und nichts weiter zu tun. Falls $f(x_2) \neq 0$ ist, beginne von vorne mit x_1 und x_2 anstelle von x_0 und x_1 ... etc.

Wie Abb. 4.5 zeigt, ist das Vorgehen geometrisch gesehen nichts anderes, als dass man die komplizierte Funktion f näherungsweise durch eine einfache **Gerade** ersetzt, genauer durch eine **Sekante** an f, deren Nullstelle berechnet, und dieses Vorgehen iteriert. Arbeitet das Newton-Verfahren also mit Tangenten, so arbeitet das Sekanten-Verfahren, wie der Name bereits sagt, mit Sekanten.

Die explizite Berechnung der Sekanten an f sowie die Bestimmung ihrer Nullstellen ergibt sich Schritt für Schritt wie folgt:

$$S_{x_0,x_1}(x_2) := f(x_1) + \frac{f(x_1) - f(x_0)}{x_1 - x_0}(x_2 - x_1) = 0,$$

also

$$x_2 = x_1 - \left(\frac{f(x_1) - f(x_0)}{x_1 - x_0}\right)^{-1} f(x_1),$$

sowie im nächsten Schritt

$$S_{x_1,x_2}(x_3) := f(x_2) + \frac{f(x_2) - f(x_1)}{x_2 - x_1}(x_3 - x_2) = 0,$$

also

$$x_3 = x_2 - \left(\frac{f(x_2) - f(x_1)}{x_2 - x_1}\right)^{-1} f(x_2), \text{ etc.}$$

Zusammenfassend ergibt sich also folgender Satz für das **Sekanten-Verfahren**. Man erkennt sehr schön, dass im Vergleich zum Newton-Verfahren (vgl. Abschn. 4.3) in jedem Schritt lediglich Ableitungen durch Differenzenquotienten ersetzt werden müssen.

▶ **Satz 4.7.1 Sekanten-Verfahren** Es sei $f : \mathbb{R} \to \mathbb{R}$ eine zweimal stetig differenzierbare Funktion mit $f(\xi) = 0$ und $f'(\xi) \neq 0$. Dann gibt es ein $\epsilon > 0$, so dass für alle beliebig vorgegebenen Startwerte $x_0, x_1 \in [\xi - \epsilon, \xi + \epsilon]$, $x_0 \neq x_1$, die Iterationsfolge $(x_k)_{k \in \mathbb{N}}$ mit den Folgengliedern

$$x_{k+1} := x_k - \left(\frac{f(x_k) - f(x_{k-1})}{x_k - x_{k-1}} \right)^{-1} f(x_k) , \quad k \in \mathbb{N}^* ,$$

gegen ξ konvergiert, also $\lim_{k \to \infty} x_k = \xi$ gilt.

Beweis Zum Beweis sei auf [3, 5] verwiesen. □

▶ **Bemerkung 4.7.2 Anwendbarkeit des Sekanten-Verfahrens** Grundsätzlich ist das **Sekanten-Verfahren** für jede stetige Funktion f mit einer Nullstelle ξ anwendbar, sofern die Division durch $\frac{f(x_k) - f(x_{k-1})}{x_k - x_{k-1}}$ immer möglich ist. Um Konvergenz zu sichern, braucht man jedoch i. Allg. Zusatzbedingungen an f. Eine relativ restriktive hinreichende Bedingung wurde im obigen Satz angegeben.

▶ **Bemerkung 4.7.3 Variante des Sekanten-Verfahrens** Eine Variante des Sekanten-Verfahrens ist die sogenannte **Regula Falsi**, bei der stets Sorge dafür getragen wird, dass $f(x_k) \cdot f(x_{k+1}) < 0$ gilt, d. h. die Nullstelle ξ immer von x_k und x_{k+1} eingeschlossen wird. Der Vorteil dieses Verfahrens im Vergleich zum Sekanten-Verfahren liegt in diesem schrittweisen Einschluss der gesuchten Nullstelle. Der Nachteil besteht darin, dass man eine zusätzliche Abfrage in jedem Iterationsschritt investieren muss.

Beispiel 4.7.4
Gesucht wird die positive Nullstelle der Funktion $f : \mathbb{R} \to \mathbb{R}$, $f(x) := x^2 - 2$. Mit den Startwerten $x_0 := 0$ und $x_1 := 2$ ergeben sich unter Anwendung der Iterationsvorschrift des **Sekanten-Verfahrens**

$$x_{k+1} := x_k - \left(\frac{(x_k^2 - 2) - (x_{k-1}^2 - 2)}{x_k - x_{k-1}} \right)^{-1} (x_k^2 - 2) , \quad k \in \mathbb{N}^* ,$$

die folgenden Iterationswerte:

$$k = 1: \quad x_2 = 2 - \left(\frac{(2^2 - 2) - (0^2 - 2)}{2 - 0} \right)^{-1} (2^2 - 2) = 1,$$

$$k = 2: \quad x_3 = 1 - \left(\frac{(1^2 - 2) - (2^2 - 2)}{1 - 2} \right)^{-1} (1^2 - 2) = 1.\overline{3},$$

$$k = 3: \quad x_4 = 1.42857\ldots,$$

$$k = 4: \quad x_5 = 1.41379\ldots,$$

$$k = 5: \quad x_6 = 1.41421\ldots.$$

Ein einfacher Java-Code zur Implementierung des Sekanten-Verfahrens könnte z. B. wie folgt aussehen:

```
double x=x_0,xx=x_1,xxx;
while (Math.abs(f(x))>0.0000001)
{
    xxx=x-f(x)/((f(xx)-f(x))/(xx-x));
    x=xx; xx=xxx;
    System.out.println("Nullstellennäherung:    "+x);
}
```

4.8 Aufgaben mit Lösungen

Aufgabe 4.8.1 *Berechnen Sie ausgehend von $x_0 := 0$ und $x_1 := 2$ mit dem Sekanten-Verfahren Näherungen für die in $[0, 2]$ gelegene Nullstelle der Funktion $f : \mathbb{R} \to \mathbb{R}$, $f(x) := x - e^{-x^2}$.*

Lösung der Aufgabe   Mit den Startwerten $x_0 = 0$ und $x_1 = 2$ ergeben sich unter Anwendung der Iterationsvorschrift

$$x_{k+1} := x_k - \left(\frac{(x_k - e^{-x_k^2}) - (x_{k-1} - e^{-x_{k-1}^2})}{x_k - x_{k-1}} \right)^{-1} (x_k - e^{-x_k^2}), \quad k \in \mathbb{N}^*,$$

die folgenden Iterationswerte:

$$k = 1: \quad x_2 = 2 - \left(\frac{(2 - e^{-4}) - (0 - e^0)}{2 - 0} \right)^{-1} (2 - e^{-4}) = 0.670761\ldots,$$

$$k = 2: \quad x_3 = 0.648193\ldots,$$

$$k = 3: \quad x_4 = 0.652914\ldots,$$

$$k = 4: \quad x_5 = 0.652918\ldots,$$

$$k = 5: \quad x_6 = 0.652918\ldots.$$

Aufgabe 4.8.2   *Berechnen Sie ausgehend von $x_0 := 0$ und $x_1 := 3$ mit dem Sekanten-Verfahren die Näherung x_2 für die in $[0, 3]$ gelegene Nullstelle der Funktion $f : \mathbb{R} \to \mathbb{R}$, $f(x) := x^3 - 2$.*

Lösung der Aufgabe   Mit den Startwerten $x_0 = 0$ und $x_1 = 3$ ergibt sich unter Anwendung der Iterationsvorschrift

$$x_{k+1} := x_k - \left(\frac{(x_k^3 - 2) - (x_{k-1}^3 - 2)}{x_k - x_{k-1}} \right)^{-1} (x_k^3 - 2) , \quad k \in \mathbb{N}^* ,$$

der folgende Iterationswert:

$$k = 1: \quad x_2 = \frac{2}{9} = 0.222222\ldots .$$

Aufgabe 4.8.3   *In einigen Büchern lautet die Iterationsvorschrift für das Sekanten-Verfahren*

$$x_{k+1} := x_{k-1} - \left(\frac{f(x_k) - f(x_{k-1})}{x_k - x_{k-1}} \right)^{-1} f(x_{k-1}) , \quad k \in \mathbb{N}^* .$$

Zeigen Sie, dass die neue Iterationsvorschrift zu denselben Resultaten führt wie die alte Iterationsvorschrift.

Lösung der Aufgabe   Die Überführung der neuen Iterationsvorschrift in die alte ergibt sich unmittelbar aus

$$x_{k-1} - \left(\frac{f(x_k) - f(x_{k-1})}{x_k - x_{k-1}} \right)^{-1} f(x_{k-1})$$

$$= x_{k-1} - \left(\frac{f(x_k) - f(x_{k-1})}{x_k - x_{k-1}} \right)^{-1} (f(x_{k-1}) - f(x_k) + f(x_k))$$

$$= x_{k-1} + \left(\frac{1}{x_k - x_{k-1}} \right)^{-1} - \left(\frac{f(x_k) - f(x_{k-1})}{x_k - x_{k-1}} \right)^{-1} f(x_k)$$

$$= x_k - \left(\frac{f(x_k) - f(x_{k-1})}{x_k - x_{k-1}} \right)^{-1} f(x_k) .$$

Selbsttest 4.8.4   Welche Aussagen über das Sekanten-Verfahren sind wahr?

?−? Mit dem Sekanten-Verfahren kann man näherungsweise Steigungen berechnen.

?+? Das Sekanten-Verfahren kann näherungsweise Nullstellen für stetige Funktionen berechnen.

?+? Unter gewissen Zusatzbedingungen kann man die Konvergenz des Sekanten-Verfahrens sicherstellen.

?−? Das Sekanten-Verfahren konvergiert nur für zweimal stetig differenzierbare Funktionen.

4.9 Abstieg-Verfahren

Beim **Abstieg-Verfahren** handelt es sich um eine iterative Strategie zur **Berechnung eines Minimums** einer differenzierbaren Funktion. Da es sich bei diesem Verfahren wieder um ein **Fixpunkt-Verfahren** handelt, wird erwartungsgemäß der Banachsche Fixpunktsatz benutzt, um hinreichende Konvergenzbedingungen für dieses Verfahren zu formulieren (vgl. Abschn. 4.1). Im Folgenden soll zunächst die Idee des Abstieg-Verfahrens motiviert werden.

Es möge $f : \mathbb{R} \to \mathbb{R}$ eine differenzierbare Funktion sein, deren lokales oder globales Minimum gesucht werde. Man stellt sich nun die Frage, was man ausgehend von einem beliebigen Startwert $x_0 \in \mathbb{R}$ tun kann, um sich in Richtung eines Minimums der gegebenen Funktion zu bewegen. Motiviert durch Abb. 4.6 scheint folgende Strategie plausibel zu sein: Falls die Funktion in x_0 wächst, wandere man ein Stück nach links. Falls die Funktion in x_0 fällt, wandere man ein Stück nach rechts. Grundsätzlich ist es also vernünftig, von x_0 aus immer in die Richtung fortzuschreiten, in der die Funktion abnimmt, so dass sich folgende Vorgehensweise anbietet:

- Wähle einen beliebigen Punkt $x_0 \in \mathbb{R}$.
- Falls $f'(x_0) > 0$, gehe ein Stück nach links von x_0.
- Falls $f'(x_0) < 0$, gehe ein Stück nach rechts von x_0.

Formal lässt sich diese Strategie nun wie folgt algorithmisch präzisieren: Wähle $\lambda > 0$ und $x_0 \in \mathbb{R}$ beliebig. Dann iteriere gemäß

$$x_{k+1} := x_k - \lambda f'(x_k) , \quad k \in \mathbb{N} .$$

Der vor dem Start des obigen Algorithmus zu wählende Parameter λ kann als Skalierungsmaß für die Größe der jeweiligen Korrekturen der Iterationswerte verstanden werden. Ist λ sehr groß, dann wird massiv korrigiert. Ist λ sehr klein, so wird kaum noch korrigiert.

Abb. 4.6 Abstieg-Verfahren

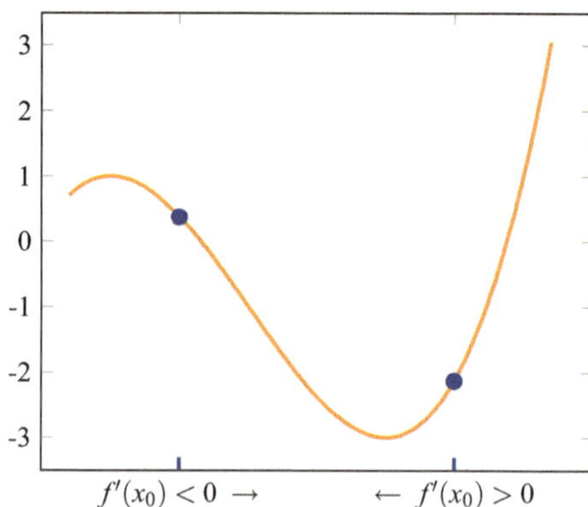

Beispiel 4.9.1

Es sei $f : \mathbb{R} \to \mathbb{R}$ gegeben als $f(x) := x^2$. Wegen $f'(x) = 2x$ lautet der Algorithmus des **Abstieg-Verfahrens** hier für $\lambda > 0$ fest:

$$x_0 \in \mathbb{R},$$
$$x_{k+1} := x_k - 2\lambda x_k , \quad k \in \mathbb{N} .$$

Es werden nun vier verschiedene Fälle für λ betrachtet, wobei als Startwert der Iterationsfolge stets $x_0 := -1$ gewählt wird.

Im ersten Fall sei $\lambda := 2$. Man erhält dann die Iterationswerte

$$x_0 = -1,$$
$$x_1 = -1 - 2 \cdot 2 \cdot (-1) = 3,$$
$$x_2 = 3 - 2 \cdot 2 \cdot 3 = -9,$$
$$x_3 = -9 - 2 \cdot 2 \cdot (-9) = 27,$$
$$x_4 = 27 - 2 \cdot 2 \cdot 27 = -81,$$
$$\vdots$$
$$x_k = (-1)^{k+1} 3^k, \quad k \in \mathbb{N} .$$

Offenbar divergiert die Iterationsfolge unbestimmt gegen $\pm\infty$ (allgemein: für Startwerte $x_0 \in \mathbb{R} \setminus \{0\}$ unbestimmt divergierend). Es liegt also **keine Konvergenz** vor!

Im zweiten Fall sei $\lambda := 1$. Hier ergibt sich

$$x_0 = -1,$$
$$x_1 = -1 - 2 \cdot 1 \cdot (-1) = 1,$$
$$x_2 = 1 - 2 \cdot 1 \cdot 1 = -1,$$
$$x_3 = -1 - 2 \cdot 1 \cdot (-1) = 1,$$
$$x_4 = 1 - 2 \cdot 1 \cdot 1 = -1,$$
$$\vdots$$
$$x_k = (-1)^{k+1}, \quad k \in \mathbb{N} .$$

Offenbar springt die Iterationsfolge zyklisch zwischen -1 und 1 hin und her (allgemein: für Startwerte $x_0 \in \mathbb{R} \setminus \{0\}$ zyklisch zwischen $-x_0$ und x_0). Es liegt also **keine Konvergenz** vor!

Der nächste Fall sei durch $\lambda := \frac{1}{2}$ gegeben. Hier erhält man

$$x_0 = -1,$$
$$x_1 = -1 - (-1) = 0,$$
$$x_2 = 0 - 0 = 0,$$
$$\vdots$$
$$x_k = 0, \quad k \in \mathbb{N}^* .$$

Offenbar terminiert die Iterationsfolge nach einem Schritt auf der Lösung (allgemein: für alle Startwerte $x_0 \in \mathbb{R}$ terminierend). Es liegt also insbesondere **Konvergenz** vor!

Im letzten Fall sei $\lambda := \frac{1}{4}$. Dann ergibt sich die Iterationsfolge

$$x_0 = -1,$$
$$x_1 = -1 - \frac{1}{2} \cdot (-1) = -\frac{1}{2},$$
$$x_2 = -\frac{1}{2} - \frac{1}{2} \cdot \left(-\frac{1}{2}\right) = -\frac{1}{4},$$
$$x_3 = -\frac{1}{4} - \frac{1}{2} \cdot \left(-\frac{1}{4}\right) = -\frac{1}{8},$$
$$\vdots$$
$$x_k = -\frac{1}{2^k}, \quad k \in \mathbb{N} .$$

Offenbar konvergiert die Iterationsfolge für $k \to \infty$ gegen die Lösung (allgemein: für alle Startwerte $x_0 \in \mathbb{R}$ konvergierend). Es liegt also **Konvergenz** vor!

Schon das obige sehr einfache Beispiel zeigt, dass der Algorithmus mit einiger Vorsicht zu genießen ist. Ehe eine auf dem **Banachschen Fixpunktsatz** beruhende **hinreichende Konvergenzbedingung** angegeben wird, soll nach der vollständigen Definition des **Abstieg-Verfahrens** im anschließenden Satz zunächst allgemein festgehalten werden, welche Konsequenzen die Konvergenz der Iterationsfolge des Abstieg-Verfahrens hat.

Definition 4.9.2 Abstieg-Verfahren

Es sei $f : \mathbb{R} \to \mathbb{R}$ eine differenzierbare Funktion mit stetiger Ableitung. Ferner möge f ein (lokales) Minimum besitzen und $\lambda > 0$ beliebig und fest gegeben sein. Dann nennt man das der Minimum-Suche dienende Vorgehen ausgehend von einem beliebigen Startwert $x_0 \in \mathbb{R}$ gemäß

$$x_{k+1} := x_k - \lambda f'(x_k) \,, \quad k \in \mathbb{N} \,,$$

ein **Abstieg-Verfahren**. ◄

▶ **Satz 4.9.3 Eigenschaften des Abstieg-Verfahrens** Es sei $f : \mathbb{R} \to \mathbb{R}$ eine differenzierbare Funktion mit stetiger Ableitung sowie $(x_k)_{k \in \mathbb{N}}$ eine Iterationsfolge, die durch ein Abstieg-Verfahren zum Parameter $\lambda > 0$ und Startwert $x_0 \in \mathbb{R}$ generiert wurde. Dann gelten die folgenden beiden Aussagen:

- Wenn das Abstieg-Verfahren eine konvergente Folge $(x_k)_{k \in \mathbb{N}}$ liefert, dann ist ihr Grenzwert $x^* \in \mathbb{R}$ ein Punkt mit $f'(x^*) = 0$.
- Wenn das Abstieg-Verfahren eine konvergente Folge $(x_k)_{k \in \mathbb{N}}$ mit Grenzwert $x^* \in \mathbb{R}$ liefert und f genau ein lokales Minimum x_{min} besitzt sowie f' nur eine Nullstelle hat, dann gilt $x^* = x_{min}$.

Beweis Es seien $\lambda > 0$ und $x_0 \in \mathbb{R}$ beliebig gegeben, und die entstehende Iterationsfolge $(x_k)_{k \in \mathbb{N}}$ des Abstieg-Verfahrens sei konvergent gegen $x^* \in \mathbb{R}$. Dann gilt aufgrund der **Stetigkeit der Ableitung** von f sofort

$$
\begin{array}{ccccc}
x_{k+1} & = & x_k & - \lambda f'(x_k), & k \in \mathbb{N}, \\
\downarrow & & \downarrow & \downarrow & \downarrow \\
x^* & = & x^* & - \lambda f'(x^*), & (k \to \infty).
\end{array}
$$

Aus der im Grenzwert geltenden Gleichung folgt sofort $f'(x^*) = 0$ und daraus unmittelbar die Behauptungen.   □

Der obige Satz gibt zwar schon einige positive Aussagen für das Abstieg-Verfahren her, setzt aber bereits voraus, dass es sich bei der durch das Verfahren erzeugten Folge $(x_k)_{k \in \mathbb{N}}$ um eine konvergente Folge handelt. Interessant wären nun natürlich **hinreichende Bedingungen** an f, x_0 und λ, die garantieren, dass eine konvergente Folge $(x_k)_{k \in \mathbb{N}}$ entsteht. Genau um die Herleitung solcher hinreichender Bedingungen wird es im folgenden Satz gehen, der auf dem **Banachschen Fixpunktsatz** (vgl. Abschn. 4.1) beruht.

▶ **Satz 4.9.4 Konvergenzbedingungen für Abstieg-Verfahren** Es sei $f :$ $\mathbb{R} \to \mathbb{R}$ eine differenzierbare Funktion mit stetiger Ableitung sowie der Parameter $\lambda \in \mathbb{R}$, $\lambda > 0$, beliebig und fest vorgegeben. Falls nun für die Funktion $\Phi_\lambda : \mathbb{R} \to \mathbb{R}$,

$$\Phi_\lambda(x) := x - \lambda f'(x) \,,$$

ein $K \in [0,1)$ sowie ein nichtleeres abgeschlossenes Intervall $[a,b] \subseteq \mathbb{R}$ existiert, so dass Φ_λ eine **kontrahierende Selbstabbildung** bezüglich $[a,b]$ mit **Kontraktionszahl** K ist, also

$$x \in [a,b] \implies \Phi_\lambda(x) \in [a,b]\,,$$
$$x,y \in [a,b] \implies |\Phi_\lambda(x) - \Phi_\lambda(y)| \le K\,|x-y|\,,$$

erfüllt ist, dann gelten folgende Aussagen:

- Es gibt genau ein $x^* \in [a,b]$ mit $f'(x^*) = 0$ und x^* ist ein lokales Minimum von f, d. h. die **Existenz und Eindeutigkeit eines Minimums** ist gesichert.
- Für alle Startwerte $x_0 \in [a,b]$ konvergiert die durch $x_{k+1} := \Phi_\lambda(x_k)$, $k \in \mathbb{N}$, generierte Folge gegen x^*, d. h. die **Konvergenz des Abstieg-Verfahrens** ist gesichert.
- Für jede durch die obige Fixpunktiteration erzeugte Folge $(x_k)_{k \in \mathbb{N}}$ gelten die beiden **a-priori- und a-posteriori-Fehlerabschätzungen**

$$|x^* - x_k| \le \frac{K^k}{1-K}\,|x_1 - x_0| \qquad \textbf{(a-priori)},$$
$$|x^* - x_k| \le \frac{K}{1-K}\,|x_k - x_{k-1}| \qquad \textbf{(a-posteriori)}.$$

Beweis Der Beweis ergibt sich unmittelbar aus dem **Banachschen Fixpunktsatz**. Man hat lediglich zu berücksichtigen, dass die Äquivalenz

$$\Phi_\lambda(x^*) = x^* \quad \Longleftrightarrow \quad f'(x^*) = 0$$

gilt. Dass x^* ein Minimum ist, folgt schließlich aus den aufgrund der Selbstabbildungseigenschaft von Φ_λ geltenden Implikationen

$$\Phi_\lambda(a) \ge a \quad \Longrightarrow \quad a - \lambda f'(a) \ge a \quad \Longrightarrow \quad f'(a) \le 0\,,$$
$$\Phi_\lambda(b) \le b \quad \Longrightarrow \quad b - \lambda f'(b) \le b \quad \Longrightarrow \quad f'(b) \ge 0\,,$$

sowie einigen elementaren Argumenten für stetig differenzierbare Funktionen. $\square$

Beispiel 4.9.5
Es soll mit dem **Abstieg-Verfahren** das Minimum der Funktion $f : \mathbb{R} \to \mathbb{R}$, $f(x) := x^2$, bestimmt werden. Wählt man nun $\lambda := \frac{1}{4}$ und $[a,b] := [-1,1]$,

dann kann man zeigen, dass die Funktion $\Phi_{\frac{1}{4}} : \mathbb{R} \to \mathbb{R}$,

$$\Phi_{\frac{1}{4}}(x) := x - \frac{1}{4} 2x = \frac{1}{2} x \, ,$$

bezüglich $[-1, 1]$ eine **kontrahierende Selbstabbildung** ist. Wegen

$$x \in [-1, 1] \quad \Longrightarrow \quad \frac{1}{2} x \in [-1, 1]$$

ist die **Selbstabbildungseigenschaft** klar. Da für alle $x, y \in [-1, 1]$ aber auch

$$\left| \Phi_{\frac{1}{4}}(x) - \Phi_{\frac{1}{4}}(y) \right| = \left| \frac{1}{2} x - \frac{1}{2} y \right| = \frac{1}{2} |x - y|$$

gilt, folgt auch die Kontraktionseigenschaft von $\Phi_{\frac{1}{4}}$ bezüglich $[-1, 1]$ mit Kontraktionszahl $K := \frac{1}{2}$. Damit ist die Konvergenz des Abstieg-Verfahrens ausgehend von einem beliebig gewählten $x_0 \in [-1, 1]$ gemäß

$$x_{k+1} = \Phi_{\frac{1}{4}}(x_k) \, , \quad k \in \mathbb{N} \, ,$$

gesichert. Als Fehlerabschätzungen erhält man

$$|x^* - x_k| \leq \left(\frac{1}{2} \right)^{k-1} |x_1 - x_0| \quad \text{(a-priori)},$$

$$|x^* - x_k| \leq |x_k - x_{k-1}| \quad \text{(a-posteriori)}.$$

4.10 Aufgaben mit Lösungen

Aufgabe 4.10.1 *Es sei $f : \mathbb{R} \to \mathbb{R}$ gegeben als $f(x) := e^{x^2}$. Geben Sie vier verschiedene Parameter λ an, so dass das Abstieg-Verfahren zur Minimum-Suche für bestimmte Startwerte unbestimmt gegen $\pm\infty$ divergiert, zyklisch zwischen ± 1 hin und her springt, terminiert (d. h. nach einigen Iterationen eine konstante Folge liefert) sowie im üblichen Sinne konvergiert.*

Lösung der Aufgabe Wegen $f'(x) = 2x e^{x^2}$ lautet der Algorithmus hier für $\lambda > 0$ fest:

$$x_0 \in \mathbb{R},$$

$$x_{k+1} := x_k - 2\lambda x_k e^{x_k^2} \, , \quad k \in \mathbb{N} \, .$$

Es werden nun wieder vier verschiedene Fälle für λ betrachtet, wobei als Startwert der Iterationsfolge stets $x_0 := -1$ gewählt wird. Im ersten Fall sei $\lambda := 2e^{-1}$. Dann lautet die sich ergebende Iterationsfolge

$$
\begin{aligned}
x_0 &= -1, \\
x_1 &= -1 - 4e^{-1}(-1)e^1 = 3, \\
x_2 &= 3 - 4e^{-1}3e^9 = -35768.495\ldots, \\
&\ \ \vdots
\end{aligned}
$$

Offenbar divergiert die Iterationsfolge unbestimmt gegen $\pm\infty$. Es liegt also keine Konvergenz vor!

Nun sei $\lambda := e^{-1}$. Dann ergibt sich

$$
\begin{aligned}
x_0 &= -1, \\
x_1 &= -1 - 2e^{-1}(-1)e^1 = 1, \\
x_2 &= 1 - 2e^{-1}e^1 = -1, \\
x_3 &= -1 - 2e^{-1}(-1)e^1 = 1, \\
x_4 &= 1 - 2e^{-1}e^1 = -1, \\
&\ \ \vdots \\
x_k &= (-1)^{k+1}, \quad k \in \mathbb{N}.
\end{aligned}
$$

Offenbar springt die Iterationsfolge zyklisch zwischen -1 und 1 hin und her. Es liegt also keine Konvergenz vor!

Im dritten Fall sei $\lambda := \frac{1}{2}e^{-1}$. Hier erhält man

$$
\begin{aligned}
x_0 &= -1, \\
x_1 &= -1 - e^{-1}(-1)e^1 = 0, \\
x_2 &= 0 - 0 = 0, \\
x_3 &= 0, \\
&\ \ \vdots \\
x_k &= 0, \quad k \in \mathbb{N}^*.
\end{aligned}
$$

Offenbar terminiert die Iterationsfolge nach einem Schritt auf der Lösung. Es liegt also insbesondere Konvergenz vor!

Schließlich sei $\lambda := \frac{1}{4}e^{-1}$. In diesem Fall ergibt sich die Iterationsfolge

$$x_0 = -1,$$

$$x_1 = -1 - \frac{1}{2}e^{-1}(-1)e^1 = -\frac{1}{2},$$

$$x_2 = -\frac{1}{2} - \frac{1}{2}e^{-1}\left(-\frac{1}{2}\right)e^{\frac{1}{4}} = -0.3819\ldots,$$

$$x_3 = -0.3819\ldots - \frac{1}{2}e^{-1}(-0.3819\ldots)e^{-0.3819\ldots)^2} = -0.3006\ldots,$$

$$x_4 = -0.2401\ldots,$$

$$x_5 = -0.1933\ldots,$$

$$x_6 = -0.1564\ldots,$$

$$x_7 = -0.1269\ldots,$$

$$x_8 = -0.1031\ldots,$$

$$x_9 = -0.0840\ldots,$$

$$\vdots$$

Offenbar konvergiert die Iterationsfolge für $k \to \infty$ gegen die Lösung 0. Es liegt also Konvergenz vor!

Aufgabe 4.10.2 *Zeigen Sie, dass das Abstieg-Verfahren zur Bestimmung des Minimums der Funktion $f : \mathbb{R} \to \mathbb{R}$, $f(x) := \frac{1}{5}x^5 + 4x^2$, für $\lambda := \frac{1}{8}$ und alle $x_0 \in [-1, 1]$ konvergiert. Geben Sie ferner die zugehörigen a-priori- und a-posteriori-Fehlerabschätzungen an.*

Lösung der Aufgabe Zu zeigen ist, dass die Funktion $\Phi_{\frac{1}{8}} : \mathbb{R} \to \mathbb{R}$,

$$\Phi_{\frac{1}{8}}(x) := x - \frac{1}{8}(x^4 + 8x) = -\frac{1}{8}x^4,$$

bezüglich $[-1, 1]$ eine kontrahierende Selbstabbildung ist. Wegen

$$\Phi'_{\frac{1}{8}}(x) = -\frac{1}{2}x^3$$

gilt zunächst für alle $x \in [-1, 1]$ die Abschätzung

$$|\Phi'_{\frac{1}{8}}(x)| \le \frac{1}{2}.$$

Also ist die Kontraktionseigenschaft mit $K := \frac{1}{2}$ klar. Da ferner $\Phi_{\frac{1}{8}}$ monoton wachsend auf $[-1, 0]$ und monoton fallend auf $[0, 1]$ ist, müssen hinsichtlich der Selbstabbildungseigenschaft nur die Randwerte des Intervalls sowie der Nullpunkt getestet werden. Wegen

$$\Phi_{\frac{1}{8}}(-1) = -\frac{1}{8}(-1)^4 = -\frac{1}{8} \in [-1, 1] \, ,$$

$$\Phi_{\frac{1}{8}}(1) = -\frac{1}{8}1^4 = -\frac{1}{8} \in [-1, 1]$$

und

$$\Phi_{\frac{1}{8}}(0) = -\frac{1}{8}0^4 = 0 \in [-1, 1]$$

ist somit auch die Selbstabbildungseigenschaft klar. Damit ist die Konvergenz des Abstieg-Verfahrens ausgehend von einem beliebig gewählten $x_0 \in [-1, 1]$ gemäß

$$x_{k+1} = \Phi_{\frac{1}{8}}(x_k) \, , \quad k \in \mathbb{N} \, ,$$

gesichert. Als Fehlerabschätzungen erhält man

$$|x^* - x_k| \leq \left(\frac{1}{2}\right)^{k-1} |x_1 - x_0| \quad \text{(a-priori)},$$

$$|x^* - x_k| \leq |x_k - x_{k-1}| \qquad \text{(a-posteriori)}.$$

Selbsttest 4.10.3 Welche Aussagen über das Abstieg-Verfahren sind wahr?

?−? Das Abstieg-Verfahren konvergiert nie gegen ein Maximum der Funktion.
?−? Das Abstieg-Verfahren ist für jede stetige Funktion anwendbar.
?−? Das Abstieg-Verfahren liefert immer eine konvergente Folge.
?+? Das Abstieg-Verfahren hat zum Ziel, ein (lokales) Minimum zu finden.

4.11 Dividierte-Differenzen-Verfahren

Bei der **Analyse von Datensätzen** (Börsendaten, Messdaten, Statistiken etc.) ist es häufig so, dass man in möglichst automatisierter Form verlässliche Informationen über signifikante Veränderungen erhalten möchte. Neben der **Steigung** (zunehmende/abnehmende Werte) spielt hier z. B. auch die **zweite Ableitung** (zunehmende/abnehmende Steigung) eine zentrale Indikatorrolle. Es soll deshalb im Folgenden eine Technik vorgestellt werden, mit der man diskreten Daten in sinnvoller Weise Ableitungsnäherungen höherer Ordnung zuordnen kann. Dazu sei eine Menge von Punkten $(x_k, y_k)^T \in \mathbb{R}^2, 0 \leq k \leq n$, mit eng

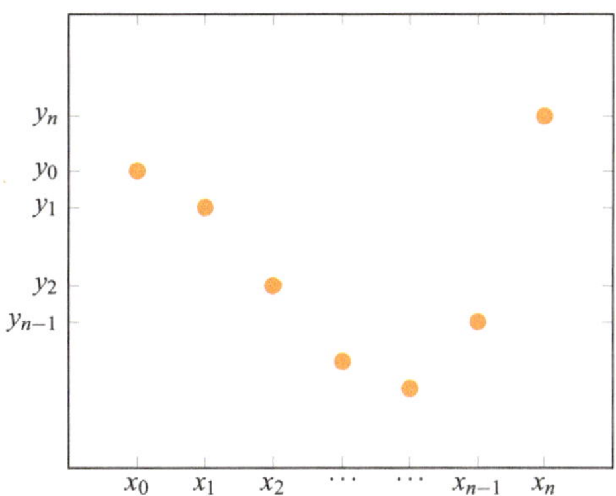

Abb. 4.7 Daten für Dividierte-Differenzen-Verfahren

benachbarten $x_0 < x_1 < \cdots < x_n$ gegeben, die auch etwa gleichen Abstand voneinander haben sollen, also $x_1 - x_0 \approx x_2 - x_1 \approx \cdots \approx x_n - x_{n-1}$ (vgl. Abb. 4.7).

Nimmt man nun an, dass durch die so gegebenen Punkte eine nicht bekannte Funktion f verläuft, die beliebig oft differenzierbar ist, dann lässt sich z. B. die Ableitung von f in $x_k, 0 \le k \le n-1$, näherungsweise wie folgt berechnen:

$$f'(x_k) = \lim_{r \to \infty} \frac{f\left(x_k + \frac{1}{r}\right) - f(x_k)}{x_k + \frac{1}{r} - x_k} \approx \frac{f(x_{k+1}) - f(x_k)}{x_{k+1} - x_k} = \frac{y_{k+1} - y_k}{x_{k+1} - x_k} =: [y_k, y_{k+1}].$$

Die oben definierte eckige Klammer mit zwei Argumenten $[y_k, y_{k+1}]$ wird **dividierte Differenz erster Ordnung** genannt. Eigentlich müssten als Argumente der dividierten Differenz auch noch x_k und x_{k+1} mit angegeben werden. Um den Aufschrieb jedoch übersichtlich zu halten, wird darauf verzichtet. Entsprechend kann man für die zweite Ableitung von f in x_k für $0 \le k \le n-2$ vorgehen:

$$f''(x_k) = \lim_{r \to \infty} \frac{f'\left(x_k + \frac{1}{r}\right) - f'(x_k)}{x_k + \frac{1}{r} - x_k} \approx \frac{f'(x_{k+1}) - f'(x_k)}{x_{k+1} - x_k}$$

$$\approx \frac{\frac{f(x_{k+2}) - f(x_{k+1})}{x_{k+2} - x_{k+1}} - \frac{f(x_{k+1}) - f(x_k)}{x_{k+1} - x_k}}{x_{k+1} - x_k}$$

$$= \frac{x_{k+2} - x_k}{x_{k+1} - x_k} \frac{\frac{y_{k+2} - y_{k+1}}{x_{k+2} - x_{k+1}} - \frac{y_{k+1} - y_k}{x_{k+1} - x_k}}{x_{k+2} - x_k} \approx 2 \frac{[y_{k+1}, y_{k+2}] - [y_k, y_{k+1}]}{x_{k+2} - x_k}$$

$$=: 2 [y_k, y_{k+1}, y_{k+2}].$$

Die oben definierte eckige Klammer mit drei Argumenten $[y_k, y_{k+1}, y_{k+2}]$ wird **dividierte Differenz zweiter Ordnung** genannt. Eigentlich müssten als Argumente der dividierten Differenz auch noch x_k, x_{k+1} und x_{k+2} mit angegeben werden. Um den Aufschrieb jedoch übersichtlich zu halten, wird darauf wieder verzichtet. Allgemein kann man nun zur näherungsweisen Bestimmung einer l-ten Ableitung von f in x_k für $0 \le k \le n - l$

rekursiv wie folgt schließen (Induktionsprinzip):

$$f^{(l)}(x_k) = \lim_{r \to \infty} \frac{f^{(l-1)}\left(x_k + \frac{1}{r}\right) - f^{(l-1)}(x_k)}{x_k + \frac{1}{r} - x_k} \approx \frac{f^{(l-1)}(x_{k+1}) - f^{(l-1)}(x_k)}{x_{k+1} - x_k}$$

$$\approx \frac{x_{k+l} - x_k}{x_{k+1} - x_k} \frac{(l-1)! \, [y_{k+1}, \ldots, y_{k+l}] - (l-1)! \, [y_k, \ldots, y_{k+l-1}]}{x_{k+l} - x_k}$$

$$\approx l \frac{(l-1)! \, [y_{k+1}, \ldots, y_{k+l}] - (l-1)! \, [y_k, \ldots, y_{k+l-1}]}{x_{k+l} - x_k}$$

$$= l! \frac{[y_{k+1}, \ldots, y_{k+l}] - [y_k, \ldots, y_{k+l-1}]}{x_{k+l} - x_k} =: l! \, [y_k, y_{k+1}, \ldots, y_{k+l}].$$

Die oben definierte eckige Klammer mit $l+1$ Argumenten $[y_k, y_{k+1}, \ldots, y_{k+l}]$ wird **dividierte Differenz l-ter Ordnung** genannt. Multipliziert man sie mit $l!$, so erhält man eine Näherung für die l-te Ableitung von f in der Nähe von x_k, wobei die Näherung umso besser wird, je enger die beteiligten Punkte $x_k, x_{k+1}, \ldots, x_l$ zusammen liegen. In der folgenden Definition wird das prinzipielle Vorgehen beim **Dividierte-Differenzen-Verfahren** nochmals im Zusammenhang festgehalten.

Definition 4.11.1 Dividierte-Differenzen-Verfahren

Es sei eine Menge von Punkten $(x_k, y_k)^T \in \mathbb{R}^2, 0 \leq k \leq n$, mit eng benachbarten und etwa äquidistanten sogenannten **Stützstellen** $x_0 < x_1 < \cdots < x_n$ gegeben. Bezeichnet nun $f : \mathbb{R} \to \mathbb{R}$ eine fiktive, beliebig oft differenzierbare Funktion mit $f(x_k) = y_k$, $0 \leq k \leq n$, dann definiert man als Ersatz für die unbekannte l-te Ableitung von f im Punkt x_k die Näherung

$$f^{(l)}(x_k) \approx l! \, [y_k, y_{k+1}, \ldots, y_{k+l}], \quad 0 \leq k \leq n - l, \, 0 \leq l \leq n \,.$$

Dabei berechnen sich die in der obigen Näherung auftauchenden sogenannten **dividierten Differenzen** rekursiv gemäß folgendem Algorithmus

```
for (int k=0; k<=n; k++) [y_k] := y_k;   //Initialisierung
for (int l=1; l<=n; l++)
for (int k=0; k<=n-l; k++)
    {
        [y_k, y_{k+1}, ..., y_{k+l}] := ([y_{k+1}, ..., y_{k+l}]-[y_k, ..., y_{k+l-1}])/(x_{k+l}-x_k);
    } ◄
```

Die Motivation für die Definition und die Plausibilität der angegebenen Rekursion wurden bereits skizziert. Auf weitere Details sowie genaue quantitative Aussagen soll verzichtet werden.

Für die Berechnung der dividierten Differenzen von Hand bietet sich das in Abb. 4.8 skizzierte **Dividierte-Differenzen-Schema** an.

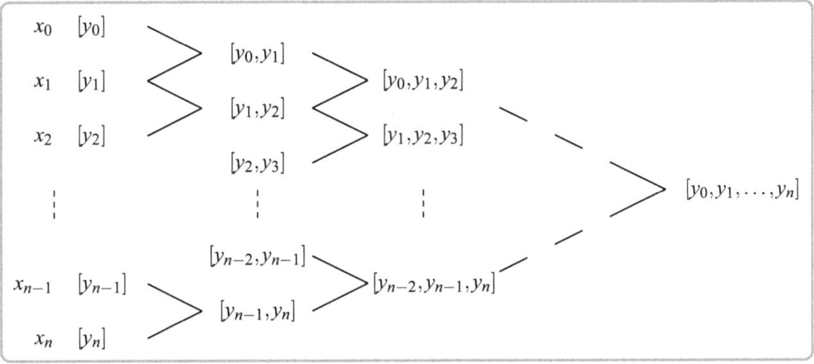

Abb. 4.8 Dividierte-Differenzen-Schema

Beispiel 4.11.2

Um die Qualität des **Dividierte-Differenzen-Verfahrens** zu überprüfen, sei hier die Funktion $f : \mathbb{R} \to \mathbb{R}$, $f(x) := e^{x^2}$, vorgegeben sowie basierend auf ihr die diskreten Punkte definiert als

$$(x_k, y_k)^T := (kh_i, f(kh_i))^T , \quad 0 \leq k \leq 3, 1 \leq i \leq 3 .$$

Dabei seien die sogenannten Schrittweiten h_i festgesetzt auf $h_1 := 0.1$, $h_2 := 0.01$ und $h_3 := 0.001$. Zunächst kann man in diesem Fall die **korrekten Ableitungen** z. B. im Nullpunkt leicht direkt bestimmen gemäß

$$f'(x) = 2xe^{x^2} \Rightarrow f'(0) = 0,$$
$$f''(x) = 2e^{x^2} + 4x^2 e^{x^2} \Rightarrow f''(0) = 2,$$
$$f'''(x) = 4xe^{x^2} + 8xe^{x^2} + 8x^3 e^{x^2} \Rightarrow f'''(0) = 0.$$

Als Näherungen für diese Ableitungen ergeben sich nun basierend auf dem **Dividierte-Differenzen-Schema** für $h_1 = 0.1$

$$
\begin{array}{llll}
0.0\ 1.00 & & & \\
& \frac{1.01\ldots - 1.0}{0.1 - 0.0} = \mathbf{0.10}\ldots & & \\
0.1\ 1.01\ldots & & \frac{0.30\ldots - 0.10\ldots}{0.2 - 0.0} = \mathbf{1.03}\ldots & \\
& \frac{1.04\ldots - 1.01\ldots}{0.2 - 0.1} = 0.30\ldots & & \frac{1.13\ldots - 1.03\ldots}{0.3 - 0.0} = \mathbf{0.31}\ldots \\
0.2\ 1.04\ldots & & \frac{0.53\ldots - 0.30\ldots}{0.3 - 0.1} = 1.13\ldots & \\
& \frac{1.09\ldots - 1.04\ldots}{0.3 - 0.2} = 0.53\ldots & & \\
0.3\ 1.09\ldots & & &
\end{array}
$$

also

$$f'(0) \approx 1! \cdot \mathbf{0.10}\ldots = 0.10\ldots,$$
$$f''(0) \approx 2! \cdot \mathbf{1.03}\ldots = 2.07\ldots,$$
$$f'''(0) \approx 3! \cdot \mathbf{0.31}\ldots = 1.89\ldots.$$

Entsprechend ergibt sich für $h_2 = 0.01$

0.00	1.0000			
		$\mathbf{0.01000\ldots}$		
0.01	1.0001\ldots		$\mathbf{1.00035\ldots}$	
		$0.03000\ldots$		$\mathbf{0.03001\ldots}$
0.02	1.0004\ldots		$1.00125\ldots$	
		$0.05003\ldots$		
0.03	1.0009\ldots			

also

$$f'(0) \approx 1! \cdot \mathbf{0.01000}\ldots = 0.01000\ldots,$$
$$f''(0) \approx 2! \cdot \mathbf{1.00035}\ldots = 2.00070\ldots,$$
$$f'''(0) \approx 3! \cdot \mathbf{0.03001}\ldots = 0.18009\ldots,$$

und schließlich für $h_3 = 0.001$

0.000	1.000000			
		$\mathbf{0.0010000\ldots}$		
0.001	1.000001\ldots		$\mathbf{1.0000035\ldots}$	
		$0.0030000\ldots$		$\mathbf{0.0030000\ldots}$
0.002	1.000004\ldots		$1.0000125\ldots$	
		$0.0050000\ldots$		
0.003	1.000009\ldots			

also

$$f'(0) \approx 1! \cdot \mathbf{0.0010000}\ldots = 0.0010000\ldots,$$
$$f''(0) \approx 2! \cdot \mathbf{1.0000035}\ldots = 2.0000070\ldots,$$
$$f'''(0) \approx 3! \cdot \mathbf{0.0030000}\ldots = 0.0180002\ldots.$$

Man erkennt erwartungsgemäß, dass die Resultate umso besser werden, je enger die zur näherungsweisen Berechnung herangezogenen Punkte aneinander liegen.

Ein einfacher Java-Code zur Berechnung der dividierten Differenzen könnte etwa wie folgt aussehen, wobei das Feld-Element $d[k][l]$ zu identifizieren ist mit der dividierten

Differenz $[y_k, y_{k+1}, \ldots, y_{k+l}]$ und lediglich die Feld-Elemente für $0 \leq l \leq n$ und $0 \leq k \leq n - l$ von Interesse sind.

```java
public double[][] div_dif(double[] x, double[] y)
{
    int n=x.length-1;
    double[][] d = new double[n+1][n+1];
    for(int k=0;k<=n;k++) d[k][0]=y[k];
    for(int l=1;l<=n;l++)
    {
        for(int k=0;k<=n-l;k++)
        {
            d[k][l]=(d[k+1][l-1]-d[k][l-1])/(x[k+1]-x[k]);
        }
    }
    return d;
}
```

▶ **Bemerkung 4.11.3 Numerische Aspekte dividierter Differenzen** Dividierte Differenzen sind unter numerischen Aspekten ausgesprochen kritisch zu betrachten, da bei ihrer Berechnung Differenzen etwa gleich großer Zahlen sowohl im Zähler als auch im Nenner bestimmt werden müssen und es so zum bekannten **Auslöschungseffekt** kommt. Für die praktische Berechnung hat dies unmittelbar zur Folge, dass man auf gar keinen Fall großzügig runden darf, sondern stets die maximal mögliche Mantissenlänge ausnutzen sollte!

▶ **Bemerkung 4.11.4 Vorwärts genommene Differenzen** Die in diesem Abschnitt diskutierten Differenzen werden bisweilen auch genauer als **vorwärts genommene dividierte Differenzen** bezeichnet. Neben ihnen gibt es auch noch **zentrale und rückwärts genommene dividierte Differenzen**. Hinsichtlich weiterer Details sei z. B. auf [4] und die dort angegebenen Literaturhinweise verwiesen.

4.12   Aufgaben mit Lösungen

Aufgabe 4.12.1 *Gegeben sei die Funktion* $f : [1, \infty) \to \mathbb{R}$, $f(x) := \ln(x)$, *sowie basierend auf ihr die diskreten Punkte*

$$(x_k, y_k)^T := (1 + kh_i, f(1 + kh_i))^T , \quad 0 \leq k \leq 3, \ 1 \leq i \leq 3 .$$

Dabei seien die Schrittweiten h_i *wieder festgesetzt auf* $h_1 := 0.1$, $h_2 := 0.01$ *und* $h_3 := 0.001$. *Bestimmen Sie sowohl die exakten Ableitungswerte* $\ln'(1)$, $\ln''(1)$ *und* $\ln'''(1)$ *als auch entsprechende Näherungen für diese Ableitungswerte unter Ausnutzung des Dividierte-Differenzen-Verfahrens angewandt auf die vorgegebenen Punkte.*

Lösung der Aufgabe　Zunächst kann man die korrekten Ableitungen im Punkt 1 leicht direkt bestimmen gemäß

$$f'(x) = \frac{1}{x} \Rightarrow f'(1) = 1,$$

$$f''(x) = -\frac{1}{x^2} \Rightarrow f''(1) = -1,$$

$$f'''(x) = \frac{2}{x^3} \Rightarrow f'''(1) = 2.$$

Als Näherungen für diese Ableitungen ergeben sich nun basierend auf dem Dividierte-Differenzen-Schema für $h_1 = 0.1$

$$
\begin{array}{llll}
1.0 \quad 0.0000 & & & \\
& 0.9531\ldots & & \\
1.1 \quad 0.0953\ldots & & -0.4149\ldots & \\
& 0.8701\ldots & & 0.2216\ldots \\
1.2 \quad 0.1823\ldots & & -0.3484\ldots & \\
& 0.8004\ldots & & \\
1.3 \quad 0.2623\ldots & & &
\end{array}
$$

also

$$f'(1) \approx \quad 1! \cdot 0.9531\ldots = 0.9531\ldots,$$

$$f''(1) \approx 2! \cdot (-0.4149\ldots) = -0.8298\ldots,$$

$$f'''(1) \approx \quad 3! \cdot 0.2216\ldots = 1.3301\ldots.$$

Entsprechend ergibt sich für $h_2 = 0.01$

$$
\begin{array}{llll}
1.00 \quad 0.0000 & & & \\
& 0.9950\ldots & & \\
1.01 \quad 0.0099\ldots & & -0.4901\ldots & \\
& 0.9852\ldots & & 0.3188\ldots \\
1.02 \quad 0.0198\ldots & & -0.4806\ldots & \\
& 0.9756\ldots & & \\
1.03 \quad 0.0295\ldots & & &
\end{array}
$$

also

$$f'(1) \approx 1! \cdot 0.9950\ldots = 0.9950\ldots,$$

$$f''(1) \approx 2! \cdot (-0.4901) = -0.9803\ldots,$$

$$f'''(1) \approx 3! \cdot 0.3188\ldots = 1.9129\ldots,$$

und schließlich für $h_3 = 0.001$

$$
\begin{array}{llll}
1.000 \quad 0.000000 & & & \\
& 0.999500\ldots & & \\
1.001 \quad 0.000999\ldots & & -0.499001\ldots & \\
& 0.998502\ldots & & 0.331838\ldots \\
1.002 \quad 0.001998\ldots & & -0.498006\ldots & \\
& 0.997506\ldots & & \\
1.003 \quad 0.002995\ldots & & &
\end{array}
$$

also

$$f'(1) \approx \quad 1! \cdot 0.999500\ldots = 0.999500\ldots,$$
$$f''(1) \approx 2! \cdot (-0.499001\ldots) = -0.998003\ldots,$$
$$f'''(1) \approx \quad 3! \cdot 0.331838\ldots = 1.991029\ldots.$$

Man erkennt wieder, dass die Resultate umso besser werden, je enger die zur näherungsweisen Berechnung herangezogenen Punkte aneinander liegen.

Aufgabe 4.12.2 *Gegeben sei das Polynom $p : \mathbb{R} \to \mathbb{R}$, $p(x) := -2x^3 - x - 1$, sowie basierend auf ihm die diskreten Punkte*

$$(x_k, y_k)^T := (-1 + kh, p(-1 + kh))^T , \quad 0 \le k \le 3 .$$

Dabei sei die Schrittweite h festgesetzt auf $h := 1$. Bestimmen Sie sowohl die exakten Ableitungswerte $p'(-1)$, $p''(-1)$ und $p'''(-1)$ als auch entsprechende Näherungen für diese Ableitungswerte unter Ausnutzung des Dividierte-Differenzen-Verfahrens angewandt auf die vorgegebenen Punkte.

Lösung der Aufgabe Zunächst kann man die korrekten Ableitungen im Punkt -1 leicht direkt bestimmen gemäß

$$p'(x) = -6x^2 - 1 \Rightarrow p'(-1) = -7,$$
$$p''(x) = -12x \Rightarrow p''(-1) = 12,$$
$$p'''(x) = -12 \Rightarrow p'''(-1) = -12.$$

Als Näherungen für diese Ableitungen ergeben sich nun basierend auf dem Dividierte-Differenzen-Schema für $h = 1$

$$
\begin{array}{ccccc}
-1 & 2 & & & \\
 & & -3 & & \\
0 & -1 & & 0 & \\
 & & -3 & & -2 \\
1 & -4 & & -6 & \\
 & & -15 & & \\
2 & -19 & & & \\
\end{array}
$$

also

$$p'(-1) \approx 1! \cdot (-3) = -3,$$
$$p''(-1) \approx \quad 2! \cdot 0 = 0,$$
$$p'''(-1) \approx 3! \cdot (-2) = -12.$$

Man erkennt, dass die Ableitungsnäherung für die dritte Ableitung mit der korrekten dritten Ableitung des Polynoms übereinstimmt. Allgemein kann man zeigen, dass dies für ein Polynom genau n-ten Grades stets für die Näherung der n-te Ableitung der Fall ist: Näherung und exaktes Ergebnis sind gleich! Dies wird sich in Kürze im Zusammenhang mit der Newton-Interpolationsstrategie für Polynome als Ergebnis am Rande ergeben.

Selbsttest 4.12.3   Welche Aussagen für das Dividierte-Differenzen-Verfahren (kurz: DDV) sind wahr?

?+? Für Punkte auf einer Gerade liefert das DDV ab dem jeweils ersten Schritt stets Null.

?−? Das DDV liefert exakte Werte für die Ableitungen der zugrundeliegenden Funktion.

?−? Das DDV ist unter numerischen Aspekten unproblematisch.

?+? Für Punkte auf der x-Achse liefert das DDV stets Null.

4.13   Trapez- und Simpson-Regel

Eines der wichtigsten Probleme in der numerischen Mathematik ist die Bestimmung der **Näherung des Integrals** einer gegebenen integrierbaren Funktion f über einem vorgegebenen Intervall $[a,b]$. Ein erster und sehr einfacher Schritt zur Bestimmung einer derartigen Näherung ist der folgende: Man ersetzt f durch ein Polynom p vom Höchstgrad 1 (Gerade), welches durch die Punkte $(a, f(a))^T$ und $(b, f(b))^T$ verläuft, und berechnet ersatzweise das **Integral dieses Polynoms** über $[a,b]$ (vgl. Abb. 4.9).

Da sich das Polynom p z. B. in **Zwei-Punkte-Darstellung** schreiben lässt als

$$p(x) = f(a)\frac{b-x}{b-a} + f(b)\frac{x-a}{b-a} , \quad x \in [a,b] ,$$

liefert die Integration über $[a,b]$ sofort

$$\int_a^b p(x)dx = \int_a^b \left(f(a)\frac{b-x}{b-a} + f(b)\frac{x-a}{b-a} \right) dx = \left[f(a)\frac{bx - \frac{1}{2}x^2}{b-a} + f(b)\frac{\frac{1}{2}x^2 - ax}{b-a} \right]_a^b$$

$$= \left(f(a)\frac{b^2 - \frac{1}{2}b^2}{b-a} + f(b)\frac{\frac{1}{2}b^2 - ab}{b-a} \right) - \left(f(a)\frac{ba - \frac{1}{2}a^2}{b-a} + f(b)\frac{\frac{1}{2}a^2 - a^2}{b-a} \right)$$

$$= f(a)\frac{\frac{1}{2}(b-a)^2}{b-a} + f(b)\frac{\frac{1}{2}(b-a)^2}{b-a} = (b-a)\left(\frac{1}{2}f(a) + \frac{1}{2}f(b) \right) .$$

Man kommt auf diese Weise zur sogenannten **Trapez-Regel**,

$$\int_a^b f(x)\, dx \approx (b-a)\left(\frac{1}{2}f(a) + \frac{1}{2}f(b) \right) ,$$

die man sich natürlich, wie durch den Namen bereits zu erkennen ist, auch einfach als **Flächeninhalt des Trapezes** herleiten kann, welches durch die Gerade, die x-Achse sowie die parallelen Seitenbegrenzungen entsteht.

Abb. 4.9 Trapez-Regel

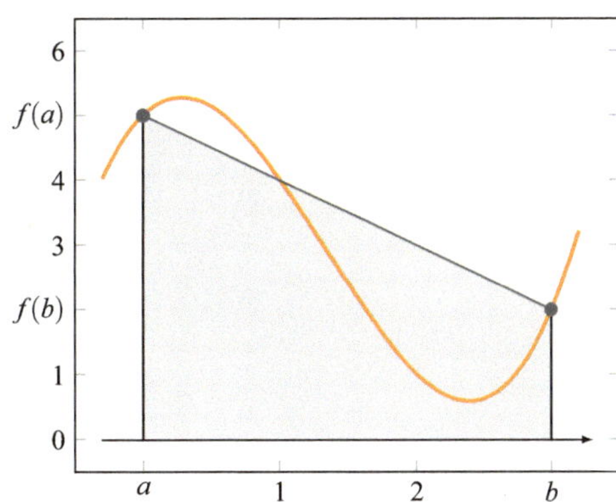

Beispiel 4.13.1

Das Integral

$$\int_0^1 e^x \, dx$$

soll sowohl **exakt**, als auch näherungsweise mit der **Trapez-Regel** berechnet werden. Bei **exakter Rechnung** ergibt sich

$$\int_0^1 e^x \, dx = [e^x]_0^1 = e - 1 = 1.718281\ldots.$$

Mit Hilfe der **Trapez-Regel** erhält man

$$\int_0^1 e^x \, dx \approx (1 - 0)\left(\frac{1}{2}e^0 + \frac{1}{2}e^1\right) = 1.859140\ldots.$$

Die Näherung ist also durchaus akzeptabel.

Die Trapez-Regel liefert natürlich insbesondere für stark gekrümmte Funktionen keine besonders guten Näherungen, so dass es nahe liegt, statt einer geradlinigen Annäherung an die zu integrierende Funktion f mit einer **parabelförmigen Näherung** zu arbeiten. Konkret bestimmt man also zur näherungsweisen Integration von f über $[a, b]$ ein Polynom p vom Höchstgrad 2 (Parabel), welches durch die Punkte $(a, f(a))^T$, $(\frac{a+b}{2}, f\left(\frac{a+b}{2}\right))^T$ und $(b, f(b))^T$ verläuft, und berechnet ersatzweise das **Integral dieses Polynoms** über $[a, b]$ (vgl. Abb. 4.10).

Abb. 4.10 Simpson-Regel

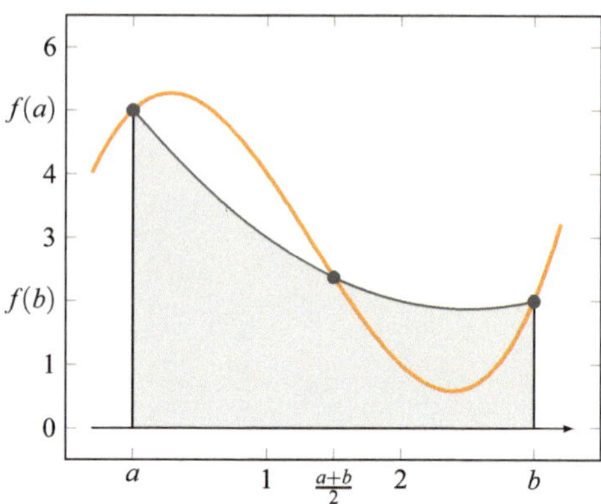

Die **Berechnung der Parabel** p ist nun etwas schwieriger als die Berechnung der Gerade bei der Trapez-Regel. Lässt man sich jedoch von dem dortigen Vorgehen leiten, so kann man zunächst p ansetzen als

$$p(x) = f(a)\frac{b-x}{b-a} + \alpha(x-a)(x-b) + f(b)\frac{x-a}{b-a}\,, \quad x \in [a,b]\,,$$

mit unbekanntem $\alpha \in \mathbb{R}$. Wegen $p(a) = f(a)$ und $p(b) = f(b)$ erfüllt das quadratische Polynom p bereits zwei Forderungen. Die dritte Bedingung $p\left(\frac{a+b}{2}\right) = f\left(\frac{a+b}{2}\right)$ induziert eine Bestimmungsgleichung für den noch unbekannten Parameter $\alpha \in \mathbb{R}$. Man erhält so die Gleichung

$$f(a)\frac{b - \frac{a+b}{2}}{b-a} + \alpha\left(\frac{a+b}{2} - a\right)\left(\frac{a+b}{2} - b\right) + f(b)\frac{\frac{a+b}{2} - a}{b-a} = f\left(\frac{a+b}{2}\right)$$

bzw.

$$\frac{1}{2}f(a) - \alpha\frac{1}{4}(b-a)^2 + \frac{1}{2}f(b) = f\left(\frac{a+b}{2}\right),$$

woraus sich sofort

$$\alpha = \frac{2f(a) - 4f\left(\frac{a+b}{2}\right) + 2f(b)}{(b-a)^2}$$

ergibt. Damit ist p vollständig bestimmt und die Integration von p über $[a,b]$ liefert mit dem bereits von der Trapez-Regel bekannten Ergebnis

$$\int_a^b p(x)dx = \int_a^b \left(f(a)\frac{b-x}{b-a} \right.$$

$$\left. + \left(\frac{2f(a) - 4f\left(\frac{a+b}{2}\right) + 2f(b)}{(b-a)^2}\right)(x-a)(x-b) + f(b)\frac{x-a}{b-a} \right) dx$$

$$= (b - a) \left(\frac{1}{2} f(a) + \frac{1}{2} f(b) \right)$$

$$+ \left[\left(\frac{2f(a) - 4f\left(\frac{a+b}{2}\right) + 2f(b)}{(b-a)^2} \right) \left(\frac{1}{3} x^3 - \frac{1}{2} ax^2 - \frac{1}{2} bx^2 + abx \right) \right]_a^b$$

$$= (b - a) \left(\frac{1}{2} f(a) + \frac{1}{2} f(b) \right)$$

$$+ \left(\frac{2f(a) - 4f\left(\frac{a+b}{2}\right) + 2f(b)}{(b-a)^2} \right) \left(\frac{1}{3} b^3 - \frac{1}{2} ab^2 - \frac{1}{2} b^3 + ab^2 \right)$$

$$- \left(\frac{2f(a) - 4f\left(\frac{a+b}{2}\right) + 2f(b)}{(b-a)^2} \right) \left(\frac{1}{3} a^3 - \frac{1}{2} a^3 - \frac{1}{2} ba^2 + a^2 b \right)$$

$$= (b - a) \left(\frac{1}{2} f(a) + \frac{1}{2} f(b) \right)$$

$$+ \left(\frac{2f(a) - 4f\left(\frac{a+b}{2}\right) + 2f(b)}{(b-a)^2} \right) \left(\frac{1}{6} a^3 - \frac{1}{2} a^2 b + \frac{1}{2} ab^2 - \frac{1}{6} b^3 \right)$$

$$= (b - a) \left(\frac{1}{2} f(a) + \frac{1}{2} f(b) \right) + \left(\frac{2f(a) - 4f\left(\frac{a+b}{2}\right) + 2f(b)}{(b-a)^2} \right) \frac{(a-b)^3}{6}$$

$$= (b - a) \left(\frac{1}{6} f(a) + \frac{2}{3} f\left(\frac{a+b}{2} \right) + \frac{1}{6} f(b) \right).$$

Man kommt auf diese Weise zur sogenannten **Simpson-Regel**, die erstmals 1743 von dem englischen Mathematiker Thomas Simpson (1710–1761) angegeben wurde:

$$\int_a^b f(x)\,dx \approx (b - a) \left(\frac{1}{6} f(a) + \frac{2}{3} f\left(\frac{a+b}{2} \right) + \frac{1}{6} f(b) \right).$$

Beispiel 4.13.2

Das bereits im vorausgegangenen Beispiel betrachtete Integral

$$\int_0^1 e^x\,dx$$

soll näherungsweise mit der **Simpson-Regel** berechnet werden. Wendet man sie an, so ergibt sich

$$\int_0^1 e^x\,dx \approx (1 - 0) \left(\frac{1}{6} e^0 + \frac{2}{3} e^{0.5} + \frac{1}{6} e^1 \right) = 1.718861 \ldots .$$

Vergleicht man dieses Ergebnis mit dem bereits bekannten exakten Ergebnis $1.718281\ldots$, so erkennt man eine schon hervorragende Übereinstimmung.

4.14 Aufgaben mit Lösungen

Aufgabe 4.14.1 *Berechnen Sie die Integrale*

$$\int_1^3 \frac{1}{x}\,dx \qquad und \qquad \int_0^\pi \sin(x)\,dx$$

sowohl exakt, als auch näherungsweise mit der Trapez- und der Simpson-Regel.

Lösung der Aufgabe Für das erste Integral ergibt sich bei exakter Rechnung

$$\int_1^3 \frac{1}{x}\,dx = [\ln x]_1^3 = \ln 3 - \ln 1 = 1.0986123\ldots,$$

mit der Trapez-Regel

$$\int_1^3 \frac{1}{x}\,dx \approx (3-1)\left(\frac{1}{2}\frac{1}{1} + \frac{1}{2}\frac{1}{3}\right) = 1.333333\ldots,$$

und schließlich mit der Simpson-Regel

$$\int_1^3 \frac{1}{x}\,dx \approx (3-1)\left(\frac{1}{6}\frac{1}{1} + \frac{2}{3}\frac{1}{2} + \frac{1}{6}\frac{1}{3}\right) = 1.111111\ldots.$$

Für das zweite Integral ergibt sich bei exakter Rechnung

$$\int_0^\pi \sin(x)\,dx = [-\cos(x)]_0^\pi = -(-1) - (-1) = 2\,,$$

mit der Trapez-Regel

$$\int_0^\pi \sin(x)\,dx \approx (\pi - 0)\left(\frac{1}{2}\sin(0) + \frac{1}{2}\sin(\pi)\right) = 0\,,$$

also ein völlig unbrauchbares Ergebnis, und mit der Simpson-Regel

$$\int_0^\pi \sin(x)\,dx \approx (\pi - 0)\left(\frac{1}{6}\sin(0) + \frac{2}{3}\sin\left(\frac{\pi}{2}\right) + \frac{1}{6}\sin(\pi)\right) = 2.094\ldots.$$

Aufgabe 4.14.2   *Berechnen Sie das Integral*

$$\int_2^8 \left(\frac{8}{x} + 4\right)\,dx$$

sowohl exakt, als auch näherungsweise mit der Simpson-Regel.

Lösung der Aufgabe   Für das Integral ergibt sich bei exakter Rechnung

$$\int_2^8 \left(\frac{8}{x} + 4\right)\,dx = [8\ln(x) + 4x]_2^8 = 35.09035\ldots.$$

Mit der Simpson-Regel ergibt sich die Näherung

$$\int_2^8 \left(\frac{8}{x} + 4\right)\,dx \approx (8-2)\left(\frac{1}{6}\left(\frac{8}{2}+4\right) + \frac{2}{3}\left(\frac{8}{5}+4\right) + \frac{1}{6}\left(\frac{8}{8}+4\right)\right) = \frac{177}{5} = 35.4.$$

Selbsttest 4.14.3   Welche Aussagen über die Trapez- und Simpson-Regel sind wahr?

?−? Die Simpson-Regel liefert stets genauere Näherungen als die Trapez-Regel.

?−? Die Trapez-Regel liefert exakte Resultate für quadratische Polynome.

?+? Die Simpson-Regel liefert exakte Resultate für quadratische Polynome.

?+? Die Simpson-Regel liefert exakte Resultate für kubische Polynome.

?−? Die Simpson-Regel benötigt weniger Funktionsauswertungen als die Trapez-Regel.

?+? Die Trapez-Regel liefert exakte Resultate für Polynome vom Grad 1.

?+? Die Simpson-Regel liefert exakte Resultate für Polynome vom Grad 1.

?−? Die Trapez-Regel liefert exakte Resultate für kubische Polynome.

4.15   Iterierte Trapez- und Simpson-Regel

Sowohl die **Trapez- als auch die Simpson-Regel** (vgl. Abschn. 4.13) liefern i. Allg. keine hinreichend genauen Ergebnisse für die gesuchten Integrale, sondern lediglich sehr **grobe Näherungen**. Dies ist darauf zurückzuführen, dass der Graph einer beliebigen Funktion f vielfach mehrmals oszilliert, diese Oszillationen aber weder mit einer Gerade noch mit

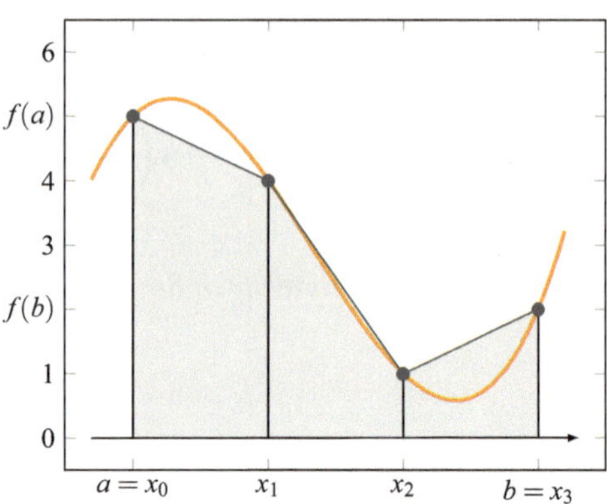

Abb. 4.11 Iterierte Trapez-Regel ($n = 3$)

einer Parabel angenähert werden können. Aus diesem Grunde hat man die beiden Näherungsformeln wie folgt verbessert: Man unterteilt das Integrationsintervall zu Beginn in n gleichgroße **Teilintervalle**, wobei $n \in \mathbb{N}^*$ eine hinreichend große natürliche Zahl sein soll. Sind die Teilintervalle, die so entstehen, klein genug, dann darf man annehmen, dass f dort nicht mehr beliebig stark oszilliert, sondern recht gut durch Geraden bzw. Parabeln angenähert werden kann. Man wendet also die Trapez- oder die Simpson-Regel jetzt auf jedem der kleinen Teilintervalle an, zählt ihre Ergebnisse zusammen und erhält auf diese Weise eine i. Allg. mit wachsendem n immer besser werdende Näherung für das gesuchte Integral.

Speziell bei Anwendung der **Trapez-Regel** (vgl. Abb. 4.11) erhält man für beliebig gegebenes $n \in \mathbb{N}^*$ und sogenannten **Stützstellen** $x_k := a + \frac{k}{n}(b - a)$ für $0 \leq k \leq n$ die Summe

$$\int_a^b f(x)\,dx \approx \sum_{k=0}^{n-1} \frac{b-a}{n} \left(\frac{1}{2}f(x_k) + \frac{1}{2}f(x_{k+1}) \right)$$

$$= \frac{b-a}{n}\left(\left(\frac{1}{2}f(a) + \frac{1}{2}f(x_1) \right) + \left(\frac{1}{2}f(x_1) + \frac{1}{2}f(x_2) \right) \right.$$

$$\left. + \cdots\cdots + \left(\frac{1}{2}f(x_{n-1}) + \frac{1}{2}f(b) \right) \right)$$

$$= \frac{b-a}{n}\left(\frac{1}{2}f(a) + \sum_{k=1}^{n-1} f(x_k) + \frac{1}{2}f(b) \right).$$

Man bezeichnet die erhaltene Näherungsformel

$$\int_a^b f(x)\,dx \approx \frac{b-a}{n}\left(\frac{1}{2}f(a) + \sum_{k=1}^{n-1} f(x_k) + \frac{1}{2}f(b) \right)$$

mit $n \in \mathbb{N}^*$ und $x_k := a + \frac{k}{n}(b - a)$ für $0 \leq k \leq n$ als **n-fach iterierte Trapez-Regel**.

Beispiel 4.15.1

Das Integral

$$\int_0^1 e^x \, dx$$

soll sowohl **exakt**, als auch näherungsweise mit der **4-fach iterierten Trapez-Regel** berechnet werden. Bei **exakter Rechnung** ergibt sich

$$\int_0^1 e^x \, dx = [e^x]_0^1 = e - 1 = 1.718281\ldots.$$

Mit Hilfe der **4-fach iterierten Trapez-Regel** erhält man

$$\int_0^1 e^x \, dx \approx \frac{1-0}{2\cdot 4}\left(e^0 + 2\left(e^{\frac{1}{4}} + e^{\frac{1}{2}} + e^{\frac{3}{4}}\right) + e^1\right) = 1.727221\ldots.$$

Die so erhaltene Näherung ist also schon ziemlich brauchbar.

Entsprechend ergibt sich bei Anwendung der **Simpson-Regel** (vgl. Abb. 4.12, wobei dort aufgrund der geringen Auflösung bereits optisch kein Unterschied mehr zwischen der zu integrierenden Funktion f und den drei Parabelbögen zu erkennen ist) für beliebig gegebenes $n \in \mathbb{N}^*$ und **Stützstellen** $x_k := a + \frac{k}{2n}(b-a)$ für $0 \le k \le 2n$ die Näherungsformel

$$\int_a^b f(x)\, dx \approx \sum_{k=0}^{n-1} \frac{b-a}{n}\left(\frac{1}{6}f(x_{2k}) + \frac{2}{3}f(x_{2k+1}) + \frac{1}{6}f(x_{2k+2})\right)$$

$$= \frac{b-a}{n}\left(\frac{1}{6}f(a) + \frac{2}{3}\sum_{k=0}^{n-1} f(x_{2k+1}) + \frac{1}{3}\sum_{k=1}^{n-1} f(x_{2k}) + \frac{1}{6}f(b)\right).$$

Man bezeichnet die erhaltene Näherungsformel

$$\int_a^b f(x)\, dx \approx \frac{b-a}{n}\left(\frac{1}{6}f(a) + \frac{2}{3}\sum_{k=0}^{n-1} f(x_{2k+1}) + \frac{1}{3}\sum_{k=1}^{n-1} f(x_{2k}) + \frac{1}{6}f(b)\right)$$

mit $n \in \mathbb{N}^*$ und $x_k := a + \frac{k}{2n}(b-a)$ für $0 \le k \le 2n$ als n-**fach iterierte Simpson-Regel**.

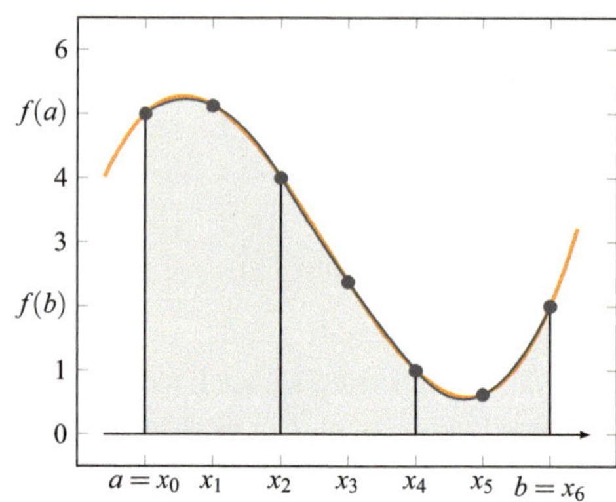

Abb. 4.12 Iterierte Simpson-Regel ($n = 3$)

Beispiel 4.15.2

Das bereits im vorausgegangenen Beispiel betrachtete Integral

$$\int_0^1 e^x \, dx$$

soll näherungsweise mit der **4-fach iterierten Simpson-Regel** berechnet werden. Wendet man sie an, so ergibt sich

$$\int_0^1 e^x \, dx \approx \frac{1-0}{6\cdot 4}\left(e^0 + 4\left(e^{\frac{1}{8}} + e^{\frac{3}{8}} + e^{\frac{5}{8}} + e^{\frac{7}{8}}\right) + 2\left(e^{\frac{1}{4}} + e^{\frac{1}{2}} + e^{\frac{3}{4}}\right) + e^1\right)$$

$$= 1.718284\ldots.$$

Vergleicht man dieses Ergebnis mit dem bereits bekannten exakten Ergebnis $1.718281\ldots$, so erkennt man eine hervorragende Übereinstimmung.

4.16 Aufgaben mit Lösungen

Aufgabe 4.16.1 *Berechnen Sie die Integrale*

$$\int_1^3 \frac{1}{x} \, dx \qquad und \qquad \int_0^\pi \sin(x) \, dx$$

sowohl exakt, als auch näherungsweise mit der jeweils 4-fach iterierten Trapez- und Simpson-Regel.

Lösung der Aufgabe Für das erste Integral ergibt sich bei exakter Rechnung

$$\int_1^3 \frac{1}{x}\,dx = 1.0986123\ldots,$$

mit der 4-fach iterierte Trapez Regel

$$\int_1^3 \frac{1}{x}\,dx \approx \frac{3-1}{2\cdot 4}\left(\frac{1}{1} + 2\left(\frac{1}{1.5} + \frac{1}{2} + \frac{1}{2.5}\right) + \frac{1}{3}\right) = 1.11666\ldots$$

und schließlich mit der 4-fach iterierten Simpson-Regel

$$\int_1^3 \frac{1}{x}\,dx \approx \frac{3-1}{6\cdot 4}\left(\frac{1}{1} + 4\left(\frac{1}{1.25} + \frac{1}{1.75} + \frac{1}{2.25} + \frac{1}{2.75}\right) + 2\left(\frac{1}{1.5} + \frac{1}{2} + \frac{1}{2.5}\right) + \frac{1}{3}\right)$$

$$= 1.098725\ldots.$$

Für das zweite Integral ergibt sich bei exakter Rechnung

$$\int_0^\pi \sin(x)\,dx = 2\,,$$

mit der 4-fach iterierten Trapez Regel

$$\int_0^\pi \sin(x)\,dx \approx \frac{\pi-0}{2\cdot 4}\left(\sin(0) + 2\left(\sin\left(\frac{\pi}{4}\right) + \sin\left(\frac{\pi}{2}\right) + \sin\left(\frac{3\pi}{4}\right)\right) + \sin(\pi)\right)$$

$$= 1.8961188\ldots$$

und schließlich mit der 4-fach iterierten Simpson-Regel

$$\int_0^\pi \sin(x)\,dx \approx \frac{\pi-0}{6\cdot 4}\left(\sin(0) + 4\left(\sin\left(\frac{\pi}{8}\right) + \sin\left(\frac{3\pi}{8}\right) + \sin\left(\frac{5\pi}{8}\right) + \sin\left(\frac{7\pi}{8}\right)\right)\right.$$

$$\left. + 2\left(\sin\left(\frac{\pi}{4}\right) + \sin\left(\frac{\pi}{2}\right) + \sin\left(\frac{3\pi}{4}\right)\right) + \sin(\pi)\right)$$

$$= 2.0002691\ldots.$$

Man erkennt in allen Fällen die hervorragenden Näherungen, wobei die Simpson-Regel erwartungsgemäß der Trapez-Regel überlegen ist, wenn die Funktionen nur moderat oszillierend sind.

Selbsttest 4.16.2   Welche Aussagen über die iterierte Trapez- und Simpson-Regel sind wahr?

?−? Die n-fach iterierte Simpson-Regel benötigt n Funktionsauswertungen.

?−? Die iterierte Trapez-Regel liefert exakte Resultate für quadratische Polynome.

?+? Die iterierte Simpson-Regel liefert exakte Resultate für quadratische Polynome.

?+? Die iterierte Simpson-Regel liefert exakte Resultate für kubische Polynome.

Literatur

1. Lenze, B.: Basiswissen Analysis. Springer Vieweg, Wiesbaden (2020)
2. Lenze, B.: Basiswissen Lineare Algebra. Springer Vieweg, Wiesbaden (2020)
3. Locher, F.: Numerische Mathematik für Informatiker, 2. Aufl. Springer, Berlin, Heidelberg, New York (2013)
4. Schwarz, H.-R., Köckler, N.: Numerische Mathematik, 8. Aufl. Vieweg+Teubner, Wiesbaden (2011)
5. Freund, R.W., Hoppe, R.H.W.: Stoer/Bulirsch: Numerische Mathematik 1, 10. Aufl. Springer, Berlin, Heidelberg, New York (2007)

Um Iterationsverfahren und ihre Konvergenz nicht nur in $\mathbb{R}$, sondern auch in $\mathbb{R}^n$ einführen und untersuchen zu können, bedarf es zunächst der Bereitstellung eines Abstandsbegriffs. Hier spielen die sogenannten **Normen** die entscheidende Rolle, mit deren Hilfe man dann **mehrdimensionale Folgen** auf Konvergenz analysieren kann. Unter Zugriff auf eine naheliegende Verallgemeinerung des **Banachschen Fixpunktsatzes** werden darauf aufbauend einige iterative Strategien zur **Lösung regulärer linearer Gleichungssysteme** sowie eine wichtige Methode zur numerischen Bestimmung des **betragsgrößten Eigenwerts** sowie eines zugehörigen **Eigenvektors** vorgestellt.

5.1 Normen und Folgen in $\mathbb{R}^n$

Unter einer Norm versteht man eine Funktion, die jedem Vektor $\vec{x} \in \mathbb{R}^n$ eine nicht negative reelle Zahl zuordnet und gleichzeitig gewissen Bedingungen genügt. Zum Beispiel ist aus der Linearen Algebra mit der sogenannten **Euklidischen Norm**

$$\left\| \vec{x} \right\|_2 := \sqrt{x_1^2 + x_2^2 + \cdots + x_n^2}\,, \quad \vec{x} \in \mathbb{R}^n,$$

bereits eine wichtige Norm in $\mathbb{R}^n$ bekannt. Allgemein ist eine **Norm** in $\mathbb{R}^n$ wie folgt definiert.

Elektronisches Zusatzmaterial Die elektronische Version dieses Kapitels enthält Zusatzmaterial, das berechtigten Benutzern zur Verfügung steht https://doi.org/10.1007/978-3-658-30028-9_5.

B. Lenze, *Basiswissen Angewandte Mathematik – Numerik, Grafik, Kryptik*,
https://doi.org/10.1007/978-3-658-30028-9_5

Definition 5.1.1 Norm in $\mathbb{R}^n$

Eine Abbildung $\| \ \| : \mathbb{R}^n \to [0, \infty)$ heißt **Norm** in $\mathbb{R}^n$, falls sie für alle $\vec{x}, \vec{y} \in \mathbb{R}^n$ und alle $\alpha \in \mathbb{R}$ den folgenden drei Bedingungen genügt:

$$(1) \quad \|\vec{x}\| = 0 \ \Leftrightarrow \ \vec{x} = \vec{0} \quad \textbf{(positive Definitheit)}$$
$$(2) \quad \|\alpha\vec{x}\| = |\alpha| \ \|\vec{x}\| \quad \textbf{(absolute Homogenität)}$$
$$(3) \quad \|\vec{x} + \vec{y}\| \leq \|\vec{x}\| + \|\vec{y}\| \quad \textbf{(Dreiecksungleichung)} \quad \blacktriangleleft$$

In $\mathbb{R}^n$ gibt es unendlich viele verschiedene Normen! Die drei vermutlich wichtigsten Normen sind die bereits bekannte **Euklidische Norm** oder **2-Norm** $\| \ \|_2$,

$$\|\vec{x}\|_2 := \sqrt{x_1^2 + x_2^2 + \cdots + x_n^2}, \quad \vec{x} \in \mathbb{R}^n,$$

die **Maximum-Norm** oder ∞**-Norm** $\| \ \|_\infty$,

$$\|\vec{x}\|_\infty := \max\{|x_i| \mid 1 \leq i \leq n\}, \quad \vec{x} \in \mathbb{R}^n,$$

und die **Betragsummen-Norm** oder **1-Norm** $\| \ \|_1$,

$$\|\vec{x}\|_1 := |x_1| + |x_2| + \cdots + |x_n|, \quad \vec{x} \in \mathbb{R}^n.$$

Normen haben die Funktion, **Längen und Abstände** von Vektoren zu definieren.

Beispiel 5.1.2
Für den Vektor $\vec{x} := (3, -4)^T \in \mathbb{R}^2$ ergeben sich z. B. folgende **Längen**, abhängig davon, in welcher Norm man misst:

$$\|\vec{x}\|_1 = |3| + |-4| = 7,$$
$$\|\vec{x}\|_2 = \sqrt{3^2 + (-4)^2} = 5,$$
$$\|\vec{x}\|_\infty = \max\{|3|, |-4|\} = 4.$$

Beispiel 5.1.3
Für die Vektoren $\vec{x} := (3, -4)^T$ und $\vec{y} := (-2, -1)^T$ in $\mathbb{R}^2$ ergeben sich z. B. folgende **Abstände**, abhängig davon, in welcher Norm man misst:

$$\|\vec{x} - \vec{y}\|_1 = |3 - (-2)| + |-4 - (-1)| = 8,$$
$$\|\vec{x} - \vec{y}\|_2 = \sqrt{(3 - (-2))^2 + (-4 - (-1))^2} = \sqrt{34},$$
$$\|\vec{x} - \vec{y}\|_\infty = \max\{|3 - (-2)|, |-4 - (-1)|\} = 5.$$

Abb. 5.1 Einheitskreise in $\mathbb{R}^2$

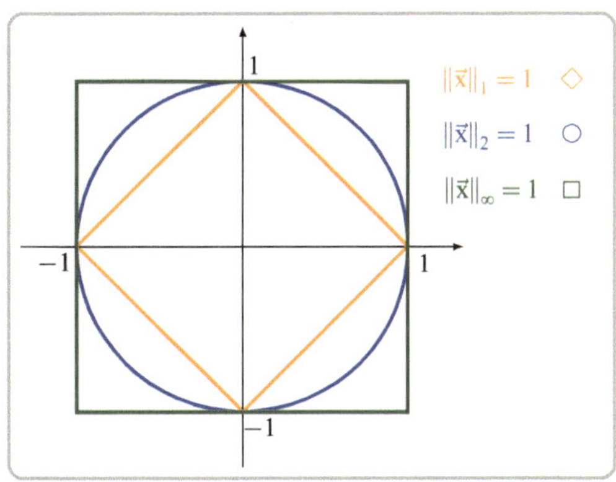

Skizziert man sich zur Veranschaulichung z. B. im $\mathbb{R}^2$ alle Punkte bzw. Vektoren mit Länge 1, also die sogenannten **Einheitskreise**, dann ergibt sich das in Abb. 5.1 angegebene Bild.

▶ **Bemerkung 5.1.4 Äquivalenz der Normen in $\mathbb{R}^n$** Man kann zeigen, dass alle Normen in $\mathbb{R}^n$ **äquivalent** sind! Das bedeutet, dass es für zwei beliebige Normen $\|\ \|_a$ und $\|\ \|_b$ in $\mathbb{R}^n$ zwei Konstanten $\alpha, \beta \in \mathbb{R}$, $\alpha, \beta > 0$, gibt, so dass für alle $\vec{x} \in \mathbb{R}^n$ gilt

$$\alpha \left\| \vec{x} \right\|_a \leq \left\| \vec{x} \right\|_b \leq \beta \left\| \vec{x} \right\|_a .$$

Dies hat z. B. die wichtige Konsequenz, dass die Konvergenz einer Folge von Vektoren bzgl. **irgendeiner Norm** in $\mathbb{R}^n$ auch sofort die Konvergenz bzgl. **jeder Norm** in $\mathbb{R}^n$ induziert. Worum es sich bei einer Folge von Vektoren genau handelt, wird nun präzisiert.

Unter einer **Folge von Vektoren** versteht man salopp gesprochen eine Vorschrift, die jeder Zahl $k \in \mathbb{N}$ einen Vektor aus $\mathbb{R}^n$ zuordnet. Zum Beispiel ist mittels

$$\vec{f}^{(k)} = \left(f_1^{(k)}, f_2^{(k)} \right)^T := \left(\frac{1}{k+1}, 2 - \frac{4}{2+k^2} \right)^T, \quad k \in \mathbb{N},$$

eine Folge $(\vec{f}^{(k)})_{k \in \mathbb{N}}$ erklärt, deren ersten Folgenglieder man sich in Form einer Wertetabelle veranschaulichen kann:

k	0	1	2	3	$\cdots\cdots$	1000	$\cdots\cdots$	$\to \infty$
$f_1^{(k)}$	1	$\frac{1}{2}$	$\frac{1}{3}$	$\frac{1}{4}$	$\cdots\cdots$	$\frac{1}{1001}$	$\cdots\cdots$	0
$f_2^{(k)}$	0	$\frac{2}{3}$	$\frac{4}{3}$	$\frac{18}{11}$	$\cdots\cdots$	$2 - \frac{4}{1000002}$	$\cdots\cdots$	2

Offensichtlich kommt die Folge für wachsendes k dem Vektor $(0, 2)^T$ immer näher, wobei das **Näher-Kommen** noch mathematisch präzise definiert werden muss. Folgen dieses Typs nennt man **konvergente Folgen**.

Es gibt allerdings auch Folgen, die qualitativ ein vollkommen anderes Verhalten zeigen. So wächst z. B. die Folge mit den Folgengliedern $\vec{f}^{(k)} := (k, k^2, k^3)^T$ über alle Grenzen, während die Folge mit den Folgengliedern $\vec{f}^{(k)} := ((-1)^k, 2 - (-1)^k, 5)^T$ stets zwischen $(1, 1, 5)^T$ und $(-1, 3, 5)^T$ hin und her springt. Folgen dieses Typs nennt man **divergente Folgen**.

Definition 5.1.5 Folge in $\mathbb{R}^n$

Eine Abbildung $f : \mathbb{N} \to \mathbb{R}^n$ heißt **Folge von Vektoren** und wird üblicherweise in der kompakten Form $(\vec{f}^{(k)})_{k \in \mathbb{N}}$ notiert, wobei dies zu interpretieren ist als

$$(\vec{f}^{(k)})_{k \in \mathbb{N}} := (f(0), f(1), f(2), \ldots)$$

und die Vektoren $\vec{f}^{(k)} := f(k)$, $k \in \mathbb{N}$, die **Folgenglieder** genannt werden. Die Folge heißt **konvergent** gegen $\vec{a} \in \mathbb{R}^n$, falls für alle $\epsilon > 0$ ein $k_\epsilon \in \mathbb{N}$ existiert, so dass für alle $k \in \mathbb{N}$ mit $k \geq k_\epsilon$ gilt: $\left\| \vec{f}^{(k)} - \vec{a} \right\| < \epsilon$. Man schreibt dann $\lim_{k \to \infty} \vec{f}^{(k)} := \vec{a}$. Eine nicht konvergente Folge wird **divergent** genannt. ◄

Beispiel 5.1.6
Die Folge

$$(\vec{f}^{(k)})_{k \in \mathbb{N}, k \geq 3} := \left(\left(3 + \frac{1}{k-2}, \frac{3}{k} \right)^T \right)_{k \in \mathbb{N}, k \geq 3}$$

ist **konvergent** und liefert als **Grenzwert** den Vektor $(3, 0)^T$,

$$(3, 0)^T = \lim_{k \to \infty} \left(3 + \frac{1}{k-2}, \frac{3}{k} \right)^T .$$

Die entsprechende Wertetabelle sieht wie folgt aus:

k	3	4	5	$\cdots\cdots$	1000	$\cdots\cdots$	$\to \infty$
$f_1^{(k)}$	4	3.5	$3.\overline{3}$	$\cdots\cdots$	$3.001\ldots$	$\cdots\cdots$	3
$f_2^{(k)}$	1	0.75	0.6	$\cdots\cdots$	0.003	$\cdots\cdots$	0

Unter Zugriff z. B. auf die **Euklidische Norm** lässt sich der formale **Konvergenzbeweis** wie folgt führen: Es sei $\epsilon > 0$ beliebig gegeben und $k_\epsilon := 4\lceil \frac{1}{\epsilon} \rceil + 2$ (dabei bezeichnet $\lceil \cdot \rceil$ die ceil-Funktion; vgl. z. B. [1]). Dann gilt für alle $k \in \mathbb{N}$ mit $k \geq k_\epsilon$

die Abschätzung

$$\left\|\left(3+\frac{1}{k-2},\frac{3}{k}\right)^T-(3,0)^T\right\|_2=\left\|\left(\frac{1}{k-2},\frac{3}{k}\right)^T\right\|_2$$

$$=\sqrt{\frac{1}{(k-2)^2}+\frac{9}{k^2}}<\sqrt{\frac{10}{(k_\epsilon-2)^2}}\leq\sqrt{\frac{10}{\left(4\frac{1}{\epsilon}\right)^2}}<\epsilon.$$

Daraus folgt die Behauptung.

> **Bemerkung 5.1.7 Konvergenzkriterien für Folgen in $\mathbb{R}^n$** Man kann nun in völliger Analogie zu den entsprechenden Resultaten für Folgen in $\mathbb{R}$ (vgl. z. B. [1]) Rechenregeln und Konvergenzkriterien für Folgen in $\mathbb{R}^n$ formulieren und beweisen. So ist beispielsweise eine Folge $(\vec{f}^{(k)})_{k\in\mathbb{N}}$ in $\mathbb{R}^n$ genau dann konvergent, wenn sie eine **Cauchy-Folge** ist, d. h. wenn gilt

$$\forall\epsilon>0\,\exists k_\epsilon\in\mathbb{N}\,\forall l,m\geq k_\epsilon:\quad\left\|\vec{f}^{(l)}-\vec{f}^{(m)}\right\|<\epsilon.$$

Auf eine vollständige Übertragung und Formulierung weiterer analoger Ergebnisse soll verzichtet werden.

Selbsttest 5.1.8   Welche der folgenden Aussagen sind wahr?

?−? Es gibt nur eine Norm in $\mathbb{R}^n$.

?−? Eine konvergente Folge in $\mathbb{R}^n$ kann mehrere Grenzwerte besitzen.

?+? Der einzige Vektor, der bezüglich aller Normen in $\mathbb{R}^n$ die Länge 0 besitzt, ist der Nullvektor.

?+? Für einen Vektor $\vec{x}\neq\vec{0}$ ist $2\vec{x}$ bezüglich jeder Norm doppelt so lang wie $\vec{x}$.

5.2   Banachscher Fixpunktsatz in $\mathbb{R}^n$

Im Folgenden wird ohne Beweis und in aller Kürze der **Banachsche Fixpunktsatz** in seiner Verallgemeinerung auf den $\mathbb{R}^n$ angegeben. Es handelt sich bei diesem Resultat um eines der wichtigsten der **Angewandten Mathematik** und die Konvergenznachweise vieler praktischer Verfahren beruhen auf Varianten dieses Ergebnisses. Dabei bezeichne von nun an $\|\ \|$ eine beliebige Norm in $\mathbb{R}^n$ und

$$[\vec{a},\vec{b}]:=\{\vec{x}\in\mathbb{R}^n\mid a_i\leq x_i\leq b_i,\,1\leq i\leq n\}$$

sei stets ein nichtleeres abgeschlossenes Intervall in $\mathbb{R}^n$. Weitere Details und Beweise sowie Anwendungen des Banachschen Fixpunktsatzes findet man z. B. in [2–4].

Definition 5.2.1 Selbstabbildung

Es sei $[\vec{a},\vec{b}] \subseteq \mathbb{R}^n$ ein nichtleeres abgeschlossenes Intervall und $\Phi : \mathbb{R}^n \to \mathbb{R}^n$ eine Abbildung. Dann heißt Φ **Selbstabbildung** bezüglich $[\vec{a},\vec{b}]$, falls gilt

$$\vec{x} \in [\vec{a},\vec{b}] \quad \Longrightarrow \quad \Phi(\vec{x}) \in [\vec{a},\vec{b}] \ . \quad \blacktriangleleft$$

Definition 5.2.2 Kontrahierende Abbildung

Es sei $[\vec{a},\vec{b}] \subseteq \mathbb{R}^n$ ein nichtleeres abgeschlossenes Intervall und $\Phi : \mathbb{R}^n \to \mathbb{R}^n$ eine Abbildung. Ferner sei $K \in [0,1)$. Dann heißt Φ **kontrahierende Abbildung** bezüglich $[\vec{a},\vec{b}]$ mit **Kontraktionszahl** K, falls gilt

$$\vec{x},\vec{y} \in [\vec{a},\vec{b}] \quad \Longrightarrow \quad \left\| \Phi(\vec{x}) - \Phi(\vec{y}) \right\| \leq K \left\| \vec{x} - \vec{y} \right\| \ . \quad \blacktriangleleft$$

▶ **Satz 5.2.3 Banachscher Fixpunktsatz** Es sei $[\vec{a},\vec{b}] \subseteq \mathbb{R}^n$ ein nichtleeres abgeschlossenes Intervall, $\Phi : \mathbb{R}^n \to \mathbb{R}^n$ eine Abbildung und $K \in [0,1)$. Ferner sei Φ eine **kontrahierende Selbstabbildung** bezüglich $[\vec{a},\vec{b}]$ mit **Kontraktionszahl** K. Dann gelten folgende Aussagen:

- Es gibt genau ein $\vec{x}^* \in [\vec{a},\vec{b}]$ mit $\Phi(\vec{x}^*) = \vec{x}^*$, d. h. die **Existenz und Eindeutigkeit eines Fixpunkts** ist gesichert.
- Für alle Startwerte $\vec{x}^{(0)} \in [\vec{a},\vec{b}]$ konvergiert die durch $\vec{x}^{(k+1)} := \Phi(\vec{x}^{(k)})$, $k \in \mathbb{N}$, generierte Folge gegen den Fixpunkt $\vec{x}^*$, d. h. die **Konvergenz der Fixpunktiteration** ist gesichert.
- Für jede durch eine Fixpunktiteration im obigen Sinne erzeugte Folge $(\vec{x}^{(k)})_{k\in\mathbb{N}}$ gelten die beiden **a-priori- und a-posteriori-Fehlerabschätzungen**

$$\left\| \vec{x}^* - \vec{x}^{(k)} \right\| \leq \frac{K^k}{1-K} \left\| \vec{x}^{(1)} - \vec{x}^{(0)} \right\| \qquad \text{(a-priori)},$$

$$\left\| \vec{x}^* - \vec{x}^{(k)} \right\| \leq \frac{K}{1-K} \left\| \vec{x}^{(k)} - \vec{x}^{(k-1)} \right\| \qquad \text{(a-posteriori)}.$$

Selbsttest 5.2.4 Welche Aussagen für eine beliebige Funktion $\Phi : \mathbb{R}^n \to \mathbb{R}^n$ sind wahr?

?−? Φ besitzt mindestens einen Fixpunkt $\vec{x}^* \in \mathbb{R}^n$.

?−? Φ besitzt höchstens einen Fixpunkt $\vec{x}^* \in \mathbb{R}^n$.

?+? Wenn Φ konstant ist, dann besitzt Φ mindestens einen Fixpunkt $\vec{x}^* \in \mathbb{R}^n$.

?+? Φ könnte zwei oder mehr Fixpunkte in $\mathbb{R}^n$ besitzen.

?+? Φ könnte keinen Fixpunkt in $\mathbb{R}^n$ besitzen.

5.3 Gesamtschritt-Verfahren

Eines der wichtigsten Probleme der numerischen Linearen Algebra ist die effiziente Lösung **linearer Gleichungssysteme**. Neben dem bereits bekannten **Gaußschen Algorithmus** (vgl. z. B. [5]), der zu den sogenannten **direkten Verfahren** gehört, spielen insbesondere für große Systeme spezielle **iterative Verfahren** eine zentrale Rolle.

Als erster Vertreter dieses Verfahren-Typs soll im Folgenden das **Gesamtschritt-Verfahren** vorgestellt werden, das auch bisweilen als **Jacobi-Verfahren** (Carl Gustav Jacobi, 1804–1851) bezeichnet wird. Die Idee des Verfahrens besteht darin zu versuchen, die Lösung linearer Gleichungssysteme und die Suche nach Fixpunkten gewisser Abbildungen in einen hilfreichen Zusammenhang zu bringen. Im Detail geht man wie folgt vor: Es sei $A \in \mathbb{R}^{n \times n}$ eine reguläre Matrix mit $a_{ii} = 1$ für $1 \leq i \leq n$, also mit **Einsen auf der Diagonale**, sowie $\vec{b} \in \mathbb{R}^n$. Gesucht wird ein Vektor $\vec{x} \in \mathbb{R}^n$ mit $A\vec{x} = \vec{b}$. Dieses Problem wird nun Schritt für Schritt wie folgt umgeschrieben, wobei $E \in \mathbb{R}^{n \times n}$ wie üblich die Einheitsmatrix bezeichne:

$$A\vec{x} = \vec{b}$$

$$A\vec{x} - \vec{b} = \vec{0} \qquad \text{(Nullstellenproblem)}$$

$$\vec{x} - A\vec{x} + \vec{b} = \vec{x}$$

$$\underbrace{(E - A)\vec{x} + \vec{b}}_{\Phi(\vec{x})} = \vec{x} \qquad \text{(Fixpunktproblem)}$$

Damit hat man ein klassisches **Fixpunktproblem** generiert, welches hoffentlich mittels üblicher Fixpunktiteration gelöst werden kann. Dies ist in der Tat der Fall, falls die Matrix A zum Beispiel dem sogenannten **Zeilensummenkriterium** genügt.

Definition 5.3.1 Zeilensummenkriterium

Es sei $A \in \mathbb{R}^{n \times n}$ eine Matrix mit $a_{ii} = 1$ für $1 \leq i \leq n$. Falls

$$\sum_{\substack{j=1 \\ j \neq i}}^{n} |a_{ij}| < 1 \quad \text{für } 1 \leq i \leq n$$

gilt, dann sagt man, A erfülle das **Zeilensummenkriterium** bzw. A sei **diagonaldominant**. ◄

Beispiel 5.3.2
Die Matrix A,

$$A := \begin{pmatrix} 1 & 0 & \frac{1}{2} \\ \frac{1}{2} & 1 & -\frac{1}{3} \\ 0 & -\frac{1}{5} & 1 \end{pmatrix},$$

ist **diagonaldominant**, da

$$|0| + \left|\frac{1}{2}\right| < 1 \,, \quad \left|\frac{1}{2}\right| + \left|-\frac{1}{3}\right| < 1 \quad \text{und} \quad |0| + \left|-\frac{1}{5}\right| < 1 \,.$$

Beispiel 5.3.3
Die Matrix A,

$$A := \begin{pmatrix} 1 & 1 & 0 \\ \frac{1}{2} & 1 & \frac{1}{3} \\ -\frac{1}{4} & 0 & 1 \end{pmatrix} \,,$$

ist **nicht diagonaldominant**, da $|1| + |0| \not< 1$ (1. Zeile).

Damit sind alle Vorbereitungen abgeschlossen, um nun den Konvergenzsatz für das **Gesamtschritt-Verfahren** formulieren und beweisen zu können.

▶   **Satz 5.3.4 Konvergenzsatz für das Gesamtschritt-Verfahren** Es sei $A \in \mathbb{R}^{n \times n}$ eine reguläre Matrix mit $a_{ii} = 1$ für $1 \leq i \leq n$ und A erfülle das **Zeilensummenkriterium**. Ferner sei $\vec{b} \in \mathbb{R}^n$ gegeben und $\vec{x} \in \mathbb{R}^n$ mit $A\vec{x} = \vec{b}$ gesucht. Wählt man nun $\vec{x}^{(0)} \in \mathbb{R}^n$ beliebig und berechnet die Vektorfolge $(\vec{x}^{(k)})_{k \in \mathbb{N}}$ gemäß dem **Gesamtschritt-Verfahren** als

$$\vec{x}^{(k+1)} := (E - A)\vec{x}^{(k)} + \vec{b} \,, \quad k \in \mathbb{N} \,,$$

bzw. komponentenweise geschrieben als

```
for (int k=0; true; k++)
for (int i=1; i<=n; i++)
   {
```

$$x_i^{(k+1)} := -\sum_{j=1}^{i-1} a_{ij} x_j^{(k)} - \sum_{j=i+1}^{n} a_{ij} x_j^{(k)} + b_i;$$

```
   }
```

dann gilt $\lim\limits_{k \to \infty} \vec{x}^{(k)} = \vec{x}$. Setzt man ferner

$$q := \max \left\{ \sum_{\substack{j=1 \\ j \neq i}}^{n} |a_{ij}| \ \Big| \ 1 \leq i \leq n \right\} < 1$$

und misst Abstände von Vektoren in der **Maximum-Norm**, dann gelten die
beiden **a-priori- und a-posteriori-Fehlerabschätzungen**

$$\left\| \vec{x} - \vec{x}^{(k)} \right\|_\infty \le \frac{q^k}{1-q} \left\| \vec{x}^{(1)} - \vec{x}^{(0)} \right\|_\infty \qquad \textbf{(a-priori)},$$

$$\left\| \vec{x} - \vec{x}^{(k)} \right\|_\infty \le \frac{q}{1-q} \left\| \vec{x}^{(k)} - \vec{x}^{(k-1)} \right\|_\infty \qquad \textbf{(a-posteriori)}.$$

Beweis Es sei $(\vec{x}^{(k)})_{k\in\mathbb{N}}$ die erzeugte Vektorfolge. Für $k \in \mathbb{N}$ und $1 \le i \le n$ gilt dann

$$|x_i^{(k+1)} - x_i^{(k)}| = \left| - \sum_{\substack{j=1 \\ j\neq i}}^{n} a_{ij} x_j^{(k)} + b_i + \sum_{\substack{j=1 \\ j\neq i}}^{n} a_{ij} x_j^{(k-1)} - b_i \right| \le \sum_{\substack{j=1 \\ j\neq i}}^{n} |a_{ij}||x_j^{(k)} - x_j^{(k-1)}|$$

$$\le \left(\sum_{\substack{j=1 \\ j\neq i}}^{n} |a_{ij}| \right) \max\{|x_j^{(k)} - x_j^{(k-1)}| \mid 1 \le j \le n\} \le q \left\| \vec{x}^{(k)} - \vec{x}^{(k-1)} \right\|_\infty ,$$

also

$$\left\| \vec{x}^{(k+1)} - \vec{x}^{(k)} \right\|_\infty \le q \left\| \vec{x}^{(k)} - \vec{x}^{(k-1)} \right\|_\infty .$$

Induktiv fortfahrend erhält man so

$$\left\| \vec{x}^{(k+1)} - \vec{x}^{(k)} \right\|_\infty \le q^2 \left\| \vec{x}^{(k-1)} - \vec{x}^{(k-2)} \right\|_\infty \le \cdots \le q^k \left\| \vec{x}^{(1)} - \vec{x}^{(0)} \right\|_\infty .$$

Für alle $\ell \in \mathbb{N}$ folgt daraus aber auch sofort

$$\left\| \vec{x}^{(k+\ell)} - \vec{x}^{(k)} \right\|_\infty = \left\| \vec{x}^{(k+\ell)} - \vec{x}^{(k+\ell-1)} + \vec{x}^{(k+\ell-1)} - \cdots + \vec{x}^{(k+1)} - \vec{x}^{(k)} \right\|_\infty$$

$$\le \sum_{r=0}^{\ell-1} \left\| \vec{x}^{(k+r+1)} - \vec{x}^{(k+r)} \right\|_\infty \le \sum_{r=0}^{\ell-1} q^{k+r} \left\| \vec{x}^{(1)} - \vec{x}^{(0)} \right\|_\infty$$

$$\le q^k \left(\sum_{r=0}^{\infty} q^r \right) \left\| \vec{x}^{(1)} - \vec{x}^{(0)} \right\|_\infty = \frac{q^k}{1-q} \left\| \vec{x}^{(1)} - \vec{x}^{(0)} \right\|_\infty .$$

Insgesamt ist damit wegen $\lim_{k\to\infty} q^k = 0$ gezeigt, dass die Folge $(\vec{x}^{(k)})_{k\in\mathbb{N}}$ eine
Cauchy-Folge in $\mathbb{R}^n$ ist, also in $\mathbb{R}^n$ gegen einen Grenzwert $\vec{x} \in \mathbb{R}^n$ konvergiert und
gemäß den obigen Überlegungen für $\ell \to \infty$ der folgenden **a-priori-Fehlerabschätzung**
genügt:

$$\left\| \vec{x} - \vec{x}^{(k)} \right\|_\infty \le \frac{q^k}{1-q} \left\| \vec{x}^{(1)} - \vec{x}^{(0)} \right\|_\infty \qquad \text{(a- priori)}.$$

Entsprechend folgt die **a-posteriori-Fehlerabschätzung**

$$\left\| \vec{x} - \vec{x}^{(k)} \right\|_\infty \leq \frac{q}{1-q} \left\| \vec{x}^{(k)} - \vec{x}^{(k-1)} \right\|_\infty \qquad \text{(a-posteriori)}$$

aus der Ungleichung

$$\left\| \vec{x}^{(k+\ell)} - \vec{x}^{(k)} \right\|_\infty = \left\| \vec{x}^{(k+\ell)} - \vec{x}^{(k+\ell-1)} + \vec{x}^{(k+\ell-1)} - \cdots + \vec{x}^{(k+1)} - \vec{x}^{(k)} \right\|_\infty$$

$$\leq \sum_{r=0}^{\ell-1} \left\| \vec{x}^{(k+r+1)} - \vec{x}^{(k+r)} \right\|_\infty \leq \sum_{r=0}^{\ell-1} q^{r+1} \left\| \vec{x}^{(k)} - \vec{x}^{(k-1)} \right\|_\infty$$

$$\leq q \left(\sum_{r=0}^{\infty} q^r \right) \left\| \vec{x}^{(k)} - \vec{x}^{(k-1)} \right\|_\infty = \frac{q}{1-q} \left\| \vec{x}^{(k)} - \vec{x}^{(k-1)} \right\|_\infty .$$

Es bleibt lediglich noch zu zeigen, dass $\vec{x}$ auch das fragliche lineare Gleichungssystem löst. Dies folgt jedoch aufgrund der Iterationsvorschrift

$$\vec{x}^{(k+1)} = (E - A)\vec{x}^{(k)} + \vec{b}$$

sofort durch Übergang zum Grenzwert für $k \to \infty$,

$$\vec{x} = (E - A)\vec{x} + \vec{b} \quad \Longrightarrow \quad A\vec{x} = \vec{b} . \qquad \qquad \square$$

▶ **Bemerkung 5.3.5 Praxis des Gesamtschritt-Verfahrens** Die Implementierung des **Gesamtschritt-Verfahrens** auf dem Computer nimmt man i. Allg. komponentenweise vor, während man bei Handrechnung der Matrixschreibweise den Vorzug gibt. Ferner kann das **Gesamtschritt-Verfahren** auch durchaus konvergieren, wenn die Matrix A das **Zeilensummenkriterium nicht erfüllt**! Das Kriterium ist also lediglich hinreichend, jedoch nicht notwendig (Details siehe z. B. [2, 3, 6]).

Beispiel 5.3.6

Man suche mit Hilfe des **Gesamtschritt-Verfahrens** mit Startvektor $\vec{x}^{(0)} := (1, 0, 0)^T$ eine Näherungslösung für das Gleichungssystem

$$\begin{pmatrix} \frac{1}{2} & 1 & \frac{1}{6} \\ 0 & 1 & 2 \\ 4 & 2 & 0 \end{pmatrix} \begin{pmatrix} x_1 \\ x_2 \\ x_3 \end{pmatrix} = \begin{pmatrix} 1 \\ 6 \\ 4 \end{pmatrix} .$$

Zunächst wird das Problem so aufbereitet, dass die Anwendbarkeit des Gesamt-schritt-Verfahrens gesichert ist (**Diagonaldominanz, auf Eins normierte Diagonale**). Im vorliegenden Fall bedeutet das z. B. das zyklische Vertauschen aller Zeilen und Division durch die neuen Diagonalelemente, also

$$\begin{pmatrix} 1 & \frac{1}{2} & 0 \\ \frac{1}{2} & 1 & \frac{1}{6} \\ 0 & \frac{1}{2} & 1 \end{pmatrix} \begin{pmatrix} x_1 \\ x_2 \\ x_3 \end{pmatrix} = \begin{pmatrix} 1 \\ 1 \\ 3 \end{pmatrix}.$$

Angewandt auf dieses **diagonaldominante Gleichungssystem** liefert das Gesamt-schritt-Verfahren,

$$\vec{x}^{(0)} = (1,0,0)^T,$$

$$\vec{x}^{(k+1)} = \begin{pmatrix} 0 & -\frac{1}{2} & 0 \\ -\frac{1}{2} & 0 & -\frac{1}{6} \\ 0 & -\frac{1}{2} & 0 \end{pmatrix} \vec{x}^{(k)} + \begin{pmatrix} 1 \\ 1 \\ 3 \end{pmatrix}, \quad k \in \mathbb{N},$$

folgende erste Resultate:

$$\vec{x}^{(1)} = \begin{pmatrix} 0 & -\frac{1}{2} & 0 \\ -\frac{1}{2} & 0 & -\frac{1}{6} \\ 0 & -\frac{1}{2} & 0 \end{pmatrix} \begin{pmatrix} 1 \\ 0 \\ 0 \end{pmatrix} + \begin{pmatrix} 1 \\ 1 \\ 3 \end{pmatrix} = \begin{pmatrix} 0 \\ -\frac{1}{2} \\ 0 \end{pmatrix} + \begin{pmatrix} 1 \\ 1 \\ 3 \end{pmatrix} = \begin{pmatrix} 1 \\ \frac{1}{2} \\ 3 \end{pmatrix},$$

$$\vec{x}^{(2)} = \begin{pmatrix} 0 & -\frac{1}{2} & 0 \\ -\frac{1}{2} & 0 & -\frac{1}{6} \\ 0 & -\frac{1}{2} & 0 \end{pmatrix} \begin{pmatrix} 1 \\ \frac{1}{2} \\ 3 \end{pmatrix} + \begin{pmatrix} 1 \\ 1 \\ 3 \end{pmatrix} = \begin{pmatrix} -\frac{1}{4} \\ -1 \\ -\frac{1}{4} \end{pmatrix} + \begin{pmatrix} 1 \\ 1 \\ 3 \end{pmatrix} = \begin{pmatrix} \frac{3}{4} \\ 0 \\ \frac{11}{4} \end{pmatrix}.$$

Tabellarisch lassen sich diese Resultate wie folgt festhalten:

k	0	1	2	3	4	$k \to \infty$	∞
$x_1^{(k)}$	1	1	$\frac{3}{4}$	1	$\frac{11}{12}$	$\longrightarrow$	1
$x_2^{(k)}$	0	$\frac{1}{2}$	0	$\frac{1}{6}$	0	$\longrightarrow$	0
$x_3^{(k)}$	0	3	$\frac{11}{4}$	3	$\frac{35}{12}$	$\longrightarrow$	3

Die obige Tabelle enthält bereits eine Vermutung für den Grenzwert der Iterations-vektoren, nämlich $\vec{x} = (1,0,3)^T$. Durch eine Probe bestätigt man in der Tat, dass dieser Vektor das Ausgangsgleichungssystem löst. Präzise **a-priori- und a-poste-**

riori-Fehlerabschätzungen für dieses Beispiel ergeben sich gemäß

$$q := \max\left\{\frac{1}{2}, \frac{1}{2} + \frac{1}{6}, \frac{1}{2}\right\} = \frac{2}{3} < 1,$$

$$\left\|\vec{x} - \vec{x}^{(k)}\right\|_\infty \le 3\left(\frac{2}{3}\right)^k \left\|\vec{x}^{(1)} - \vec{x}^{(0)}\right\|_\infty = 9\left(\frac{2}{3}\right)^k,$$

$$\left\|\vec{x} - \vec{x}^{(k)}\right\|_\infty \le 3\frac{2}{3}\left\|\vec{x}^{(k)} - \vec{x}^{(k-1)}\right\|_\infty = 2\left\|\vec{x}^{(k)} - \vec{x}^{(k-1)}\right\|_\infty.$$

5.4 Aufgaben mit Lösungen

Aufgabe 5.4.1 *Gegeben sei das lineare Gleichungssystem*

$$\begin{pmatrix} 4 & 3 & 0 \\ 1 & 6 & 2 \\ 2 & 0 & 8 \end{pmatrix}\begin{pmatrix} x_1 \\ x_2 \\ x_3 \end{pmatrix} = \begin{pmatrix} 7 \\ 9 \\ 10 \end{pmatrix}.$$

Führen Sie ausgehend von $\vec{x}^{(0)} := (0,0,0)^T$ drei Iterationsschritte mit dem Gesamtschritt-Verfahren durch (zuvor Diagonale auf Eins normieren und das Zeilensummenkriterium überprüfen), und versuchen Sie basierend auf den erhaltenen Iterationsvektoren, die Lösung des Gleichungssystems zu erraten. Bestimmen Sie ferner den Konvergenzparameter q, und geben Sie die entsprechenden a-priori und a-posteriori-Fehlerabschätzungen an.

Lösung der Aufgabe Zunächst wird das Problem so aufbereitet, dass die Anwendbarkeit des Gesamtschritt-Verfahrens gesichert ist (Diagonaldominanz, auf Eins normierte Diagonale). Im vorliegenden Fall gelingt dies mittels einfacher Division durch die Diagonalelemente, also

$$\begin{pmatrix} 1 & \frac{3}{4} & 0 \\ \frac{1}{6} & 1 & \frac{1}{3} \\ \frac{1}{4} & 0 & 1 \end{pmatrix}\begin{pmatrix} x_1 \\ x_2 \\ x_3 \end{pmatrix} = \begin{pmatrix} \frac{7}{4} \\ \frac{3}{2} \\ \frac{5}{4} \end{pmatrix}.$$

Angewandt auf dieses diagonaldominante Gleichungssystem liefert das Gesamtschritt-Verfahren,

$$\vec{x}^{(0)} = (0,0,0)^T,$$

$$\vec{x}^{(k+1)} = \begin{pmatrix} 0 & -\frac{3}{4} & 0 \\ -\frac{1}{6} & 0 & -\frac{1}{3} \\ -\frac{1}{4} & 0 & 0 \end{pmatrix}\vec{x}^{(k)} + \begin{pmatrix} \frac{7}{4} \\ \frac{3}{2} \\ \frac{5}{4} \end{pmatrix}, \quad k \in \mathbb{N},$$

folgende erste Resultate:

$$\vec{x}^{(1)} = \begin{pmatrix} 0 & -\frac{3}{4} & 0 \\ -\frac{1}{6} & 0 & -\frac{1}{3} \\ -\frac{1}{4} & 0 & 0 \end{pmatrix} \begin{pmatrix} 0 \\ 0 \\ 0 \end{pmatrix} + \begin{pmatrix} \frac{7}{4} \\ \frac{3}{2} \\ \frac{5}{4} \end{pmatrix} = \begin{pmatrix} 0 \\ 0 \\ 0 \end{pmatrix} + \begin{pmatrix} \frac{7}{4} \\ \frac{3}{2} \\ \frac{5}{4} \end{pmatrix} = \begin{pmatrix} \frac{7}{4} \\ \frac{3}{2} \\ \frac{5}{4} \end{pmatrix},$$

$$\vec{x}^{(2)} = \begin{pmatrix} 0 & -\frac{3}{4} & 0 \\ -\frac{1}{6} & 0 & -\frac{1}{3} \\ -\frac{1}{4} & 0 & 0 \end{pmatrix} \begin{pmatrix} \frac{7}{4} \\ \frac{3}{2} \\ \frac{5}{4} \end{pmatrix} + \begin{pmatrix} \frac{7}{4} \\ \frac{3}{2} \\ \frac{5}{4} \end{pmatrix} = \begin{pmatrix} -\frac{9}{8} \\ -\frac{17}{24} \\ -\frac{7}{16} \end{pmatrix} + \begin{pmatrix} \frac{7}{4} \\ \frac{3}{2} \\ \frac{5}{4} \end{pmatrix} = \begin{pmatrix} \frac{5}{8} \\ \frac{19}{24} \\ \frac{13}{16} \end{pmatrix}.$$

Tabellarisch lassen sich diese Resultate wie folgt festhalten:

k	0	1	2	3	$k \to \infty$	∞
$x_1^{(k)}$	0	$\frac{7}{4}$	$\frac{5}{8}$	$\frac{37}{32}$	$\longrightarrow$	1
$x_2^{(k)}$	0	$\frac{3}{2}$	$\frac{19}{24}$	$\frac{9}{8}$	$\longrightarrow$	1
$x_3^{(k)}$	0	$\frac{5}{4}$	$\frac{13}{16}$	$\frac{35}{32}$	$\longrightarrow$	1

Die obige Tabelle enthält bereits eine Vermutung für den Grenzwert der Iterationsvektoren, nämlich $\vec{x} = (1, 1, 1)^T$. Durch eine Probe bestätigt man in der Tat, dass dieser Vektor das Ausgangsgleichungssystem löst. Präzise a-priori- und a-posteriori-Fehlerabschätzungen für dieses Beispiel ergeben sich gemäß

$$q := \max\left\{\frac{3}{4}, \frac{1}{6} + \frac{1}{3}, \frac{1}{4}\right\} = \frac{3}{4} < 1,$$

$$\left\|\vec{x} - \vec{x}^{(k)}\right\|_\infty \le 4 \left(\frac{3}{4}\right)^k \left\|\vec{x}^{(1)} - \vec{x}^{(0)}\right\|_\infty = 7 \left(\frac{3}{4}\right)^k,$$

$$\left\|\vec{x} - \vec{x}^{(k)}\right\|_\infty \le 4\frac{3}{4} \left\|\vec{x}^{(k)} - \vec{x}^{(k-1)}\right\|_\infty = 3 \left\|\vec{x}^{(k)} - \vec{x}^{(k-1)}\right\|_\infty.$$

Selbsttest 5.4.2 Welche Aussagen über das Gesamtschritt-Verfahren sind wahr?

?−? Das Gesamtschritt-Verfahren konvergiert nur, wenn das Zeilensummenkriterium erfüllt ist.

?−? Das Gesamtschritt-Verfahren dient zur Bestimmung von Eigenwerten quadratischer Matrizen.

?+? Das Gesamtschritt-Verfahren dient zur Lösung regulärer linearer Gleichungssysteme.

?+? Das Gesamtschritt-Verfahren ist ein iteratives Verfahren.

5.5 Einzelschritt-Verfahren

Wenn man sich die komponentenweise Definition des **Gesamtschritt-Verfahrens** ansieht (vgl. Abschn. 5.3), stellt man unmittelbar fest, dass man das Verfahren offenbar verbessern kann, wenn man so schnell wie möglich die bereits berechneten Näherungen einbaut. Man kommt so zum sogenannten **Einzelschritt-Verfahren**, welches zu Ehren von Carl Friedrich Gauß (1777–1855) und Philipp Ludwig von Seidel (1821–1896) auch als **Gauß-Seidel-Verfahren** bezeichnet wird.

▶   **Satz 5.5.1 Konvergenzsatz für das Einzelschritt-Verfahren** Es sei $A \in \mathbb{R}^{n \times n}$ eine reguläre Matrix mit $a_{ii} = 1$ für $1 \leq i \leq n$ und A erfülle das **Zeilensummenkriterium**. Ferner sei $\vec{b} \in \mathbb{R}^n$ gegeben und $\vec{x} \in \mathbb{R}^n$ mit $A\vec{x} = \vec{b}$ gesucht. Wählt man nun $\vec{x}^{(0)} \in \mathbb{R}^n$ beliebig und berechnet die Vektorfolge $(\vec{x}^{(k)})_{k \in \mathbb{N}}$ gemäß dem **Einzelschritt-Verfahren** komponentenweise als

```
for (int k=0;  true;  k++)
   for (int i=1;  i<=n;  i++)
      {
```

$$x_i^{(k+1)} := -\sum_{j=1}^{i-1} a_{ij} x_j^{(k+1)} - \sum_{j=i+1}^{n} a_{ij} x_j^{(k)} + b_i;$$

```
      }
```

dann gilt $\lim_{k \to \infty} \vec{x}^{(k)} = \vec{x}$. Setzt man ferner

$$p := \max \left\{ \frac{\sum_{j=i+1}^{n} |a_{ij}|}{1 - \sum_{j=1}^{i-1} |a_{ij}|} \ \middle| \ 1 \leq i \leq n \right\} < 1$$

und misst Abstände von Vektoren in der **Maximum-Norm**, dann gelten die beiden **a-priori- und a-posteriori-Fehlerabschätzungen**

$$\left\| \vec{x} - \vec{x}^{(k)} \right\|_\infty \leq \frac{p^k}{1 - p} \left\| \vec{x}^{(1)} - \vec{x}^{(0)} \right\|_\infty \qquad \textbf{(a-priori)},$$

$$\left\| \vec{x} - \vec{x}^{(k)} \right\|_\infty \leq \frac{p}{1 - p} \left\| \vec{x}^{(k)} - \vec{x}^{(k-1)} \right\|_\infty \qquad \textbf{(a-posteriori)}.$$

Beweis Es sei $(\vec{x}^{(k)})_{k \in \mathbb{N}}$ die erzeugte Vektorfolge. Für $k \in \mathbb{N}$ beliebig gegeben und $i \in \{1, 2, \ldots, n\}$ der bzw. ein Index mit

$$\left\| \vec{x}^{(k+1)} - \vec{x}^{(k)} \right\|_\infty = |x_i^{(k+1)} - x_i^{(k)}|$$

gilt dann

$$\left\| x^{(k+1)} - x^{(k)} \right\|_\infty = \left| - \sum_{j=1}^{i-1} a_{ij} (x_j^{(k+1)} - x_j^{(k)}) - \sum_{j=i+1}^{n} a_{ij} (x_j^{(k)} - x_j^{(k-1)}) \right|$$

$$\leq \sum_{j=1}^{i-1} |a_{ij}| \left| x_j^{(k+1)} - x_j^{(k)} \right| + \sum_{j=i+1}^{n} |a_{ij}| \left| x_j^{(k)} - x_j^{(k-1)} \right|$$

$$\leq \left(\sum_{j=1}^{i-1} |a_{ij}| \right) \left\| \vec{x}^{(k+1)} - \vec{x}^{(k)} \right\|_\infty + \left(\sum_{j=i+1}^{n} |a_{ij}| \right) \left\| \vec{x}^{(k)} - \vec{x}^{(k-1)} \right\|_\infty .$$

Daraus ergibt sich aber sofort

$$\left(1 - \sum_{j=1}^{i-1} |a_{ij}| \right) \left\| \vec{x}^{(k+1)} - \vec{x}^{(k)} \right\|_\infty \leq \left(\sum_{j=i+1}^{n} |a_{ij}| \right) \left\| \vec{x}^{(k)} - \vec{x}^{(k-1)} \right\|_\infty$$

bzw.

$$\left\| \vec{x}^{(k+1)} - \vec{x}^{(k)} \right\|_\infty \leq p \left\| \vec{x}^{(k)} - \vec{x}^{(k-1)} \right\|_\infty .$$

Da $p < 1$ ist, kann man nun exakt dieselben Schritte wie beim Nachweis der Konvergenz des Gesamtschritt-Verfahrens durchführen (vgl. Abschn. 5.3), wobei lediglich q durch p zu ersetzen ist. $\square$

▶ **Bemerkung 5.5.2 Konvergenz von Gesamt- und Einzelschritt-Verfahren**
Sowohl das Gesamt- als auch das Einzelschritt-Verfahren können konvergieren, wenn die Ausgangsmatrix A das **Zeilensummenkriterium nicht erfüllt** (Details siehe z. B. [2, 3, 6]). Ferner konvergiert das **Einzelschritt-Verfahren** aufgrund der unmittelbaren Benutzung bereits berechneter Näherungen i. Allg. schneller als das **Gesamtschritt-Verfahren**. Letzteres ist aber **parallelisierbar**, so dass auf paralleler Architektur vielfach dem Gesamtschritt-Verfahren der Vorzug gegeben wird. Die i. Allg. schnellere Konvergenz des Einzelschritt-Verfahrens lässt sich im Fall diagonaldominanter Matrizen mit Einsen auf der Diagonale auch leicht durch Vergleich der Konvergenzparameter p und q nachweisen, wobei hier $i \in \{1, 2, \dots, n\}$ der bzw. ein Index sei, für den p maximal wird:

$$p = \frac{\sum_{j=i+1}^{n} |a_{ij}|}{1 - \sum_{j=1}^{i-1} |a_{ij}|} = \frac{\sum_{\substack{j=1 \\ j \neq i}}^{n} |a_{ij}| - \sum_{j=1}^{i-1} |a_{ij}|}{1 - \sum_{j=1}^{i-1} |a_{ij}|} \leq \frac{q - \sum_{j=1}^{i-1} |a_{ij}|}{1 - \sum_{j=1}^{i-1} |a_{ij}|}$$

$$= \frac{q - q \sum_{j=1}^{i-1} |a_{ij}| - \sum_{j=1}^{i-1} |a_{ij}| + q \sum_{j=1}^{i-1} |a_{ij}|}{1 - \sum_{j=1}^{i-1} |a_{ij}|} = q - \frac{(1 - q) \sum_{j=1}^{i-1} |a_{ij}|}{1 - \sum_{j=1}^{i-1} |a_{ij}|} \leq q .$$

Beispiel 5.5.3

Man suche mit Hilfe des **Einzelschritt-Verfahrens** mit Startvektor $\vec{x}^{(0)} :=$ $(1, 0, 0)^T$ eine Näherungslösung für das Gleichungssystem

$$\begin{pmatrix} \frac{1}{2} & 1 & \frac{1}{6} \\ 0 & 1 & 2 \\ 4 & 2 & 0 \end{pmatrix} \begin{pmatrix} x_1 \\ x_2 \\ x_3 \end{pmatrix} = \begin{pmatrix} 1 \\ 6 \\ 4 \end{pmatrix}.$$

Zunächst wird das Problem so aufbereitet, dass die Anwendbarkeit des Einzelschritt-Verfahrens gesichert ist (**Diagonaldominanz, auf Eins normierte Diagonale**). Im vorliegenden Fall bedeutet das z. B. das zyklische Vertauschen aller Zeilen und Division durch die neuen Diagonalelemente, also

$$\begin{pmatrix} 1 & \frac{1}{2} & 0 \\ \frac{1}{2} & 1 & \frac{1}{6} \\ 0 & \frac{1}{2} & 1 \end{pmatrix} \begin{pmatrix} x_1 \\ x_2 \\ x_3 \end{pmatrix} = \begin{pmatrix} 1 \\ 1 \\ 3 \end{pmatrix}.$$

Angewandt auf dieses **diagonaldominante Gleichungssystem** liefert das Einzelschritt-Verfahren,

$$\vec{x}^{(0)} = (1, 0, 0)^T,$$
$$x_1^{(k+1)} = -\frac{1}{2}x_2^{(k)} + 1,$$
$$x_2^{(k+1)} = -\frac{1}{2}x_1^{(k+1)} - \frac{1}{6}x_3^{(k)} + 1,$$
$$x_3^{(k+1)} = -\frac{1}{2}x_2^{(k+1)} + 3,$$

für $k \in \mathbb{N}$ folgende erste Resultate:

$$x_1^{(1)} = -\frac{1}{2} \cdot 0 + 1 = 1,$$
$$x_2^{(1)} = -\frac{1}{2} \cdot 1 - \frac{1}{6} \cdot 0 + 1 = \frac{1}{2},$$
$$x_3^{(1)} = -\frac{1}{2} \cdot \frac{1}{2} + 3 = \frac{11}{4},$$
$$x_1^{(2)} = -\frac{1}{2} \cdot \frac{1}{2} + 1 = \frac{3}{4},$$
$$x_2^{(2)} = -\frac{1}{2} \cdot \frac{3}{4} - \frac{1}{6} \cdot \frac{11}{4} + 1 = \frac{1}{6},$$
$$x_3^{(2)} = -\frac{1}{2} \cdot \frac{1}{6} + 3 = \frac{35}{12}.$$

Tabellarisch lassen sich diese Resultate wie folgt festhalten:

k	0	1	2	3	$k \to \infty$	∞
$x_1^{(k)}$	1	1	$\frac{3}{4}$	$\frac{11}{12}$	$\longrightarrow$	1
$x_2^{(k)}$	0	$\frac{1}{2}$	$\frac{1}{6}$	$\frac{1}{18}$	$\longrightarrow$	0
$x_3^{(k)}$	0	$\frac{11}{4}$	$\frac{35}{12}$	$\frac{107}{36}$	$\longrightarrow$	3

Die obige Tabelle enthält bereits eine Vermutung für den Grenzwert der Iterationsvektoren, nämlich $\vec{x} = (1, 0, 3)^T$. Durch eine Probe bestätigt man in der Tat, dass
dieser Vektor das Ausgangsgleichungssystem löst. Präzise **a-priori- und a-posteriori-Fehlerabschätzungen** für dieses Beispiel ergeben sich gemäß

$$
p := \max\left\{ \frac{\frac{1}{2}}{1-0},\ \frac{\frac{1}{6}}{1-\frac{1}{2}},\ \frac{0}{1-\frac{1}{2}} \right\} = \frac{1}{2} < 1 \,,
$$

$$
\left\| \vec{x} - \vec{x}^{(k)} \right\|_\infty \leq 2 \left(\frac{1}{2} \right)^k \left\| \vec{x}^{(1)} - \vec{x}^{(0)} \right\|_\infty = \frac{11}{2} \left(\frac{1}{2} \right)^k \,,
$$

$$
\left\| \vec{x} - \vec{x}^{(k)} \right\|_\infty \leq 2 \frac{1}{2} \left\| \vec{x}^{(k)} - \vec{x}^{(k-1)} \right\|_\infty = \left\| \vec{x}^{(k)} - \vec{x}^{(k-1)} \right\|_\infty \,.
$$

5.6 Aufgaben mit Lösungen

Aufgabe 5.6.1 *Gegeben sei das lineare Gleichungssystem*

$$
\begin{pmatrix} 4 & 3 & 0 \\ 1 & 6 & 2 \\ 2 & 0 & 8 \end{pmatrix} \begin{pmatrix} x_1 \\ x_2 \\ x_3 \end{pmatrix} = \begin{pmatrix} 7 \\ 9 \\ 10 \end{pmatrix}.
$$

*Führen Sie ausgehend von $\vec{x}^{(0)} := (0, 0, 0)^T$ drei Iterationsschritte mit dem Einzelschritt-
Verfahren durch (zuvor Diagonale auf Eins normieren und das Zeilensummenkriterium
überprüfen), und versuchen Sie basierend auf den erhaltenen Iterationsvektoren, die Lösung des Gleichungssystems zu erraten. Bestimmen Sie ferner den Konvergenzparameter
p, und geben Sie die entsprechenden a-priori und a-posteriori-Fehlerabschätzungen an.*

Lösung der Aufgabe Zunächst wird das Problem so aufbereitet, dass die Anwendbarkeit des Einzelschritt-Verfahrens gesichert ist (Diagonaldominanz, auf Eins normierte
Diagonale). Im vorliegenden Fall gelingt dies durch einfache Division durch die Diago-

nalelemente, also

$$\begin{pmatrix} 1 & \frac{3}{4} & 0 \\ \frac{1}{6} & 1 & \frac{1}{3} \\ \frac{1}{4} & 0 & 1 \end{pmatrix} \begin{pmatrix} x_1 \\ x_2 \\ x_3 \end{pmatrix} = \begin{pmatrix} \frac{7}{4} \\ \frac{3}{2} \\ \frac{5}{4} \end{pmatrix}.$$

Angewandt auf dieses diagonaldominante Gleichungssystem liefert das Einzelschritt-Verfahren,

$$\vec{x}^{(0)} = (0,0,0)^T,$$

$$x_1^{(k+1)} = -\frac{3}{4}x_2^{(k)} + \frac{7}{4},$$

$$x_2^{(k+1)} = -\frac{1}{6}x_1^{(k+1)} - \frac{1}{3}x_3^{(k)} + \frac{3}{2},$$

$$x_3^{(k+1)} = -\frac{1}{4}x_1^{(k+1)} + \frac{5}{4},$$

für $k \in \mathbb{N}$ folgende erste Resultate:

$$x_1^{(1)} = -\frac{3}{4} \cdot 0 + \frac{7}{4} = \frac{7}{4},$$

$$x_2^{(1)} = -\frac{1}{6} \cdot \frac{7}{4} - \frac{1}{3} \cdot 0 + \frac{3}{2} = \frac{29}{24},$$

$$x_3^{(1)} = -\frac{1}{4} \cdot \frac{7}{4} + \frac{5}{4} = \frac{13}{16}.$$

Tabellarisch lassen sich diese und weitere Resultate wie folgt festhalten:

k	0	1	2	3	$k \to \infty$	∞
$x_1^{(k)}$	0	$\frac{7}{4}$	$\frac{27}{32}$	$\frac{239}{256}$	$\longrightarrow$	1
$x_2^{(k)}$	0	$\frac{29}{24}$	$\frac{209}{192}$	$\frac{511}{512}$	$\longrightarrow$	1
$x_3^{(k)}$	0	$\frac{13}{16}$	$\frac{133}{128}$	$\frac{1041}{1024}$	$\longrightarrow$	1

Die obige Tabelle enthält bereits eine Vermutung für den Grenzwert der Iterationsvektoren, nämlich $\vec{x} = (1,1,1)^T$. Durch eine Probe bestätigt man in der Tat, dass dieser Vektor das Ausgangsgleichungssystem löst. Präzise **a-priori- und a-posteriori-Fehlerabschätzungen** für dieses Beispiel ergeben sich gemäß

$$p := \max\left\{ \frac{\frac{3}{4}}{1-0}, \frac{\frac{1}{3}}{1-\frac{1}{6}}, \frac{0}{1-\frac{1}{4}} \right\} = \frac{3}{4} < 1,$$

$$\left\| \vec{x} - \vec{x}^{(k)} \right\|_\infty \le 4 \left(\frac{3}{4}\right)^k \left\| \vec{x}^{(1)} - \vec{x}^{(0)} \right\|_\infty = 7\left(\frac{3}{4}\right)^k,$$

$$\left\| \vec{x} - \vec{x}^{(k)} \right\|_\infty \le 4\frac{3}{4} \left\| \vec{x}^{(k)} - \vec{x}^{(k-1)} \right\|_\infty = 3 \left\| \vec{x}^{(k)} - \vec{x}^{(k-1)} \right\|_\infty.$$

Selbsttest 5.6.2 Welche Aussagen über das Einzelschritt-Verfahren sind wahr?

?−? Das Einzelschritt-Verfahren konvergiert nur, wenn das Zeilensummenkriterium erfüllt ist.

?−? Das Einzelschritt-Verfahren dient zur Bestimmung von Eigenwerten quadratischer Matrizen.

?+? Das Einzelschritt-Verfahren dient zur Lösung regulärer linearer Gleichungssysteme.

?+? Das Einzelschritt-Verfahren ist ein iteratives Verfahren.

5.7 SOR-Verfahren

Zum Abschluss der Betrachtung von iterativen Verfahren zur Lösung großer linearer Gleichungssysteme wird eine weitere mögliche Verbesserung von **Gesamt- und Einzelschritt-Verfahren** (vgl. Abschn. 5.3 und 5.5) vorgestellt, nämlich das sogenannte **SOR-Verfahren** (Sucsessive OverRelaxation). Dabei wird aber lediglich ein auf Edgar Reich und Alexander Ostrowski (1893–1986) zurückgehendes Resultat für **symmetrische Matrizen** aus den frühen 50-er Jahren des letzten Jahrhunderts formuliert und auf Details verzichtet.

▶ **Satz 5.7.1 Konvergenzsatz für das SOR-Verfahren** Es sei $A \in \mathbb{R}^n$ eine reguläre **symmetrische** Matrix mit $a_{ii} = 1$ für $1 \leq i \leq n$ und A erfülle das **Zeilensummenkriterium**. Ferner sei $\vec{b} \in \mathbb{R}^n$ gegeben und $\vec{x} \in \mathbb{R}^n$ mit $A\vec{x} = \vec{b}$ gesucht. Wählt man nun $\vec{x}^{(0)} \in \mathbb{R}^n$ beliebig sowie einen **Relaxationsparameter** $\omega \in (0, 2)$ und berechnet die Vektorfolge $(\vec{x}^{(k)})_{k \in \mathbb{N}}$ gemäß dem **SOR-Verfahren** komponentenweise als

```
for (int k=0; true; k++)
for (int i=1; i<=n; i++)
    {
```
$$\tilde{x}_i^{(k+1)} := -\sum_{j=1}^{i-1} a_{ij} x_j^{(k+1)} - \sum_{j=i+1}^{n} a_{ij} x_j^{(k)} + b_i;$$
$$x_i^{(k+1)} := x_i^{(k)} + \omega(\tilde{x}_i^{(k+1)} - x_i^{(k)});$$
```
    }
```

dann gilt $\lim\limits_{k \to \infty} \vec{x}^{(k)} = \vec{x}$.

Beweis Siehe z. B. [3, 6, 7].								□

▶ **Bemerkung 5.7.2 Wissenswertes zum SOR-Verfahren** Zunächst liefert das **SOR-Verfahren**, das auch häufig einfach als **Relaxationsverfahren** bezeichnet wird, für den **Relaxationsparameter** $\omega = 1$ genau das **Einzelschritt-Verfahren** nach Gauß-Seidel (vgl. Abschn. 5.5). Generell kann man zeigen, dass nur Relaxationsparameter ω aus dem Intervall $(0, 2)$ zu vernünftigen Verfahren führen (**Satz von Kahan, 1958**). Das Ziel besteht natürlich stets darin, für eine gegebene Matrix A einen **optimalen Relaxationsparameter** zu finden, so dass die Näherungsvektoren möglichst schnell gegen die gesuchte Lösung des linearen Gleichungssystems konvergieren (Details siehe [3, 6, 7]).

5.8   Von-Mises-Geiringer-Verfahren

In vielen praktischen Anwendungen ist die Kenntnis des **betragsgrößten Eigenwerts** und eines **zugehörigen Eigenvektors** einer speziellen Matrix (Systemmatrix, Modellmatrix) ausreichend, um gewisse Vorhersagen über das Verhalten des jeweiligen dynamischen Systems oder Modells treffen zu können. Das gesamte Spektrum ist also häufig gar nicht zu berechnen. Die Frage, die sich nun stellt, lautet: Gibt es ein Verfahren, welches speziell Auskunft über diesen sogenannten **dominanten Eigenwert** mit **einem zugehörigem Eigenvektor** gibt? Die Antwort auf diese Frage ist positiv und wird durch das **Von-Mises-Geiringer-Verfahren** gegeben, welches auf Richard von Mises (1883–1953) und Hilda Geiringer von Mises (1893–1973) zurückgeht (erste Hälfte des letzten Jahrhunderts).

▶   **Satz 5.8.1 Konvergenzsatz für das Von-Mises-Geiringer-Verfahren**   Es sei $A \in \mathbb{R}^{n \times n}$ eine **diagonalisierbare** Matrix mit **dominantem Eigenwert** λ_n, d. h., für die Eigenwerte $\lambda_1, \lambda_2, \ldots, \lambda_n$ von A gilt

$$|\lambda_n| > |\lambda_{n-1}| \geq |\lambda_{n-2}| \geq \quad \ldots \quad \geq |\lambda_1| \,.$$

Insbesondere ist also λ_n ein **reeller Eigenwert** von A. Ferner seien $\vec{r}^{(1)}, \vec{r}^{(2)}, \ldots, \vec{r}^{(n)} \in \mathbb{C}^n$ zugehörige linear unabhängige Eigenvektoren sowie $\vec{x}^{(0)} \in \mathbb{R}^n$ ein Vektor mit nicht verschwindendem Beitrag in $\vec{r}^{(n)}$-Richtung, d. h., es gibt Koeffizienten $\alpha_1, \alpha_2, \ldots, \alpha_n \in \mathbb{C}$ mit

$$\vec{x}^{(0)} = \alpha_1 \vec{r}^{(1)} + \alpha_2 \vec{r}^{(2)} + \cdots + \alpha_n \vec{r}^{(n)}, \qquad |\alpha_n| \neq 0 \,.$$

Berechnet man nun die Vektorfolge $(\vec{x}^{(k)})_{k \in \mathbb{N}}$ gemäß dem **Von-Mises-Geiringer-Verfahren** als

```
for (int k=0; true; k++)
    {
```
$$\underline{\vec{x}}^{(k+1)} := A\vec{x}^{(k)}; \quad \vec{x}^{(k+1)} := \frac{\underline{\vec{x}}^{(k+1)}}{\left\| \underline{\vec{x}}^{(k+1)} \right\|_2};$$
```
    }
```

so gilt

$$\lim_{k \to \infty} \vec{x}^{(2k)} = \frac{\alpha_n \vec{r}^{(n)}}{\left\| \alpha_n \vec{r}^{(n)} \right\|_2} \qquad \text{und} \qquad \lim_{k \to \infty} \frac{x_i^{(k+1)}}{x_i^{(k)}} = \lambda_n \,,$$

letzteres allerdings nur, falls für den Index $i \in \{1, \dots, n\}$ die Bedingung $r_i^{(n)} \neq 0$ erfüllt ist und die auftauchenden Quotienten existieren.

Beweis   Zunächst ist leicht einzusehen, dass

$$\vec{x}^{(k)} = \frac{A^k \vec{x}^{(0)}}{\left\| A^k \vec{x}^{(0)} \right\|_2} , \quad k \in \mathbb{N}^* ,$$

gilt (vollständige Induktion). Betrachtet man nun

$$A^k \vec{x}^{(0)} = A^k \left(\alpha_1 \vec{r}^{(1)} + \alpha_2 \vec{r}^{(2)} + \cdots + \alpha_n \vec{r}^{(n)}\right) = \alpha_1 A^k \vec{r}^{(1)} + \alpha_2 A^k \vec{r}^{(2)} + \cdots + \alpha_n A^k \vec{r}^{(n)}$$

$$= \alpha_1 \lambda_1^k \vec{r}^{(1)} + \alpha_2 \lambda_2^k \vec{r}^{(2)} + \cdots + \alpha_n \lambda_n^k \vec{r}^{(n)}$$

$$= \lambda_n^k \alpha_n \left(\vec{r}^{(n)} + \frac{\alpha_1}{\alpha_n} \left(\frac{\lambda_1}{\lambda_n}\right)^k \vec{r}^{(1)} + \cdots + \frac{\alpha_{n-1}}{\alpha_n} \left(\frac{\lambda_{n-1}}{\lambda_n}\right)^k \vec{r}^{(n-1)} \right),$$

so folgt wegen der **Dominanz** von λ_n aus $\lim_{k \to \infty} \left(\frac{\lambda_i}{\lambda_n}\right)^k = 0$ für $1 \leq i \leq n-1$ sofort

$$\lim_{k \to \infty} \vec{x}^{(2k)} = \lim_{k \to \infty} \frac{A^{2k} \vec{x}^{(0)}}{\left\| A^{2k} \vec{x}^{(0)} \right\|_2}$$

$$= \lim_{k \to \infty} \frac{\lambda_n^{2k} \alpha_n \left(\vec{r}^{(n)} + \frac{\alpha_1}{\alpha_n} \left(\frac{\lambda_1}{\lambda_n}\right)^{2k} \vec{r}^{(1)} + \cdots + \frac{\alpha_{n-1}}{\alpha_n} \left(\frac{\lambda_{n-1}}{\lambda_n}\right)^{2k} \vec{r}^{(n-1)} \right)}{\lambda_n^{2k} \left\| \alpha_n \left(\vec{r}^{(n)} + \frac{\alpha_1}{\alpha_n} \left(\frac{\lambda_1}{\lambda_n}\right)^{2k} \vec{r}^{(1)} + \cdots + \frac{\alpha_{n-1}}{\alpha_n} \left(\frac{\lambda_{n-1}}{\lambda_n}\right)^{2k} \vec{r}^{(n-1)} \right) \right\|_2}$$

$$= \frac{\alpha_n \vec{r}^{(n)}}{\left\| \alpha_n \vec{r}^{(n)} \right\|_2}$$

und

$$\lim_{k \to \infty} \frac{x_i^{(k+1)}}{x_i^{(k)}} = \lim_{k \to \infty} \frac{\left(A\vec{x}^{(k)}\right)_i}{x_i^{(k)}} = \lim_{k \to \infty} \frac{\left(\frac{A^{k+1} \vec{x}^{(0)}}{\left\| A^k \vec{x}^{(0)} \right\|_2}\right)_i}{\left(\frac{A^k \vec{x}^{(0)}}{\left\| A^k \vec{x}^{(0)} \right\|_2}\right)_i} = \lim_{k \to \infty} \frac{\left(A^{k+1} \vec{x}^{(0)}\right)_i}{\left(A^k \vec{x}^{(0)}\right)_i}$$

$$= \lim_{k \to \infty} \frac{\left(\alpha_1 \lambda_1^{k+1} \vec{r}^{(1)} + \cdots + \alpha_n \lambda_n^{k+1} \vec{r}^{(n)}\right)_i}{\left(\alpha_1 \lambda_1^k \vec{r}^{(1)} + \cdots + \alpha_n \lambda_n^k \vec{r}^{(n)}\right)_i}$$

$$= \lim_{k \to \infty} \frac{\lambda_n^{k+1} \alpha_n \left(r_i^{(n)} + \frac{\alpha_1}{\alpha_n} \left(\frac{\lambda_1}{\lambda_n}\right)^{k+1} r_i^{(1)} + \cdots + \frac{\alpha_{n-1}}{\alpha_n} \left(\frac{\lambda_{n-1}}{\lambda_n}\right)^{k+1} r_i^{(n-1)} \right)}{\lambda_n^k \alpha_n \left(r_i^{(n)} + \frac{\alpha_1}{\alpha_n} \left(\frac{\lambda_1}{\lambda_n}\right)^k r_i^{(1)} + \cdots + \frac{\alpha_{n-1}}{\alpha_n} \left(\frac{\lambda_{n-1}}{\lambda_n}\right)^k r_i^{(n-1)} \right)}$$

$$= \lambda_n, \qquad \text{falls } r_i^{(n)} \neq 0 .$$

Damit ist der Satz bewiesen. $\square$

Beispiel 5.8.2

Man suche den **betragsgrößten Eigenwert** und einen **zugehörigen Eigenvektor** der Matrix $A \in \mathbb{R}^{3\times3}$,

$$A := \begin{pmatrix} 3 & -3 & 1 \\ 0 & 0 & 1 \\ 0 & -1 & 0 \end{pmatrix},$$

mit Hilfe des **Von-Mises-Geiringer-Verfahrens**, wobei als Startvektor $\vec{x}^{(0)} := (0,1,0)^T$ gewählt werde und die Anwendbarkeit des Verfahrens vorausgesetzt werden möge. Basierend auf der Iterationsvorschrift

$$\vec{x}^{(0)} := (0,1,0)^T,$$

$$\underline{\vec{x}}^{(k+1)} := A\vec{x}^{(k)}, \qquad \vec{x}^{(k+1)} := \frac{\underline{\vec{x}}^{(k+1)}}{\left\| \underline{\vec{x}}^{(k+1)} \right\|_2},$$

für $k \in \mathbb{N}$ erhält man in tabellarischer Form für die Komponenten der berechneten Vektoren:

k	$\underline{x}_1^{(k)}$	$\underline{x}_2^{(k)}$	$\underline{x}_3^{(k)}$	$x_1^{(k)}$	$x_2^{(k)}$	$x_3^{(k)}$	$\frac{x_1^{(k)}}{x_1^{(k-1)}}$	$\frac{x_2^{(k)}}{x_2^{(k-1)}}$	$\frac{x_3^{(k)}}{x_3^{(k-1)}}$
0	/	/	/	0	1	0	/	/	/
1	-3	0	-1	$-\frac{3}{\sqrt{10}}$	0	$-\frac{1}{\sqrt{10}}$	/	0	/
2	$-\frac{10}{\sqrt{10}}$	$-\frac{1}{\sqrt{10}}$	0	$-\frac{10}{\sqrt{101}}$	$-\frac{1}{\sqrt{101}}$	0	$\frac{10}{3}$	/	0
3	$-\frac{27}{\sqrt{101}}$	0	$\frac{1}{\sqrt{101}}$	$-\frac{27}{\sqrt{730}}$	0	$\frac{1}{\sqrt{730}}$	$\frac{27}{10}$	0	/
4	$-\frac{80}{\sqrt{730}}$	$\frac{1}{\sqrt{730}}$	0	$-\frac{80}{\sqrt{6401}}$	$\frac{1}{\sqrt{6401}}$	0	$\frac{80}{27}$	/	0
$\downarrow$			$\downarrow$	$\downarrow$	$\downarrow$	$\downarrow$		
∞			-1	0	0	3		

Also ist die Vermutung gerechtfertigt, dass der **betragsgrößte Eigenwert** $\lambda_3 = 3$ ist und ein **zugehöriger Eigenvektor** zum Beispiel $\vec{r}^{(3)} = (-1,0,0)^T$. Mit Hilfe einer Probe bestätigt man zumindest die Eigenwert-Eigenvektor-Eigenschaft der gefundenen Lösung:

$$A\vec{r}^{(3)} = \begin{pmatrix} 3 & -3 & 1 \\ 0 & 0 & 1 \\ 0 & -1 & 0 \end{pmatrix}\begin{pmatrix} -1 \\ 0 \\ 0 \end{pmatrix} = \begin{pmatrix} -3 \\ 0 \\ 0 \end{pmatrix} = 3\,\vec{r}^{(3)}.$$

Eine vollständige Eigenwert-Eigenvektor-Analyse von A würde darüber hinaus zeigen, dass $\lambda_3 = 3$ in der Tat der betragsgrößte Eigenwert von A ist. Auf den expliziten Nachweis wird verzichtet.

5.9 Aufgaben mit Lösungen

Aufgabe 5.9.1 *Bestimmen Sie den betragsgrößten Eigenwert und einen zugehörigen Eigenvektor der Matrix $A \in \mathbb{R}^{3\times3}$,*

$$A := \begin{pmatrix} 4 & 1 & 2 \\ 1 & 2 & 0 \\ 0 & 1 & 4 \end{pmatrix},$$

mit Hilfe des Von-Mises-Geiringer-Verfahrens, wobei als Startvektor $\vec{x}^{(0)} := (5, 1, 3)^T$ gewählt werde und die Anwendbarkeit des Verfahrens vorausgesetzt werden möge.

Lösung der Aufgabe Basierend auf der Iterationsvorschrift

$$\vec{x}^{(0)} := (5, 1, 3)^T,$$

$$\underline{\vec{x}}^{(k+1)} := A\vec{x}^{(k)}, \qquad \vec{x}^{(k+1)} := \frac{\underline{\vec{x}}^{(k+1)}}{\left\| \underline{\vec{x}}^{(k+1)} \right\|_2},$$

für $k \in \mathbb{N}$ erhält man in tabellarischer Form für die Komponenten der berechneten Vektoren:

k	$\underline{x}_1^{(k)}$	$\underline{x}_2^{(k)}$	$\underline{x}_3^{(k)}$	$x_1^{(k)}$	$x_2^{(k)}$	$x_3^{(k)}$	$\dfrac{x_1^{(k)}}{x_1^{(k-1)}}$	$\dfrac{x_2^{(k)}}{x_2^{(k-1)}}$	$\dfrac{x_3^{(k)}}{x_3^{(k-1)}}$
0	/	/	/	5	1	3	/	/	/
1	27	7	13	$\dfrac{27}{\sqrt{947}}$	$\dfrac{7}{\sqrt{947}}$	$\dfrac{13}{\sqrt{947}}$	$\dfrac{27}{5}$	7	$\dfrac{13}{3}$
2	$\dfrac{141}{\sqrt{947}}$	$\dfrac{41}{\sqrt{947}}$	$\dfrac{59}{\sqrt{947}}$	$\dfrac{141}{\sqrt{25043}}$	$\dfrac{41}{\sqrt{25043}}$	$\dfrac{59}{\sqrt{25043}}$	$\dfrac{141}{27}$	$\dfrac{41}{7}$	$\dfrac{59}{13}$
3	$\dfrac{723}{\sqrt{25043}}$	$\dfrac{223}{\sqrt{25043}}$	$\dfrac{277}{\sqrt{25043}}$	$\cdots$	$\cdots$	$\cdots$	$\dfrac{723}{141}$	$\dfrac{223}{41}$	$\dfrac{277}{59}$
$\downarrow$				$\downarrow$	$\downarrow$	$\downarrow$	$\downarrow$	$\downarrow$	$\downarrow$
∞				$\dfrac{3}{\sqrt{11}}$	$\dfrac{1}{\sqrt{11}}$	$\dfrac{1}{\sqrt{11}}$	5	5	5

Also ist die Vermutung gerechtfertigt, dass der betragsgrößte Eigenwert $\lambda_3 = 5$ ist und ein zugehöriger Eigenvektor zum Beispiel $\vec{r}^{(3)} = (3, 1, 1)^T$. Mit Hilfe einer Probe bestätigt man zumindest die Eigenwert-Eigenvektor-Eigenschaft der gefundenen Lösung:

$$A\vec{r}^{(3)} = \begin{pmatrix} 4 & 1 & 2 \\ 1 & 2 & 0 \\ 0 & 1 & 4 \end{pmatrix} \begin{pmatrix} 3 \\ 1 \\ 1 \end{pmatrix} = \begin{pmatrix} 15 \\ 5 \\ 5 \end{pmatrix} = 5\,\vec{r}^{(3)}.$$

Eine vollständige Eigenwert-Eigenvektor-Analyse von A würde darüber hinaus zeigen, dass $\lambda_3 = 5$ in der Tat der betragsgrößte Eigenwert von A ist. Auf den expliziten Nachweis wird verzichtet (als Übung empfohlen).

Selbsttest 5.9.2   Welche Aussagen über das Von-Mises-Geiringer-Verfahren sind wahr?

?−? Das Von-Mises-Geiringer-Verfahren konvergiert nur für symmetrische Matrizen.

?+? Das Von-Mises-Geiringer-Verfahren dient zur Bestimmung des betragsgrößten Eigenwerts.

?−? Das Von-Mises-Geiringer-Verfahren dient zur Lösung linearer Gleichungssysteme.

?+? Das Von-Mises-Geiringer-Verfahren ist ein iteratives Verfahren.

Literatur

1. Lenze, B.: Basiswissen Analysis. Springer Vieweg, Wiesbaden (2020)
2. Locher, F.: Numerische Mathematik für Informatiker, 2. Aufl. Springer, Berlin, Heidelberg, New York (2013)
3. Schaback, R., Wendland, H.: Numerische Mathematik, 5. Aufl. Springer, Berlin, Heidelberg, New York (2005)
4. Freund, R.W., Hoppe, R.H.W.: Stoer/Bulirsch: Numerische Mathematik 1, 10. Aufl. Springer, Berlin, Heidelberg, New York (2007)
5. Lenze, B.: Basiswissen Lineare Algebra. Springer Vieweg, Wiesbaden (2020)
6. Freund, R.W., Hoppe, R.H.W.: Stoer/Bulirsch: Numerische Mathematik 2, 6. Aufl. Springer, Berlin, Heidelberg, New York (2011)
7. Schwarz, H.-R., Köckler, N.: Numerische Mathematik, 8. Aufl. Vieweg+Teubner, Wiesbaden (2011)

Eine der wichtigsten Herausforderungen im Bereich der **Computer-Grafik** ist es, für einen gegebenen Datensatz, der z. B. durch Abtastung einer Kontur oder durch sonstige Messung oder Erhebung entstanden ist, eine **Kurve** oder im dreidimensionalen Fall eine **Fläche** zu finden, die diesen Datensatz **gut** wiedergibt. Was man dabei unter **gut** versteht, kommt auf den Zusammenhang an und soll im Folgenden an einem kleinen Beispiel veranschaulicht werden. Es sei der Querschnitt einer **Autokarosserie** abgetastet worden und man habe so insgesamt 21 Punkte im $\mathbb{R}^2$ erhalten, die in Abb. 6.1 skizziert sind.

Möchte man sich einen ersten Eindruck vom Verlauf der durch die Punkte gegebenen Kontur verschaffen, ist es am einfachsten, die Punkte geradlinig zu verbinden (vgl. Abb. 6.2).

Man spricht in diesem Zusammenhang von einer **stückweise linearen Interpolation** oder von einer **Interpolation durch ein Polygon**. Dabei besagt das Adjektiv **linear**, dass

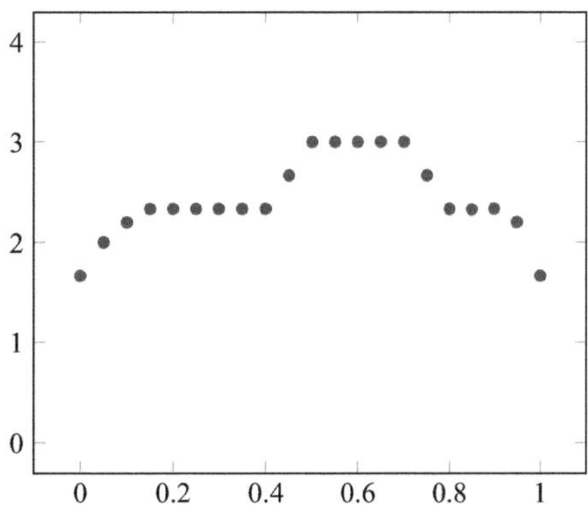

Abb. 6.1 Querschnitt einer einfachen Autokarosserie

Elektronisches Zusatzmaterial Die elektronische Version dieses Kapitels enthält Zusatzmaterial, das berechtigten Benutzern zur Verfügung steht https://doi.org/10.1007/978-3-658-30028-9_6.

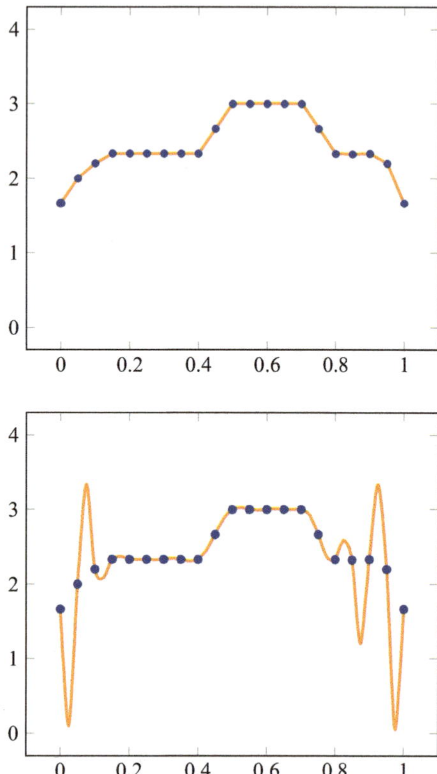

Abb. 6.2 Interpolation der Karosserie-Punkte durch ein Polygon

Abb. 6.3 Interpolation der Karosserie-Punkte durch ein Polynom

die Funktion zwischen je zwei Abtastpunkten ein Polynom vom Höchstgrad 1 ist, also eine lineare Funktion darstellt, und das Substantiv **Interpolation** ist abgeleitet vom lateinischen Verb **interpolare** (einschieben, einfügen). Man schiebt also bildlich gesprochen zwischen die Abtastpunkte Geraden ein, die die Punkte geradlinig verbinden. Der Vorteil dieses Vorgehens ist sicher die Einfachheit und die damit verbundene effiziente Implementierung. Der Nachteil besteht natürlich darin, dass die so erhaltene Kontur **Ecken** aufweist, die sie in der Realität i. Allg. nicht hat. Man ist zwar **nah** an den Abtastpunkten, aber im Verlauf leider **nicht glatt**. Aus diesem Grunde hat man den linearen Interpolationsgedanken weiterentwickelt. Man konnte so zeigen, dass nicht nur durch zwei verschiedene Punkte genau ein Polynom vom Höchstgrad 1 verläuft, sondern auch durch drei verschiedene Punkte genau ein Polynom vom Höchstgrad 2 verläuft, durch vier verschiedene Punkte genau ein Polynom vom Höchstgrad 3 verläuft und z. B. durch 21 verschiedene Punkte genau ein Polynom vom Höchstgrad 20 verläuft. Diese sogenannten **Interpolationspolynome** kann man mit verschiedenen Techniken berechnen und man kommt so im vorliegenden Fall der abgetasteten Autokarosserie zu einer Visualisierung, die in Abb. 6.3 skizziert ist.

Der Vorteil dieser neuen Interpolationsfunktion ist, dass die so erhaltene Kontur **keine Ecken** mehr aufweist. Allerdings ist man, insbesondere an den Rändern, weit davon

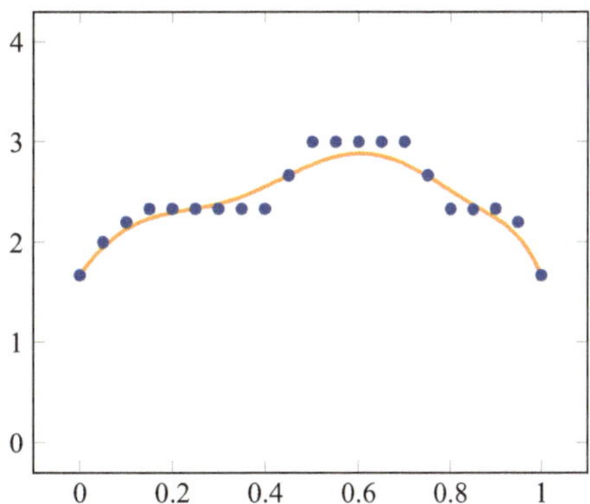

Abb. 6.4 Approximation der Karosserie-Punkte durch ein Polynom

entfernt, ein realistisches Aussehen generiert zu haben. Man hat zwar einen **glatten** Funktionsverlauf ohne Ecken an den Abtastpunkten, aber ist leider **nicht nah** an der Realität. Die Herausforderung besteht nun darin, beiden Anforderungen, also **Nähe und Glätte**, gerecht zu werden und zusätzlich noch einen **effizienten Berechnungsalgorithmus** zu garantieren.

Ein erster möglicher Schritt in diese Richtung besteht darin, dass man die ziemlich restriktive Forderung der **Interpolation** in Hinblick auf die Lage der abgetasteten Punkte **auf dem Graph** der Näherungsfunktion fallen lässt und lediglich verlangt, dass die abgetasteten Punkte **in der Nähe des Graphen** der Visualisierungsfunktion liegen. Dies macht auch insofern Sinn, als die Abtastdaten i. Allg. mit Fehlern behaftet sind und damit eine exakte Reproduktion der Abtastpunkte auf dem Graph der Näherungsfunktion unangemessen ist. Man kommt somit auf natürliche Weise zum Konzept der **Approximation** (von lateinisch **approximare**, sich nähern, herankommen). Im Rahmen dieser Strategie erhält man z. B. für die Karosseriepunkte ein Polynom vom Höchstgrad 20, welches bereits wesentlich bessere Eigenschaften in Hinblick auf Realitätsnähe besitzt als das entsprechende Interpolationspolynom (vgl. Abb. 6.4).

Allerdings hat auch dieses approximative Vorgehen, neben der nicht gerade überzeugenden Nähe zu den Abtastpunkten, noch einen weiteren entscheidenden Nachteil: Der Höchstgrad des Näherungspolynoms steigt mit der Anzahl der Punkte und führt so zu **Performanzproblemen**. Die schließlich vollends überzeugende Strategie besteht darin, eine Symbiose aus **nahen, aber nicht glatten Polygonen** und **nicht nahen, aber glatten Polynomen** zu finden.

Dies führt zu den sogenannten **Spline-Funktionen**, bei denen es sich um **stückweise glatt aneinander gehangene Polynome niedrigen Grades** handelt. Speziell für die Karosseriepunkte erhält man mit kubischen Splines, also stückweise polynomialen Funktionen vom Höchstgrad 3, die in Abb. 6.5 angegebene approximierende Näherungsfunktion.

Entsprechend ergibt sich mit interpolierenden kubischen Splines eine interpolierende Näherungsfunktion, die wieder etwas zum Oszillieren neigt, allerdings erheblich weni-

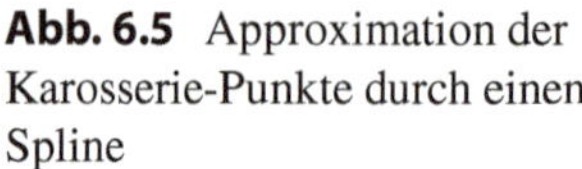

Abb. 6.5 Approximation der Karosserie-Punkte durch einen Spline

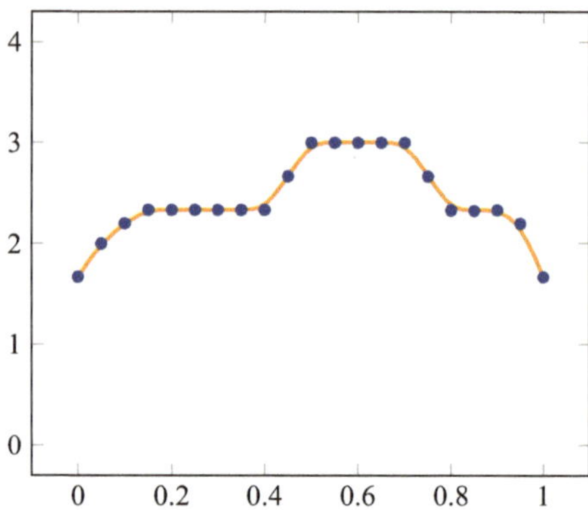

ger als das zuvor betrachtete Interpolationspolynom vom Höchstgrad 20. Qualitativ ist die Realisierung sogar im Rahmen der hier möglichen Auflösung fast nicht von dem in Abb. 6.5 skizzierten approximierenden kubischen Spline zu unterscheiden ist, so dass wir auf eine Skizze verzichten.

Im Folgenden werden nun zunächst mehrere polynomiale Interpolationsstrategien vorgestellt und die zugehörigen Algorithmen analysiert. Die wichtigsten Approximationstechniken, sowohl mit Polynomen (Stichwort: **Bernstein-Bézier-Techniken**) als auch mit Splines (Stichwort: **B-Spline-Techniken**), haben wir bereits in [1] im Detail vorgestellt, so dass hier darauf verzichtet werden kann. Statt dessen werden mit den Subdivision-Techniken von **Dubuc** und **Chaikin** effiziente Alternativen entwickelt, die ebenfalls zu glatten interpolierenden oder approximierenden Funktionen und Kurven führen.

Abgeschlossen wird der Ausflug in die Computer-Grafik durch die Betrachtung erster einfacher Techniken, die auch im **mehrdimensionalen Kontext** zu interpolierenden oder approximierenden realitätsnahen Visualisierungen führen. Dabei wird zu unterscheiden sein, ob die Näherungsfläche über **einer recht- oder einer dreieckigen Grundstruktur** parametrisiert werden soll, und auch Fragestellungen aus dem Bereich der Oberflächenmodellierung werden adressiert.

Für das Verständnis der oben skizzierten zu entwickelnden Techniken sind Grundkenntnisse aus der Analysis und der Linearen Algebra erforderlich, etwa in dem Umfang wie sie in [1, 2] vermittelt werden. Gezielte Hinweise zu ergänzender oder weiterführender Literatur werden jeweils innerhalb der einzelnen Abschnitte gegeben. An dieser Stelle seien lediglich bereits die Bücher [3–5] genannt, die speziell auf die Grundlagen der Computer-Grafik zugeschnitten sind und viele zusätzliche Fragestellungen behandeln, die hier nicht weiter thematisiert werden.

Literatur

1. Lenze, B.: Basiswissen Analysis. Springer Vieweg, Wiesbaden (2020)
2. Lenze, B.: Basiswissen Lineare Algebra. Springer Vieweg, Wiesbaden (2020)
3. Farin, G.E.: Curves and Surfaces for CAGD, 5. Aufl. Academic Press, San Diego (2002)
4. Salomon, D.: Curves and Surfaces for Computer Graphics. Springer, Berlin, Heidelberg, New York (2013)
5. Zeppenfeld, K.: Lehrbuch der Grafikprogrammierung. Spektrum, Heidelberg, Berlin (2004)

Im Folgenden werden Strategien zur Visualisierung diskreter Punkte durch Funktionen (oder auch Kurven) vorgestellt, die alle mittels **polynomialer Interpolation** realisiert werden. Dabei unterscheidet sich das konkrete Vorgehen stets nur dadurch, dass verschiedene Algorithmen herangezogen werden, um das jeweils eindeutig bestimmte **Interpolationspolynom** zu berechnen. Es sei noch einmal darauf hingewiesen, dass wir die als **Berstein-Bézier-Techniken** bekannten Verfahren zur **polynomialen Approximation** hier nicht vorstellen werden, da sie bereits in [4] ausführlich besprochen wurden.

7.1 Einfache polynomiale Strategien

Lässt man sich ausgehend von der bekannten Tatsache, dass durch zwei verschiedene Punkte genau ein Polynom vom Höchstgrad 1 verläuft, von dem intuitiven Gedanken tragen, dass durch drei verschiedenen Punkte wahrscheinlich genau ein Polynom vom Höchstgrad 2 geht, durch vier verschiedene Punkte genau ein Polynom vom Höchstgrad 3 geht etc., dann liegt eine Lösung des allgemeinen Problems basierend auf einem Ansatz des durch die Punkte verlaufenden Polynoms auf der Hand. Zur Veranschaulichung der auf diesem naiven Ansatz beruhenden Interpolationstechnik, die im Folgenden kurz als **Interpolation mit Monomen** bezeichnet wird, betrachte man das folgende Beispiel.

Beispiel 7.1.1
Gegeben seien vier zu interpolierende Punkte $(x_0, y_0)^T := (-3, 26)^T$, $(x_1, y_1)^T := (-2, 4)^T$, $(x_2, y_2)^T := (1, -2)^T$ und $(x_3, y_3)^T := (3, -76)^T$. Setzt man das ge-

Elektronisches Zusatzmaterial Die elektronische Version dieses Kapitels enthält Zusatzmaterial, das berechtigten Benutzern zur Verfügung steht https://doi.org/10.1007/978-3-658-30028-9_7.

B. Lenze, *Basiswissen Angewandte Mathematik – Numerik, Grafik, Kryptik*,
https://doi.org/10.1007/978-3-658-30028-9_7

Abb. 7.1 Interpolationspolynom mit Monom-Strategie

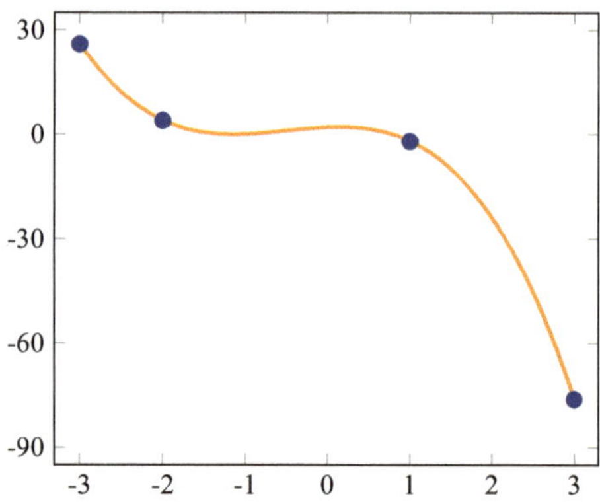

suchte Interpolationspolynom an in der Form

$$p(x) = a_3 x^3 + a_2 x^2 + a_1 x + a_0 \,, \quad x \in \mathbb{R} \,,$$

dann liefern die vier **Interpolationsbedingungen** $p(x_i) = y_i$ für $0 \leq i \leq 3$ das lineare Gleichungssystem

$$
\begin{aligned}
a_3 \cdot (-27) + a_2 \cdot 9 + a_1 \cdot (-3) + a_0 &= 26 \,, \\
a_3 \cdot (-8) \ + a_2 \cdot 4 + a_1 \cdot (-2) + a_0 &= 4 \,, \\
a_3 \cdot 1 \quad\ \ + a_2 \cdot 1 + a_1 \cdot 1 \quad\ + a_0 &= -2 \,, \\
a_3 \cdot 27 \ \ + a_2 \cdot 9 + a_1 \cdot 3 \quad\ + a_0 &= -76 \,.
\end{aligned}
$$

Löst man dieses lineare Gleichungssystem z. B. mit dem **Gaußschen Algorithmus**, so erhält man $a_3 = -2$, $a_2 = -3$, $a_1 = 1$ und $a_0 = 2$. Das **Interpolationspolynom** lautet also

$$p(x) = -2x^3 - 3x^2 + x + 2 \,, \quad x \in \mathbb{R} \,,$$

und ist zusammen mit den zu interpolierenden Punkten in Abb. 7.1 wiedergegeben.

Nach diesem einführenden Beispiel werden nun die Resultate zusammengestellt, die die Lösung derartiger **Interpolationsprobleme** allgemein sichern.

▶   **Satz 7.1.2 Interpolationspolynom** Es seien $(x_i, y_i)^T \in \mathbb{R}^2$, $0 \leq i \leq n$, mit Stützstellen $x_0 < x_1 < \cdots < x_n$ gegeben. Dann gibt es **genau ein Polynom** p vom Höchstgrad n, welches den **Interpolationsbedingungen**

$$p(x_i) = y_i \,, \quad 0 \leq i \leq n \,,$$

genügt. Das Polynom p wird **Interpolationspolynom** vom Höchstgrad n zu den gegebenen Interpolationspunkten genannt.

Beweis Die Eindeutigkeit folgt unter Ausnutzung des **Fundamentalsatzes der Algebra**, während sich die Existenz explizit aus den folgenden Konstruktionsstrategien ergibt. Details findet man z. B. in [3, 5–7]. $\qquad\square$

Die einfachste Möglichkeit der **Berechnung** des gesuchten Interpolationspolynoms ist die folgende: Man setzt das gesuchte Polynom p an als **Linearkombination von Monomen**, also in der sogenannten **Monom-Darstellung**

$$p(x) = a_n x^n + a_{n-1} x^{n-1} + \cdots + a_0 \,,$$

wobei die Koeffizienten $a_n, a_{n-1}, \ldots, a_0$ gesucht werden. Bei vorgegebenen Interpolationspunkten $(x_i, y_i)^T \in \mathbb{R}^2$, $0 \le i \le n$, mit $x_0 < x_1 < \cdots < x_n$ liefert ein Einsetzen der Punkte in das Polynom p das **lineare Gleichungssystem**

$$
\begin{aligned}
p(x_0) = y_0 &\implies a_n x_0^n + a_{n-1} x_0^{n-1} + \cdots + a_0 = y_0 \,, \\
p(x_1) = y_1 &\implies a_n x_1^n + a_{n-1} x_1^{n-1} + \cdots + a_0 = y_1 \,, \\
\vdots \qquad &\qquad\qquad\qquad \vdots \qquad\qquad\qquad\qquad \vdots \\
p(x_n) = y_n &\implies a_n x_n^n + a_{n-1} x_n^{n-1} + \cdots + a_0 = y_n \,.
\end{aligned}
$$

Man kann zeigen, dass dieses lineare Gleichungssystem stets **eindeutig lösbar** ist, und man bezeichnet die entstehende reguläre Koeffizientenmatrix

$$
\begin{pmatrix}
x_0^n & x_0^{n-1} & \cdots & x_0 & 1 \\
x_1^n & x_1^{n-1} & \cdots & x_1 & 1 \\
\vdots & \vdots & \vdots & \vdots & \vdots \\
x_n^n & x_n^{n-1} & \cdots & x_n & 1
\end{pmatrix}
\in \mathbb{R}^{(n+1)\times(n+1)}
$$

als **Vandermonde-Matrix**, wobei der Name an den französischen Mathematiker Alexandre Vandermonde (1735–1796) erinnert. Hat man also das Gleichungssystem gelöst, dann sind die Koeffizienten und damit das Interpolationspolynom bestimmt.

> **Beispiel 7.1.3**
>
> Gegeben seien drei zu interpolierende Punkte $(x_0, y_0)^T := (-1, 0)^T$, $(x_1, y_1)^T := (0, -1)^T$ und $(x_2, y_2)^T := (2, 3)^T$. Setzt man das gesuchte **Interpolationspolynom mit Monomen** an in der Form
>
> $$p(x) = a_2 x^2 + a_1 x + a_0 \,, \quad x \in \mathbb{R} \,,$$

Abb. 7.2 Quadratisches Interpolationspolynom mit Monom-Strategie

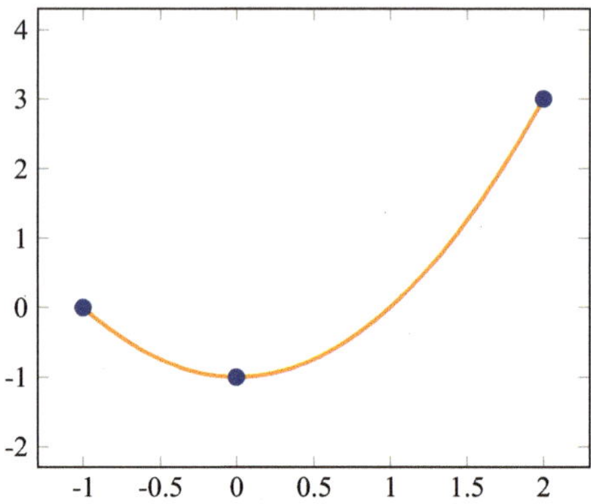

dann liefern die drei **Interpolationsbedingungen** $p(x_i) = y_i$ für $0 \leq i \leq 2$ das lineare Gleichungssystem

$$a_2 \cdot 1 + a_1 \cdot (-1) + a_0 = 0 \,,$$
$$a_2 \cdot 0 + a_1 \cdot 0 \quad\;\; + a_0 = -1 \,,$$
$$a_2 \cdot 4 + a_1 \cdot 2 \quad\;\; + a_0 = 3 \,.$$

Löst man dieses lineare Gleichungssystem z. B. mit dem **Gaußschen Algorithmus,** so erhält man $a_2 = 1$, $a_1 = 0$ und $a_0 = -1$. Das **Interpolationspolynom** lautet also

$$p(x) = x^2 - 1 \,, \quad x \in \mathbb{R} \,,$$

und ist zusammen mit den zu interpolierenden Punkten in Abb. 7.2 wiedergegeben.

▶ **Bemerkung 7.1.4 Praxis der Interpolation mit Monomen** Die Auswertung eines mit der obigen Strategie erhaltenen Interpolationspolynoms kann natürlich mit dem sehr effizienten **Horner-Algorithmus** geschehen, wie er z. B. in [4] beschrieben ist. Dieser Vorteil wird jedoch dadurch relativiert, dass die Lösung des **Vandermonde-Systems** i. Allg. eine Komplexität von $O(n^3)$ besitzt und zudem für große n numerisch problematisch ist (Rundungsfehler akkumulieren sich in unangenehmer Weise).

7.2 Aufgaben mit Lösungen

Aufgabe 7.2.1 *Gegeben seien vier zu interpolierende Punkte* $(x_0, y_0)^T := (-4, 0)^T$, $(x_1, y_1)^T := (-1, 3)^T$, $(x_2, y_2)^T := (0, 0)^T$ *und* $(x_3, y_3)^T := (3, -21)^T$. *Bestimmen Sie das Interpolationspolynom p vom Höchstgrad 3 durch die gegebenen Punkte durch einen Ansatz des Polynoms als Linearkombination von Monomen.*

Lösung der Aufgabe Setzt man das gesuchte Interpolationspolynom mit Monomen an in der Form

$$p(x) = a_3 x^3 + a_2 x^2 + a_1 x + a_0 , \quad x \in \mathbb{R} ,$$

dann liefern die vier Interpolationsbedingungen $p(x_i) = y_i$ für $0 \le i \le 3$ das lineare Gleichungssystem

$$\begin{aligned}
a_3 \cdot (-64) + a_2 \cdot 16 + a_1 \cdot (-4) + a_0 &= 0 , \\
a_3 \cdot (-1) + a_2 \cdot 1 \;\; + a_1 \cdot (-1) + a_0 &= 3 , \\
a_3 \cdot 0 + a_2 \cdot 0 \;\; + \;\; a_1 \cdot 0 + a_0 &= 0 , \\
a_3 \cdot 27 + a_2 \cdot 9 \;\; + \;\; a_1 \cdot 3 + a_0 &= -21 .
\end{aligned}$$

Löst man dieses lineare Gleichungssystem z. B. mit dem Gaußschen Algorithmus, so erhält man $a_3 = 0$, $a_2 = -1$, $a_1 = -4$ und $a_0 = 0$. Das Interpolationspolynom lautet also

$$p(x) = -x^2 - 4x , \quad x \in \mathbb{R} .$$

Aufgabe 7.2.2 *Gegeben seien vier zu interpolierende Punkte* $(x_0, y_0)^T := (-2, 21)^T$, $(x_1, y_1)^T := (-1, 4)^T$, $(x_2, y_2)^T := (0, 1)^T$ *und* $(x_3, y_3)^T := (1, 0)^T$. *Bestimmen Sie das Interpolationspolynom p vom Höchstgrad 3 durch die gegebenen Punkte durch einen Ansatz des Polynoms als Linearkombination von Monomen.*

Lösung der Aufgabe Setzt man das gesuchte Interpolationspolynom mit Monomen an in der Form

$$p(x) = a_3 x^3 + a_2 x^2 + a_1 x + a_0 , \quad x \in \mathbb{R} ,$$

dann liefern die vier Interpolationsbedingungen $p(x_i) = y_i$ für $0 \le i \le 3$ das lineare Gleichungssystem

$$\begin{aligned}
a_3 \cdot (-8) + a_2 \cdot 4 + a_1 \cdot (-2) + a_0 &= 21 , \\
a_3 \cdot (-1) + a_2 \cdot 1 + a_1 \cdot (-1) + a_0 &= 4 , \\
a_3 \cdot 0 + a_2 \cdot 0 + \;\; a_1 \cdot 0 + a_0 &= 1 , \\
a_3 \cdot 1 + a_2 \cdot 1 + \;\; a_1 \cdot 1 + a_0 &= 0 .
\end{aligned}$$

Löst man dieses lineare Gleichungssystem z. B. mit dem Gaußschen Algorithmus, so erhält man $a_3 = -2$, $a_2 = 1$, $a_1 = 0$ und $a_0 = 1$. Das Interpolationspolynom lautet also

$$p(x) = -2x^3 + x^2 + 1 , \quad x \in \mathbb{R} .$$

Selbsttest 7.2.3 Welche Aussagen über die Interpolation mit Monomen sind wahr?

?−? Durch zwei Punkte mit verschiedenen Abszissen verläuft genau eine Parabel.

?−? Durch n Punkte mit verschiedenen Abszissen verläuft genau ein Polynom vom Höchstgrad n.

?+? Durch $n + 1$ Punkte mit verschiedenen Abszissen verläuft genau ein Polynom vom Höchstgrad n.

?+? Durch zwei Punkte mit verschiedenen Abszissen verläuft genau eine Gerade.

?+? Durch zwei Punkte mit verschiedenen Abszissen verlaufen unendlich viele Parabeln.

?−? Durch 5 Punkte mit verschiedenen Abszissen verläuft genau ein Polynom vom Höchstgrad 5.

?+? Durch 5 Punkte mit verschiedenen Abszissen verläuft genau ein Polynom vom Höchstgrad 4.

7.3 Polynomiale Interpolation nach Lagrange

Man macht sich schnell klar, dass es zur Lösung eines Interpolationsproblems ausreicht, Polynome zu kennen, die lediglich an einer Stelle x_i gleich 1 sind und an allen anderen Stellen x_j mit $j \neq i$ den Wert 0 liefern. Addiert man diese Polynome dann nach Multiplikation mit dem zugehörigen Wert y_i, so ergibt sich genau das Interpolationspolynom. Dies ist die Idee der **Interpolation nach Lagrange**, die auf den französischen Mathematiker Joseph Louis Lagrange (1736–1813) zurückgeht. Im Folgenden wird die **Lagrange-Strategie** zunächst anhand eines Beispiels erläutert.

Beispiel 7.3.1

Gegeben seien vier zu interpolierende Punkte $(x_0, y_0)^T := (-3, 26)^T$, $(x_1, y_1)^T := (-2, 4)^T$, $(x_2, y_2)^T := (1, -2)^T$ und $(x_3, y_3)^T := (3, -76)^T$. Definiert man die sogenannten **Lagrange-Grundpolynome** gemäß

$$l_{0,3}(x) := \frac{(x - x_1)}{(x_0 - x_1)} \frac{(x - x_2)}{(x_0 - x_2)} \frac{(x - x_3)}{(x_0 - x_3)} = \frac{(x - (-2))}{(-3 - (-2))} \frac{(x - 1)}{(-3 - 1)} \frac{(x - 3)}{(-3 - 3)},$$

$$l_{1,3}(x) := \frac{(x - x_0)}{(x_1 - x_0)} \frac{(x - x_2)}{(x_1 - x_2)} \frac{(x - x_3)}{(x_1 - x_3)} = \frac{(x - (-3))}{(-2 - (-3))} \frac{(x - 1)}{(-2 - 1)} \frac{(x - 3)}{(-2 - 3)},$$

$$l_{2,3}(x) := \frac{(x - x_0)}{(x_2 - x_0)} \frac{(x - x_1)}{(x_2 - x_1)} \frac{(x - x_3)}{(x_2 - x_3)} = \frac{(x - (-3))}{(1 - (-3))} \frac{(x - (-2))}{(1 - (-2))} \frac{(x - 3)}{(1 - 3)},$$

$$l_{3,3}(x) := \frac{(x - x_0)}{(x_3 - x_0)} \frac{(x - x_1)}{(x_3 - x_1)} \frac{(x - x_2)}{(x_3 - x_2)} = \frac{(x - (-3))}{(3 - (-3))} \frac{(x - (-2))}{(3 - (-2))} \frac{(x - 1)}{(3 - 1)},$$

und darauf aufbauend das gesuchte **Interpolationspolynom** in **Lagrange-Darstellung** und danach ausmultipliziert in **Monom-Darstellung** als

$$
\begin{aligned}
p(x) &= y_0 l_{0,3}(x) + y_1 l_{1,3}(x) + y_2 l_{2,3}(x) + y_3 l_{3,3}(x) \\
&= 26 l_{0,3}(x) + 4 l_{1,3}(x) - 2 l_{2,3}(x) - 76 l_{3,3}(x) \\
&= -2x^3 - 3x^2 + x + 2 , \quad x \in \mathbb{R} ,
\end{aligned}
$$

dann überprüft man mittels Probe sofort die Gültigkeit der vier **Interpolationsbedingungen** $p(x_i) = y_i$ für $0 \leq i \leq 3$. Das Interpolationspolynom ist zusammen mit den zu interpolierenden Punkten in Abb. 7.3 wiedergegeben und stimmt natürlich mit dem Polynom überein, welches bereits mittels der auf dem Monom-Ansatz beruhenden Strategie (vgl. Abschn. 7.1) gefunden wurde.

Nach diesem einführenden Beispiel werden nun ganz allgemein die Hilfsmittel bereitgestellt, die zur Lösung des Interpolationsproblems mit der Lagrange-Technik benötigt werden. In erster Linie sind dies die sogenannten **Lagrange-Grundpolynome**.

Definition 7.3.2 Lagrange-Grundpolynome

Es seien beliebige Stützstellen $x_i \in \mathbb{R}$, $0 \leq i \leq n$, mit $x_0 < x_1 < \cdots < x_n$ gegeben. Dann bezeichnet man die für $i \in \{0, 1, \ldots, n\}$ gegebenen Polynome

$$
l_{i,n} : \mathbb{R} \to \mathbb{R} , \qquad x \mapsto \prod_{\substack{j=0 \\ j \neq i}}^{n} \frac{x - x_j}{x_i - x_j} ,
$$

als **Lagrange-Grundpolynome vom (genauen) Grad** n (zu den Stützstellen $x_0 < x_1 < \cdots < x_n$). ◄

Abb. 7.3 Interpolationspolynom mit Lagrange-Strategie

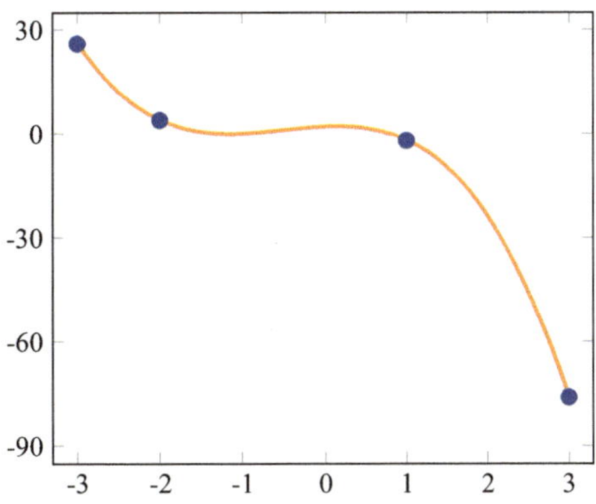

Beispiel 7.3.3

Für $n = 0$ lautet das **Lagrange-Grundpolynom** schlicht

$$l_{0,0}(x) = 1 \,,$$

für $n = 1$ lauten die beiden zugehörigen **Lagrange-Grundpolynome**

$$l_{0,1}(x) = \frac{x - x_1}{x_0 - x_1} \quad \text{und} \quad l_{1,1}(x) = \frac{x - x_0}{x_1 - x_0}$$

und schließlich für $n = 2$ die drei entsprechenden **Lagrange-Grundpolynome**

$$l_{0,2}(x) = \frac{(x - x_1)(x - x_2)}{(x_0 - x_1)(x_0 - x_2)} \,, \qquad l_{1,2}(x) = \frac{(x - x_0)(x - x_2)}{(x_1 - x_0)(x_1 - x_2)} \quad \text{und}$$

$$l_{2,2}(x) = \frac{(x - x_0)(x - x_1)}{(x_2 - x_0)(x_2 - x_1)} \,.$$

Die wichtigste Eigenschaft der Lagrange-Grundpolynome, auf der ihre Fähigkeit zur schnellen Generierung von Interpolationspolynomen beruht, ist die sogenannte **Dirac-Eigenschaft**, benannt nach dem englischen Mathematiker und Physiker Paul Dirac (1902–1984).

▶ **Satz 7.3.4 Dirac-Eigenschaft der Lagrange-Grundpolynome** Es seien beliebige Stützstellen $x_i \in \mathbb{R}$, $0 \leq i \leq n$, mit $x_0 < x_1 < \cdots < x_n$ gegeben. Dann gilt für alle $i, k \in \{0, 1, \ldots, n\}$

$$l_{i,n}(x_k) = \left\{ \begin{array}{l} 1 \text{ falls } k = i \\ 0 \text{ falls } k \neq i \end{array} \right\} \qquad \textbf{(Dirac-Eigenschaft).}$$

Beweis Es seien $i, k \in \{0, 1, \ldots, n\}$ beliebig gegeben und x_k eine Stützstelle. Dann gilt

$$l_{i,n}(x_k) = \prod_{\substack{j=0 \\ j \neq i}}^{n} \frac{x_k - x_j}{x_i - x_j} = \left\{ \begin{array}{l} 1 \text{ falls } k = i \\ 0 \text{ falls } k \neq i \end{array} \right\} \,. \qquad \square$$

Aufgrund des obigen Resultats ist es nun offensichtlich, dass für einen beliebig gegebenen Datensatz $(x_i, y_i)^T \in \mathbb{R}^2$, $0 \leq i \leq n$, mit Stützstellen $x_0 < x_1 < \cdots < x_n$ das gesuchte Interpolationspolynom p vom Höchstgrad n berechenbar ist als

$$p(x) = y_0 l_{0,n}(x) + y_1 l_{1,n}(x) + \cdots + y_n l_{n,n}(x) \,.$$

Man setze einfach eine beliebige Stützstelle ein und nutze die Dirac-Eigenschaft der Lagrange-Grundpolynome aus. Die obige Darstellung wird **Lagrange-Darstellung** des Interpolationspolynoms p genannt.

Beispiel 7.3.5

Gegeben seien drei zu interpolierende Punkte $(x_0, y_0)^T := (-1, 0)^T$, $(x_1, y_1)^T := (0, -1)^T$ und $(x_2, y_2)^T := (2, 3)^T$. Definiert man die **Lagrange-Grundpolynome** gemäß

$$l_{0,2}(x) := \frac{(x - x_1)}{(x_0 - x_1)} \frac{(x - x_2)}{(x_0 - x_2)} = \frac{(x - 0)}{(-1 - 0)} \frac{(x - 2)}{(-1 - 2)},$$

$$l_{1,2}(x) := \frac{(x - x_0)}{(x_1 - x_0)} \frac{(x - x_2)}{(x_1 - x_2)} = \frac{(x - (-1))}{(0 - (-1))} \frac{(x - 2)}{(0 - 2)},$$

$$l_{2,2}(x) := \frac{(x - x_0)}{(x_2 - x_0)} \frac{(x - x_1)}{(x_2 - x_1)} = \frac{(x - (-1))}{(2 - (-1))} \frac{(x - 0)}{(2 - 0)},$$

und darauf aufbauend das gesuchte **Interpolationspolynom** zunächst direkt in **Lagrange-Darstellung** und dann ausmultipliziert in **Monom-Darstellung** als

$$p(x) = y_0 l_{0,2}(x) + y_1 l_{1,2}(x) + y_2 l_{2,2}(x) = 0 l_{0,2}(x) - l_{1,2}(x) + 3 l_{2,2}(x)$$
$$= x^2 - 1, \quad x \in \mathbb{R},$$

dann überprüft man mittels Probe sofort die Gültigkeit der drei **Interpolationsbedingungen** $p(x_i) = y_i$ für $0 \leq i \leq 2$. Das Interpolationspolynom ist zusammen mit den zu interpolierenden Punkten in Abb. 7.4 wiedergegeben und stimmt natürlich mit dem Polynom überein, welches bereits mittels der auf dem Monom-Ansatz beruhenden Strategie (vgl. Abschn. 7.1) gefunden wurde.

Abb. 7.4 Quadratisches Interpolationspolynom mit Lagrange-Strategie

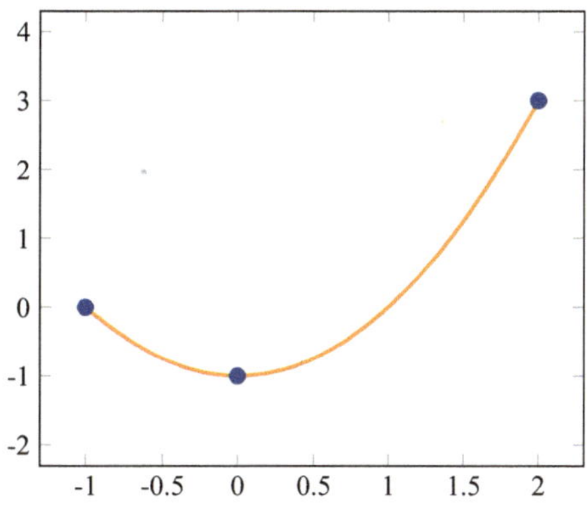

▶ **Bemerkung 7.3.6 Praxis der Interpolation nach Lagrange** Für die direkte
Auswertung eines mit der **Lagrange-Strategie** erhaltenen Interpolationspolynoms gibt es keinen Algorithmus, der in Hinblick auf Effizienz mit dem
Horner-Algorithmus vergleichbar wäre (dies gelingt erst durch geschickte Umschreibung im Sinne einer sogenannten **baryzentrischen Lagrange-
Interpolation**; wir verzichten auf Details und verweisen statt dessen auf die
Originalarbeiten [1, 2]). In diesem Sinne ist die **klassische Lagrange-Strategie** primär von akademischem Interesse, allerdings ist ihre prinzipielle Idee
von fundamentaler Bedeutung.

7.4 Aufgaben mit Lösungen

Aufgabe 7.4.1 *Gegeben seien vier zu interpolierende Punkte* $(x_0, y_0)^T := (-4, 0)^T$,
$(x_1, y_1)^T := (-1, 3)^T$, $(x_2, y_2)^T := (0, 0)^T$ *und* $(x_3, y_3)^T := (3, -21)^T$. *Bestimmen Sie
das Interpolationspolynom p vom Höchstgrad 3 durch die gegebenen Punkte mit Hilfe der
Lagrange-Strategie, und stellen Sie es anschließend durch Ausmultiplikation als Linearkombination von Monomen dar.*

Lösung der Aufgabe Definiert man die Lagrange-Grundpolynome gemäß

$$l_{0,3}(x) := \frac{(x - x_1)}{(x_0 - x_1)} \frac{(x - x_2)}{(x_0 - x_2)} \frac{(x - x_3)}{(x_0 - x_3)} = \frac{(x - (-1))}{(-4 - (-1))} \frac{(x - 0)}{(-4 - 0)} \frac{(x - 3)}{(-4 - 3)} ,$$

$$l_{1,3}(x) := \frac{(x - x_0)}{(x_1 - x_0)} \frac{(x - x_2)}{(x_1 - x_2)} \frac{(x - x_3)}{(x_1 - x_3)} = \frac{(x - (-4))}{(-1 - (-4))} \frac{(x - 0)}{(-1 - 0)} \frac{(x - 3)}{(-1 - 3)} ,$$

$$l_{2,3}(x) := \frac{(x - x_0)}{(x_2 - x_0)} \frac{(x - x_1)}{(x_2 - x_1)} \frac{(x - x_3)}{(x_2 - x_3)} = \frac{(x - (-4))}{(0 - (-4))} \frac{(x - (-1))}{(0 - (-1))} \frac{(x - 3)}{(0 - 3)} ,$$

$$l_{3,3}(x) := \frac{(x - x_0)}{(x_3 - x_0)} \frac{(x - x_1)}{(x_3 - x_1)} \frac{(x - x_2)}{(x_3 - x_2)} = \frac{(x - (-4))}{(3 - (-4))} \frac{(x - (-1))}{(3 - (-1))} \frac{(x - 0)}{(3 - 0)} ,$$

und darauf aufbauend das gesuchte Interpolationspolynom in Lagrange-Darstellung bzw.
ausmultipliziert in Monom-Darstellung als

$$p(x) = y_0 l_{0,3}(x) + y_1 l_{1,3}(x) + y_2 l_{2,3}(x) + y_3 l_{3,3}(x) = 3 l_{1,3}(x) - 21 l_{3,3}(x)$$
$$= -x^2 - 4x , \quad x \in \mathbb{R} ,$$

dann überprüft man mittels Probe sofort die Gültigkeit der vier Interpolationsbedingungen $p(x_i) = y_i$ für $0 \leq i \leq 3$. Ferner hätte man in diesem Fall auf die Bestimmung
der Lagrange-Grundpolynome $l_{0,3}$ und $l_{2,3}$ verzichten können, da sie bei der Bildung des
Interpolationspolynoms den Faktor 0 erhalten.

Aufgabe 7.4.2 *Gegeben seien vier zu interpolierende Punkte* $(x_0, y_0)^T := (-2, 21)^T$, $(x_1, y_1)^T := (-1, 4)^T$, $(x_2, y_2)^T := (0, 1)^T$ *und* $(x_3, y_3)^T := (1, 0)^T$. *Bestimmen Sie das Interpolationspolynom* p *vom Höchstgrad* 3 *durch die gegebenen Punkte mit Hilfe der Lagrange-Strategie, und stellen Sie es anschließend durch Ausmultiplikation als Linearkombination von Monomen dar.*

Lösung der Aufgabe Definiert man die Lagrange-Grundpolynome gemäß

$$l_{0,3}(x) := \frac{(x - x_1)}{(x_0 - x_1)} \frac{(x - x_2)}{(x_0 - x_2)} \frac{(x - x_3)}{(x_0 - x_3)} = \frac{(x - (-1))}{(-2 - (-1))} \frac{(x - 0)}{(-2 - 0)} \frac{(x - 1)}{(-2 - 1)},$$

$$l_{1,3}(x) := \frac{(x - x_0)}{(x_1 - x_0)} \frac{(x - x_2)}{(x_1 - x_2)} \frac{(x - x_3)}{(x_1 - x_3)} = \frac{(x - (-2))}{(-1 - (-2))} \frac{(x - 0)}{(-1 - 0)} \frac{(x - 1)}{(-1 - 1)},$$

$$l_{2,3}(x) := \frac{(x - x_0)}{(x_2 - x_0)} \frac{(x - x_1)}{(x_2 - x_1)} \frac{(x - x_3)}{(x_2 - x_3)} = \frac{(x - (-2))}{(0 - (-2))} \frac{(x - (-1))}{(0 - (-1))} \frac{(x - 1)}{(0 - 1)},$$

$$l_{3,3}(x) := \frac{(x - x_0)}{(x_3 - x_0)} \frac{(x - x_1)}{(x_3 - x_1)} \frac{(x - x_2)}{(x_3 - x_2)} = \frac{(x - (-2))}{(1 - (-2))} \frac{(x - (-1))}{(1 - (-1))} \frac{(x - 0)}{(1 - 0)},$$

und darauf aufbauend das gesuchte Interpolationspolynom in Lagrange-Darstellung bzw. ausmultipliziert in Monom-Darstellung als

$$p(x) = y_0 l_{0,3}(x) + y_1 l_{1,3}(x) + y_2 l_{2,3}(x) + y_3 l_{3,3}(x) = 21 l_{0,3}(x) + 4 l_{1,3}(x) + l_{2,3}(x)$$
$$= -2x^3 + x^2 + 1, \quad x \in \mathbb{R},$$

dann überprüft man mittels Probe sofort die Gültigkeit der vier Interpolationsbedingungen $p(x_i) = y_i$ für $0 \le i \le 3$. Ferner hätte man in diesem Fall auf die Bestimmung des Lagrange-Grundpolynoms $l_{3,3}$ verzichten können, da es bei der Bildung des Interpolationspolynoms den Faktor 0 erhält.

Selbsttest 7.4.3 Welche Aussagen über die Interpolation nach Lagrange sind wahr?

?+? Die Lagrange-Grundpolynome zu 5 verschiedenen Stützstellen haben den (genauen) Grad 4.

?−? Die Lagrange-Grundpolynome zu n verschiedenen Stützstellen haben den (genauen) Grad n.

?−? Bei der Interpolationsstrategie nach Lagrange muss ein lineares Gleichungssystem gelöst werden.

?−? Zur Auswertung der Lagrange-Interpolationspolynome gibt es einen schnellen Algorithmus.

?−? Die Lagrange-Grundpolynome zu 5 verschiedenen Stützstellen haben den (genauen) Grad 5.

7.5 Polynomiale Interpolation nach Newton

Wenn man sich nochmals die beiden bisherigen Interpolationstechniken in Erinnerung ruft, stellt man fest, dass man bei der **Interpolation mit Monomen** i. Allg. ein **kompliziertes Gleichungssystem** zu lösen hat, dafür jedoch mit dem **Horner-Algorithmus** eine **schnelle Auswertungsstrategie** zur Verfügung hat (vgl. Abschn. 7.1). Umgekehrt hat man bei Anwendung der **Interpolation nach Lagrange gar kein Gleichungssystem** zu lösen, dafür steht jedoch leider **keine schnelle Auswertungsstrategie** zur Verfügung (vgl. Abschn. 7.3). Aus diesem Grunde ist es sinnvoll, nach einer Strategie zu suchen, die die jeweiligen Vorteile der beiden bisherigen Techniken vereinigt: **moderates Gleichungssystem und schnelle Auswertungsstrategie**. Genau dies leistet die **Interpolation nach Newton**. Im Folgenden wird die **Newton-Strategie**, die, wie bereits das Newton-Verfahren zur Nullstellenberechnung aus Abschn. 4.3, auf Sir Isaac Newton (1643–1727) zurückgeht, zunächst anhand eines Beispiels erläutert.

Beispiel 7.5.1

Gegeben seien vier zu interpolierende Punkte $(x_0, y_0)^T := (-3, 26)^T$, $(x_1, y_1)^T := (-2, 4)^T$, $(x_2, y_2)^T := (1, -2)^T$ und $(x_3, y_3)^T := (3, -76)^T$. Definiert man die sogenannten **Newton-Grundpolynome** gemäß

$$w_0(x) := 1\,,$$
$$w_1(x) := (x - x_0) = (x - (-3))\,,$$
$$w_2(x) := (x - x_0)(x - x_1) = (x - (-3))(x - (-2))\,,$$
$$w_3(x) := (x - x_0)(x - x_1)(x - x_2) = (x - (-3))(x - (-2))(x - 1)\,,$$

und setzt das gesuchte Interpolationspolynom an in der Form

$$p(x) = d_0 w_0(x) + d_1 w_1(x) + d_2 w_2(x) + d_3 w_3(x)\,, \quad x \in \mathbb{R}\,,$$

dann liefern die vier **Interpolationsbedingungen** $p(x_i) = y_i$ für $0 \leq i \leq 3$ das lineare Gleichungssystem

$$\begin{aligned}
d_0 \cdot 1 &= 26\,, \\
d_0 \cdot 1 + d_1 \cdot 1 &= 4\,, \\
d_0 \cdot 1 + d_1 \cdot 4 + d_2 \cdot 12 &= -2\,, \\
d_0 \cdot 1 + d_1 \cdot 6 + d_2 \cdot 30 + d_3 \cdot 60 &= -76\,.
\end{aligned}$$

Dieses Gleichungssystem ist leicht durch **Aufrollen von oben** lösbar und man erhält so die gesuchten **Newton-Koeffizienten** zu $d_0 = 26$, $d_1 = -22$, $d_2 = 5$ und

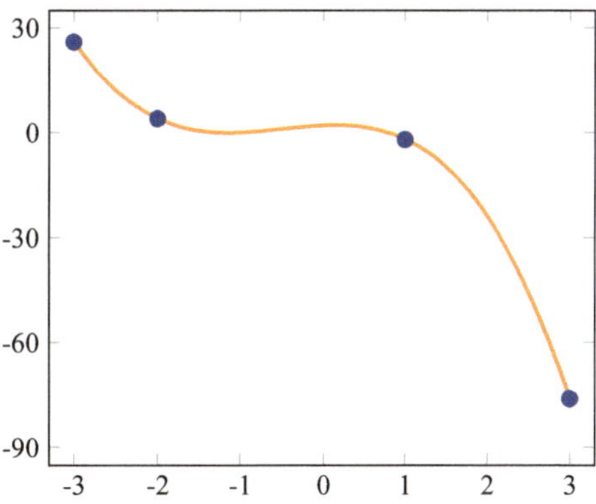

Abb. 7.5 Interpolationspolynom mit Newton-Strategie

$d_3 = -2$. Das **Interpolationspolynom** lautet also zunächst in **Newton-Darstellung** und dann ausmultipliziert in **Monom-Darstellung**

$$p(x) = d_0 w_0(x) + d_1 w_1(x) + d_2 w_2(x) + d_3 w_3(x)$$
$$= 26 w_0(x) - 22 w_1(x) + 5 w_2(x) - 2 w_3(x)$$
$$= -2x^3 - 3x^2 + x + 2, \quad x \in \mathbb{R}.$$

Das Interpolationspolynom ist zusammen mit den zu interpolierenden Punkten in Abb. 7.5 wiedergegeben und stimmt natürlich mit dem Polynom überein, welches bereits mittels der auf dem Monom-Ansatz beruhenden Strategie (vgl. Abschn. 7.1) sowie der Lagrange-Strategie (vgl. Abschn. 7.3) gefunden wurde.

Die Idee der Interpolation nach Newton besteht also darin, durch geschickte Wahl der Grundpolynome ein Gleichungssystem zu erzeugen, welches sehr effizient und einfach lösbar ist. Man kann sogar zeigen, dass die Lösung des entstehenden Gleichungssystems auf das Engste mit dem in Abschn. 4.11 eingeführten **Dividierte-Differenzen-Verfahren** verknüpft ist.

Beispiel 7.5.2
Man betrachte noch einmal den Datensatz $(x_0, y_0)^T := (-3, 26)^T$, $(x_1, y_1)^T := (-2, 4)^T$, $(x_2, y_2)^T := (1, -2)^T$ und $(x_3, y_3)^T := (3, -76)^T$ der zu interpolierenden Punkte aus dem vorausgegangenen Beispiel. Für diesen Datensatz liefert das

Dividierte-Differenzen-Schema

$$
\begin{array}{ll}
-3 & 26 \\
 & \qquad \dfrac{4-26}{-2-(-3)} = -22 \\
-2 & 4 \\
 & \qquad \dfrac{-2-4}{1-(-2)} = -2 \qquad\qquad \dfrac{-2-(-22)}{1-(-3)} = 5 \\
1 & -2 \qquad\qquad\qquad \dfrac{-37-(-2)}{3-(-2)} = -7 \qquad \dfrac{-7-5}{3-(-3)} = -2 \\
 & \qquad \dfrac{-76-(-2)}{3-1} = -37 \\
3 & -76
\end{array}
$$

Offensichtlich ergeben sich die gesuchten **Newton-Koeffizienten** genau aus der **oberen Schrägzeile** des Schemas zu $d_0 = 26, d_1 = -22, d_2 = 5$ und $d_3 = -2$. Das **Interpolationspolynom** lautet also, wie bereits bekannt, in **Newton-Darstellung**

$$
\begin{aligned}
p(x) &= d_0 w_0(x) + d_1 w_1(x) + d_2 w_2(x) + d_3 w_3(x) \\
&= \mathbf{26} + (\mathbf{-22})(x - (-3)) + \mathbf{5}(x - (-3))(x - (-2)) \\
&\quad + (\mathbf{-2})(x - (-3))(x - (-2))(x - 1) , \quad x \in \mathbb{R} .
\end{aligned}
$$

Möchte man schließlich dieses Polynom effizient auswerten, so lässt sich dies durch geschicktes Ausklammern gemäß

$$
\begin{aligned}
p(x) &= \mathbf{26} + \left(\mathbf{-22} + \mathbf{5}(x - (-2)) + (\mathbf{-2})(x - (-2))(x - 1) \right)(x - (-3)) \\[2mm]
&= \mathbf{26} + \left(\mathbf{-22} + \left(\mathbf{5} + (\mathbf{-2})(x - 1) \right)(x - (-2)) \right)(x - (-3))
\end{aligned}
$$

erreichen. Man kommt so zum **Newton-Horner-Algorithmus**, der zur Handrechnung in einem dreizeiligen Schema, dem **Newton-Horner-Schema**, notiert werden kann. Möchte man also z. B. das obige Polynom an der Stelle $x := 2$ auswerten, so ergibt sich folgendes Newton-Horner-Schema, in dem der oben angegebene Klammerausdruck von innen nach außen abgearbeitet wird. Dabei wird, wie beim gewöhnlichen Horner-Schema (vgl. z. B. [4]), spaltenweise addiert und von Spalte zu Spalte jeweils mit $x - x_i$ für $i = n - 1, n - 2, \ldots, 0$ multipliziert:

	-2	5	-22	26
$x = 2$	0	$(-2) \cdot (2 - 1)$	$3 \cdot (2 - (-2))$	$(-10) \cdot (2 - (-3))$
	-2	3	-10	-24

Es gilt also $p(2) = -24$.

Nach diesen einführenden Beispielen werden nun ganz allgemein die Hilfsmittel bereitgestellt, die zur Lösung des Interpolationsproblems mit der Newton-Technik benötigt werden. In erster Linie sind dies die sogenannten **Newton-Grundpolynome**.

Definition 7.5.3 Newton-Grundpolynome

Es seien beliebige Stützstellen $x_i \in \mathbb{R}$, $0 \le i \le n$, mit $x_0 < x_1 < \cdots < x_n$ gegeben. Dann bezeichnet man die für $i \in \{0, 1, \ldots, n\}$ gegebenen Polynome

$$w_i : \mathbb{R} \to \mathbb{R}, \qquad x \mapsto \prod_{j=0}^{i-1}(x - x_j) \,,$$

als **Newton-Grundpolynome** (zu den Stützstellen $x_0 < x_1 < \cdots < x_n$). ◄

Beispiel 7.5.4

Für $n = 0$ lautet das **Newton-Grundpolynom** schlicht

$$w_0(x) = 1 \,,$$

für $n = 1$ lauten die beiden zugehörigen **Newton-Grundpolynome**

$$w_0(x) = 1 \quad \text{und} \quad w_1(x) = (x - x_0)$$

und schließlich für $n = 2$ die drei entsprechenden **Newton-Grundpolynome**

$$w_0(x) = 1 \,, \quad w_1(x) = (x - x_0) \quad \text{und} \quad w_2(x) = (x - x_0)(x - x_1) \,.$$

Die wichtigste Eigenschaft der Newton-Grundpolynome, auf der die Generierung eines einfachen linearen Gleichungssystems bzw. der Zusammenhang mit den dividierten Differenzen bei der Lösung des Interpolationsproblems beruht, ist die sogenannte **Nullstellen-Eigenschaft**.

▶ **Satz 7.5.5 Nullstellen-Eigenschaft der Newton-Grundpolynome** Es seien beliebige Stützstellen $x_i \in \mathbb{R}$, $0 \le i \le n$, mit $x_0 < x_1 < \cdots < x_n$ gegeben. Dann gilt für alle $i, k \in \{0, 1, \ldots, n\}$ mit $k < i$ die Identität

$$w_i(x_k) = 0 \qquad \textbf{(Nullstellen-Eigenschaft)}.$$

Beweis Es seien $i, k \in \{0, 1, \ldots, n\}$ beliebig gegeben und x_k eine Stützstelle. Dann gilt

$$w_i(x_k) = \prod_{j=0}^{i-1}(x_k - x_j) = 0 \,, \quad \text{falls} \quad k < i \,. \qquad \qquad \square$$

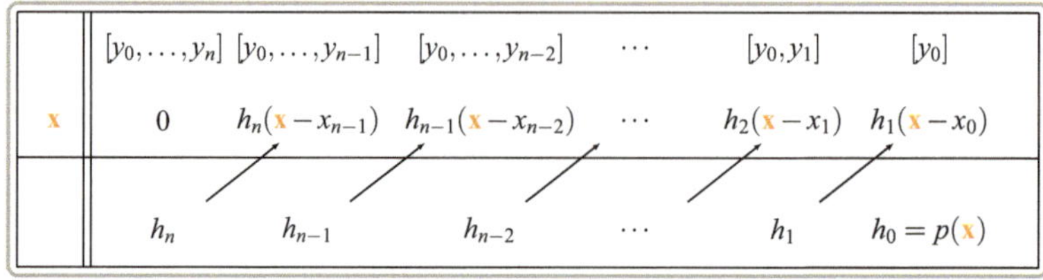

Abb. 7.6 Newton-Horner-Schema

Unter Ausnutzung der Bezeichnungen aus Abschn. 4.11 lässt sich nun die allgemeine
Newton-Strategie nochmals im Zusammenhang skizzieren. Dazu seien die zu interpolierenden Punkte $(x_i, y_i)^T \in \mathbb{R}^2, 0 \le i \le n$, mit Stützstellen $x_0 < x_1 < \cdots < x_n$ gegeben.
Dann erfüllt das Polynom p vom Höchstgrad n in **Newton-Darstellung**,

$$p(x) := \sum_{k=0}^{n} [y_0, y_1, \ldots, y_k]\, w_k(x) \,, \quad x \in \mathbb{R} \,,$$

die **Interpolationsbedingungen**

$$p(x_i) = y_i \,, \quad 0 \le i \le n \,.$$

Dabei bezeichnen $w_0, w_1, \ldots, w_n$ natürlich die **Newton-Grundpolynome** zu den Stützstellen $x_0 < x_1 < \ldots < x_n$ und $[y_0], [y_0, y_1], \ldots, [y_0, y_1, \ldots, y_n]$ die zum Datensatz
gehörenden **dividierten Differenzen**, die im **Dividierte-Differenzen-Schema** aus der
oberen Schrägzeile abgelesen werden können. Der Nachweis dafür, dass die dividierten
Differenzen der oberen Schrägzeile in der Tat als **Newton-Koeffizienten** auftauchen, soll
hier nicht geführt werden. Einen Beweis findet man z. B. in [5–7].

Die Auswertung des Polynoms p an einer Stelle $x \in \mathbb{R}$ erfolgt mit dem sogenannten
Newton-Horner-Algorithmus (vgl. auch Abb. 7.6).

Der Java-Code des Newton-Horner-Algorithmus mit den Identifikationen $x[i] := x_i$
und $d[i] := [y_0, \ldots, y_i]$ für $0 \le i \le n$ sieht wie folgt aus (dabei tauchen natürlich die
Hilfsgrößen $h_n, \ldots, h_0 \in \mathbb{R}$ nicht auf, sondern sind dort effizienter durch Überspeichern
der Hilfsvariable *help* realisiert):

```
public double n_horner(double[] d, double[] x, double x_wert)
{
    int n=d.length-1;
    double help=d[n];
    for(int k=1;k<=n;k++) help=help*(x_wert-x[n-k])+d[n-k];
    return help;
}
```

Die Komplexität des Newton-Horner-Algorithmus beträgt (wie beim gewöhnlichen
Horner-Algorithmus) $O(n)$ im Gegensatz zur $O(n^2)$-Komplexität bei direkter Auswertung
von p.

Beispiel 7.5.6

Gegeben seien drei zu interpolierende Punkte $(x_0, y_0)^T := (-1, 0)^T$, $(x_1, y_1)^T := (0, -1)^T$ und $(x_2, y_2)^T := (2, 3)^T$. Zunächst definiert man die **Newton-Grundpolynome** gemäß

$$w_0(x) := 1 \, ,$$
$$w_1(x) := (x - x_0) = (x - (-1)) \, ,$$
$$w_2(x) := (x - x_0)(x - x_1) = (x - (-1))(x - 0) \, .$$

Anschließend berechnet man die gesuchten **Newton-Koeffizienten** mit Hilfe des **Dividierte-Differenzen-Schemas**

$$
\begin{array}{ccccc}
-1 & \mathbf{0} & & & \\
 & & \frac{-1-0}{0-(-1)} = \mathbf{-1} & & \\
0 & -1 & & \frac{2-(-1)}{2-(-1)} = \mathbf{1} & \\
 & & \frac{3-(-1)}{2-0} = 2 & & \\
2 & 3 & & &
\end{array}
$$

unter Zugriff auf die Elemente der **oberen Schrägzeile** zu $d_0 = 0$, $d_1 = -1$ und $d_2 = 1$. Das **Interpolationspolynom** lautet also in **Newton-Darstellung**

$$p(x) = d_0 w_0(x) + d_1 w_1(x) + d_2 w_2(x)$$
$$= \mathbf{0} + (\mathbf{-1})(x - (-1)) + \mathbf{1}(x - (-1))(x - 0) \, , \quad x \in \mathbb{R} \, .$$

Möchte man schließlich dieses Polynom z. B. an der Stelle $x := 1$ effizient auswerten, so lässt sich dies mit dem **Newton-Horner-Schema** tun:

	1	**−1**	**0**
x = 1	0	$1 \cdot (\mathbf{1} - 0)$	$0 \cdot (\mathbf{1} - (-1))$
	1	0	0

Es gilt also $p(1) = 0$. Das Interpolationspolynom ist zusammen mit den zu interpolierenden Punkten in Abb. 7.7 wiedergegeben, wobei der oben berechnete Funktionswert zusätzlich durch ein kleines Quadrat angedeutet ist. Abschließend sei erwähnt, dass das über die Newton-Strategie berechnete Polynom natürlich mit dem Polynom übereinstimmt, welches bereits mittels der auf dem Monom-Ansatz beruhenden Strategie (vgl. Abschn. 7.1) sowie der Lagrange-Strategie (vgl. Abschn. 7.3) gefunden wurde (Nachweis durch Ausmultiplizieren und Überführung in eine Linearkombination von Monomen).

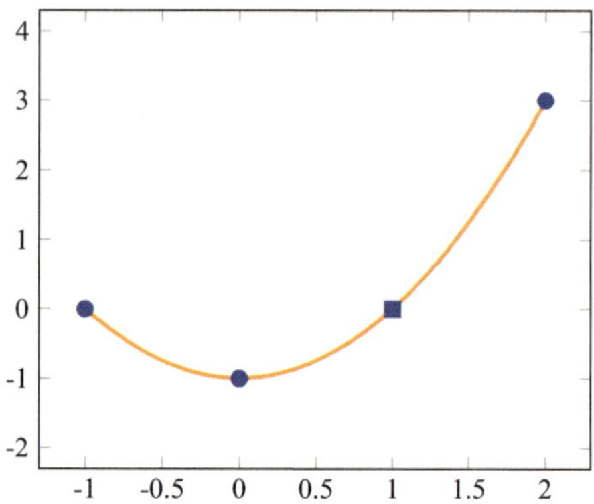

Abb. 7.7 Quadratisches Interpolationspolynom mit Newton-Strategie

▶ **Bemerkung 7.5.7 Praxis der Interpolation nach Newton** Bei der Implementierung der **Newton-Strategie** spielen die **Newton-Grundpolynome** explizit keine Rolle mehr. Es werden lediglich die **Newton-Koeffizienten** mit dem **Dividierte-Differenzen-Verfahren** berechnet und dann mit Hilfe des **Newton-Horner-Algorithmus** die benötigten Funktionswerte bestimmt. Ferner ist es problemlos möglich, einen weiteren Interpolationspunkt hinzuzunehmen und das i. Allg. um einen Grad höhere **neue Interpolationspolynom** zu berechnen. Man hat dazu lediglich das **Dividierte-Differenzen-Schema** um eine Zeile nach unten hin zu ergänzen und das **alte Interpolationspolynom** um einen zusätzlichen Summand zu erweitern. Dabei ist zu beachten, dass die Stützstellen nicht geordnet sein müssen, sondern lediglich verschieden zu sein haben.

7.6 Aufgaben mit Lösungen

Aufgabe 7.6.1 *Gegeben seien vier zu interpolierende Punkte $(x_0, y_0)^T := (-4, 0)^T$, $(x_1, y_1)^T := (-1, 3)^T$, $(x_2, y_2)^T := (0, 0)^T$ und $(x_3, y_3)^T := (3, -21)^T$. Bestimmen Sie das Interpolationspolynom p vom Höchstgrad 3 durch die gegebenen Punkte mit Hilfe der Newton-Strategie. Werten Sie ferner p an der Stelle $x := 4$ mit dem Newton-Horner-Schema aus.*

Lösung der Aufgabe Zunächst definiert man die Newton-Grundpolynome gemäß

$$w_0(x) := 1\,,$$
$$w_1(x) := (x - x_0) = (x - (-4))\,,$$
$$w_2(x) := (x - x_0)(x - x_1) = (x - (-4))(x - (-1))\,,$$
$$w_3(x) := (x - x_0)(x - x_1)(x - x_2) = (x - (-4))(x - (-1))(x - 0)\,.$$

Anschließend berechnet man die gesuchten Newton-Koeffizienten mit Hilfe des Dividierte-Differenzen-Schemas

$$
\begin{array}{cc}
-4 & \mathbf{0} \\
-1 & 3 \\
0 & 0 \\
3 & -21
\end{array}
\qquad
\begin{array}{c}
\frac{3-0}{-1-(-4)} = \mathbf{1} \\
\frac{0-3}{0-(-1)} = -3 \\
\frac{-21-0}{3-0} = -7
\end{array}
\qquad
\begin{array}{c}
\frac{-3-1}{0-(-4)} = \mathbf{-1} \\
\frac{-7-(-3)}{3-(-1)} = -1
\end{array}
\qquad
\frac{-1-(-1)}{3-(-4)} = \mathbf{0}
$$

unter Zugriff auf die Elemente der oberen Schrägzeile zu $d_0 = 0$, $d_1 = 1$, $d_2 = -1$ und $d_3 = 0$. Das Interpolationspolynom lautet also in Newton-Darstellung

$$
\begin{aligned}
p(x) &= d_0 w_0(x) + d_1 w_1(x) + d_2 w_2(x) + d_3 w_3(x) \\
&= \mathbf{0} + \mathbf{1}(x - (-4)) + (\mathbf{-1})(x - (-4))(x - (-1)) \\
&\quad + \mathbf{0}(x - (-4))(x - (-1))(x - 0) , \quad x \in \mathbb{R} .
\end{aligned}
$$

Die Auswertung dieses Polynoms an der Stelle $x := 4$ mit dem Newton-Horner-Schema liefert schließlich:

	0	**−1**	**1**	**0**
$x = 4$	0	$0 \cdot (4 - 0)$	$(-1) \cdot (4 - (-1))$	$(-4) \cdot (4 - (-4))$
	0	−1	−4	−32

Es gilt also $p(4) = -32$.

Aufgabe 7.6.2 *Gegeben seien vier zu interpolierende Punkte $(x_0, y_0)^T := (-2, 21)^T$, $(x_1, y_1)^T := (-1, 4)^T$, $(x_2, y_2)^T := (0, 1)^T$ und $(x_3, y_3)^T := (1, 0)^T$. Bestimmen Sie das Interpolationspolynom p vom Höchstgrad 3 durch die gegebenen Punkte mit Hilfe der Newton-Strategie. Werten Sie ferner p an der Stelle $x := 2$ mit dem Newton-Horner-Schema aus.*

Lösung der Aufgabe Zunächst definiert man die Newton-Grundpolynome gemäß

$$
\begin{aligned}
w_0(x) &:= 1 , \\
w_1(x) &:= (x - x_0) = (x - (-2)) , \\
w_2(x) &:= (x - x_0)(x - x_1) = (x - (-2))(x - (-1)) , \\
w_3(x) &:= (x - x_0)(x - x_1)(x - x_2) = (x - (-2))(x - (-1))(x - 0) .
\end{aligned}
$$

Anschließend berechnet man die gesuchten Newton-Koeffizienten mit Hilfe des Dividierte-Differenzen-Schemas

$$
\begin{array}{cccc}
-2 & \mathbf{21} & & \\
& & \frac{4-21}{-1-(-2)} = \mathbf{-17} & \\
-1 & 4 & & \frac{-3-(-17)}{0-(-2)} = \mathbf{7} \\
& & \frac{1-4}{0-(-1)} = -3 & & \frac{1-7}{1-(-2)} = \mathbf{-2} \\
0 & 1 & & \frac{-1-(-3)}{1-(-1)} = 1 \\
& & \frac{0-1}{1-0} = -1 & \\
1 & 0 & &
\end{array}
$$

unter Zugriff auf die Elemente der oberen Schrägzeile zu $d_0 = 21$, $d_1 = -17$, $d_2 = 7$ und $d_3 = -2$. Das Interpolationspolynom lautet also in Newton-Darstellung

$$
\begin{aligned}
p(x) &= d_0 w_0(x) + d_1 w_1(x) + d_2 w_2(x) + d_3 w_3(x) \\
&= \mathbf{21} + (\mathbf{-17})(x - (-2)) + \mathbf{7}(x - (-2))(x - (-1)) \\
&\quad + (\mathbf{-2})(x - (-2))(x - (-1))(x - 0) , \quad x \in \mathbb{R} .
\end{aligned}
$$

Die Auswertung dieses Polynoms an der Stelle $x := 2$ mit dem Newton-Horner-Schema liefert schließlich:

	$\mathbf{-2}$	$\mathbf{7}$	$\mathbf{-17}$	$\mathbf{21}$
$\mathbf{x = 2}$	0	$(-2) \cdot (2 - 0)$	$3 \cdot (2 - (-1))$	$(-8) \cdot (2 - (-2))$
	-2	3	-8	-11

Es gilt also $p(2) = -11$.

Selbsttest 7.6.3 Welche Aussagen über die Interpolation nach Newton sind wahr?

?−? Die Newton-Grundpolynome zu 6 verschiedenen Stützstellen haben mindestens Grad 5.

?+? Bei der Interpolationsstrategie nach Newton werden dividierte Differenzen benutzt.

?+? Für die Auswertung der Newton-Interpolationspolynome gibt es einen schnellen Algorithmus.

?−? Die Newton-Grundpolynome zu 5 verschiedenen Stützstellen haben den (genauen) Grad 5.

?+? Die Newton-Grundpolynome zu 5 verschiedenen Stützstellen haben maximal Grad 4.

7.7 Polynomiale Interpolation nach Aitken-Neville

Die generelle Idee der polynomialen **Interpolation nach Aitken-Neville**, die benannt ist nach den beiden Mathematikern Alexander Craig Aitken (1895–1967) und Eric Harold Neville (1889–1961), besteht darin, aus zwei Polynomen, die auf **überlappenden Stützstellenmengen** bereits teilweise interpolierend sind, durch eine **fortgesetzte lineare Interpolation** ein drittes Polynom zu generieren, welches auf der gesamten Stützstellenmenge interpoliert. Um das Vorgehen zu illustrieren, seien z. B. die Interpolationspunkte $(x_k, y_k)^T, \ldots, (x_{k+3}, y_{k+3})^T$ mit den Stützstellen $x_k < \cdots < x_{k+3}$ gegeben. Ferner sei p ein Polynom vom Höchstgrad 2 mit

$$p(x_{k+i}) = y_{k+i}, \quad 0 \le i \le 2,$$

und q ein Polynom vom Höchstgrad 2 mit

$$q(x_{k+i}) = y_{k+i}, \quad 1 \le i \le 3.$$

Dann genügt das Polynom r vom Höchstgrad 3,

$$r(x) := \frac{x_{k+3} - x}{x_{k+3} - x_k} p(x) + \frac{x - x_k}{x_{k+3} - x_k} q(x), \quad x \in \mathbb{R},$$

genau den Interpolationsbedingungen

$$r(x_{k+i}) = y_{k+i}, \quad 0 \le i \le 3.$$

Der Nachweis dieser Eigenschaft ist leicht durch Einsetzen zu führen.

Setzt man diesen Gedanken konsequent fort, so erhält man ausgehend von konstanten Polynomen, die nur in jeweils einem Punkt interpolieren, für einen gegebenen Datensatz $(x_i, y_i)^T \in \mathbb{R}^2, 0 \le i \le n$, mit Stützstellen $x_0 < x_1 < \cdots < x_n$ den folgenden sogenannten **Aitken-Neville-Algorithmus** zur Berechnung des Interpolationspolynoms p:

```
for (int k=0; k<=n; k++)  p_{k,0}(x) := y_k;   //Initialisierung
for (int l=1; l<=n; l++)
for (int k=0; k<=n-l; k++)
    {
```

$$p_{k,l}(x) := \frac{x_{k+l} - x}{x_{k+l} - x_k} p_{k,l-1}(x) + \frac{x - x_k}{x_{k+l} - x_k} p_{k+1,l-1}(x);$$

```
    }
```

Dabei liefert das zuletzt berechnete Polynom genau das gesuchte Interpolationspolynom p, also $p(x) = p_{0,n}(x)$, mit

$$p(x_i) = y_i, \quad 0 \le i \le n.$$

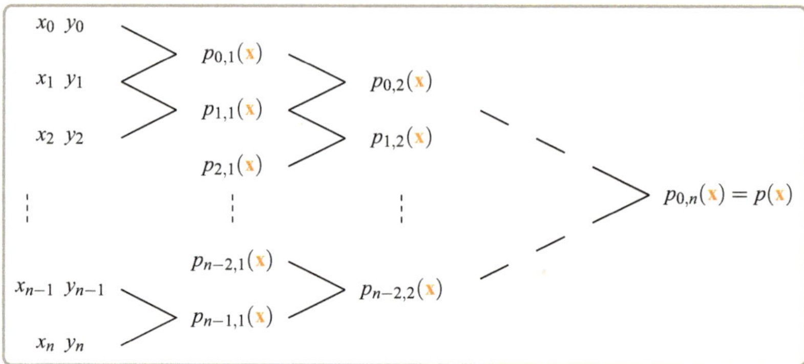

Abb. 7.8 Aitken-Neville-Schema

Der einfache Java-Code für diesen Algorithmus könnte z. B. wie folgt aussehen:

```java
public double aitken(double[] x, double[] y, double x_wert)
{
    int n=x.length-1;
    double[][] p = new double[n+1][n+1];
    for(int k=0;k<=n;k++) p[k][0]=y[k];
    for(int l=1;l<=n;l++)
    {
        for(int k=0;k<=n-1;k++)
        {
            p[k][l]=p[k][l-1]*(x[k+1]-x_wert)/(x[k+1]-x[k])
                    +p[k+1][l-1]*(x_wert-x[k])/(x[k+1]-x[k]);
        }
    }
    return p[0][n];
}
```

Für die Handrechnung empfiehlt sich eine etwas andere Notation, nämlich das in Abb. 7.8 angegebene **Aitken-Neville-Schema**.

Zur Veranschaulichung der Anwendung der **Aitken-Neville-Strategie** dienen zwei Beispiele.

Beispiel 7.7.1

Gegeben seien vier zu interpolierende Punkte $(x_0, y_0)^T := (-3, 26)^T$, $(x_1, y_1)^T := (-2, 4)^T$, $(x_2, y_2)^T := (1, -2)^T$ und $(x_3, y_3)^T := (3, -76)^T$. Gesucht wird nun der Funktionswert $p(2)$ des Interpolationspolynoms p vom Höchstgrad 3 durch die vorgegebenen Punkte, ohne das Polynom p zuvor explizit zu berechnen. Dazu nutzt

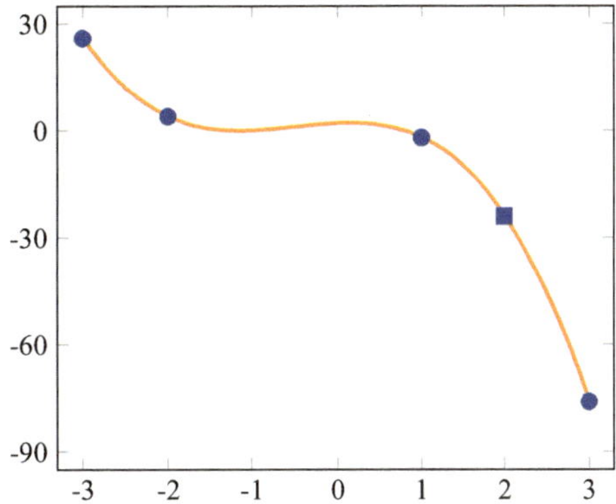

Abb. 7.9 Interpolationspolynom mit Aitken-Neville-Strategie

man das **Aitken-Neville-Schema** gemäß

$$
\begin{array}{ll}
-3 & 26 \\[4pt]
& \quad \frac{-2-2}{-2-(-3)}26 + \frac{2-(-3)}{-2-(-3)}4 = -84 \\[4pt]
-2 & 4 \qquad\qquad\qquad\qquad\qquad\qquad \frac{1-2}{1-(-3)}(-84) + \frac{2-(-3)}{1-(-3)}(-4) = 16 \\[4pt]
& \quad \frac{1-2}{1-(-2)}4 + \frac{2-(-2)}{1-(-2)}(-2) = -4 \qquad\qquad\qquad\qquad\qquad\qquad -24 \\[4pt]
1 & -2 \qquad\qquad\qquad\qquad\qquad\qquad \frac{3-2}{3-(-2)}(-4) + \frac{2-(-2)}{3-(-2)}(-39) = -32 \\[4pt]
& \quad \frac{3-2}{3-1}(-2) + \frac{2-1}{3-1}(-76) = -39 \\[4pt]
3 & -76
\end{array}
$$

Also lautet der gesuchte Funktionswert des **Interpolationspolynoms** p an der Stelle $x := 2$ genau -24, wobei die Berechnung des Werts -24, die im obigen Schema aus Platzgründen nicht mehr angegeben werden konnte, wie folgt durchgeführt wurde:

$$
\frac{3-2}{3-(-3)}16 + \frac{2-(-3)}{3-(-3)}(-32) = -24 = p(2) \, .
$$

In Abb. 7.9 ist der berechnete Punkt auf dem Graphen des Interpolationspolynoms durch ein kleines Quadrat angedeutet (vgl. dazu auch die entsprechenden Beispiele aus den Abschn. 7.1, 7.3 und 7.5, in denen derselbe Datensatz zugrunde gelegt wird).

Beispiel 7.7.2

Gegeben seien drei zu interpolierende Punkte $(x_0, y_0)^T := (-1, 0)^T$, $(x_1, y_1)^T := (0, -1)^T$ und $(x_2, y_2)^T := (2, 3)^T$. Gesucht wird nun der Funktionswert $p(1)$ des Interpolationspolynoms p vom Höchstgrad 2 durch die vorgegebenen Punkte, ohne das Polynom p zuvor explizit zu berechnen. Dazu nutzt man das **Aitken-Neville-**

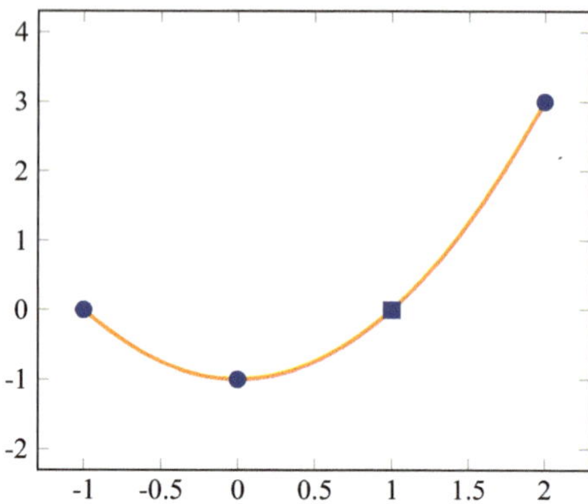

Abb. 7.10 Quadratisches Interpolationspolynom mit Aitken-Neville-Strategie

Schema gemäß

$$
\begin{array}{cc}
-1 & 0 \\
& \qquad \frac{0-1}{0-(-1)}0 + \frac{1-(-1)}{0-(-1)}(-1) = -2 \\
0 & -1 \qquad\qquad\qquad\qquad\qquad\qquad\qquad \frac{2-1}{2-(-1)}(-2) + \frac{1-(-1)}{2-(-1)}1 = 0 = p(1)\\
& \qquad \frac{2-1}{2-0}(-1) + \frac{1-0}{2-0}3 = 1 \\
2 & 3
\end{array}
$$

Also lautet der gesuchte Funktionswert des **Interpolationspolynoms** p an der Stelle $x := 1$ genau 0. Das Interpolationspolynom ist zusammen mit den zu interpolierenden Punkten in Abb. 7.10 skizziert, wobei der oben berechnete Funktionswert durch ein kleines Quadrat angedeutet ist (vgl. dazu auch die entsprechenden Beispiele aus den Abschn. 7.1, 7.3 und 7.5, in denen derselbe Datensatz zugrunde gelegt wird).

▶ **Bemerkung 7.7.3 Praxis der Interpolation nach Aitken-Neville** Wie bereits erwähnt besteht der Vorteil des **Aitken-Neville-Algorithmus** darin, dass er auf die explizite Berechnung des Interpolationspolynoms verzichtet und direkt zum gesuchten Funktionswert führt. Dennoch hat der Algorithmus i. Allg. eine Komplexität von $O(n^2)$ und kann somit nicht mit dem **Horner-Algorithmus** konkurrieren. Weitere Details zu diesen und anderen Fragen findet man z. B. in [6].

7.8 Aufgaben mit Lösungen

Aufgabe 7.8.1 *Gegeben seien vier zu interpolierende Punkte $(x_0, y_0)^T := (-4, 0)^T$, $(x_1, y_1)^T := (-1, 3)^T$, $(x_2, y_2)^T := (0, 0)^T$ und $(x_3, y_3)^T := (3, -21)^T$. Bestimmen Sie den Funktionswert $p(4)$ des Interpolationspolynoms p vom Höchstgrad 3 durch die vorgegebenen Punkte mit Hilfe der Aitken-Neville-Strategie.*

Lösung der Aufgabe Zunächst ergibt sich das Aitken-Neville-Schema gemäß

$$
\begin{array}{cccccc}
-4 & 0 \\
& & 8 \\
-1 & 3 & & -32 \\
& & -12 & & -32 = p(4) \\
0 & 0 & & -32 \\
& & -28 \\
3 & -21
\end{array}
$$

Also lautet der gesuchte Funktionswert des Interpolationspolynoms p an der Stelle $x := 4$ genau -32.

Aufgabe 7.8.2 *Gegeben seien vier zu interpolierende Punkte $(x_0, y_0)^T := (-2, 21)^T$, $(x_1, y_1)^T := (-1, 4)^T$, $(x_2, y_2)^T := (0, 1)^T$ und $(x_3, y_3)^T := (1, 0)^T$. Bestimmen Sie den Funktionswert $p(2)$ des Interpolationspolynoms p vom Höchstgrad 3 durch die vorgegebenen Punkte mit Hilfe der Aitken-Neville-Strategie.*

Lösung der Aufgabe Zunächst ergibt sich das Aitken-Neville-Schema gemäß

$$
\begin{array}{cccccc}
-2 & 21 \\
& & -47 \\
-1 & 4 & & 37 \\
& & -5 & & -11 = p(2) \\
0 & 1 & & 1 \\
& & -1 \\
1 & 0
\end{array}
$$

Also lautet der gesuchte Funktionswert des Interpolationspolynoms p an der Stelle $x := 2$ genau -11.

Selbsttest 7.8.3 Welche Aussagen über die Interpolation nach Aitken-Neville sind wahr?

?+? Es gibt keine Aitken-Neville-Grundpolynome.

?−? Die Aitken-Neville-Strategie beruht auf dem Dividierte-Differenzen-Algorithmus.

?+? Bei der Interpolationsstrategie nach Aitken-Neville muss kein Gleichungssystem gelöst werden.

?−? Bei der Interpolation nach Aitken-Neville müssen benachbarte Stützstellen denselben Abstand haben.

?−? Die Aitken-Neville-Strategie beruht auf dem Newton-Horner-Algorithmus.

Literatur

1. Berrut, J.-P., Trefethen, L.N.: Barycentric Lagrange interpolation. Siam Rev. **46**(3), 501–517 (2004)
2. Higham, N.J.: The numerical stability of barycentric Lagrange interpolation. IMA J. Numer. Anal. **24**(4), 547–556 (2004)

3. Huckle, T., Schneider, S.: Numerische Methoden, 2. Aufl. Springer, Berlin, Heidelberg, New York (2006)
4. Lenze, B.: Basiswissen Analysis. Springer Vieweg, Wiesbaden (2020)
5. Locher, F.: Numerische Mathematik für Informatiker, 2. Aufl. Springer, Berlin, Heidelberg, New York (2013)
6. Schaback, R., Wendland, H.: Numerische Mathematik, 5. Aufl. Springer, Berlin, Heidelberg, New York (2005)
7. Freund, R.W., Hoppe, R.H.W.: Stoer/Bulirsch: Numerische Mathematik 1, 10. Aufl. Springer, Berlin, Heidelberg, New York (2007)

Unter **Subdivision-Techniken** versteht man Algorithmen, die für eine gegebene Menge von Punkten neue Zwischenpunkte bestimmen, die gemeinsam mit den alten Punkten oder als Ersatz für die alten Punkte zu besseren Visualisierungen einer darzustellenden Funktion, Kurve, Fläche oder Ähnlichem führen. Dabei werden die berechneten Punkte im Allgemeinen nach jedem Subdivision-Schritt geeignet verbunden, um zunächst im Sinne einer stückweise geradlinigen Verbindung den gewünschten visuellen Effekt zu erzeugen. Grundsätzlich teilt man diese Verfeinerungsschemata grob in zwei Kategorien auf: Die **interpolierenden Subdivision-Techniken**, bei denen die primär gegebenen Punkte immer wieder in jeder Verfeinerung auftauchen, und die **approximierenden Subdivision-Techniken**, bei denen die primär gegebenen Punkte ersetzt werden durch in der Nähe liegende neue Punkte. Wir werden für beide Strategien, die erstmals in den 1970-er Jahren intensiv studiert und entwickelt wurden, zwei prototypische eindimensionale Vorgehensweisen vorstellen und so eine Idee vermitteln, wie man prinzipiell auch in Räumen höherer Dimension vorgehen kann.

8.1   Interpolierende Subdivision nach Dubuc

Die generelle Idee der **Subdivision nach Dubuc** (benannt nach Serge Dubuc (geb. 1939), der 1986 genau dieses Schema im Detail betrachtete) besteht darin, Schritt für Schritt ausgehend von einer gegebenen endlichen Menge von Punkten neue Punkte zu berechnen, die im Grenzwert eine Funktion (oder auch Kurve) beschreiben, die hinreichend glatt ist und die ursprünglich gegebenen Punkte interpoliert. Das Prinzip ist also ausgesprochen einfach und intuitiv. Würde man z. B. als Algorithmus zur Definition der neuen Punkte schlicht stets das arithmetische Mittel zweier benachbarter Punkte nehmen, dann bekäme

Elektronisches Zusatzmaterial Die elektronische Version dieses Kapitels enthält Zusatzmaterial, das berechtigten Benutzern zur Verfügung steht https://doi.org/10.1007/978-3-658-30028-9_8.

B. Lenze, *Basiswissen Angewandte Mathematik – Numerik, Grafik, Kryptik*,
https://doi.org/10.1007/978-3-658-30028-9_8

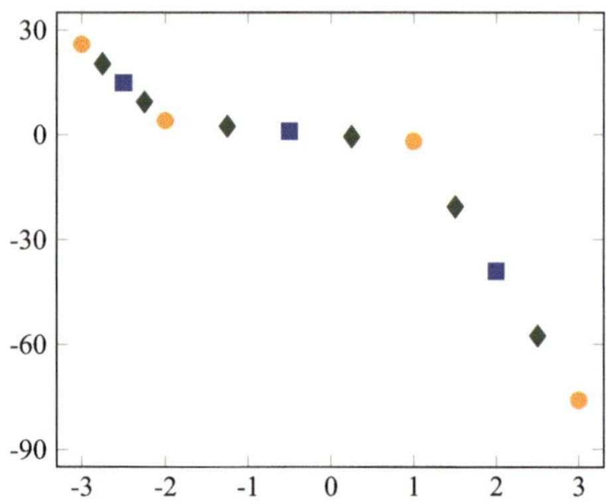

Abb. 8.1 Interpolierende nicht glatte Subdivision

man natürlich im Grenzwert eine interpolierende stückweise lineare Funktion. Diese ist aber leider nicht besonders glatt! In Abb. 8.1 sind ausgehend von vier als Kreise gegebenen Punkten die ersten beiden Iterationsstufen skizziert: Quadrate zeigen die erste Iteration, Rauten die zweite Iteration.

Möchte man nun für glattere Verläufe sorgen, muss man offensichtlich von der reinen Halbierung der Distanz benachbarter Punkte Abstand nehmen und zur geeigneten Definition der neuen Punkte auch noch etwas mehr lokale Information hinzuziehen. Genau dies war die Idee von Dubuc. Die Frage ist natürlich, wie man die Definition der neuen Punkte vornehmen sollte und an welchem Design-Kriterium man sich orientieren kann. Eine Möglichkeit besteht darin, dass man verlangt, dass in dem speziellen Fall, dass die Ausgangspunkte auf einem Polynom eines gewissen Grades liegen, dieses Polynom durch den Subdivision-Prozess reproduziert wird. Genau dies leistet das Dubuc-Schema, wie im folgenden Satz präzise festgehalten wird.

▶ **Satz 8.1.1 Interpolierende Dubuc-Subdivision** Es seien $\vec{f}_i^{(0)} := (x_i^{(0)}, y_i^{(0)})^T$ $\in \mathbb{R}^2$, $0 \le i \le n$, mit Stützstellen $x_0^{(0)} < x_1^{(0)} < \cdots < x_n^{(0)}$ beliebig gegeben. Definiert man nun für alle $k \in \mathbb{N}$ und zugehörige $i \in \{0, 1, \ldots, n2^k - 1\}$ eine Folge von Punkten gemäß

$$\vec{f}_{2i}^{(k+1)} := \vec{f}_i^{(k)} ,$$
$$\vec{f}_{2i+1}^{(k+1)} := -\frac{1}{16}\vec{f}_{i-1}^{(k)} + \frac{9}{16}\vec{f}_i^{(k)} + \frac{9}{16}\vec{f}_{i+1}^{(k)} - \frac{1}{16}\vec{f}_{i+2}^{(k)} ,$$

wobei am Rand stets $\vec{f}_{-1}^{(k)} := \vec{f}_0^{(0)}$ und $\vec{f}_{n2^k+1}^{(k)} := \vec{f}_{n2^{k+1}}^{(k+1)} := \vec{f}_n^{(0)}$ gesetzt sein möge, dann gilt Folgendes:

- Liegen die Punkte in irgendeiner Iterationsstufe k auf dem Graph eines algebraischen Polynoms vom Höchstgrad 3 und sind die zugehörigen Stützstellen äquidistant, dann liegen auch alle neu generierten inneren Punkte der Iterationsstufe $k + 1$ ohne Randkorrektur ebenfalls auf dem Graph dieses Polynoms vom Höchstgrad 3.

- Die generierte Folge von Punkten konvergiert in einem noch zu präzisierenden Sinne gegen den Graph einer differenzierbaren Funktion mit stetiger
  Ableitung.

Beweis Im Folgenden wird lediglich der erste Teil bewiesen. Den Beweis des zweiten
Teils und noch viele weitere zusätzliche Informationen findet man in [1–4].

Aufgrund der Linearität des Subdivision-Prozesses genügt es, die Korrektheit der Behauptung für die vier Monome m_0, m_1, m_2 und m_3 nachzuweisen. Dazu seien $x \in \mathbb{R}$ und
$a \in \mathbb{R}$, $a > 0$, beliebig gegeben. Man rechnet nun sofort für m_0 nach, dass gilt

$$-\frac{1}{16}m_0(x - 3a) + \frac{9}{16}m_0(x - a) + \frac{9}{16}m_0(x + a) - \frac{1}{16}m_0(x + 3a)$$
$$= -\frac{1}{16} + \frac{9}{16} + \frac{9}{16} - \frac{1}{16} = 1 = m_0(x) \, .$$

Entsprechend erhält man für m_1,

$$-\frac{1}{16}m_1(x - 3a) + \frac{9}{16}m_1(x - a) + \frac{9}{16}m_1(x + a) - \frac{1}{16}m_1(x + 3a)$$
$$= -\frac{1}{16}(x - 3a) + \frac{9}{16}(x - a) + \frac{9}{16}(x + a) - \frac{1}{16}(x + 3a) = x = m_1(x) \, ,$$

für m_2,

$$-\frac{1}{16}m_2(x - 3a) + \frac{9}{16}m_2(x - a) + \frac{9}{16}m_2(x + a) - \frac{1}{16}m_2(x + 3a)$$
$$= -\frac{1}{16}(x - 3a)^2 + \frac{9}{16}(x - a)^2 + \frac{9}{16}(x + a)^2 - \frac{1}{16}(x + 3a)^2 = x^2 = m_2(x)$$

und für m_3,

$$-\frac{1}{16}m_3(x - 3a) + \frac{9}{16}m_3(x - a) + \frac{9}{16}m_3(x + a) - \frac{1}{16}m_3(x + 3a)$$
$$= -\frac{1}{16}(x - 3a)^3 + \frac{9}{16}(x - a)^3 + \frac{9}{16}(x + a)^3 - \frac{1}{16}(x + 3a)^3 = x^3$$
$$= m_3(x) \, . \qquad \square$$

Zur Veranschaulichung der Anwendung der **Dubuc-Subdivision** dienen zwei Beispiele.

Beispiel 8.1.2
Gegeben seien vier Startpunkte $\vec{f}_0^{(0)} := (x_0^{(0)}, y_0^{(0)})^T := (-3, 26)^T$, $\vec{f}_1^{(0)} := (x_1^{(0)},$
$y_1^{(0)})^T := (-2, 4)^T$, $\vec{f}_2^{(0)} := (x_2^{(0)}, y_2^{(0)})^T := (1, -2)^T$ und $\vec{f}_3^{(0)} := (x_3^{(0)}, y_3^{(0)})^T :=$

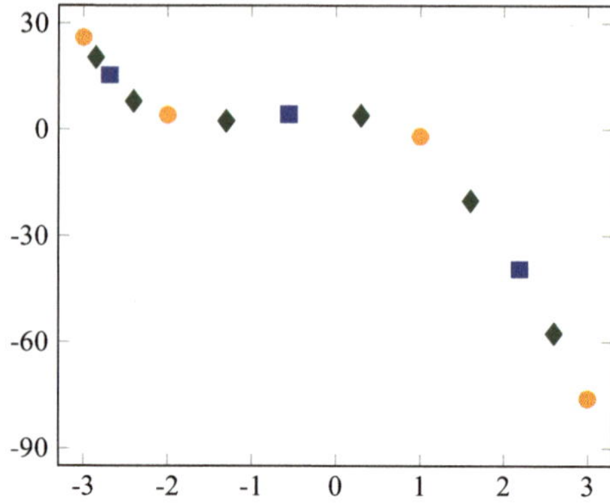

Abb. 8.2 Interpolierende Dubuc-Subdivision

$(3, -76)^T$. Vorgeführt wird nur die erste Iterationsstufe, wobei die Anpassungen am Rand direkt eingebaut sind. Für $k := 0$ ergibt sich also

$$\vec{f}_0^{(1)} := \vec{f}_0^{(0)} = (-3, 26)^T ,$$

$$\vec{f}_1^{(1)} := \frac{1}{2}\vec{f}_0^{(0)} + \frac{9}{16}\vec{f}_1^{(0)} - \frac{1}{16}\vec{f}_2^{(0)} = (-2.6875, 15.375)^T ,$$

$$\vec{f}_2^{(1)} := \vec{f}_1^{(0)} = (-2, 4)^T ,$$

$$\vec{f}_3^{(1)} := -\frac{1}{16}\vec{f}_0^{(0)} + \frac{9}{16}\vec{f}_1^{(0)} + \frac{9}{16}\vec{f}_2^{(0)} - \frac{1}{16}\vec{f}_3^{(0)} = (-0.5625, 4.25)^T ,$$

$$\vec{f}_4^{(1)} := \vec{f}_2^{(0)} = (1, -2)^T ,$$

$$\vec{f}_5^{(1)} := -\frac{1}{16}\vec{f}_1^{(0)} + \frac{9}{16}\vec{f}_2^{(0)} + \frac{1}{2}\vec{f}_3^{(0)} = (2.1875, -39.375)^T ,$$

$$\vec{f}_6^{(1)} := \vec{f}_3^{(0)} = (3, -76)^T .$$

Die Rechnung für $k := 1$ ist entsprechend durchzuführen, wobei nun die 13 neuen Werte $\vec{f}_i^{(2)}$, $0 \leq i \leq 12$, aus den oben berechneten Werten $\vec{f}_i^{(1)}$, $0 \leq i \leq 6$, zu bestimmen sind. Insgesamt ergibt sich dann das in Abb. 8.2 skizzierte Bild. Dabei sind die vier ursprünglichen Punkte als Kreise gegeben sowie durch Quadrate die neuen Punkte nach der ersten Iteration und durch Rauten die neuen Punkte nach der zweiten Iteration angedeutet.

► **Bemerkung 8.1.3 Bezeichnungen bei Dubuc-Subdivision** Grundsätzlich lässt sich natürlich die Dubuc-Subdivision auch in Matrix-Vektor-Notation schreiben. Für den ersten Schritt im obigen Beispiel ist dabei die sogenannte

Subdivision-Matrix z. B. gegeben als

$$
\begin{pmatrix}
1 & 0 & 0 & 0 \\
\frac{1}{2} & \frac{9}{16} & -\frac{1}{16} & 0 \\
0 & 1 & 0 & 0 \\
-\frac{1}{16} & \frac{9}{16} & \frac{9}{16} & -\frac{1}{16} \\
0 & 0 & 1 & 0 \\
0 & -\frac{1}{16} & \frac{9}{16} & \frac{1}{2} \\
0 & 0 & 0 & 1
\end{pmatrix}
\in \mathbb{R}^{7\times 4} .
$$

Man nennt in diesem Zusammenhang die Zeilen der Subdivision-Matrix die **Schablone der Subdivision** (engl. *stencil*) und die Spalten die **Maske der Subdivision** (engl. *mask*), wobei in der Literatur die Begriffe bisweilen etwas weniger streng benutzt werden (z. B. mask = stencil o. Ähnl.).

Beispiel 8.1.4

Gegeben seien drei Startpunkte $\vec{f}_0^{(0)} := (x_0^{(0)}, y_0^{(0)})^T := (-1,0)^T$, $\vec{f}_1^{(0)} := (x_1^{(0)}, y_1^{(0)})^T := (0,-1)^T$ und $\vec{f}_2^{(0)} := (x_2^{(0)}, y_2^{(0)})^T := (2,3)^T$. Vorgeführt wird wieder nur die erste Iterationsstufe der Dubuc-Subdivision, wobei die Anpassungen am Rand direkt eingebaut sind. Für $k := 0$ ergibt sich also

$$
\vec{f}_0^{(1)} := \vec{f}_0^{(0)} = (-1,0)^T ,
$$

$$
\vec{f}_1^{(1)} := \frac{1}{2}\vec{f}_0^{(0)} + \frac{9}{16}\vec{f}_1^{(0)} - \frac{1}{16}\vec{f}_2^{(0)} = (-0.625, -0.75)^T ,
$$

$$
\vec{f}_2^{(1)} := \vec{f}_1^{(0)} = (0,-1)^T ,
$$

$$
\vec{f}_3^{(1)} := -\frac{1}{16}\vec{f}_0^{(0)} + \frac{9}{16}\vec{f}_1^{(0)} + \frac{1}{2}\vec{f}_2^{(0)} = (1.0625, 0.9375)^T ,
$$

$$
\vec{f}_4^{(1)} := \vec{f}_2^{(0)} = (2,3)^T .
$$

Die Rechnung für $k := 1$ ist entsprechend durchzuführen, wobei nun die 9 neuen Werte $\vec{f}_i^{(2)}$, $0 \le i \le 8$, aus den oben berechneten Werten $\vec{f}_i^{(1)}$, $0 \le i \le 4$, zu bestimmen sind. Insgesamt ergibt sich dann das in Abb. 8.3 skizzierte Bild. Dabei sind die drei ursprünglichen Punkte wieder als Kreise gegeben sowie durch Quadrate die neuen Punkte nach der ersten Iteration und durch Rauten die neuen Punkte nach der zweiten Iteration angedeutet.

Abb. 8.3 Interpolierende Dubuc-Subdivision

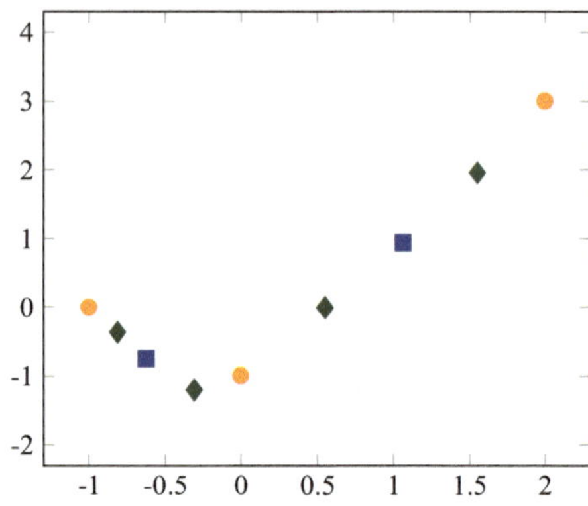

8.2 Aufgaben mit Lösungen

Aufgabe 8.2.1 *Gegeben seien vier Startpunkte* $\vec{f}_0^{(0)} := (x_0^{(0)}, y_0^{(0)})^T := (-4,0)^T,$ $\vec{f}_1^{(0)} := (x_1^{(0)}, y_1^{(0)})^T := (-1,3)^T, \vec{f}_2^{(0)} := (x_2^{(0)}, y_2^{(0)})^T := (0,0)^T$ *und* $\vec{f}_3^{(0)} := (x_3^{(0)}, y_3^{(0)})^T := (3,-21)^T.$ *Berechnen Sie die Punkte der ersten Stufe der Dubuc-Subdivision* $(k := 0).$

Lösung der Aufgabe Für $k := 0$ ergibt sich

$$\vec{f}_0^{(1)} := \vec{f}_0^{(0)} = (-4,0)^T ,$$

$$\vec{f}_1^{(1)} := \frac{1}{2}\vec{f}_0^{(0)} + \frac{9}{16}\vec{f}_1^{(0)} - \frac{1}{16}\vec{f}_2^{(0)} = (-2.5625, 1.6875)^T ,$$

$$\vec{f}_2^{(1)} := \vec{f}_1^{(0)} = (-1,3)^T ,$$

$$\vec{f}_3^{(1)} := -\frac{1}{16}\vec{f}_0^{(0)} + \frac{9}{16}\vec{f}_1^{(0)} + \frac{9}{16}\vec{f}_2^{(0)} - \frac{1}{16}\vec{f}_3^{(0)} = (-0.5, 3)^T ,$$

$$\vec{f}_4^{(1)} := \vec{f}_2^{(0)} = (0,0)^T ,$$

$$\vec{f}_5^{(1)} := -\frac{1}{16}\vec{f}_1^{(0)} + \frac{9}{16}\vec{f}_2^{(0)} + \frac{1}{2}\vec{f}_3^{(0)} = (1.5625, -10.6875)^T ,$$

$$\vec{f}_6^{(1)} := \vec{f}_3^{(0)} = (3,-21)^T .$$

Selbsttest 8.2.2 Welche Aussagen über die interpolierende Dubuc-Subdivision sind wahr?

?−? Mit der interpolierenden Dubuc-Subdivision wird iterativ ein interpolierendes Polynom bestimmt.

?−? Unter Dubuc-Subdivision versteht man das Dividierte-Differenzen-Verfahren.

?+? Bei der Dubuc-Subdivision werden Punkte der vorherigen Stufe unverändert übernommen.

8.3 Approximierende Subdivision nach Chaikin

Die generelle Idee der **Subdivision nach Chaikin** (benannt nach George Merrill Chaikin (1944–2007), der 1974 genau dieses Schema im Detail betrachtete) besteht darin, ausgehend von einer gegebenen endlichen Menge von Punkten, die man sich geradlinig verbunden denkt, durch geschicktes Abschneiden der Ecken des Polygons schrittweise zu optisch glatteren Kurven zu kommen. Man spricht in diesem Zusammenhang auch vom sogenannten *corner cutting*, in deutsch etwa als **Eckschnitt** übersetzbar. Im Grenzwert soll durch dieses Vorgehen natürlich eine Funktion bzw. Kurve erhalten werden, die hinreichend glatt ist. Das Prinzip ist also ausgesprochen einfach und intuitiv, wie man in Abb. 8.4 sehen kann. Dort sind ausgehend von vier als Kreise gegebenen Punkten die ersten beiden Iterationsstufen für die zwei entstehenden Ecken skizziert: Quadrate zeigen die erste Iteration, Rauten die zweite Iteration.

Man erkennt, dass durch dieses Vorgehen natürlich die ursprünglichen Ecken nicht mehr interpoliert, sondern durch das sukzessive Abschneiden nur noch approximiert werden. Gleichzeitig wird jedoch, und genau das ist wünschenswert, der eckige Verlauf des ursprünglichen Polygons immer mehr geglättet. Die Frage, die sich nun natürlich stellt, lautet: Wie genau soll man die Ecken abschneiden, d. h. an welchem Design-Kriterium soll man sich orientieren? Eine Möglichkeit besteht darin, dass man verlangt, dass in dem speziellen Fall, dass die Ausgangspunkte auf einem Polynom eines gewissen Grades liegen, die durch den Subdivision-Prozess erhaltenen Punkte ebenfalls auf einem Polynom gleichen Grades liegen (natürlich nicht mehr auf demselben Polynom wie bei der interpolierenden Dubuc-Subdivision; vgl. Abschn. 8.1). Genau dies leistet das Chaikin-Schema, wie im folgenden Satz präzise festgehalten wird. Dabei wird die Frage, ob eine Menge von Punkten mit äquidistant verteilten Stützstellen auf einem Polynom k-ten Grades liegen, dadurch positiv beantwortet, dass man zeigt, dass die dividierten Differenzen (k+1)-ter Ordnung verschwinden (vgl. hierzu Abschn. 7.5).

Abb. 8.4 Idee des Eckschnitts
(corner cutting)

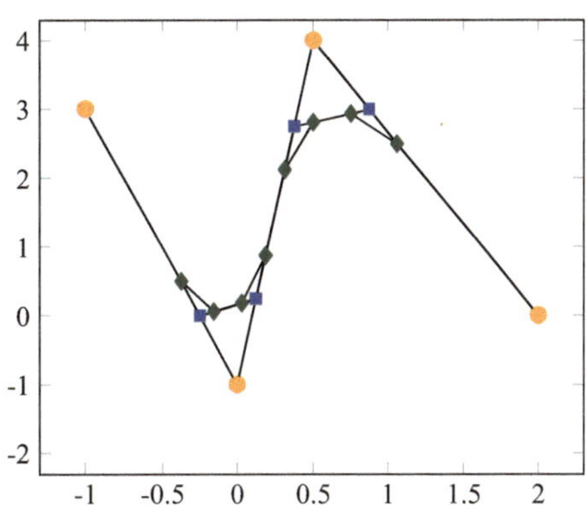

▶ **Satz 8.3.1 Approximierende Chaikin-Subdivision** Es seien $\vec{f}_i^{(0)} := (x_i^{(0)}, y_i^{(0)})^T$
$\in \mathbb{R}^2$, $0 \leq i \leq n$, mit Stützstellen $x_0^{(0)} < x_1^{(0)} < \cdots < x_n^{(0)}$ beliebig gegeben.
Definiert man nun für alle $k \in \mathbb{N}$ und zugehörige $i \in \{0, 1, \ldots, (n+1)2^k - 1\}$
eine Folge von Punkten gemäß

$$\vec{f}_{2i}^{(k+1)} := \frac{1}{4}\vec{f}_{i-1}^{(k)} + \frac{3}{4}\vec{f}_i^{(k)},$$

$$\vec{f}_{2i+1}^{(k+1)} := \frac{3}{4}\vec{f}_i^{(k)} + \frac{1}{4}\vec{f}_{i+1}^{(k)},$$

wobei am Rand stets $\vec{f}_{-1}^{(k)} := \vec{f}_0^{(0)}$ und $\vec{f}_{(n+1)2^k}^{(k)} := \vec{f}_n^{(0)}$ gesetzt sein möge,
dann gilt Folgendes:

- Liegen die Punkte in irgendeiner Iterationsstufe k auf dem Graph eines algebraischen Polynoms vom Höchstgrad 2 und sind die zugehörigen Stützstellen äquidistant, dann liegen auch alle neu generierten inneren Punkte der Iterationsstufe $k + 1$ ohne Randkorrektur ebenfalls auf dem Graph eines Polynoms vom Höchstgrad 2.
- Die generierte Folge von Punkten konvergiert in einem noch zu präzisierenden Sinne gegen den Graph einer differenzierbaren Funktion mit stetiger Ableitung.

Beweis Im Folgenden wird lediglich der erste Teil bewiesen. Den Beweis des zweiten Teils und noch viele weitere zusätzliche Informationen findet man in [1–4].

Aufgrund der Linearität des Subdivision-Prozesses genügt es, die Korrektheit der Behauptung für die drei Monome m_0, m_1 und m_2 nachzuweisen. Dazu seien $x \in \mathbb{R}$ und $a \in \mathbb{R}$, $a > 0$, beliebig gegeben. Ergänzt man nun das Dividierte-Differenzen-Schema in der zweiten Spalte durch die vier mittleren Chaikin-Iterierten der ersten Spalte und verzichtet auf die spaltenweise Division durch $2a$, $4a$ etc., so ergibt sich für m_0 sofort

$$
\begin{array}{lllll}
m_0(x - 3a) = 1 & 1 & & & \\
 & & 0 & & \\
m_0(x - a) = 1 & 1 & & 0 & \\
 & & 0 & & 0 \\
m_0(x + a) = 1 & 1 & & 0 & \\
 & & 0 & & \\
m_0(x + 3a) = 1 & 1 & & &
\end{array}
$$

Entsprechend erhält man für m_1,

$$
\begin{array}{lllll}
m_1(x - 3a) = x - 3a & x - \frac{6}{4}a & & & \\
 & & a & & \\
m_1(x - a) = x - a & x - \frac{1}{2}a & & 0 & \\
 & & a & & 0 \\
m_1(x + a) = x + a & x + \frac{1}{2}a & & 0 & \\
 & & a & & \\
m_1(x + 3a) = x + 3a & x + \frac{6}{4}a & & &
\end{array}
$$

und für m_2,

$$
\begin{aligned}
m_2(x - 3a) &= x^2 - 6ax + 9a^2 \\
m_2(x - a) &= x^2 - 2ax + a^2 \\
m_2(x + a) &= x^2 + 2ax + a^2 \\
m_2(x + 3a) &= x^2 + 6ax + 9a^2
\end{aligned}
\qquad
\begin{aligned}
x^2 - 3ax + 3a^2 \\
x^2 - ax + a^2 \\
x^2 + ax + a^2 \\
x^2 + 3ax + 3a^2
\end{aligned}
\qquad
\begin{aligned}
2ax - 2a^2 \\
2ax \\
2ax + 2a^2
\end{aligned}
\qquad
\begin{aligned}
2a^2 \\
2a^2
\end{aligned}
\qquad 0 \qquad \square
$$

Zur Veranschaulichung der Anwendung der **Chaikin-Subdivision** dienen zwei Beispiele.

Beispiel 8.3.2

Gegeben seien vier Startpunkte $\vec{f}_0^{(0)} := (x_0^{(0)}, y_0^{(0)})^T := (-3, 26)^T$, $\vec{f}_1^{(0)} := (x_1^{(0)}, y_1^{(0)})^T := (-2, 4)^T$, $\vec{f}_2^{(0)} := (x_2^{(0)}, y_2^{(0)})^T := (1, -2)^T$ und $\vec{f}_3^{(0)} := (x_3^{(0)}, y_3^{(0)})^T := (3, -76)^T$. Vorgeführt wird nur die erste Iterationsstufe, wobei die Anpassungen am Rand direkt eingebaut sind. Für $k := 0$ ergibt sich also

$$
\begin{aligned}
\vec{f}_0^{(1)} &:= \vec{f}_0^{(0)} = (-3, 26)^T \,, \\
\vec{f}_1^{(1)} &:= \frac{3}{4}\vec{f}_0^{(0)} + \frac{1}{4}\vec{f}_1^{(0)} = (-2.75, 20.5)^T \,, \\
\vec{f}_2^{(1)} &:= \frac{1}{4}\vec{f}_0^{(0)} + \frac{3}{4}\vec{f}_1^{(0)} = (-2.25, 9.5)^T \,, \\
\vec{f}_3^{(1)} &:= \frac{3}{4}\vec{f}_1^{(0)} + \frac{1}{4}\vec{f}_2^{(0)} = (-1.25, 2.5)^T \,, \\
\vec{f}_4^{(1)} &:= \frac{1}{4}\vec{f}_1^{(0)} + \frac{3}{4}\vec{f}_2^{(0)} = (0.25, -0.5)^T \,, \\
\vec{f}_5^{(1)} &:= \frac{3}{4}\vec{f}_2^{(0)} + \frac{1}{4}\vec{f}_3^{(0)} = (1.5, -20.5)^T \,, \\
\vec{f}_6^{(1)} &:= \frac{1}{4}\vec{f}_2^{(0)} + \frac{3}{4}\vec{f}_3^{(0)} = (2.5, -57.5)^T \,, \\
\vec{f}_7^{(1)} &:= \vec{f}_3^{(0)} = (3, -76)^T \,.
\end{aligned}
$$

Die Rechnung für $k := 1$ ist entsprechend durchzuführen, wobei nun die 16 neuen Werte $\vec{f}_i^{(2)}$, $0 \le i \le 15$, aus den oben berechneten Werten $\vec{f}_i^{(1)}$, $0 \le i \le 7$, zu bestimmen sind. Insgesamt ergibt sich dann das in Abb. 8.5 skizzierte Bild. Dabei sind die vier ursprünglichen Punkte als Kreise gegeben sowie durch Quadrate die neuen Punkte nach der ersten Iteration und durch Rauten die neuen Punkte nach der zweiten Iteration angedeutet.

Abb. 8.5 Approximierende
Chaikin-Subdivision

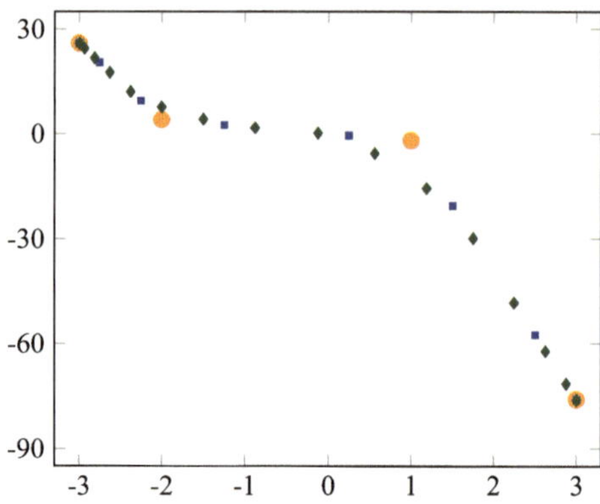

▶ **Bemerkung 8.3.3 Bezeichnungen bei Chaikin-Subdivision** Grundsätzlich
lässt sich natürlich die Chaikin-Subdivision auch in Matrix-Vektor-Notation
schreiben. Für den ersten Schritt im obigen Beispiel ist dabei die entsprechende **Subdivision-Matrix** z. B. gegeben als

$$
\begin{pmatrix}
1 & 0 & 0 & 0 \\
\frac{3}{4} & \frac{1}{4} & 0 & 0 \\
\frac{1}{4} & \frac{3}{4} & 0 & 0 \\
0 & \frac{3}{4} & \frac{1}{4} & 0 \\
0 & \frac{1}{4} & \frac{3}{4} & 0 \\
0 & 0 & \frac{3}{4} & \frac{1}{4} \\
0 & 0 & \frac{1}{4} & \frac{3}{4} \\
0 & 0 & 0 & 1
\end{pmatrix}
\in \mathbb{R}^{8\times4}.
$$

Man nennt die Zeilen der Subdivision-Matrix, wie bereits bei der Dubuc-Subdivision (vgl. Abschn. 8.1), wieder die **Schablone der Subdivision** (engl.
stencil) und die Spalten die **Maske der Subdivision** (engl. *mask*), wobei in
der Literatur die Begriffe auch hier bisweilen etwas weniger streng benutzt
werden (z. B. mask = stencil o. Ähnl.).

Beispiel 8.3.4
Gegeben seien drei Startpunkte $\vec{f}_0^{(0)} := (x_0^{(0)}, y_0^{(0)})^T := (-1,0)^T$, $\vec{f}_1^{(0)} :=$
$(x_1^{(0)}, y_1^{(0)})^T := (0,-1)^T$ und $\vec{f}_2^{(0)} := (x_2^{(0)}, y_2^{(0)})^T := (2,3)^T$. Vorgeführt wird
wieder nur die erste Iterationsstufe der Chaikin-Subdivision, wobei die Anpassun-

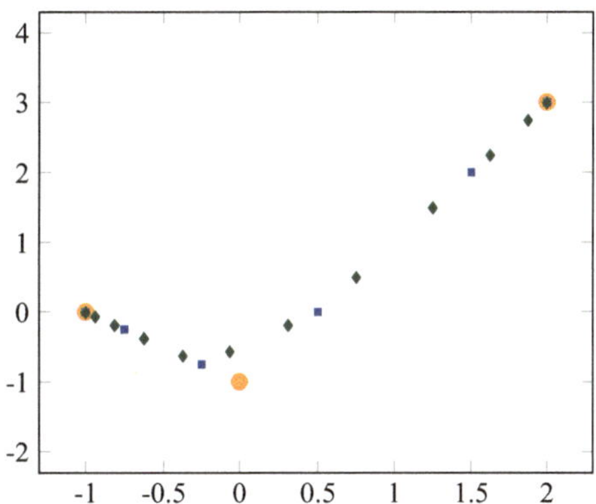

Abb. 8.6 Approximierende Chaikin-Subdivision

gen am Rand direkt eingebaut sind. Für $k := 0$ ergibt sich also

$$\vec{f}_0^{(1)} := \vec{f}_0^{(0)} = (-1,0)^T \,,$$

$$\vec{f}_1^{(1)} := \frac{3}{4}\vec{f}_0^{(0)} + \frac{1}{4}\vec{f}_1^{(0)} = (-0.75,-0.25)^T \,,$$

$$\vec{f}_2^{(1)} := \frac{1}{4}\vec{f}_0^{(0)} + \frac{3}{4}\vec{f}_1^{(0)} = (-0.25,-0.75)^T \,,$$

$$\vec{f}_3^{(1)} := \frac{3}{4}\vec{f}_1^{(0)} + \frac{1}{4}\vec{f}_2^{(0)} = (0.5,0)^T \,,$$

$$\vec{f}_4^{(1)} := \frac{1}{4}\vec{f}_1^{(0)} + \frac{3}{4}\vec{f}_2^{(0)} = (1.5,2)^T \,,$$

$$\vec{f}_5^{(1)} := \vec{f}_2^{(0)} = (2,3)^T \,.$$

Die Rechnung für $k := 1$ ist entsprechend durchzuführen, wobei nun die 12 neuen Werte $\vec{f}_i^{(2)}$, $0 \le i \le 11$, aus den oben berechneten Werten $\vec{f}_i^{(1)}$, $0 \le i \le 5$, zu bestimmen sind. Insgesamt ergibt sich dann das in Abb. 8.6 skizzierte Bild. Dabei sind die drei ursprünglichen Punkte wieder als Kreise gegeben sowie durch Quadrate die neuen Punkte nach der ersten Iteration und durch Rauten die neuen Punkte nach der zweiten Iteration angedeutet.

8.4 Aufgaben mit Lösungen

Aufgabe 8.4.1 *Gegeben seien vier Startpunkte* $\vec{f}_0^{(0)} := (x_0^{(0)},\, y_0^{(0)})^T := (-4,0)^T$, $\vec{f}_1^{(0)} := (x_1^{(0)},\, y_1^{(0)})^T := (-1,3)^T$, $\vec{f}_2^{(0)} := (x_2^{(0)},\, y_2^{(0)})^T := (0,0)^T$ *und* $\vec{f}_3^{(0)} := (x_3^{(0)},$

$y_3^{(0)})^T := (3, -21)^T$. *Berechnen Sie die Punkte der ersten Stufe der Chaikin-Subdivision* $(k := 0)$.

Lösung der Aufgabe   Für $k := 0$ ergibt sich

$$\vec{f}_0^{(1)} := \vec{f}_0^{(0)} = (-4, 0)^T,$$

$$\vec{f}_1^{(1)} := \frac{3}{4}\vec{f}_0^{(0)} + \frac{1}{4}\vec{f}_1^{(0)} = (-3.25, 0.75)^T,$$

$$\vec{f}_2^{(1)} := \frac{1}{4}\vec{f}_0^{(0)} + \frac{3}{4}\vec{f}_1^{(0)} = (-1.75, 2.25)^T,$$

$$\vec{f}_3^{(1)} := \frac{3}{4}\vec{f}_1^{(0)} + \frac{1}{4}\vec{f}_2^{(0)} = (-0.75, 2.25)^T,$$

$$\vec{f}_4^{(1)} := \frac{1}{4}\vec{f}_1^{(0)} + \frac{3}{4}\vec{f}_2^{(0)} = (-0.25, 0.75)^T,$$

$$\vec{f}_5^{(1)} := \frac{3}{4}\vec{f}_2^{(0)} + \frac{1}{4}\vec{f}_3^{(0)} = (0.75, -5.25)^T,$$

$$\vec{f}_6^{(1)} := \frac{1}{4}\vec{f}_2^{(0)} + \frac{3}{4}\vec{f}_3^{(0)} = (2.25, -15.75)^T,$$

$$\vec{f}_7^{(1)} := \vec{f}_3^{(0)} = (3, -21)^T.$$

Selbsttest 8.4.2   Welche Aussagen über die approximierende Chaikin-Subdivision sind wahr?

?–? Mit der Chaikin-Subdivision wird iterativ ein approximierendes Polynom bestimmt.

?–? Unter Chaikin-Subdivision versteht man das Dividierte-Differenzen-Verfahren.

?–? Bei der Chaikin-Subdivision werden Punkte der vorherigen Stufe unverändert übernommen.

Literatur

1. Iske, A., Quak, E., Floater, M.S.: Tutorials on Multiresolution in Geometric Modelling. Springer, Berlin, Heidelberg, New York (2002)
2. Prautzsch, H., Boehm, W., Paluszny, M.: Bézier and B-Spline Techniques. Springer, Berlin, Heidelberg, New York (2010)
3. Salomon, D.: Curves and Surfaces for Computer Graphics. Springer, Berlin, Heidelberg, New York (2013)
4. Warren, J., Weimer, H.: Subdivision Methods for Geometric Design: A Constructive Approach. Academic Press, San Diego (2002)

Im Folgenden wenden wir uns sogenannten **multivariaten Visualisierungstechniken** zu, d. h. wir arbeiten ab sofort nicht mehr mit Funktionen, die über den reellen Zahlen $\mathbb{R}$ definiert sind, sondern mit Funktionen die auf $\mathbb{R}^2$ definiert sind. Zu Beginn wird es sich dabei im engeren Sinne ausschließlich um Strategien handeln, bei denen die Approximations- oder Interpolationsaufgabe über **rechteckigen** Teilmengen von $\mathbb{R}^2$ zu bewerkstelligen ist.

9.1 Bilineare Interpolation über Rechtecken

Bei der **bilinearen Interpolation über Rechtecken** handelt es sich um eine einfache Strategie, vier Punkte $\vec{a}, \vec{b}, \vec{c}, \vec{d}$ des $\mathbb{R}^3$ in möglichst direkter Form durch eine **Fläche** zu verbinden (vgl. Abb. 9.1).

Um dies zu realisieren, definiert man eine geeignete Funktion über dem sogenannten **Parameterintervall** $[0, 1]^2 \subseteq \mathbb{R}^2$, die die gegebenen Punkte interpoliert.

Abb. 9.1 Bilineare Interpolation über Rechteck

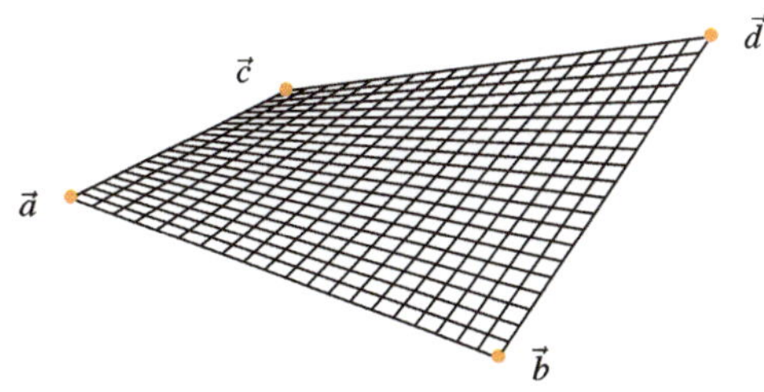

Elektronisches Zusatzmaterial Die elektronische Version dieses Kapitels enthält Zusatzmaterial, das berechtigten Benutzern zur Verfügung steht https://doi.org/10.1007/978-3-658-30028-9_9.

B. Lenze, *Basiswissen Angewandte Mathematik – Numerik, Grafik, Kryptik*, https://doi.org/10.1007/978-3-658-30028-9_9

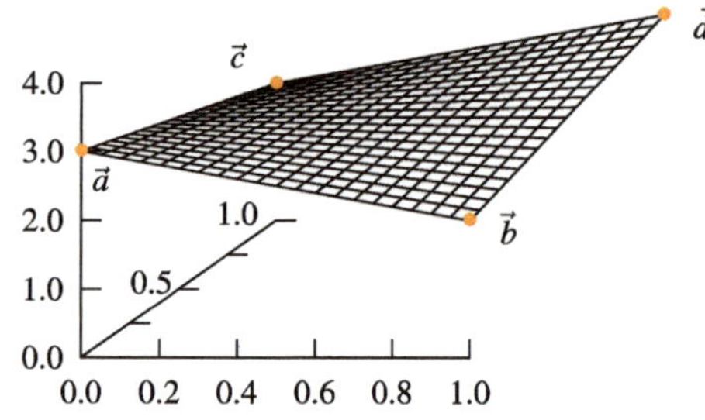

Abb. 9.2 Bilineare Interpolation über Rechteck

Definition 9.1.1 Bilineare Interpolation über Rechtecken

Es seien $\vec{a}, \vec{b}, \vec{c}, \vec{d} \in \mathbb{R}^3$ beliebig gegeben. Dann erfüllt die Funktion BIR,

$$BIR : [0, 1]^2 \to \mathbb{R}^3 ,$$
$$(u, v)^T \mapsto (1 - u)(1 - v)\vec{a} + u(1 - v)\vec{b} + (1 - u)v\vec{c} + uv\vec{d} ,$$

die **Interpolationsbedingungen**

$$BIR(0,0) = \vec{a}, \ BIR(1,0) = \vec{b}, \ BIR(0, 1) = \vec{c}, \ BIR(1, 1) = \vec{d}.$$

Die Funktion BIR wird **bilineare Interpolationsfunktion** über $[0, 1]^2$ bezüglich der gegebenen Punkte $\vec{a}, \vec{b}, \vec{c}, \vec{d}$ genannt. ◄

Beispiel 9.1.2

Gegeben seien die Punkte $\vec{a} := (0, 0, 3)^T$, $\vec{b} := (1, 0, 2)^T$, $\vec{c} := (0, 1, 2)^T$ und $\vec{d} := (1, 1, 3)^T$. Dann lautet die zugehörige **bilineare Interpolationsfunktion** $BIR : [0, 1]^2 \to \mathbb{R}^3$,

$$\begin{pmatrix} u \\ v \end{pmatrix} \mapsto (1 - u)(1 - v) \begin{pmatrix} 0 \\ 0 \\ 3 \end{pmatrix} + u(1 - v) \begin{pmatrix} 1 \\ 0 \\ 2 \end{pmatrix} + (1 - u)v \begin{pmatrix} 0 \\ 1 \\ 2 \end{pmatrix} + uv \begin{pmatrix} 1 \\ 1 \\ 3 \end{pmatrix}.$$

Die Funktion ist in Abb. 9.2 skizziert.

9.2 Aufgaben mit Lösungen

Aufgabe 9.2.1 *Gegeben seien die Punkte $\vec{a} := (1, -2, 3)^T$, $\vec{b} := (1, 2, 2)^T$, $\vec{c} := (-1, 1, 3)^T$ und $\vec{d} := (0, 1, -2)^T$. Bestimmen Sie die zugehörige bilineare Interpolationsfunktion $BIR : [0, 1]^2 \to \mathbb{R}^3$.*

Lösung der Aufgabe Die gesuchte bilineare Interpolationsfunktion $BIR : [0, 1]^2 \to \mathbb{R}^3$ ergibt sich als

$$\begin{pmatrix} u \\ v \end{pmatrix} \mapsto (1 - u)(1 - v) \begin{pmatrix} 1 \\ -2 \\ 3 \end{pmatrix} + u(1 - v) \begin{pmatrix} 1 \\ 2 \\ 2 \end{pmatrix} + (1 - u)v \begin{pmatrix} -1 \\ 1 \\ 3 \end{pmatrix} + uv \begin{pmatrix} 0 \\ 1 \\ -2 \end{pmatrix}.$$

Selbsttest 9.2.2 Welche Aussagen über die bilineare Interpolation über Rechtecken sind wahr?

?−? Die vier vorgegebenen Punkte bei der bilinearen Interpolation müssen verschieden sein.

?+? Bei nur zwei verschiedenen Punkten erhält man genau die Verbindungsstrecke der beiden Punkte.

?+? Wenn alle vier Punkte bei der bilinearen Interpolation identisch sind, erhält man genau den Punkt.

9.3 Gouraud-Schattierung über Rechtecken

Die **Gouraud-Schattierung** (engl. *Gouraud shading*), auch als Intensitätsinterpolationsschattierung oder Farbinterpolationsschattierung bekannt, ist ein Verfahren, um Flächenstücke zu schattieren bzw. einzufärben. Benannt ist dieses Vorgehen nach seinem Entwickler Henri Gouraud (geb. 1944), der es erstmals 1971 vorstellte.

Bei der **Gouraud-Schattierung** werden zunächst die Farben des darzustellenden Flächenstücks an dessen Eckpunkten (engl. *vertices*) berechnet. Dies geschieht i. Allg. durch **Bildung arithmetischer Mittel der Farben** aller Flächenstücke, die diesen Eckpunkt gemeinsam haben. Treffen also z. B. an einem Eckpunkt fünf Flächenstücke mit den rgb-Farb- bzw. Grauwerten $\vec{f}^{(i)} \in [0, 1]^3$ bzw. $g^{(i)} \in [0, 1]$ für $1 \leq i \leq 5$ zusammen, dann ordnet man dem Eckpunkt den rgb-Farb- bzw. Grauwert

$$\vec{f} := \frac{1}{5} \sum_{i=1}^{5} \vec{f}^{(i)} \quad \text{bzw.} \quad g := \frac{1}{5} \sum_{i=1}^{5} g^{(i)}$$

zu. Dabei darf natürlich anstelle des rgb-Farbmodells auch jedes andere Farbmodell zugrunde liegen. Daran schließt dann die eigentliche **Gouraud-Schattierung** an, die für jedes Flächenstück einzeln durchzuführen ist. Speziell bei der **Gouraud-Schattierung über Rechtecken** wird jedem Punkt auf der durch **bilineare Interpolation** der vier jeweiligen Eckpunkte $\vec{a}, \vec{b}, \vec{c}, \vec{d} \in \mathbb{R}^3$ entstehenden Fläche genau ein Farb- oder Grauwert zugeordnet, der seinerseits ebenfalls durch **bilineare Interpolation der Farb- oder Grauwerte** der Eckpunkte entsteht (vgl. Abb. 9.3).

Um im Folgenden die Notation etwas übersichtlich zu halten, wird ab jetzt nur noch der Fall von rgb-Farbwerten und nicht mehr der Grauwert-Fall betrachtet. Desweiteren wird jedem Punkt $\vec{x} \in \mathbb{R}^3$ ein rgb-Farbwert $\vec{f} \in [0, 1]^3$ zugeordnet und dies in einem

Abb. 9.3 Gouraud-Schattierung über Rechteck

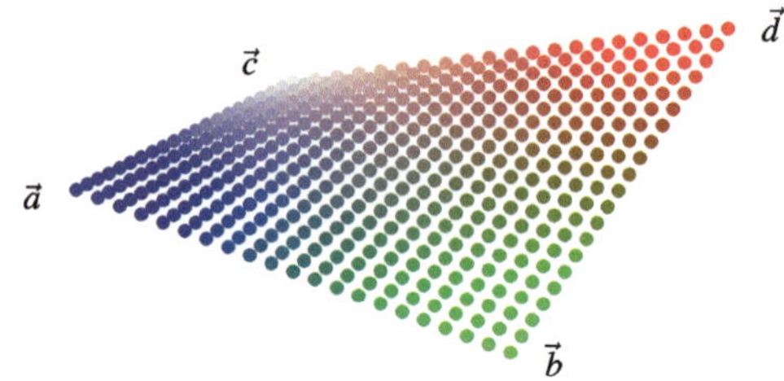

erweiterten Punkt $\vec{x}_f \in \mathbb{R}^3 \times [0,1]^3$ notiert,

$$\vec{x}_f := (x_1, x_2, x_3, f_1, f_2, f_3)^T \in \mathbb{R}^3 \times [0,1]^3 \, .$$

Definition 9.3.1 Gouraud-Schattierung über Rechtecken

Es seien die durch zugehörige rgb-Farbwerte erweiterten Punkte $\vec{a}_f, \vec{b}_f, \vec{c}_f, \vec{d}_f \in \mathbb{R}^3 \times [0,1]^3$ beliebig gegeben. Dann erfüllt die Funktion GSR,

$$GSR : [0,1]^2 \to \mathbb{R}^3 \times [0,1]^3 \, ,$$
$$(u,v)^T \mapsto (1-u)(1-v)\vec{a}_f + u(1-v)\vec{b}_f + (1-u)v\vec{c}_f + uv\vec{d}_f \, ,$$

die **Interpolationsbedingungen**

$$GSR(0,0) = \vec{a}_f, \quad GSR(1,0) = \vec{b}_f, \quad GSR(0,1) = \vec{c}_f, \quad GSR(1,1) = \vec{d}_f.$$

Die Funktion GSR wird **Gouraud-Schattierungsfunktion** über $[0,1]^2$ bezüglich der erweiterten Punkte $\vec{a}_f, \vec{b}_f, \vec{c}_f, \vec{d}_f$ genannt. ◄

Beispiel 9.3.2

Gegeben seien die erweiterten Punkte $\vec{a}_f := (0,0,3,0,0,1)^T$, $\vec{b}_f := (1,0,2,0,1,0)^T$, $\vec{c}_f := (0,1,2,0.9,0.9,0.9)^T$ und $\vec{d}_f := (1,1,3,1,0,0)^T$. Dann lautet die zugehörige **Gouraud-Schattierungsfunktion** $GSR : [0,1]^2 \to \mathbb{R}^3 \times [0,1]^3$,

$$\begin{pmatrix} u \\ v \end{pmatrix} \mapsto (1-u)(1-v)\begin{pmatrix} 0 \\ 0 \\ 3 \\ 0 \\ 0 \\ 1 \end{pmatrix} + u(1-v)\begin{pmatrix} 1 \\ 0 \\ 2 \\ 0 \\ 1 \\ 0 \end{pmatrix} + (1-u)v\begin{pmatrix} 0 \\ 1 \\ 2 \\ 0.9 \\ 0.9 \\ 0.9 \end{pmatrix} + uv\begin{pmatrix} 1 \\ 1 \\ 3 \\ 1 \\ 0 \\ 0 \end{pmatrix} .$$

Die entstehende Schattierung ist in Abb. 9.4 skizziert.

► **Bemerkung 9.3.3 Vor- und Nachteile der Gouraud-Schattierung** Die Vorteile der **Gouraud-Schattierung** liegen in der optisch erzeugten Glättung und

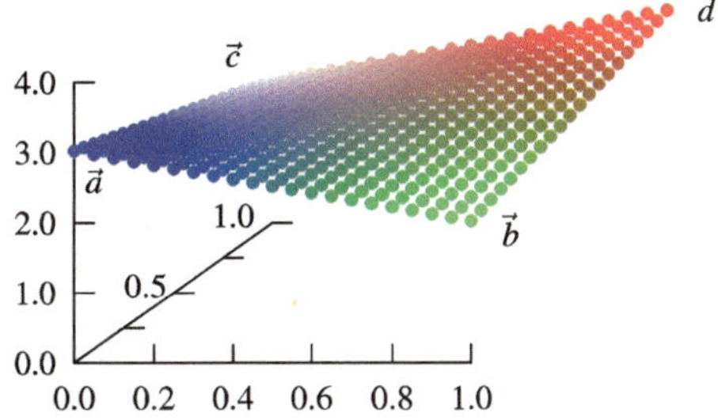

Abb. 9.4 Gouraud-Schattierung über Rechteck

Entkantung des modellierten Objekts sowie in ihrer Geschwindigkeit. Dabei hat man sich das Objekt im einfachsten Fall als ein Netz von vielen kleinen bilinearen Interpolierenden vorzustellen, die stetig an ihren Rändern von Punkt zu Punkt aneinander geheftet sind. Durch die geschickte Gouraud-Schattierung haben dann die kleinen benachbarten bilinearen Interpolationsflächen an ihren gemeinsamen Kanten eine Farbgebung, die die Erkennbarkeit des Aneinanderheftens im günstigsten Fall nahezu vollständig verhindert: Es entsteht der optische Eindruck eines Modells aus einem Guss und nicht der eines viereckigen Patchworks! Nachteilig ist, dass die z. B. für die Reflektionsbestimmung erforderlichen Normalenvektoren der Teilflächen nur zur Bestimmung der Farb- bzw. Grauwerte in den Eckpunkten herangezogen werden und ansonsten keine Rolle mehr spielen. Dies hat zur Folge, dass z. B. das Aussehen des Objekts bei Beleuchtung nicht wirklich realistisch ist (schlecht lokalisierte Glanzlichter). Dieses Defizit gibt Anlass zur Verbesserung und ist genau Gegenstand der sogenannten **Phong-Schattierung**, mit der wir uns im Folgenden beschäftigen werden.

9.4   Aufgaben mit Lösungen

Aufgabe 9.4.1   *Gegeben seien die erweiterten Punkte* $\vec{a}_f := (1, -2, 3, 1, 0, 0)^T$, $\vec{b}_f := (1, 2, 2, 0, 1, 0)^T$, $\vec{c}_f := (-1, 1, 3, 0, 0, 1)^T$ *und* $\vec{d}_f := (0, 1, -2, 0.5, 0.5, 0.5)^T$. *Bestimmen Sie die zugehörige Gouraud-Schattierungsfunktion* $GSR : [0,1]^2 \to \mathbb{R}^3 \times [0,1]^3$.

Lösung der Aufgabe   Die gesuchte Gouraud-Schattierungsfunktion $GSR : [0,1]^2 \to \mathbb{R}^3 \times [0,1]^3$ ergibt sich als

$$
\begin{pmatrix} u \\ v \end{pmatrix} \mapsto (1-u)(1-v)\begin{pmatrix} 1 \\ -2 \\ 3 \\ 1 \\ 0 \\ 0 \end{pmatrix} + u(1-v)\begin{pmatrix} 1 \\ 2 \\ 2 \\ 0 \\ 1 \\ 0 \end{pmatrix} + (1-u)v\begin{pmatrix} -1 \\ 1 \\ 3 \\ 0 \\ 0 \\ 1 \end{pmatrix} + uv\begin{pmatrix} 0 \\ 1 \\ -2 \\ 0.5 \\ 0.5 \\ 0.5 \end{pmatrix}.
$$

Selbsttest 9.4.2 Welche Aussagen über die Gouraud-Schattierung über Rechtecken sind wahr?

?+? Die Gouraud-Schattierung über Rechtecken beruht auf der bilinearen Interpolation.

?+? Die Gouraud-Schattierung über Rechtecken ist sowohl für Farb- als auch für Grauwerte realisierbar.

?+? Die Gouraud-Schattierung über Rechtecken wird auch als Farbinterpolationsschattierung bezeichnet.

?−? Die Gouraud-Schattierung über Rechtecken wird auch als Flat-Shading bezeichnet.

9.5 Phong-Schattierung über Rechtecken

Bei der **Phong-Schattierung** (engl. *Phong shading*), die auch Normalenvektorinterpolationsschattierung genannt wird, handelt es sich um ein Verfahren aus der Computer-Grafik, um Flächenstücke mit Farbschattierungen zu versehen. Es stellt eine Verbesserung der **Gouraud-Schattierung** dar und ist benannt nach seinem Entwickler Bui Tuong Phong (1942–1975), der es erstmals 1973 vorstellte.

Die Grundlage des Verfahrens bilden die für die Bestimmung des Sichtbarkeits-, Helligkeits- und Reflektionsverhaltens entscheidenden **Normalenvektoren** von Flächenstücken. Dies sind auf Länge 1 normierte Vektoren in $\mathbb{R}^3$, die senkrecht auf dem jeweiligen Flächenstück stehen und deren Skalarprodukt z. B. mit dem Richtungsvektor einer Lichtquelle ein Maß für die Helligkeit bzw. für die Farbe des Flächenstücks liefern. Die prinzipielle **Idee der Phong-Schattierung** besteht nun darin, nicht ganzen Flächenstücken Normalenvektoren zuzuordnen, sondern im Extremfall jedem einzelnen Punkt auf dem Flächenstück einen individuellen Normalenvektor zuzuweisen. Damit lässt sich das optische Erscheinen des Flächenstücks sehr gleichmäßig verändern und so ein außerordentlich realitätsnaher Gesamteindruck erzeugen. Im Prinzip ist das Vorgehen bei der Phong-Schattierung ähnlich wie bei der Gouraud-Schattierung: Man muss lediglich die zu interpolierenden Farb- oder Grauwerte durch **zu interpolierende Normalenvektoren** ersetzen!

Im Detail geht man bei der **Phong-Schattierung** wie folgt vor: Zunächst werden die Normalenvektoren des darzustellenden Flächenstücks an dessen Eckpunkten (engl. *vertices*) berechnet. Dies geschieht i. Allg. durch **Bildung arithmetischer Mittel der Normalenvektoren** aller Flächenstücke, die diesen Eckpunkt gemeinsam haben, und anschließender neuer Normierung. Dabei gilt zu beachten, dass die bilinearen Interpolationsflächen natürlich im allgemeinen Fall an jedem Punkt individuelle Normalenvektoren besitzen, so dass bei dieser Zuordnung **eines Normalenvektors pro Flächenstück** schon eine Vereinfachung vorzunehmen ist: Im einfachsten Fall kann man schlicht den Normalenvektor in der Mitte nehmen! Treffen nun also z. B. an einem Eckpunkt fünf Flächenstücke mit den zugeordneten Normalenvektoren $\vec{n}^{(i)} \in [-1, 1]^3$, $1 \leq i \leq 5$, zusammen, dann

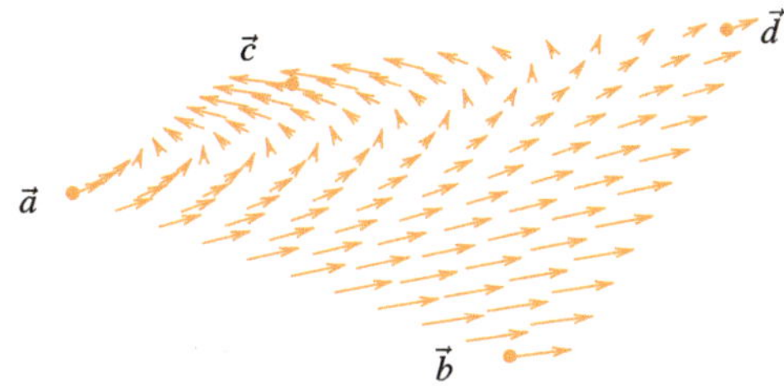

Abb. 9.5 Phong-Vektoren
über Rechteck

ordnet man dem Eckpunkt den Vektor

$$\vec{n} := \frac{1}{5} \sum_{i=1}^{5} \vec{n}^{(i)}$$

zu und normiert danach den Vektor $\vec{n}$ wieder auf Länge 1 (falls $\vec{n} = \vec{0}$ gilt, liegt eine sehr
spezielle Situation vor, die einer besonderen Behandlung bedarf). Daran schließt dann
die eigentliche **Phong-Schattierung** an, die für jedes Flächenstück einzeln durchzuführen ist. Speziell bei der **Phong-Schattierung über Rechtecken** wird jedem Punkt auf der
durch **bilineare Interpolation** der vier jeweiligen Eckpunkte $\vec{a}, \vec{b}, \vec{c}, \vec{d} \in \mathbb{R}^3$ entstehenden
Fläche genau ein sogenannter **Phong-Vektor** zugeordnet, der seinerseits ebenfalls durch
bilineare Interpolation der Normalenvektoren der Eckpunkte entsteht (vgl. Abb. 9.5).
Anschließend werden diese Phong-Vektoren wieder auf Länge 1 normiert, wobei der seltene Sonderfall, dass ein oder mehrere dieser Vektoren gleich dem Nullvektor sind, wieder
einer speziellen Behandlung bedarf.

Um die Phong-Schattierung kompakt definieren zu können, wird nun jedem Punkt $\vec{x} \in \mathbb{R}^3$ ein Phong-Vektor $\vec{n} \in [-1, 1]^3$ zugeordnet und dies in einem **erweiterten Punkt** $\vec{x}_n \in \mathbb{R}^3 \times [-1, 1]^3$ notiert,

$$\vec{x}_n := (x_1, x_2, x_3, n_1, n_2, n_3)^T \in \mathbb{R}^3 \times [-1, 1]^3 \ .$$

Definition 9.5.1 Phong-Schattierung über Rechtecken

Es seien die durch zugehörige Normalenvektoren erweiterten Punkte $\vec{a}_n, \vec{b}_n, \vec{c}_n, \vec{d}_n \in \mathbb{R}^3 \times [-1, 1]^3$ beliebig gegeben. Dann erfüllt die Funktion PSR,

$$PSR : [0, 1]^2 \to \mathbb{R}^3 \times [-1, 1]^3 \ ,$$
$$(u, v)^T \mapsto (1 - u)(1 - v)\vec{a}_n + u(1 - v)\vec{b}_n + (1 - u)v\vec{c}_n + uv\vec{d}_n \ ,$$

die **Interpolationsbedingungen**

$$PSR(0, 0) = \vec{a}_n, \ PSR(1, 0) = \vec{b}_n, \ PSR(0, 1) = \vec{c}_n, \ PSR(1, 1) = \vec{d}_n.$$

Die Funktion PSR wird **Phong-Schattierungsfunktion** über $[0, 1]^2$ bezüglich der erweiterten Punkte $\vec{a}_n, \vec{b}_n, \vec{c}_n, \vec{d}_n$ genannt. ◄

Abb. 9.6 Phong-Vektoren
über Rechteck

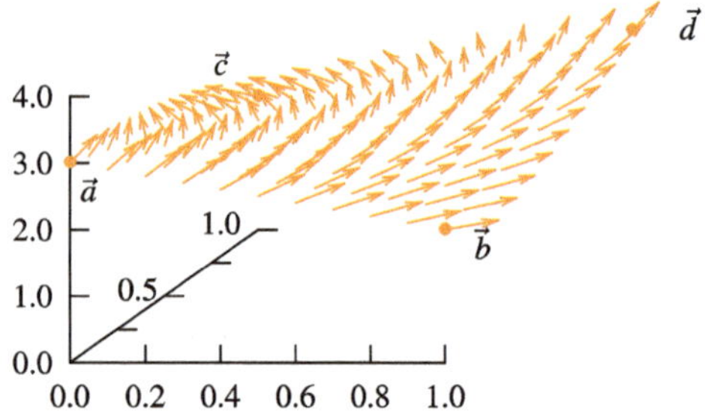

Beispiel 9.5.2

Gegeben seien die erweiterten Punkte $\vec{a}_n := (0,0,3,0.7,0,0.7)^T$, $\vec{b}_n := (1,0,2,0.9,0.4,0)^T$, $\vec{c}_n := (0,1,2,-0.9,0.4,0)^T$ und $\vec{d}_n := (1,1,3,0.7,0,0.7)^T$. Dann lautet die zugehörige **Phong-Schattierungsfunktion** $PSR : [0,1]^2 \to \mathbb{R}^3 \times [-1,1]^3$,

$$
\begin{pmatrix} u \\ v \end{pmatrix} \mapsto (1-u)(1-v)\begin{pmatrix} 0 \\ 0 \\ 3 \\ 0.7 \\ 0 \\ 0.7 \end{pmatrix} + u(1-v)\begin{pmatrix} 1 \\ 0 \\ 2 \\ 0.9 \\ 0.4 \\ 0 \end{pmatrix} + (1-u)v\begin{pmatrix} 0 \\ 1 \\ 2 \\ -0.9 \\ 0.4 \\ 0 \end{pmatrix} + uv\begin{pmatrix} 1 \\ 1 \\ 3 \\ 0.7 \\ 0 \\ 0.7 \end{pmatrix}.
$$

Die entstehenden Phong-Vektoren sind in Abb. 9.6 skizziert.

▶ **Bemerkung 9.5.3 Vor- und Nachteile der Phong-Schattierung** Die Vorteile der **Phong-Schattierung** liegen in der optisch sehr überzeugenden Glättung und Entkantung des modellierten Objekts sowie in der außerordentlich realistischen Darstellung des Reflektionsverhaltens (gut lokalisierte Glanzlichter), wenn man die durch sie erzeugten Phong-Vektoren konsequent zur Berechnung von Sichtbarkeits-, Helligkeits- und Reflektionsinformationen heranzieht. Hier ist sie der **Gouraud-Schattierung** deutlich überlegen und sorgt dafür, die Erkennbarkeit des Aneinanderheftens der kleinen bilinearen Interpolationsflächen nahezu vollständig zu verhindern: Es entsteht der optische Eindruck eines Modells aus einem Guss und nicht der eines rechteckigen Patchworks! Nachteilig ist, dass die im Extremfall für jeden Flächenpunkt aufwendig zu berechnende Information verhältnismäßig viel Rechenzeit in Anspruch nimmt und so bei zeitkritischen Grafik-Anwendungen problematisch ist.

9.6 Aufgaben mit Lösungen

Aufgabe 9.6.1 *Gegeben seien die erweiterten Punkte $\vec{a}_n := (1, -2, 3, 0.6, -0.6, 0.6)^T$, $\vec{b}_n := (1, 2, 2, 0.6, 0.6, 0.6)^T$, $\vec{c}_n := (-1, 1, 3, 0, 0, 1)^T$ und $\vec{d}_n := (0, 1, -2, -0.6, 0.6, 0.6)^T$. Bestimmen Sie die zugehörige Phong-Schattierungsfunktion $PSR : [0, 1]^2 \to \mathbb{R}^3 \times [-1, 1]^3$.*

Lösung der Aufgabe Die gesuchte Phong-Schattierungsfunktion $PSR : [0, 1]^2 \to \mathbb{R}^3 \times [-1, 1]^3$ ergibt sich als

$$\begin{pmatrix} u \\ v \end{pmatrix} \mapsto (1-u)(1-v) \begin{pmatrix} 1 \\ -2 \\ 3 \\ 0.6 \\ -0.6 \\ 0.6 \end{pmatrix} + u(1-v) \begin{pmatrix} 1 \\ 2 \\ 2 \\ 0.6 \\ 0.6 \\ 0.6 \end{pmatrix} + (1-u)v \begin{pmatrix} -1 \\ 1 \\ 3 \\ 0 \\ 0 \\ 1 \end{pmatrix} + uv \begin{pmatrix} 0 \\ 1 \\ -2 \\ -0.6 \\ 0.6 \\ 0.6 \end{pmatrix}.$$

Selbsttest 9.6.2 Welche Aussagen über die Phong-Schattierung über Rechtecken sind wahr?

?+? Die Phong-Schattierung über Rechtecken beruht auf der bilinearen Interpolation.

?+? Die Phong-Schattierung über Rechtecken orientiert sich an den Normalenvektoren der Teilflächen.

?+? Die Phong-Schattierung über Rechtecken heißt auch Normalenvektorinterpolationsschattierung.

?−? Die Phong-Schattierung über Rechtecken heißt auch Flat-Shading.

9.7 Transfinite Interpolation über Rechtecken

Die Idee der **transfiniten Interpolation** besteht darin, nicht nur **einige wenige Punkte** zu interpolieren und ihre Lage auf dem Graphen der Modellierungsfunktion zu garantieren, sondern ganze Kurven, also **unendlich viele Punkte**, zu interpolieren. Historisch gesehen gehen Konzepte dieses Typs auf den amerikanischen Informatiker und Computer-Grafik-Pionier Steven Anson Coons (1912–1979) zurück, der sich in den 60-er Jahren des vergangenen Jahrhunderts am MIT als einer der Ersten mit diesem verallgemeinerten Interpolationskonzept beschäftigte. Seitens der praktischen Anwendung sind derartige Interpolationen natürlich ausgesprochen wünschenswert, da man z. B. im **Schiff- oder Flugzeugbau** häufig gewisse Randkonturen fest vorgegeben hat und dazwischen eine sinnvolle Fläche spannen muss. Bei der ersten Art der **transfiniten Interpolation über Rechtecken** handelt es sich um eine einfache Strategie, zwei Kurven $c_1, c_2 : [0, 1] \to \mathbb{R}^3$ in $\mathbb{R}^3$ in möglichst direkter Form durch eine **Fläche** zu verbinden (vgl. Abb. 9.7).

Abb. 9.7 Transfinite Interpolation über Rechteck

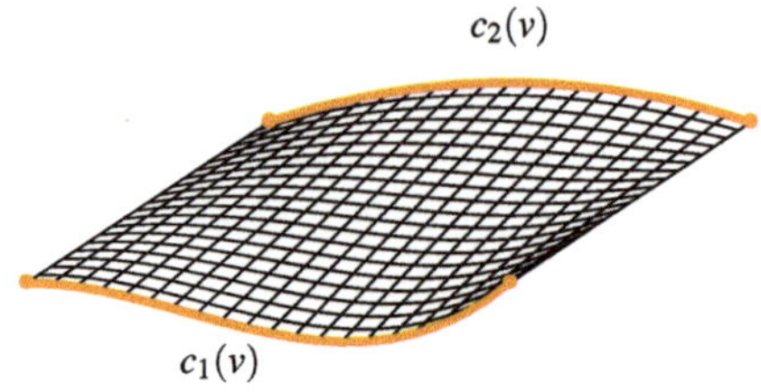

Um dies zu realisieren, definiert man eine geeignete Funktion über dem **Parameterintervall** $[0, 1]^2 \subseteq \mathbb{R}^2$, die die gegebenen Kurven interpoliert. Man kommt so zu folgender Definition, deren zusätzliche Behauptung hinsichtlich der erhaltenen Interpolationseigenschaften leicht durch Einsetzen verifiziert werden kann.

Definition 9.7.1 Transfinite Interpolation über Rechtecken

Es seien zwei Kurven $c_1, c_2 : [0, 1] \to \mathbb{R}^3$ beliebig gegeben. Dann erfüllt die Funktion TIR,

$$TIR : [0, 1]^2 \to \mathbb{R}^3 \, ,$$
$$(u, v)^T \mapsto (1 - u)c_1(v) + u c_2(v) \, ,$$

die **Interpolationsbedingungen**

$$TIR(0, v) = c_1(v) \, , \quad v \in [0, 1] \, ,$$
$$TIR(1, v) = c_2(v) \, , \quad v \in [0, 1] \, .$$

Die Funktion TIR wird **transfinite Interpolationsfunktion** über $[0, 1]^2$ bezüglich der gegebenen Kurven c_1, c_2 genannt. ◄

Beispiel 9.7.2

Gegeben seien die beiden Kurven $c_1, c_2 : [0, 1] \to \mathbb{R}^3$ gemäß

$$c_1(t) := \begin{pmatrix} 0 \\ t \\ 2.5 + 2\sqrt{0.25 - (t - 0.5)^2} \end{pmatrix} \quad \text{und}$$

$$c_2(t) := \begin{pmatrix} 1 \\ t \\ 2.5 - 2\sqrt{0.25 - (t - 0.5)^2} \end{pmatrix}$$

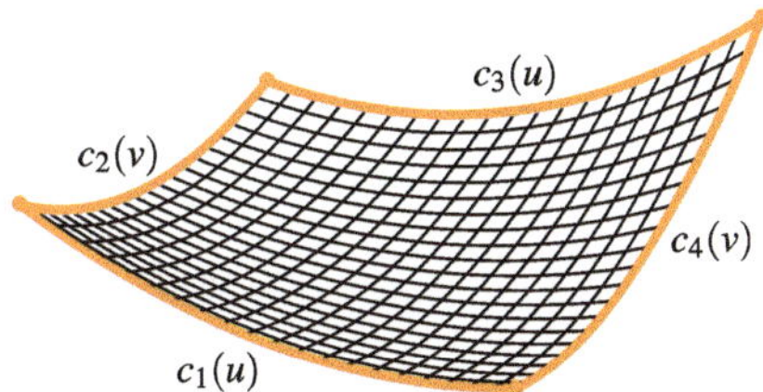

Abb. 9.8 Transfinite Interpolation über Rechteck

Abb. 9.9 Coons-Interpolation über Rechteck

für $t \in [0, 1]$. Dann lautet die zugehörige **transfinite Interpolationsfunktion** TIR : $[0, 1]^2 \to \mathbb{R}^3$,

$$
\begin{pmatrix} u \\ v \end{pmatrix} \mapsto (1 - u) \begin{pmatrix} 0 \\ v \\ 2.5 + 2\sqrt{0.25 - (v - 0.5)^2} \end{pmatrix} + u \begin{pmatrix} 1 \\ v \\ 2.5 - 2\sqrt{0.25 - (v - 0.5)^2} \end{pmatrix}.
$$

Die Funktion ist in Abb. 9.8 skizziert. Sie stellt eine Fläche dar, die zwei durch die beiden vorgegebenen Kurven definierte Halbkreise (einer nach oben und einer nach unten geöffnet) miteinander verbindet. Dabei sind die Halbkreise aufgrund der unterschiedlichen Skalierung der Achsen sowie der perspektivischen Verzerrung nur als Bögen erkennbar.

Bei der nächsten Art der **transfiniten Interpolation über Rechtecken** handelt es sich um eine schon etwas kompliziertere Strategie, um insgesamt vier Kurven c_1, c_2, c_3, c_4 : $[0, 1] \to \mathbb{R}^3$ in $\mathbb{R}^3$, die noch gewissen Bedingungen genügen müssen, in möglichst direkter Form durch eine **Fläche** zu verbinden (vgl. Abb. 9.9). Diese Technik wird in der Literatur als **Coons-Interpolation über Rechtecken** bezeichnet.

Das genaue Vorgehen wird wieder in einer präzisen Definition festgehalten, deren zusätzliche Behauptung hinsichtlich der erhaltenen Interpolationseigenschaften auch hier leicht durch Einsetzen verifiziert werden kann.

Definition 9.7.3 Coons-Interpolation über Rechtecken

Es seien vier Kurven $c_1, c_2, c_3, c_4 : [0, 1] \to \mathbb{R}^3$ gegeben, die den **Schnittpunktbedingungen** $c_1(0) = c_2(0)$, $c_2(1) = c_3(0)$, $c_3(1) = c_4(1)$ und $c_4(0) = c_1(1)$ genügen. Dann erfüllt die Funktion CIR,

$$CIR : [0, 1]^2 \to \mathbb{R}^3 \,,$$
$$(u, v)^T \mapsto (1 - v)c_1(u) + vc_3(u) + (1 - u)c_2(v) + uc_4(v)$$
$$-(1 - u)(1 - v)c_1(0) - u(1 - v)c_1(1) - (1 - u)vc_3(0) - uvc_3(1),$$

die **Interpolationsbedingungen**

$$CIR(u, 0) = c_1(u) \,, \quad u \in [0, 1] \,,$$
$$CIR(u, 1) = c_3(u) \,, \quad u \in [0, 1] \,,$$
$$CIR(0, v) = c_2(v) \,, \quad v \in [0, 1] \,,$$
$$CIR(1, v) = c_4(v) \,, \quad v \in [0, 1] \,.$$

Die Funktion CIR wird **Coons-Interpolationsfunktion** über $[0, 1]^2$ bezüglich der gegebenen Kurven c_1, c_2, c_3, c_4 genannt. ◄

Beispiel 9.7.4

Gegeben seien die vier Kurven $c_1, c_2, c_3, c_4 : [0, 1] \to \mathbb{R}^3$ gemäß

$$c_1(t) := \begin{pmatrix} -t \\ -t^2 \\ -t^3 \end{pmatrix}, \qquad c_2(t) := \begin{pmatrix} t^3 \\ t \\ t^2 \end{pmatrix},$$

$$c_3(t) := \begin{pmatrix} \cos(\pi t) \\ \dfrac{1-t}{1+t} \\ 1 \end{pmatrix}, \qquad c_4(t) := \begin{pmatrix} -1 \\ t^2 - 1 \\ 2t - 1 \end{pmatrix},$$

für $t \in [0, 1]$. Man prüft leicht nach, dass die Kurven den **Schnittpunktbedingungen** $c_1(0) = c_2(0)$, $c_2(1) = c_3(0)$, $c_3(1) = c_4(1)$ und $c_4(0) = c_1(1)$ genügen. Somit lautet die zugehörige **Coons-Interpolationsfunktion** $CIR : [0, 1]^2 \to \mathbb{R}^3$,

$$\begin{pmatrix} u \\ v \end{pmatrix} \mapsto$$

$$\begin{pmatrix} (1 - v)(-u) + v \cos(\pi u) + (1 - u)v^3 + u(-1) + u(1 - v) - (1 - u)v + uv \\ (1 - v)(-u^2) + v\dfrac{1-u}{1+u} + (1 - u)v + u(v^2 - 1) + u(1 - v) - (1 - u)v \\ (1 - v)(-u^3) + v + (1 - u)v^2 + u(2v - 1) + u(1 - v) - (1 - u)v - uv \end{pmatrix}.$$

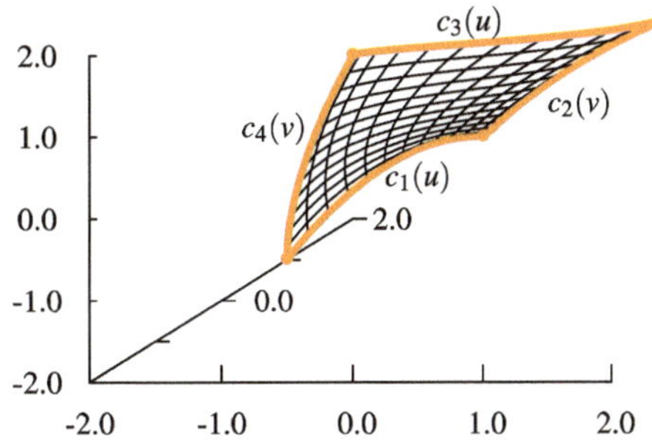

Abb. 9.10 Coons-Interpolation über Rechteck

Die Funktion ist in Abb. 9.10 skizziert und realisiert schon eine recht komplizierte, aber geometrisch angemessene flächenmäßige Füllung des Raums zwischen den vier Kurven.

9.8 Aufgaben mit Lösungen

Aufgabe 9.8.1 *Gegeben seien vier beliebige Punkte $\vec{a}, \vec{b}, \vec{c}, \vec{d} \in \mathbb{R}^3$ und die beiden durch sie definierbaren Kurven $c_1, c_2 : [0, 1] \to \mathbb{R}^3$,*

$$c_1(t) := (1 - t)\vec{a} + t\vec{c} \quad und \quad c_2(t) := (1 - t)\vec{b} + t\vec{d} \,,$$

für $t \in [0, 1]$. Zeigen Sie, dass die zugehörige transfinite Interpolationsfunktion $TIR : [0, 1]^2 \to \mathbb{R}^3$ in diesem speziellen Fall genau mit der bilinearen Interpolationsfunktion $BIR : [0, 1]^2 \to \mathbb{R}^3$ bezüglich der gegebenen Punkte übereinstimmt.

Lösung der Aufgabe Die gesuchte transfinite Interpolationsfunktion $TIR : [0, 1]^2 \to \mathbb{R}^3$ ergibt sich als

$$\begin{aligned}
TIR(u, v) &= (1 - u)c_1(v) + uc_2(v) \\
&= (1 - u)(1 - v)\vec{a} + (1 - u)v\vec{c} + u(1 - v)\vec{b} + uv\vec{d} \\
&= BIR(u, v).
\end{aligned}$$

Aufgabe 9.8.2 *Gegeben seien vier beliebige Punkte $\vec{a}, \vec{b}, \vec{c}, \vec{d} \in \mathbb{R}^3$ und die vier durch sie definierbaren Kurven $c_1, c_2, c_3, c_4 : [0, 1] \to \mathbb{R}^3$,*

$$c_1(t) := (1 - t)\vec{a} + t\vec{b} \,, \qquad c_2(t) := (1 - t)\vec{a} + t\vec{c} \,,$$

$$c_3(t) := (1 - t)\vec{c} + t\vec{d} \,, \qquad c_4(t) := (1 - t)\vec{b} + t\vec{d} \,,$$

für $t \in [0, 1]$. Zeigen Sie, dass die zugehörige Coons-Interpolationsfunktion CIR : $[0, 1]^2 \to \mathbb{R}^3$ existiert und in diesem speziellen Fall genau mit der bilinearen Interpolationsfunktion $BIR : [0, 1]^2 \to \mathbb{R}^3$ bezüglich der gegebenen Punkte übereinstimmt.

Lösung der Aufgabe Die gesuchte Coons-Interpolationsfunktion CIR : $[0, 1]^2 \to \mathbb{R}^3$ existiert, denn die gegebenen Kurven erfüllen offenbar die Schnittpunktbedingungen $c_1(0) = c_2(0)$, $c_2(1) = c_3(0)$, $c_3(1) = c_4(1)$ und $c_4(0) = c_1(1)$. Damit ergibt sich $CIR : [0, 1]^2 \to \mathbb{R}^3$ als

$$
\begin{aligned}
CIR(u, v) &= (1 - v)c_1(u) + vc_3(u) + (1 - u)c_2(v) + uc_4(v) \\
&\quad - (1 - u)(1 - v)c_1(0) - u(1 - v)c_1(1) - (1 - u)vc_3(0) - uvc_3(1) \\
&= (1 - v)(1 - u)\vec{a} + (1 - v)u\vec{b} + v(1 - u)\vec{c} + vu\vec{d} \\
&\quad + (1 - u)(1 - v)\vec{a} + (1 - u)v\vec{c} + u(1 - v)\vec{b} + uv\vec{d} \\
&\quad - (1 - u)(1 - v)\vec{a} - u(1 - v)\vec{b} - (1 - u)v\vec{c} - uv\vec{d} \\
&= (1 - u)(1 - v)\vec{a} + u(1 - v)\vec{b} + (1 - u)v\vec{c} + uv\vec{d} = BIR(u, v).
\end{aligned}
$$

Selbsttest 9.8.3 Welche Aussagen über die transfinite Interpolation über Rechtecken sind wahr?

?−? Bei der transfiniten Interpolation über Rechtecken werden nur endlich viele Punkte interpoliert.

?−? Die transfinite Interpolation über Rechtecken beruht auf der Phong-Schattierung über Rechtecken.

?+? Die transfinite Interpolation über Rechtecken interpoliert keine diskreten Punkte, sondern Kurven.

?+? Die Kurven bei der transfiniten Coons-Interpolation müssen spezielle Bedingungen erfüllen.

9.9 Polynomiale Approximation über Rechtecken

Nachdem in den vorausgegangenen Abschnitten ausschließlich **interpolierende Strategien** in $\mathbb{R}^3$ diskutiert wurden, soll es im Folgenden um eine rein **approximierende Strategie** gehen. Die generelle Idee der einfachsten **polynomialen Approximation über Rechtecken** besteht darin, dem über dem **quadratischen Gitter** $(\frac{i}{n}, \frac{j}{n})^T \in [0, 1]^2$ mit $n \in \mathbb{N}^*$, $i, j \in \mathbb{N}$ und $0 \leq i, j \leq n$ gegebenen Datensatz $(\frac{i}{n}, \frac{j}{n}, z_{ij})^T \in [0, 1]^2 \times \mathbb{R}$ (vgl. Abb. 9.11) eine geeignete approximierende Funktion zuzuordnen, die in geschickter Weise aus **Bernstein-Grundpolynomen** $b_{k,n} : \mathbb{R} \to \mathbb{R}$,

$$
b_{k,n}(t) := \binom{n}{k} t^k (1 - t)^{n-k} , \quad t \in \mathbb{R} ,
$$

Abb. 9.11 Quadratische Gitterdaten

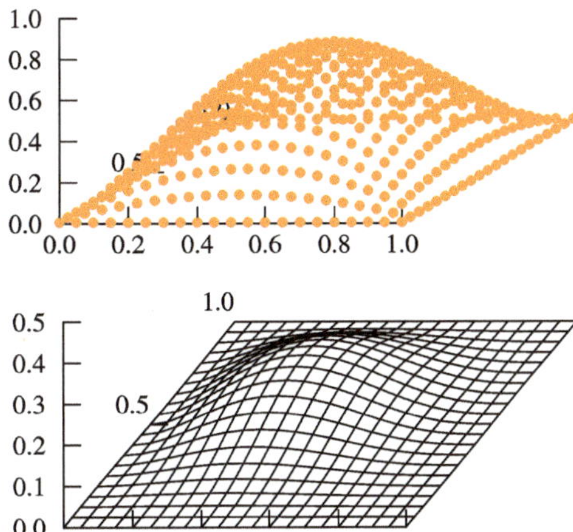

Abb. 9.12 Tensorprodukt-
Bernstein-Grundpolynom $b_{2,3,5}$

zusammengesetzt ist (hinsichtlich Grundlagen zu Bernstein-Grundpolynomen und ihrer Anwendung im eindimensionalen Fall siehe z. B. [1]).

Im Folgenden werden diese polynomialen approximierenden Funktionen Schritt für Schritt eingeführt und anschließend anhand eines kleinen Beispiels in ihrer Anwendung gezeigt. Begonnen wird mit den sogenannten **Tensorprodukt-Bernstein-Grundpolynomen**, von denen eines exemplarisch in Abb. 9.12 skizziert ist.

Definition 9.9.1 Tensorprodukt-Bernstein-Grundpolynome

Es seien $i, j, n \in \mathbb{N}$ mit $0 \leq i, j \leq n$ beliebig gegeben. Dann nennt man die Funktion $b_{i,j,n}$,

$$b_{i,j,n} : [0, 1]^2 \to \mathbb{R} \,,$$
$$(x, y)^T \mapsto b_{i,n}(x)b_{j,n}(y) \,,$$

das (i, j)**-te Tensorprodukt-Bernstein-Grundpolynom** vom Grad n. Dabei bezeichnen natürlich $b_{k,n}(t) := \binom{n}{k}t^k(1-t)^{n-k}$ für $0 \leq k \leq n$ die bekannten Bernstein-Grundpolynome vom Grad n in einer Variablen $t \in \mathbb{R}$. ◄

Die **Tensorprodukt-Bernstein-Grundpolynome** haben einige interessante Eigenschaften, von denen die wichtigsten im folgenden Satz festgehalten werden.

▶ **Satz 9.9.2 Eigenschaften der Tensorprodukt-Bernstein-Grundpolynome**
Es seien $i, j, n \in \mathbb{N}$ mit $0 \leq i, j \leq n$ und $(x, y)^T \in [0, 1]^2$ beliebig gegeben sowie in den Fällen der Extremaleigenschaft und der Zerlegungen der Identitäten auch noch $n \geq 1$. Dann gilt:

- $b_{i,j,n}(x, y) \geq 0$ (**Nichtnegativität**)
- $b_{i,j,n}(\frac{i}{n}, \frac{j}{n}) \geq b_{i,j,n}(x, y)$ (**Extremaleigenschaft**)

- $\sum_{i=0}^{n} \sum_{j=0}^{n} b_{i,j,n}(x, y) = 1$ **(Zerlegung der Eins)**
- $\sum_{i=0}^{n} \sum_{j=0}^{n} \frac{i}{n} b_{i,j,n}(x, y) = x$ **(Zerlegung der x-Identität)**
- $\sum_{i=0}^{n} \sum_{j=0}^{n} \frac{j}{n} b_{i,j,n}(x, y) = y$ **(Zerlegung der y-Identität)**

Beweis Der Beweis ergibt sich durch einfaches Nachrechnen sowie durch Ausnutzung der entsprechenden Ergebnisse für die Bernstein-Grundpolynome (vgl. dazu z. B. [1]). $\square$

Mit Hilfe der Tensorprodukt-Bernstein-Grundpolynome können nun approximierende Funktionen in zwei Veränderlichen definiert werden, die sogenannten **Tensorprodukt-Bézier-Polynome**.

Definition 9.9.3 Tensorprodukt-Bézier-Polynome

Es sei $n \in \mathbb{N}^*$ beliebig gegeben und $(\frac{i}{n}, \frac{j}{n}, z_{ij})^T \in [0, 1]^2 \times \mathbb{R}$ mit $0 \le i, j \le n$ ein über einem **quadratischen Gitter** gegebener Datensatz in $\mathbb{R}^3$. Dann bezeichnet man die Funktion TBP_n,

$$TBP_n : [0, 1]^2 \to \mathbb{R} \,,$$
$$(x, y)^T \mapsto \sum_{i=0}^{n} \sum_{j=0}^{n} z_{ij} b_{i,j,n}(x, y) \,,$$

als approximierendes **Tensorprodukt-Bézier-Polynom** vom Höchstgrad n bezüglich des gegebenen Datensatzes. ◄

Beispiel 9.9.4

Es sei als zu approximierende Testfunktion die Funktion f,

$$f : [0, 1]^2 \to \mathbb{R} \,,$$
$$(x, y)^T \mapsto \sin(\pi x) \sin(\pi y) \,,$$

gegeben. Setzt man nun z. B. $n := 5$ und generiert aus f den zu approximierenden Datensatz

$$z_{ij} := f\left(\frac{i}{5}, \frac{j}{5}\right) = \sin\left(\frac{i\pi}{5}\right) \sin\left(\frac{j\pi}{5}\right), \quad 0 \le i, j \le 5 \,,$$

dann lautet das zugehörige **Tensorprodukt-Bézier-Polynom** TBP_5,

$$TBP_5 : [0, 1]^2 \to \mathbb{R} \,,$$
$$(x, y)^T \mapsto \sum_{i=0}^{5} \sum_{j=0}^{5} \sin\left(\frac{i\pi}{5}\right) \sin\left(\frac{j\pi}{5}\right) b_{i,j,5}(x, y) \,.$$

Abb. 9.13 Tensorprodukt-Bézier-Polynom TBP_5

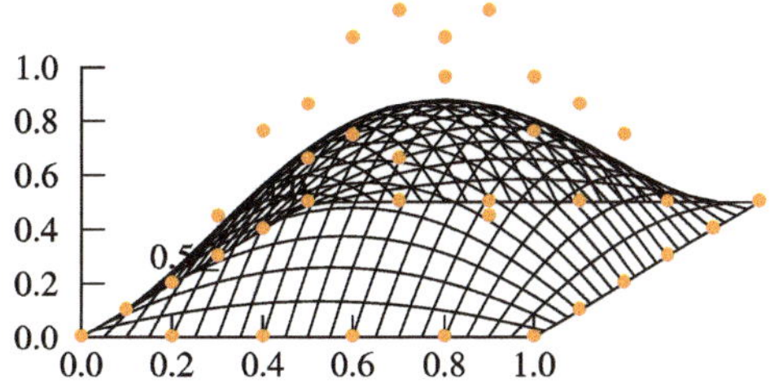

In Abb. 9.13 ist TBP_5 zusammen mit den insgesamt 36 zu approximierenden Punkten skizziert.

▶ **Bemerkung 9.9.5 Praxis der Tensorprodukt-Bézier-Polynome** Die effiziente Auswertung der **Tensorprodukt-Bézier-Polynome** kann mit Hilfe des bekannten **de Casteljau-Algorithmus** für Polynome in Bézier-Darstellung realisiert werden. Er ist dabei insgesamt $(n + 2)$-mal anzuwenden und somit von der Komplexität $O(n^3)$ (weitere Details findet man z. B. in [2–5]).

9.10 Aufgaben mit Lösungen

Aufgabe 9.10.1 *Es sei als zu approximierende Testfunktion die Funktion f,*

$$f : [0, 1]^2 \to \mathbb{R} \, ,$$
$$(x, y)^T \mapsto \exp(x) \cos(y) \, ,$$

gegeben. Setzen Sie $n := 8$, und geben Sie für den aus f erzeugten zu approximierenden Datensatz

$$z_{ij} := f\left(\frac{i}{8}, \frac{j}{8}\right) = \exp\left(\frac{i}{8}\right) \cos\left(\frac{j}{8}\right), \quad 0 \le i, j \le 8 \, ,$$

das zugehörige Tensorprodukt-Bézier-Polynom TBP_8 an.

Lösung der Aufgabe Das gesuchte Tensorprodukt-Bézier-Polynom TBP_8 lautet

$$TBP_8 : [0, 1]^2 \to \mathbb{R} \, ,$$
$$(x, y)^T \mapsto \sum_{i=0}^{8} \sum_{j=0}^{8} \exp\left(\frac{i}{8}\right) \cos\left(\frac{j}{8}\right) b_{i,j,8}(x, y) \, .$$

Selbsttest 9.10.2　Welche Aussagen über die polynomiale Approximation über Rechtecken sind wahr?

?+? Die Tensorprodukt-Bézier-Polynome bestehen aus Tensorprodukt-Bernstein-Grundpolynomen.

?+? Die Tensorprodukt-Bernstein-Grundpolynome sind Produkte üblicher Bernstein-Grundpolynome.

?+? Die Tensorprodukt-Bézier-Polynome interpolieren die vier Eckpunkte des gegebenen Datensatzes.

Literatur

1. Lenze, B.: Basiswissen Analysis. Springer Vieweg, Wiesbaden (2020)
2. Farin, G.E.: Kurven und Flächen im Computer Aided Geometric Design, 2. Aufl. Vieweg Verlag, Wiesbaden (1994)
3. Farin, G.E.: Curves and Surfaces for CAGD, 5. Aufl. Academic Press, San Diego (2002)
4. Prautzsch, H., Boehm, W., Paluszny, M.: Bézier and B-Spline Techniques. Springer-Verlag, Berlin, Heidelberg, New York (2010)
5. Salomon, D.: Curves and Surfaces for Computer Graphics. Springer, Berlin, Heidelberg, New York (2013)

Im Folgenden verallgemeinern wir die **multivariaten Visualisierungstechniken** von **rechteckigen** Teilmengen von $\mathbb{R}^2$ auf **dreieckige** Mengen. Dies wird der i.Allg. vorliegenden Situation nicht gitterbasiert gegebenen Daten gerecht und rundet insofern die Einführung in die multivariaten Techniken ab. Während man sich also im rechteckigen Fall ein konkretes zu visualisierendes Objekt als Patchwork kleiner, mindestens stetig aneinander gehefteter bilinearer Interpolierender vorzustellen hat, geht es im dreieckigen Fall um die Modellierung des Objekt mittels mindestens stetig aneinander gehefteter linearer Interpolierender, genauer kleiner Dreiecke. Wie man konkret zu diesen dreieckigen Patches kommt, werden wir im Folgenden erarbeiten. Dabei sei schon hier darauf hingewiesen, dass z. B. im Kontext der Gouraud- oder Phong-Schattierung exakt dieselben Vorund Nachteile vorhanden sind wie im rechteckigen Fall, so dass wir auf deren erneute Formulierungen verzichten.

10.1 Lineare Interpolation über Dreiecken

Bei der **linearen Interpolation über Dreiecken** handelt es sich um eine einfache Strategie, drei Punkte $\vec{a}, \vec{b}, \vec{c}$ des $\mathbb{R}^3$ in möglichst direkter Form durch eine **Fläche** zu verbinden (vgl. Abb. 10.1).

Um dies zu realisieren, definiert man eine geeignete Funktion über dem **baryzentrischen Parametergebiet** $\{(u, v, w)^T \in [0, 1]^3 \mid u + v + w = 1\}$, die die gegebenen Punkte interpoliert. Die Funktion wird genau einen Teil einer **Ebene** realisieren (bzgl. Ebenen siehe z. B. [1]), und die Parameter können, wie durch den Namen bereits angedeutet, als **baryzentrische Koordinaten** angesehen werden, die ebenfalls z. B. in [1] detailliert eingeführt werden.

Elektronisches Zusatzmaterial Die elektronische Version dieses Kapitels enthält Zusatzmaterial, das berechtigten Benutzern zur Verfügung steht https://doi.org/10.1007/978-3-658-30028-9_10.

B. Lenze, *Basiswissen Angewandte Mathematik – Numerik, Grafik, Kryptik*, https://doi.org/10.1007/978-3-658-30028-9_10

Abb. 10.1 Lineare Interpolation über Dreieck

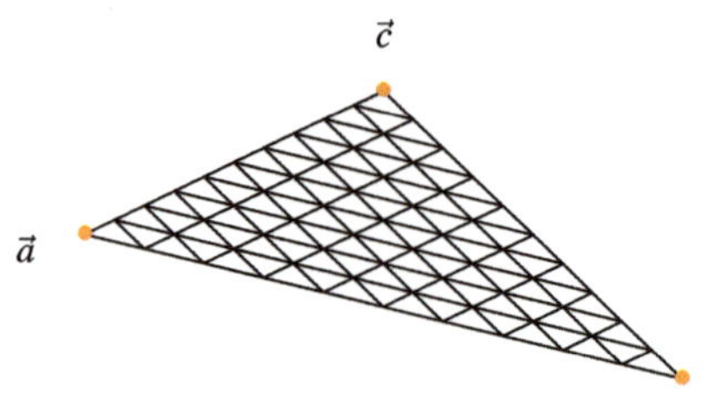

Definition 10.1.1 Lineare Interpolation über Dreiecken

Es seien $\vec{a}, \vec{b}, \vec{c} \in \mathbb{R}^3$ beliebig gegeben. Dann erfüllt die Funktion LID,

$$LID : \{(u, v, w)^T \in [0, 1]^3 \mid u + v + w = 1\} \to \mathbb{R}^3 \,,$$
$$(u, v, w)^T \mapsto u\vec{a} + v\vec{b} + w\vec{c} \,,$$

die **Interpolationsbedingungen**

$$LID(1, 0, 0) = \vec{a}, \quad LID(0, 1, 0) = \vec{b}, \quad LID(0, 0, 1) = \vec{c}.$$

Die Funktion LID wird **lineare Interpolationsfunktion** über $\{(u, v, w)^T \in [0, 1]^3 \mid u + v + w = 1\}$ bezüglich der gegebenen Punkte $\vec{a}, \vec{b}, \vec{c}$ genannt. ◄

Beispiel 10.1.2

Gegeben seien die Punkte $\vec{a} := (0, 0, 2)^T$, $\vec{b} := (1, 0, 3)^T$ und $\vec{c} := (0, 1, 2)^T$. Dann lautet die zugehörige **lineare Interpolationsfunktion** $LID : \{(u, v, w)^T \in [0, 1]^3 \mid u + v + w = 1\} \to \mathbb{R}^3$,

$$\begin{pmatrix} u \\ v \\ w \end{pmatrix} \mapsto u \begin{pmatrix} 0 \\ 0 \\ 2 \end{pmatrix} + v \begin{pmatrix} 1 \\ 0 \\ 3 \end{pmatrix} + w \begin{pmatrix} 0 \\ 1 \\ 2 \end{pmatrix}.$$

Die Funktion ist in Abb. 10.2 skizziert.

► **Bemerkung 10.1.3 Programmierung baryzentrischer Koordinaten** Eine einfache Möglichkeit, **baryzentrische Koordinaten** zu generieren und programmtechnisch abzuarbeiten, könnte z. B. wie folgt aussehen:

```
public void baryzentrisch(int n)
{
    double u,v,w;
    for(int i=0;i<=n;i++)
```

Abb. 10.2 Lineare Interpolation über Dreieck

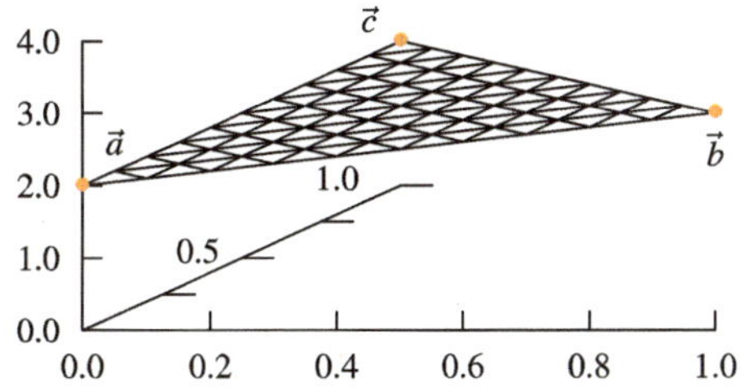

```
    {
        for(int j=0;j<=n-i;j++)
        {
            int k=n-i-j;
            u=(double)i/n; v=(double)j/n; w=(double)k/n;
            System.out.println(u+" "+v+" "+w);
        }
    }
}
```

10.2 Aufgaben mit Lösungen

Aufgabe 10.2.1 *Gegeben seien die Punkte $\vec{a} := (1,4,2)^T$, $\vec{b} := (1,8,3)^T$ und $\vec{c} := (-6,1,2)^T$. Bestimmen Sie die zugehörige lineare Interpolationsfunktion LID : $\{(u,v,w)^T \in [0,1]^3 \mid u+v+w = 1\} \to \mathbb{R}^3$.*

Lösung der Aufgabe Die gesuchte lineare Interpolationsfunktion $LID : \{(u,v,w)^T \in [0,1]^3 \mid u+v+w = 1\} \to \mathbb{R}^3$ ergibt sich als

$$\begin{pmatrix} u \\ v \\ w \end{pmatrix} \mapsto u \begin{pmatrix} 1 \\ 4 \\ 2 \end{pmatrix} + v \begin{pmatrix} 1 \\ 8 \\ 3 \end{pmatrix} + w \begin{pmatrix} -6 \\ 1 \\ 2 \end{pmatrix}.$$

Selbsttest 10.2.2 Welche Aussagen über die lineare Interpolation über Dreiecken sind wahr?

?−? Die drei Punkte bei der linearen Interpolation über Dreiecken müssen verschieden sein.

?+? Bei zwei identischen Punkten erhält man die Verbindungsstrecke der beiden verschiedenen Punkte.

?+? Wenn alle drei Punkte identisch sind, erhält man genau den Punkt.

10.3　Gouraud-Schattierung über Dreiecken

Bei der **Gouraud-Schattierung über Dreiecken** handelt es sich um die naheliegende Verallgemeinerung der Idee der Gouraud-Schattierung über Rechtecken. Dabei werden zunächst wieder die Farben des darzustellenden Flächenstücks an dessen Eckpunkten (engl. *vertices*) berechnet. Dies geschieht auch hier durch **Bildung arithmetischer Mittel der Farben** aller Flächenstücke, die diesen Eckpunkt gemeinsam haben. Treffen also z. B. an einem Eckpunkt fünf Flächenstücke mit den rgb-Farb- bzw. Grauwerten $\vec{f}^{(i)} \in [0, 1]^3$ bzw. $g^{(i)} \in [0, 1]$ für $1 \leq i \leq 5$ zusammen, dann ordnet man dem Eckpunkt den rgb-Farb- bzw. Grauwert

$$\vec{f} := \frac{1}{5} \sum_{i=1}^{5} \vec{f}^{(i)} \quad \text{bzw.} \quad g := \frac{1}{5} \sum_{i=1}^{5} g^{(i)}$$

zu. Dabei darf natürlich anstelle des rgb-Farbmodells auch wieder jedes andere Farbmodell zugrunde liegen. Daran schließt dann die eigentliche **Gouraud-Schattierung** an, die für jedes Flächenstück einzeln durchzuführen ist. Speziell bei der **Gouraud-Schattierung über Dreiecken** wird jedem Punkt auf der durch **lineare Interpolation** der drei jeweiligen Eckpunkte $\vec{a}, \vec{b}, \vec{c} \in \mathbb{R}^3$ entstehenden Fläche genau ein Farb- oder Grauwert zugeordnet, der seinerseits ebenfalls durch **lineare Interpolation der Farb- oder Grauwerte** der Eckpunkte entsteht (vgl. Abb. 10.3).

Um die Notation wieder übersichtlich zu halten, wird ab jetzt nur noch der Fall von rgb-Farbwerten und nicht mehr der Grauwert-Fall betrachtet. Desweiteren wird jedem Punkt $\vec{x} \in \mathbb{R}^3$ ein rgb-Farbwert $\vec{f} \in [0, 1]^3$ zugeordnet und dies in einem **erweiterten Punkt** $\vec{x}_f \in \mathbb{R}^3 \times [0, 1]^3$ notiert,

$$\vec{x}_f := (x_1, x_2, x_3, f_1, f_2, f_3)^T \in \mathbb{R}^3 \times [0, 1]^3 \,.$$

Abb. 10.3 Gouraud-Schattierung über Dreieck

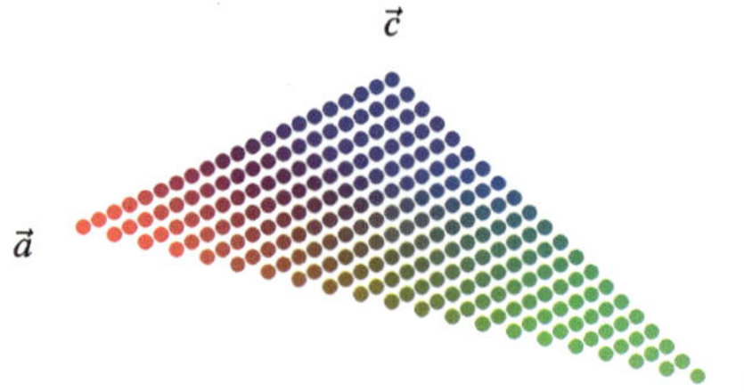

Definition 10.3.1 Gouraud-Schattierung über Dreiecken

Es seien die durch zugehörige rgb-Farbwerte erweiterten Punkte $\vec{a}_f, \vec{b}_f, \vec{c}_f \in \mathbb{R}^3 \times [0,1]^3$ beliebig gegeben. Dann erfüllt die Funktion GSD,

$$GSD : \{(u, v, w)^T \in [0,1]^3 \mid u + v + w = 1\} \to \mathbb{R}^3 \times [0,1]^3\,,$$
$$(u, v, w)^T \mapsto u\vec{a}_f + v\vec{b}_f + w\vec{c}_f\,,$$

die **Interpolationsbedingungen**

$$GSD(1, 0, 0) = \vec{a}_f, \quad GSD(0, 1, 0) = \vec{b}_f, \quad GSD(0, 0, 1) = \vec{c}_f.$$

Die Funktion GSD wird **Gouraud-Schattierungsfunktion** über $\{(u, v, w)^T \in [0,1]^3 \mid u + v + w = 1\}$ bezüglich der erweiterten Punkte $\vec{a}_f, \vec{b}_f, \vec{c}_f$ genannt. ◄

Beispiel 10.3.2

Gegeben seien die erweiterten Punkte $\vec{a}_f := (0, 0, 2, 1, 0, 0)^T$, $\vec{b}_f := (1, 0, 3, 0, 1, 0)^T$ und $\vec{c}_f := (0, 1, 2, 0, 0, 1)^T$. Dann lautet die zugehörige **Gouraud-Schattierungsfunktion** $GSD : \{(u, v, w)^T \in [0,1]^3 \mid u + v + w = 1\} \to \mathbb{R}^3 \times [0,1]^3$,

$$\begin{pmatrix} u \\ v \\ w \end{pmatrix} \mapsto u \begin{pmatrix} 0 \\ 0 \\ 2 \\ 1 \\ 0 \\ 0 \end{pmatrix} + v \begin{pmatrix} 1 \\ 0 \\ 3 \\ 0 \\ 1 \\ 0 \end{pmatrix} + w \begin{pmatrix} 0 \\ 1 \\ 2 \\ 0 \\ 0 \\ 1 \end{pmatrix}.$$

Die entstehende Schattierung ist in Abb. 10.4 skizziert.

Abb. 10.4 Gouraud-Schattierung über Dreieck

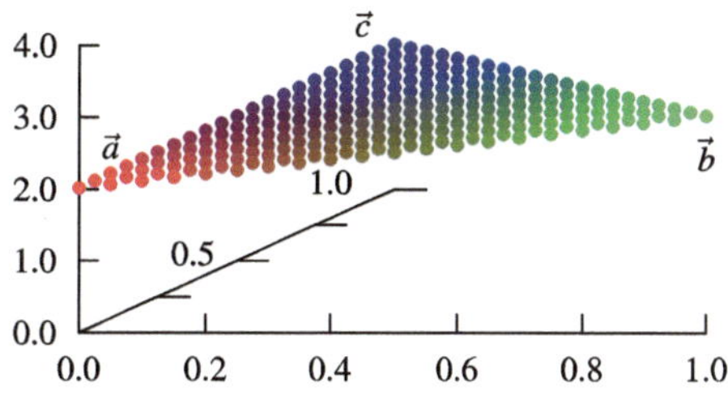

10.4 Aufgaben mit Lösungen

Aufgabe 10.4.1 *Gegeben seien die erweiterten Punkte* $\vec{a}_f := (1, 4, 2, 0.2, 0.3, 0.4)^T$, $\vec{b}_f := (1, 8, 3, 0.5, 0.5, 0.5)^T$ *und* $\vec{c}_f := (-6, 1, 2, 0.7, 0.8, 0.9)^T$. *Bestimmen Sie die zugehörige Gouraud-Schattierungsfunktion* $GSD : \{(u, v, w)^T \in [0, 1]^3 \mid u + v + w = 1\} \to \mathbb{R}^3 \times [0, 1]^3$.

Lösung der Aufgabe Die gesuchte Gouraud-Schattierungsfunktion $GSD : \{(u, v, w)^T \in [0, 1]^3 \mid u + v + w = 1\} \to \mathbb{R}^3 \times [0, 1]^3$ ergibt sich als

$$
\begin{pmatrix} u \\ v \\ w \end{pmatrix} \mapsto u \begin{pmatrix} 1 \\ 4 \\ 2 \\ 0.2 \\ 0.3 \\ 0.4 \end{pmatrix} + v \begin{pmatrix} 1 \\ 8 \\ 3 \\ 0.5 \\ 0.5 \\ 0.5 \end{pmatrix} + w \begin{pmatrix} -6 \\ 1 \\ 2 \\ 0.7 \\ 0.8 \\ 0.9 \end{pmatrix}.
$$

Selbsttest 10.4.2 Welche Aussagen über die Gouraud-Schattierung über Dreiecken sind wahr?

?+? Die Gouraud-Schattierung über Dreiecken beruht auf der linearen Interpolation.

?+? Die Gouraud-Schattierung über Dreiecken ist sowohl für Farb- als auch für Grauwerte realisierbar.

?+? Die Gouraud-Schattierung über Dreiecken wird auch als Farbinterpolationsschattierung bezeichnet.

?−? Die Gouraud-Schattierung über Dreiecken wird auch Flat-Shading genannt.

10.5 Phong-Schattierung über Dreiecken

Bei der **Phong-Schattierung über Dreiecken** handelt es sich um die naheliegende Verallgemeinerung der Idee der Phong-Schattierung über Rechtecken. Dabei werden zunächst wieder die Normalenvektoren des darzustellenden Flächenstücks an dessen Eckpunkten berechnet. Dies geschieht auch hier durch **Bildung arithmetischer Mittel der Normalenvektoren** aller Flächenstücke, die diesen Eckpunkt gemeinsam haben, und anschließender neuer Normierung. Treffen also z. B. an einem Eckpunkt fünf Flächenstücke mit den Normalenvektoren $\vec{n}^{(i)} \in [-1, 1]^3$, $1 \leq i \leq 5$, zusammen, dann ordnet man dem Eckpunkt den Vektor

$$
\vec{n} := \frac{1}{5} \sum_{i=1}^{5} \vec{n}^{(i)}
$$

Abb. 10.5 Phong-Vektoren
über Dreieck

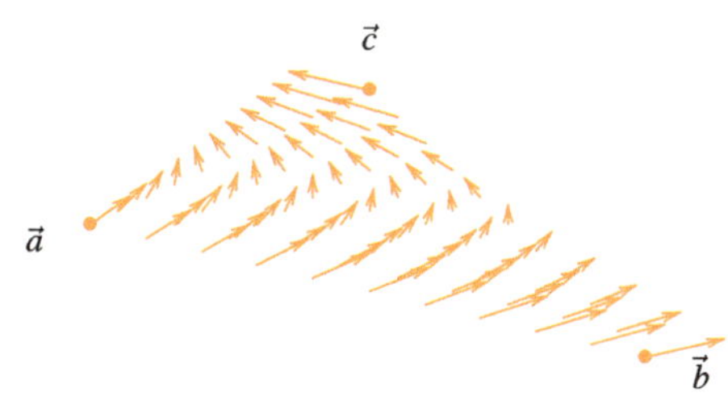

zu und normiert danach den Vektor $\vec{n}$ wieder auf Länge 1 (falls $\vec{n} = \vec{0}$ gilt, liegt eine sehr spezielle Situation vor, die einer besonderen Behandlung bedarf). Daran schließt dann die eigentliche **Phong-Schattierung** an, die für jedes Flächenstück einzeln durchzuführen ist. Speziell bei der **Phong-Schattierung über Dreiecken** wird jedem Punkt auf der durch **lineare Interpolation** der drei jeweiligen Eckpunkte $\vec{a}, \vec{b}, \vec{c} \in \mathbb{R}^3$ entstehenden Fläche genau ein sogenannter **Phong-Vektor** zugeordnet, der seinerseits ebenfalls durch **lineare Interpolation der Normalenvektoren** der Eckpunkte entsteht (vgl. Abb. 10.5). Anschließend werden diese Phong-Vektoren wieder auf Länge 1 normiert, wobei der seltene Sonderfall, dass ein oder mehrere dieser Vektoren gleich dem Nullvektor sind, wieder einer speziellen Behandlung bedarf.

Zur kompakten Definition der Phong-Schattierung über Dreiecken wird wieder jedem Punkt $\vec{x} \in \mathbb{R}^3$ ein Phong-Vektor $\vec{n} \in [-1, 1]^3$ zugeordnet und dies in einem **erweiterten Punkt** $\vec{x}_n \in \mathbb{R}^3 \times [-1, 1]^3$ notiert,

$$\vec{x}_n := (x_1, x_2, x_3, n_1, n_2, n_3)^T \in \mathbb{R}^3 \times [-1, 1]^3 \ .$$

Definition 10.5.1 Phong-Schattierung über Dreiecken

Es seien die durch zugehörige Normalenvektoren erweiterten Punkte $\vec{a}_n, \vec{b}_n, \vec{c}_n \in \mathbb{R}^3 \times [-1, 1]^3$ beliebig gegeben. Dann erfüllt die Funktion PSD,

$$PSD : \{(u, v, w)^T \in [0, 1]^3 \mid u + v + w = 1\} \to \mathbb{R}^3 \times [-1, 1]^3 \ ,$$
$$(u, v, w)^T \mapsto u\vec{a}_n + v\vec{b}_n + w\vec{c}_n \ ,$$

die **Interpolationsbedingungen**

$$PSD(1, 0, 0) = \vec{a}_n, \quad PSD(0, 1, 0) = \vec{b}_n, \quad PSD(0, 0, 1) = \vec{c}_n.$$

Die Funktion PSD wird **Phong-Schattierungsfunktion** über $\{(u, v, w)^T \in [0, 1]^3 \mid u + v + w = 1\}$ bezüglich der erweiterten Punkte $\vec{a}_n, \vec{b}_n, \vec{c}_n$ genannt. ◄

Abb. 10.6 Phong-Vektoren über Dreieck

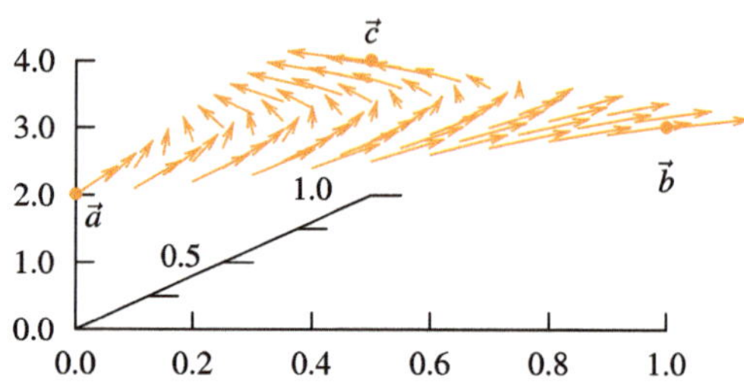

Beispiel 10.5.2

Gegeben seien die erweiterten Punkte $\vec{a}_n := (0,0,2,0.7,0,0.7)^T$, $\vec{b}_n := (1,0,3,0.9,0.4,0)^T$ und $\vec{c}_n := (0,1,2,-0.9,0.4,0)^T$. Dann lautet die zugehörige **Phong-Schattierungsfunktion** $PSD : \{(u,v,w)^T \in [0,1]^3 \mid u+v+w = 1\} \to \mathbb{R}^3 \times [-1,1]^3$,

$$
\begin{pmatrix} u \\ v \\ w \end{pmatrix} \mapsto u \begin{pmatrix} 0 \\ 0 \\ 2 \\ 0.7 \\ 0 \\ 0.7 \end{pmatrix} + v \begin{pmatrix} 1 \\ 0 \\ 3 \\ 0.9 \\ 0.4 \\ 0 \end{pmatrix} + w \begin{pmatrix} 0 \\ 1 \\ 2 \\ -0.9 \\ 0.4 \\ 0 \end{pmatrix}.
$$

Die entstehenden Phong-Vektoren sind in Abb. 10.6 skizziert.

10.6 Aufgaben mit Lösungen

Aufgabe 10.6.1 *Gegeben seien die erweiterten Punkte $\vec{a}_n := (1,4,2,0.6,-0.6,0.6)^T$, $\vec{b}_n := (1,8,3,0.6,0.6,0.6)^T$ und $\vec{c}_n := (-6,1,2,0.6,-0.6,-0.6)^T$. Bestimmen Sie die zugehörige Phong-Schattierungsfunktion $PSD : \{(u,v,w)^T \in [0,1]^3 \mid u+v+w = 1\} \to \mathbb{R}^3 \times [-1,1]^3$.*

Lösung der Aufgabe Die gesuchte Phong-Schattierungsfunktion $PSD : \{(u,v,w)^T \in [0,1]^3 \mid u+v+w = 1\} \to \mathbb{R}^3 \times [-1,1]^3$ ergibt sich als

$$
\begin{pmatrix} u \\ v \\ w \end{pmatrix} \mapsto u \begin{pmatrix} 1 \\ 4 \\ 2 \\ 0.6 \\ -0.6 \\ 0.6 \end{pmatrix} + v \begin{pmatrix} 1 \\ 8 \\ 3 \\ 0.6 \\ 0.6 \\ 0.6 \end{pmatrix} + w \begin{pmatrix} -6 \\ 1 \\ 2 \\ 0.6 \\ -0.6 \\ -0.6 \end{pmatrix}.
$$

Selbsttest 10.6.2 Welche Aussagen über die Phong-Schattierung über Dreiecken sind wahr?

?+? Die Phong-Schattierung über Dreiecken beruht auf der linearen Interpolation.

?+? Die Phong-Schattierung über Dreiecken orientiert sich an den Normalenvektoren der Teilflächen.

?+? Die Phong-Schattierung über Dreiecken heißt auch Normalenvektorinterpolationsschattierung.

?−? Die Phong-Schattierung über Dreiecken wird auch Flat-Shading genannt.

10.7 Transfinite Interpolation über Dreiecken

Bei der **transfiniten Interpolation über Dreiecken** handelt es sich wieder um eine naheliegende Übertragung der entsprechenden Ergebnisse für Rechtecke auf den Fall von Dreiecken. Bei der ersten Art der **transfiniten Interpolation über Dreiecken** geht es dabei um eine einfache Strategie, zwei in einem gemeinsamen Punkt beginnende Kurven $c_1, c_2 : [0,1] \rightarrow \mathbb{R}^3$ in $\mathbb{R}^3$ in möglichst direkter Form durch eine **Fläche** zu verbinden (vgl. Abb. 10.7).

Um dies zu realisieren, definiert man wieder eine geeignete interpolierende Funktion, hier allerdings nicht über dem **quadratischen Parameterintervall** $[0,1]^2 \subseteq \mathbb{R}^2$, sondern über dem **baryzentrischen Parametergebiet** $\{(u,v,w)^T \in [0,1]^3 \mid u + v + w = 1\}$. Die in der folgenden Definition explizit enthaltene Behauptung hinsichtlich der Interpolationseigenschaften kann leicht durch Einsetzen verifiziert werden.

Definition 10.7.1 Transfinite Interpolation über Dreiecken

Es seien zwei Kurven $c_1, c_2 : [0,1] \rightarrow \mathbb{R}^3$ gegeben, die der **Schnittpunktbedingung** $c_1(0) = c_2(0)$ genügen. Dann erfüllt die Funktion TID,

$$TID : \{(u,v,w)^T \in [0,1]^3 \mid u + v + w = 1\} \rightarrow \mathbb{R}^3 \,,$$
$$(u,v,w)^T \mapsto \frac{u}{u+v} c_1(u) + \frac{v}{u+v} c_2(v) \,,$$

die **Interpolationsbedingungen**

$$TID(u, 0, 1-u) = c_1(u) \,, \quad u \in [0,1] \,,$$
$$TID(0, v, 1-v) = c_2(v) \,, \quad v \in [0,1] \,.$$

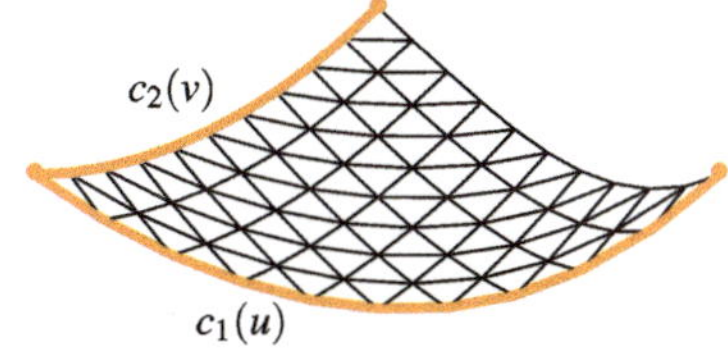

Abb. 10.7 Transfinite Interpolation über Dreieck

Die Funktion TID wird **transfinite Interpolationsfunktion** über $\{(u, v, w)^T \in [0, 1]^3 \mid u + v + w = 1\}$ bezüglich der gegebenen Kurven c_1, c_2 genannt, wobei im Fall, dass die auftauchenden Nenner 0 werden, die stetige Fortsetzung zu betrachten ist. ◄

Beispiel 10.7.2

Gegeben seien die beiden Kurven $c_1, c_2 : [0, 1] \to \mathbb{R}^3$ gemäß

$$c_1(t) := \begin{pmatrix} t \\ 0 \\ 2.5 + 2\sqrt{0.25 - (t - 0.5)^2} \end{pmatrix} \quad \text{und}$$

$$c_2(t) := \begin{pmatrix} 0 \\ t \\ 2.5 - 2\sqrt{0.25 - (t - 0.5)^2} \end{pmatrix}$$

für $t \in [0, 1]$. Offensichtlich ist die **Schnittpunktbedingung** $c_1(0) = c_2(0)$ erfüllt. Somit lautet die zugehörige **transfinite Interpolationsfunktion** TID : $\{(u, v, w)^T \in [0, 1]^3 \mid u + v + w = 1\} \to \mathbb{R}^3$,

$$\begin{pmatrix} u \\ v \\ w \end{pmatrix} \mapsto \frac{u}{u + v} \begin{pmatrix} u \\ 0 \\ 2.5 + 2\sqrt{0.25 - (u - 0.5)^2} \end{pmatrix}$$

$$+ \frac{v}{u + v} \begin{pmatrix} 0 \\ v \\ 2.5 - 2\sqrt{0.25 - (v - 0.5)^2} \end{pmatrix}.$$

Die Funktion ist in Abb. 10.8 skizziert. Sie stellt eine Fläche dar, die zwei durch die beiden vorgegebenen Kurven definierte Halbkreise (einer nach oben und einer nach unten geöffnet) miteinander verbindet. Dabei sind die Halbkreise aufgrund der unterschiedlichen Skalierung der Achsen sowie der perspektivischen Verzerrung nur als Bögen erkennbar.

Bei der nächsten Art der **transfiniten Interpolation über Dreiecken** handelt es sich um eine etwas kompliziertere Strategie, um insgesamt drei Kurven $c_1, c_2, c_3 : [0, 1] \to \mathbb{R}^3$ in $\mathbb{R}^3$, die noch gewissen Bedingungen genügen müssen, in möglichst direkter Form durch eine **Fläche** zu verbinden (vgl. Abb. 10.9). Diese Technik wird in der Literatur in Analogie zu der Bezeichnung im Fall der Rechtecke als **Coons-Interpolation über Dreiecken** bezeichnet.

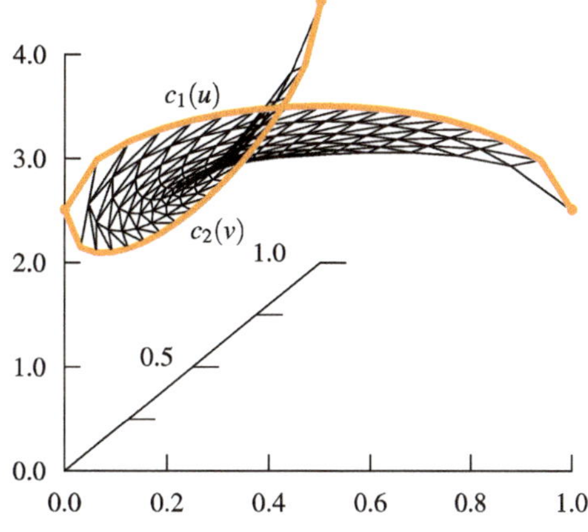

Abb. 10.8 Transfinite Interpolation über Dreieck

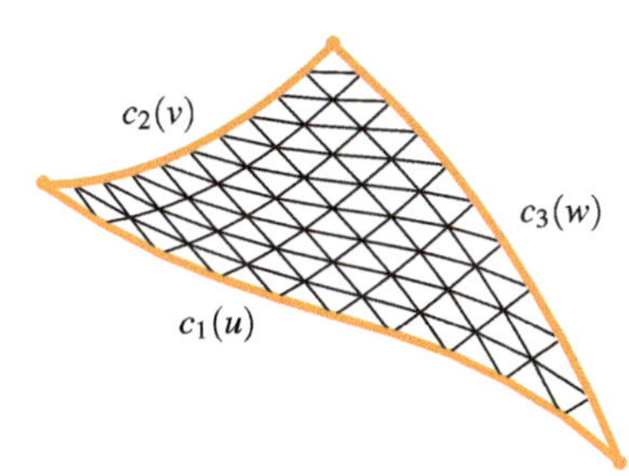

Abb. 10.9 Coons-Interpolation über Dreieck

Das genaue Vorgehen wird wieder in einer präzisen Definition festgehalten, deren zusätzliche Behauptung hinsichtlich der erhaltenen Interpolationseigenschaften auch hier leicht durch Einsetzen verifiziert werden kann.

Definition 10.7.3 Coons-Interpolation über Dreiecken

Es seien drei Kurven $c_1, c_2, c_3 : [0, 1] \to \mathbb{R}^3$ gegeben, die den **Schnittpunktbedingungen** $c_1(0) = c_2(1)$, $c_1(1) = c_3(0)$ und $c_3(1) = c_2(0)$ genügen. Dann erfüllt die Funktion CID,

$$CID : \{(u, v, w)^T \in [0, 1]^3 \mid u + v + w = 1\} \to \mathbb{R}^3 ,$$

$$(u, v, w)^T \mapsto \frac{uw}{v + w} c_3(w) + \frac{uv}{v + w} c_1(u) + \frac{vu}{u + w} c_1(u) + \frac{vw}{u + w} c_2(v)$$
$$+ \frac{wu}{u + v} c_3(w) + \frac{wv}{u + v} c_2(v) ,$$

die **Interpolationsbedingungen**

$$\begin{aligned} CID(u, 1 - u, 0) &= c_1(u) , & u &\in [0, 1] , \\ CID(0, v, 1 - v) &= c_2(v) , & v &\in [0, 1] , \\ CID(1 - w, 0, w) &= c_3(w) , & w &\in [0, 1] . \end{aligned}$$

Abb. 10.10 Coons-Interpolation über Dreieck

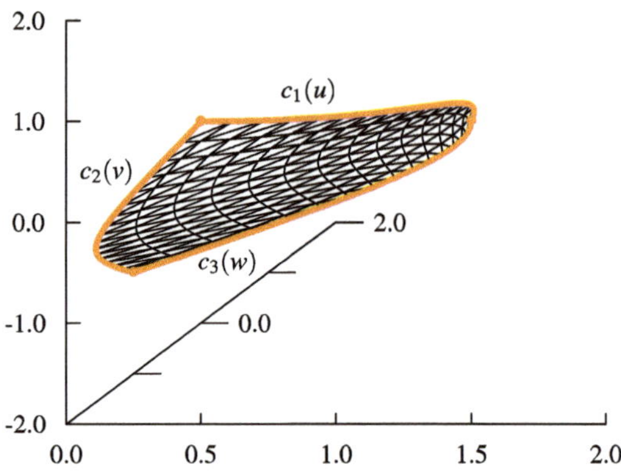

Die Funktion CID wird **Coons-Interpolationsfunktion** über $\{(u, v, w)^T \in [0, 1]^3 \mid u + v + w = 1\}$ bezüglich der gegebenen Kurven c_1, c_2, c_3 genannt, wobei im Fall, dass einzelne Nenner 0 werden, wieder jeweils die stetige Fortsetzung zu betrachten ist. ◄

Beispiel 10.7.4

Gegeben seien die drei Kurven $c_1, c_2, c_3 : [0, 1] \to \mathbb{R}^3$ gemäß

$$c_1(t) := \begin{pmatrix} 2t - t^2 \\ t^2 - t^3 \\ t^3 - t^4 \end{pmatrix}, \qquad c_2(t) := \begin{pmatrix} t^2 - t \\ t - 1 \\ t^3 - 1 \end{pmatrix} \quad \text{und} \quad c_3(t) := \begin{pmatrix} 1 - t^2 \\ -t^3 \\ -t \end{pmatrix}$$

für $t \in [0, 1]$. Man prüft leicht nach, dass die Kurven den **Schnittpunktbedingungen** $c_1(0) = c_2(1)$, $c_1(1) = c_3(0)$ und $c_3(1) = c_2(0)$ genügen. Somit lautet die zugehörige **Coons-Interpolationsfunktion** $CID : \{(u, v, w)^T \in [0, 1]^3 \mid u + v + w = 1\} \to \mathbb{R}^3$,

$$\begin{pmatrix} u \\ v \\ w \end{pmatrix} \mapsto \begin{pmatrix} \frac{uw(1-w^2)}{v+w} + \frac{uv(2u-u^2))}{v+w} + \frac{vu(2u-u^2)}{u+w} + \frac{vw(v^2-v)}{u+w} + \frac{wu(1-w^2)}{u+v} + \frac{wv(v^2-v)}{u+v} \\ \frac{uw(-w^3)}{v+w} + \frac{uv(u^2-u^3)}{v+w} + \frac{vu(u^2-u^3)}{u+w} + \frac{vw(v-1)}{u+w} + \frac{wu(-w^3)}{u+v} + \frac{wv(v-1)}{u+v} \\ \frac{uw(-w)}{v+w} + \frac{uv(u^3-u^4)}{v+w} + \frac{vu(u^3-u^4)}{u+w} + \frac{vw(v^3-1)}{u+w} + \frac{wu(-w)}{u+v} + \frac{wv(v^3-1)}{u+v} \end{pmatrix}.$$

Die Funktion ist in Abb. 10.10 skizziert und realisiert schon eine recht komplizierte, aber geometrisch angemessene flächenmäßige Füllung des Raums zwischen den drei Kurven.

10.8   Aufgaben mit Lösungen

Aufgabe 10.8.1   *Gegeben sei ein beliebiger Punkt $\vec{a} \in \mathbb{R}^3$ und die beiden durch ihn gegebenen identischen trivialen Kurven $c_1, c_2 : [0, 1] \rightarrow \mathbb{R}^3$,*

$$c_1(t) := \vec{a} \quad und \quad c_2(t) := \vec{a} \, ,$$

für $t \in [0, 1]$. Zeigen Sie, dass die zugehörige transfinite Interpolationsfunktion $TID : \{(u, v, w)^T \in [0, 1]^3 \mid u + v + w = 1\} \rightarrow \mathbb{R}^3$ existiert und in diesem speziellen Fall genau den gegebenen Punkt $\vec{a}$ reproduziert.

Lösung der Aufgabe   Die gesuchte transfinite Interpolationsfunktion $TID : \{(u, v, w)^T \in [0, 1]^3 \mid u + v + w = 1\} \rightarrow \mathbb{R}^3$ existiert, denn die beiden trivialen Kurven erfüllen offenbar die Schnittpunktbedingung $c_1(0) = c_2(0)$. Damit ergibt sich $TID : \{(u, v, w)^T \in [0, 1]^3 \mid u + v + w = 1\} \rightarrow \mathbb{R}^3$ als

$$TID(u, v, w) = \frac{u}{u + v}c_1(v) + \frac{v}{u + v}c_2(v) = \frac{u}{u + v}\vec{a} + \frac{v}{u + v}\vec{a} = \vec{a} \, .$$

Aufgabe 10.8.2   *Gegeben sei ein beliebiger Punkt $\vec{a} \in \mathbb{R}^3$ und die drei durch ihn gegebenen identischen trivialen Kurven $c_1, c_2 : [0, 1] \rightarrow \mathbb{R}^3$,*

$$c_1(t) := \vec{a} \, , \quad c_2(t) := \vec{a} \quad und \quad c_3(t) := \vec{a} \, ,$$

für $t \in [0, 1]$. Zeigen Sie, dass die zugehörige Coons-Interpolationsfunktion $CID : \{(u, v, w)^T \in [0, 1]^3 \mid u + v + w = 1\} \rightarrow \mathbb{R}^3$ existiert und in diesem speziellen Fall genau den gegebenen Punkt $\vec{a}$ reproduziert.

Lösung der Aufgabe   Die gesuchte Coons-Interpolationsfunktion $CID : \{(u, v, w)^T \in [0, 1]^3 \mid u + v + w = 1\} \rightarrow \mathbb{R}^3$ existiert, denn die drei trivialen Kurven erfüllen offenbar die Schnittpunktbedingungen $c_1(0) = c_2(1)$, $c_1(1) = c_3(0)$ und $c_3(1) = c_2(0)$. Damit ergibt sich sich $CID : \{(u, v, w)^T \in [0, 1]^3 \mid u + v + w = 1\} \rightarrow \mathbb{R}^3$ als

$$
\begin{aligned}
CID(u, v, w) &= \frac{uw}{v + w}c_3(w) + \frac{uv}{v + w}c_1(u) + \frac{vu}{u + w}c_1(u) + \frac{vw}{u + w}c_2(v) \\
&\quad + \frac{wu}{u + v}c_3(w) + \frac{wv}{u + v}c_2(v) \\
&= \frac{uw}{v + w}\vec{a} + \frac{uv}{v + w}\vec{a} + \frac{vu}{u + w}\vec{a} + \frac{vw}{u + w}\vec{a} + \frac{wu}{u + v}\vec{a} + \frac{wv}{u + v}\vec{a} \\
&= (u + v + w)\vec{a} = \vec{a} \, .
\end{aligned}
$$

Selbsttest 10.8.3 Welche Aussagen über die transfinite Interpolation über Dreiecken sind wahr?

?−? Bei der transfiniten Interpolation über Dreiecken werden nur endlich viele Punkte interpoliert.

?−? Die transfinite Interpolation über Dreiecken beruht auf der bilinearen Interpolation.

?+? Die transfinite Interpolation über Dreiecken interpoliert keine diskreten Punkte, sondern Kurven.

?−? Die Kurven der transfiniten Coons-Interpolation müssen keine besonderen Bedingungen erfüllen.

10.9 Polynomiale Approximation über Dreiecken

Nachdem in den vorausgegangenen Abschnitten ausschließlich **interpolierende Strategien** über baryzentrischen Parametergebieten in $\mathbb{R}^3$ diskutiert wurden, soll es im Folgenden wieder um eine rein **approximierende Strategie** gehen. Die generelle Idee der einfachsten **polynomialen Approximation über Dreiecken** besteht darin, dem über dem **baryzentrischen Gitter** $(\frac{i}{n}, \frac{j}{n}, \frac{k}{n})^T \in [0, 1]^3$ mit $n \in \mathbb{N}^*$, $i, j, k \in \mathbb{N}$ und $i + j + k = n$ gegebenen Datensatz $(\frac{i}{n}, \frac{j}{n}, \frac{k}{n}, z_{ijk})^T \in [0, 1]^3 \times \mathbb{R}$ (vgl. Abb. 10.11) eine geeignete approximierende Funktion zuzuordnen, die wieder in geschickter Weise aus Funktionen zusammengesetzt sind, die den bekannten **Bernstein-Grundpolynomen** ähnlich sind.

Im Folgenden werden diese polynomialen approximierenden Funktionen Schritt für Schritt eingeführt und anschließend anhand eines kleinen Beispiels in ihrer Anwendung gezeigt. Begonnen wird mit den sogenannten **baryzentrischen Bernstein-Grundpolynomen**, von denen eines exemplarisch in Abb. 10.12 skizziert ist.

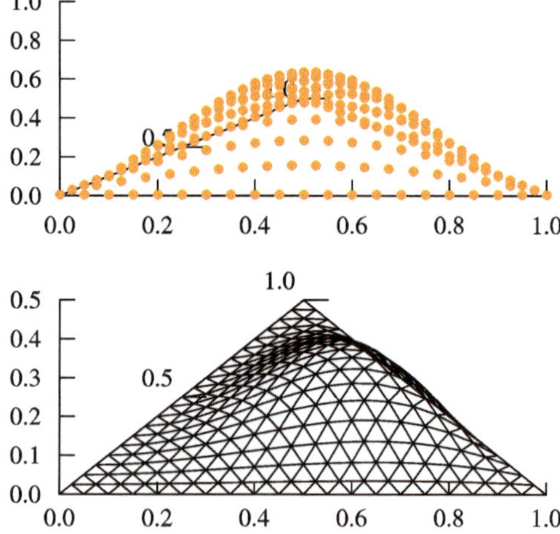

Abb. 10.11 Baryzentrische Gitterdaten

Abb. 10.12 Baryzentrisches Bernstein-Grundpolynom $b_{1,2,2,5}$

Definition 10.9.1 Baryzentrische Bernstein-Grundpolynome

Es seien $i, j, k, n \in \mathbb{N}$ mit $i + j + k = n$ beliebig gegeben. Dann nennt man die
Funktion $b_{i,j,k,n}$,

$$b_{i,j,k,n} : \{(u, v, w)^T \in [0, 1]^3 \mid u + v + w = 1\} \to \mathbb{R} \,,$$
$$(u, v, w)^T \mapsto \frac{n!}{i!\,j!\,k!} u^i\, v^j\, w^k \,,$$

das (i, j, k)**-te baryzentrische Bernstein-Grundpolynom** vom Grad n. ◄

Die **baryzentrischen Bernstein-Grundpolynome** haben einige interessante Eigenschaften, von denen die wichtigsten im folgenden Satz festgehalten werden.

▶   **Satz 10.9.2 Eigenschaften baryzentrischer Bernstein-Grundpolynome**
Es seien $i, j, k, n \in \mathbb{N}$ mit $i + j + k = n$ und $(u, v, w)^T \in [0, 1]^3$ mit
$u + v + w = 1$ beliebig gegeben sowie in den Fällen der Extremaleigenschaft
und der Zerlegungen der Identitäten auch noch $n \geq 1$. Dann gilt:

- $b_{i,j,k,n}(u, v, w) \geq 0$ **(Nichtnegativität)**
- $b_{i,j,k,n}(\frac{i}{n}, \frac{j}{n}, \frac{k}{n}) \geq b_{i,j,k,n}(u, v, w)$ **(Extremaleigenschaft)**
- $\sum\limits_{\substack{i,j,k \geq 0 \\ i+j+k=n}} b_{i,j,k,n}(u, v, w) = 1$ **(Zerlegung der Eins)**
- $\sum\limits_{\substack{i,j,k \geq 0 \\ i+j+k=n}} \frac{i}{n} b_{i,j,k,n}(u, v, w) = u$ **(Zerlegung der u-Identität)**
- $\sum\limits_{\substack{i,j,k \geq 0 \\ i+j+k=n}} \frac{j}{n} b_{i,j,k,n}(u, v, w) = v$ **(Zerlegung der v-Identität)**
- $\sum\limits_{\substack{i,j,k \geq 0 \\ i+j+k=n}} \frac{k}{n} b_{i,j,k,n}(u, v, w) = w$ **(Zerlegung der w-Identität)**

Beweis Der Beweis ergibt sich durch einfaches Nachrechnen und durch Ausnutzung der
binomischen Summenformel (vgl. dazu z. B. [2]).   □

Mit Hilfe der baryzentrischen Bernstein-Grundpolynome können nun approximierende
Funktionen in drei baryzentrischen Veränderlichen definiert werden, die sogenannten **baryzentrischen Bézier-Polynome**.

Definition 10.9.3 Baryzentrische Bézier-Polynome

Es sei $n \in \mathbb{N}^*$ beliebig gegeben und $(\frac{i}{n}, \frac{j}{n}, \frac{k}{n}, z_{ijk})^T \in [0, 1]^3 \times \mathbb{R}$ mit $i + j + k = n$
ein über einem **baryzentrischen Gitter** gegebener Datensatz in $\mathbb{R}^3$. Dann bezeichnet
man die Funktion BBP_n,

$$BBP_n : \{(u, v, w)^T \in [0, 1]^3 \mid u + v + w = 1\} \to \mathbb{R} \,,$$
$$(u, v, w)^T \mapsto \sum\limits_{\substack{i,j,k \geq 0 \\ i+j+k=n}} z_{ijk} b_{i,j,k,n}(u, v, w) \,,$$

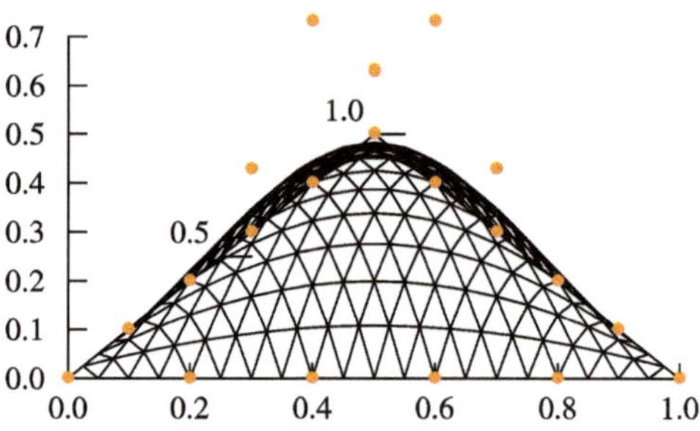

Abb. 10.13 Baryzentrisches Bézier-Polynom BBP_5

als approximierendes **baryzentrisches Bézier-Polynom** vom Höchstgrad n bezüglich des gegebenen Datensatzes. ◄

Beispiel 10.9.4

Es sei als zu approximierende Testfunktion die Funktion f,

$$f : \{(u, v, w)^T \in [0, 1]^3 \mid u + v + w = 1\} \to \mathbb{R},$$
$$(u, v, w)^T \mapsto \sin(\pi u)\sin(\pi v)\sin(\pi w),$$

gegeben. Setzt man nun z. B. $n := 5$ und generiert aus f den zu approximierenden Datensatz

$$z_{ijk} := f\left(\frac{i}{5}, \frac{j}{5}, \frac{k}{5}\right) = \sin\left(\frac{i\pi}{5}\right)\sin\left(\frac{j\pi}{5}\right)\sin\left(\frac{k\pi}{5}\right), \quad i + j + k = 5,$$

dann lautet das zugehörige **baryzentrische Bézier-Polynom** BBP_5,

$$BBP_5 : \{(u, v, w)^T \in [0, 1]^3 \mid u + v + w = 1\} \to \mathbb{R},$$
$$(u, v, w)^T \mapsto \sum_{\substack{i,j,k \geq 0 \\ i+j+k=5}} \sin\left(\frac{i\pi}{5}\right)\sin\left(\frac{j\pi}{5}\right)\sin\left(\frac{k\pi}{5}\right) b_{i,j,k,5}(u, v, w).$$

In Abb. 10.13 ist BBP_5 zusammen mit den insgesamt 21 zu approximierenden Punkten skizziert.

► **Bemerkung 10.9.5 Praxis der baryzentrischen Bézier-Polynome** Die effiziente Auswertung der **baryzentrischen Bézier-Polynome** kann wieder mit Hilfe eines **Algorithmus vom de Casteljau-Typ** realisiert werden. Details hierzu und zu weiteren interessanten Eigenschaften der baryzentrischen Bézier-Polynome findet man z. B. in [3–6].

10.10 Aufgaben mit Lösungen

Aufgabe 10.10.1 *Es sei als zu approximierende Testfunktion die Funktion f,*

$$f : \{(u, v, w)^T \in [0, 1]^3 \mid u + v + w = 1\} \to \mathbb{R},$$
$$(u, v, w)^T \mapsto \exp(u)\cos(v)\sin(w),$$

gegeben. Setzen Sie $n := 8$, und geben Sie für den aus f erzeugten zu approximierenden Datensatz

$$z_{ijk} := f\left(\frac{i}{8}, \frac{j}{8}, \frac{k}{8}\right) = \exp\left(\frac{i}{8}\right)\cos\left(\frac{j}{8}\right)\sin\left(\frac{k}{8}\right), \quad i + j + k = 8,$$

das zugehörige baryzentrische Bézier-Polynom BBP_8 an.

Lösung der Aufgabe Das gesuchte baryzentrische Bézier-Polynom BBP_8 lautet

$$BBP_8 : \{(u, v, w)^T \in [0, 1]^3 \mid u + v + w = 1\} \to \mathbb{R},$$
$$(u, v, w)^T \mapsto \sum_{\substack{i,j,k \geq 0 \\ i+j+k=8}} \exp\left(\frac{i}{8}\right)\cos\left(\frac{j}{8}\right)\sin\left(\frac{k}{8}\right) b_{i,j,k,8}(u, v, w).$$

Selbsttest 10.10.2 Welche Aussagen über die polynomiale Approximation über Dreiecken sind wahr?

?+? Die baryzentrischen Bézier-Polynome bestehen aus baryzentrischen Bernstein-Grundpolynomen.

?+? Die baryzentrischen Bernstein-Grundpolynome sind Funktionen baryzentrischer Koordinaten.

?+? Die baryzentrischen Bézier-Polynome interpolieren die drei Eckpunkte des gegebenen Datensatzes.

Literatur

1. Lenze, B.: Basiswissen Lineare Algebra. Springer Vieweg, Wiesbaden (2020)
2. Lenze, B.: Basiswissen Analysis. Springer Vieweg, Wiesbaden (2020)
3. Farin, G.E.: Kurven und Flächen im Computer Aided Geometric Design, 2. Aufl. Vieweg Verlag, Wiesbaden (1994)
4. Farin, G.E.: Curves and Surfaces for CAGD, 5. Aufl. Academic Press, San Diego (2002)
5. Prautzsch, H., Boehm, W., Paluszny, M.: Bézier and B-Spline Techniques. Springer-Verlag, Berlin, Heidelberg, New York (2010)
6. Salomon, D.: Curves and Surfaces for Computer Graphics. Springer, Berlin, Heidelberg, New York (2013)

Die sichere und vor Lesen durch Dritte geschützte Übermittlung von Daten und Informationen aller Art spielt im Zeitalter des **Word Wide Web** eine immer größere Rolle. Im Folgenden sollen deshalb einige grundlegende Verfahren vorgestellt werden, mit denen eine geschützte Kommunikation weitgehend möglich ist. Man bezeichnet die Wissenschaft, die sich mit diesen Techniken beschäftigt, als **Kryptografie** und unterscheidet in diesem Zusammenhang prinzipiell zwischen zwei Prototypen von Verschlüsselungsverfahren: den **symmetrischen Verfahren** und den **asymmetrischen Verfahren**.

Um einen ersten Eindruck zu erhalten, worum es sich dabei handelt, wird im Folgenden ein kleines Beispiel betrachtet, welches zunächst ein **symmetrisches Verfahren** behandelt.

Beispiel 11.0.1
Alice möchte Bob per SMS die Ziffernfolge des Zahlenschlosses ihres Motorrollers übermitteln, hat aber Sorge, dass diese SMS vielleicht von Bobs Freund Peter gelesen werden könnte, dem Bob bisweilen sein Handy leiht. Zum Glück fällt ihr ein, dass sie und Bob eine Zahl verbindet, die wahrscheinlich (hoffentlich) nur die beiden kennen. Um also die Ziffernfolge **3842** ihres Zahlenschlosses sicher zu übermitteln, schreibt sie Bob folgende SMS:

Hi Bob, zieh von **5360** das Sechsfache des Produkts aus Tag und Monat ab, an dem wir uns kennengelernt haben. Gruß Alice.

Als Bob die SMS erhält, ist er zunächst etwas erstaunt, erinnert sich dann aber schnell an den **23.11**, an dem er Alice zum ersten Mal getroffen hat, und berechnet

Elektronisches Zusatzmaterial Die elektronische Version dieses Kapitels enthält Zusatzmaterial, das berechtigten Benutzern zur Verfügung steht https://doi.org/10.1007/978-3-658-30028-9_11.

B. Lenze, *Basiswissen Angewandte Mathematik – Numerik, Grafik, Kryptik*,
https://doi.org/10.1007/978-3-658-30028-9_11

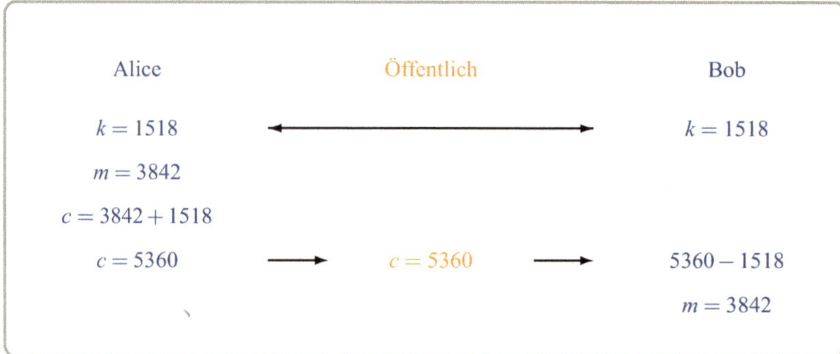

Abb. 11.1 Symmetrische Verschlüsselung

die Ziffernfolge des Zahlenschlosses als:

$$5360 - 6 \cdot 23 \cdot 11 = 5360 - 1518 = 3842 \, .$$

Der prinzipielle Ver- und Entschlüsselungsablauf ist nochmals zusammenfassend in Abb. 11.1 skizziert, wobei die üblichen Abkürzungen m für *message* (Klartext, *plaintext*, *cleartext*), k für *key* (Schlüssel) und c für *ciphertext* (Chiffretext, *cryptotext*, *cryptogram*) benutzt werden.

Die im obigen Beispiel gewählte Verschlüsselung wird als **symmetrisch** bezeichnet, da Alice und Bob über **denselben Schlüssel** verfügen und ihn benutzen, um zu ver- und entschlüsseln. In diesem einfachen Fall war der Schlüssel k die Zahl $6 \cdot 23 \cdot 11 = 1518$, die zum Verschlüsseln addiert und zum Entschlüsseln subtrahiert werden musste. Die Gefahr bei dieser Art von Verschlüsselung liegt auf der Hand. Wenn jemand die Schlüsselvereinbarungsdetails kennt, im obigen Beispiel also den Tag des ersten Treffens von Bob und Alice, dann ist die Vertraulichkeit der Nachricht gebrochen. Kritisch ist also der sogenannte **Schlüsseltausch** bzw. die **Schlüsselvereinbarung**, bei denen sichergestellt sein muss, dass keine dritte Person Kenntnis davon hat.

Auf den ersten Blick sieht es so aus, als ob dieses Problem generell unvermeidbar ist, wenn man vertrauliche Informationen austauschen möchte. Das ist jedoch nicht der Fall, wenn man sich nämlich eines sogenannten **asymmetrischen Verfahrens** bedient. Dazu zunächst wieder ein kleines Beispiel.

Beispiel 11.0.2
Alice möchte Bob erneut per SMS eine vertrauliche Information zukommen lassen, diesmal die Geheimnummer ihrer Kreditkarte, die sie Bob geliehen hat. Da sie

wieder Sorge hat, dass diese SMS vielleicht von Bobs Freund Peter gelesen werden könnte und dieser inzwischen den geheimen Schlüssel basierend auf dem Tag ihres ersten Treffens mit Bob kennt, greift sie auf eine andere mit Bob abgesprochene Verschlüsselung zurück. Dazu bedarf es insgesamt vier verschiedener Schlüssel, genauer zwei **öffentlicher Schlüssel** und zwei **privater (geheimer) Schlüssel**. Die öffentlichen Schlüssel sind, wie der Name schon sagt, allgemein bekannt (engl. *public keys*) und lauten im vorliegenden Fall $a_p := 25$ für Alice und $b_p := 8$ für Bob. Entsprechend bezeichnen $a_s := 4$ und $b_s := 125$ die privaten (geheimen) Schlüssel von Alice bzw. von Bob, die nur diesen bekannt sind (engl. *secret keys*). Genauer gilt, dass nur Alice ihren privaten Schlüssel a_s kennt und nur Bob sein privater Schlüssel b_s bekannt ist! Um nun also die Ziffernfolge **7356** ihrer Geheimzahl für die Kreditkarte sicher zu übermitteln, berechnet Alice zunächst

$$7356 \cdot \mathbf{b_p} \cdot \mathbf{a_s} = 7356 \cdot 8 \cdot 4 = 235392$$

und schreibt anschließend Bob folgende SMS:

Hi Bob, die mit deinem öffentlichen und meinem privaten Schlüssel berechnete Zahl lautet **235392**. Gruß Alice.

Als Bob die SMS erhält, fällt ihm sofort ein, was er zu tun hat. Er nimmt die erhaltene Zahl und multipliziert sie mit Alice öffentlichem Schlüssel und seinem privaten Schlüssel und erhält

$$235392 \cdot \mathbf{a_p} \cdot \mathbf{b_s} = 235392 \cdot 25 \cdot 125 = 735600000 \, .$$

Jetzt muss er lediglich noch die hinteren Nullen streichen, bis eine vierstellige Zahl übrig bleibt, und hat so in verschlüsselter Form die Geheimzahl erhalten. Der prinzipielle Ver- und Entschlüsselungsablauf ist nochmals zusammenfassend in Abb. 11.2 skizziert.

Die im obigen Beispiel verwandte **asymmetrische Verschlüsselung**, die dadurch ausgezeichnet ist, dass Ver- und Entschlüsselung mit **verschiedenen Schlüsseln** vorgenommen werden, ist nur dann wirklich sicher, wenn das eigentliche Ver- und Entschlüsselungsverfahren geheim bleibt. Das ist natürlich i. Allg. nicht der Fall! Insbesondere wissen Alice und Bob sehr wahrscheinlich, dass ihre Schlüsselpaare gerade so gewählt sind, dass ihr jeweiliges Produkt eine Zehnerpotenz ergibt. Mit dieser Information könnte also Bob sofort den privaten Schlüssel von Alice bis auf den Faktor einer Zehnerpotenz genau bestimmen und umgekehrt ebenfalls Alice den privaten Schlüssel von Bob.

Besser wäre es, wenn es auch bei öffentlich bekanntgegebenem Verfahren (nahezu) unmöglich ist, vom öffentlichen Schlüssel auf den privaten Schlüssel eines Teilnehmers zu schließen. Entsprechendes gilt natürlich auch für symmetrische Verfahren: Auch bei bekanntem symmetrischen Verfahren sollte dessen Sicherheit nicht durch die Geheimhal-

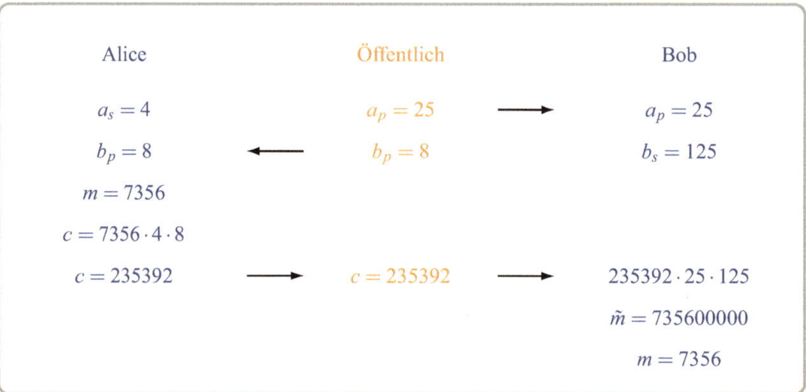

Abb. 11.2 Asymmetrische Verschlüsselung

tung des Verfahrens gewährleistet werden, sondern lediglich durch die Geheimhaltung des verwendeten Schlüssels. Genau diese grundsätzliche Forderung, erstmals explizit von Auguste Kerckhoffs (1835–1903) formuliert, ist heute als **Prinzip von Kerckhoffs** eines der fundamentalen Designkriterien moderner Verschlüsselungsverfahren.

Um Verfahren dieses Typs im Folgenden genauer beschreiben zu können, bedarf es zunächst einiger **mathematischer Grundlagen**, die wir im Folgenden erarbeiten werden. Um den Ausführungen folgen zu können, sind Grundkenntnisse aus der Linearen Algebra erforderlich, etwa in dem Umfang wie sie in [1] vermittelt werden.

Gezielte Hinweise zu ergänzender oder weiterführender Literatur werden jeweils innerhalb der einzelnen Kapitel gegeben. An dieser Stelle seien lediglich bereits die Bücher [2–6, 8] genannt, die u. a. interessante Überblicke über die geschichtliche Entwicklung der Kryptografie geben und näher auf praktische Aspekte eingehen. In Hinblick auf die mathematischen Grundlagen aus den Bereichen der Zahlentheorie und der Algebra, die im Folgenden sehr direkt und ohne tiefer gehende Begründungen zur Verfügung gestellt werden, seien ferner die Bücher [7, 9] als Zusatzlektüre für diejenigen empfohlen, die eine umfassendere theoretische Fundierung wünschen.

Literatur

1. Lenze, B.: Basiswissen Lineare Algebra. Springer Vieweg, Wiesbaden (2020)
2. Bauer, F.L.: Entzifferte Geheimnisse, Methoden und Maximen der Kryptologie, 3. Aufl. Springer, Berlin, Heidelberg, New York (2000)
3. Buchmann, J.: Einführung in die Kryptographie, 6. Aufl. Springer, Berlin, Heidelberg (2016)
4. Delfs, H., Knebl, H.: Introduction to Cryptography: Principles and Applications, 3. Aufl. Springer, Berlin, Heidelberg (2015)
5. Eckert, C.: IT-Sicherheit: Konzepte–Verfahren–Protokolle, 10. Aufl. Walter de Gruyter, Berlin, Boston (2018)

6. Paar, C., Pelzl, J.: Kryptografie verständlich. Springer Vieweg, Berlin, Heidelberg (2016)
7. Remmert, R., Ullrich, P.: Elementare Zahlentheorie, 3. Aufl. Birkhäuser, Basel (2008)
8. Wätjen, D.: Kryptographie, 3. Aufl. Springer Vieweg, Wiesbaden (2018)
9. Wüstholz, G.: Algebra, 2. Aufl. Springer Spektrum, Wiesbaden (2013)

Die **Zahlentheorie** ist eine der ältesten und fundamentalsten mathematischen Disziplinen und beschäftigt sich originär, wie der Name schon sagt, mit den Eigenschaften von Zahlen, wobei hier zunächst die natürlichen bzw. die ganzen Zahlen im Fokus stehen. Da man im Rahmen der Untersuchung von Fragen wie Teilbarkeit, Zerlegbarkeit, Darstellbarkeit usw. sehr schnell erkennt, dass es enge strukturelle Verbindungen zwischen den ganzen Zahlen und den Polynomen gibt, befasst sich die moderne Zahlentheorie konsequenter Weise auch mit Polynomen und geht der Frage nach, welche interessanten Eigenschaften sie besitzen und wie man sie im Rahmen konkreter Anwendungen gezielt einsetzen kann. Einen schönen Einstieg in das sehr umfangreiche Gebiet der Zahlentheorie findet man z. B. in [1]. Wir konzentrieren uns im Folgenden auf die zahlentheoretischen Hilfsmittel, die im Rahmen der Verschlüsselungstheorie eine wichtige Rolle spielen und starten mit der Bereitstellung einiger zentraler Grundbegriffe.

12.1 Grundlegende Begriffe

Im Folgenden werden zunächst einige elementare Resultate zum **größten gemeinsamen Teiler** zweier Zahlen erarbeitet und dann der äußerst wichtige **Satz von Fermat und Euler** formuliert. Dieser Satz, der in einer ersten Fassung auf Pierre de Fermat (1601–1665) zurück geht und in seiner allgemeinen Version von Leonard Euler (1707–1783) bewiesen wurde, ist von fundamentaler Bedeutung für die gesamte asymmetrische Verschlüsselungstechnik und bedarf insofern besonderer Aufmerksamkeit. Zur behutsamen Heranführung an die nötigen Grundlagen wird zunächst die wahrscheinlich bereits bekannte Definition des **größten gemeinsamen Teilers** noch einmal in Erinnerung gerufen.

Elektronisches Zusatzmaterial Die elektronische Version dieses Kapitels enthält Zusatzmaterial, das berechtigten Benutzern zur Verfügung steht https://doi.org/10.1007/978-3-658-30028-9_12.

B. Lenze, *Basiswissen Angewandte Mathematik – Numerik, Grafik, Kryptik*, https://doi.org/10.1007/978-3-658-30028-9_12

Definition 12.1.1 Größter gemeinsamer Teiler

Es seien $m, n \in \mathbb{N}^*$ beliebig gegeben. Dann bezeichnet man

$$\mathrm{ggT}(m,n) := \max\{t \in \mathbb{N}^* \mid \exists r, s \in \mathbb{N}^* : ((m = r \cdot t) \wedge (n = s \cdot t))\}$$

als **größten gemeinsamen Teiler** von m und n. ◀

Beispiel 12.1.2

Der größte gemeinsame Teiler von 36 und 48 ist 12, also kurz $\mathrm{ggT}(36, 48) = 12$.

Beispiel 12.1.3

Der größte gemeinsame Teiler von 25 und 48 ist 1, also kurz $\mathrm{ggT}(25, 48) = 1$.

▶ **Bemerkung 12.1.4 Teilerfremde Zahlen** Man bezeichnet zwei natürliche Zahlen $m, n \in \mathbb{N}^*$ als **teilerfremd**, genau dann wenn $\mathrm{ggT}(m, n) = 1$ gilt.

In einem nächsten Schritt wird die sogenannte **Eulersche φ-Funktion** (gesprochen: Eulersche Phi-Funktion) eingeführt, die eine Zählfunktion für gewisse Paare teilerfremder Zahlen realisiert.

Definition 12.1.5 Eulersche φ-Funktion

Es sei $n \in \mathbb{N}^*$ beliebig gegeben. Dann bezeichnet man

$$\varphi(n) := |\{m \in \mathbb{N}^* \mid ((0 < m < n) \wedge (\mathrm{ggT}(m, n) = 1))\}|$$

als **Eulersche φ-Funktion** von n, wobei die Betragszeichen um die Mengenklammer so zu deuten sind, dass die Anzahl der Elemente der Menge zu bestimmen ist. ◀

Beispiel 12.1.6

Für $n := 36$ gilt $\varphi(36) = 12$, denn 36 ist teilerfremd zu den 12 Zahlen $1, 5, 7, 11,$ $13, 17, 19, 23, 25, 29, 31$ und 35.

Beispiel 12.1.7

Für $n := 11$ gilt $\varphi(11) = 10$, denn 11 ist teilerfremd zu den 10 Zahlen $1, 2, 3, 4, 5,$ $6, 7, 8, 9$ und 10.

▶ **Bemerkung 12.1.8 Primzahl** Man bezeichnet eine natürliche Zahl $p \in \mathbb{N}^*$, $p \geq 2$, als **Primzahl**, genau dann wenn $\varphi(p) = p - 1$ gilt.

▶ **Satz 12.1.9 Eulersche φ-Funktion für Primzahlprodukte** Es seien $p, q \in \mathbb{N}^*$, $p \neq q$, zwei beliebige verschiedene Primzahlen. Dann gilt

$$\varphi(p \cdot q) = (p - 1) \cdot (q - 1) \, .$$

Beweis Man überlegt sich sehr leicht, dass pq genau mit den Zahlen $q, 2q, 3q, \ldots, (p-1)q$ und $p, 2p, 3p, \ldots, (q-1)p$ einen von 1 verschiedenen größten gemeinsamen Teiler besitzt. Alle übrigen Zahlen zwischen 0 und pq sind teilerfremd zu pq, da p und q Primzahlen sind. Daraus folgt aber sofort die Identität

$$\varphi(pq) = pq - 1 - (p - 1) - (q - 1) = (p - 1)(q - 1) \, . \qquad \square$$

Beispiel 12.1.10

Für $n := 2 \cdot 5$ gilt $\varphi(10) = 4$, denn 10 ist teilerfremd zu den 4 Zahlen $1, 3, 7$ und 9. Nach dem obigen Satz hätte man das aber auch einfacher berechnen können als $\varphi(10) = 1 \cdot 4 = 4$.

Beispiel 12.1.11

Für $n := 3 \cdot 7$ gilt $\varphi(21) = 12$, denn 21 ist teilerfremd zu den 12 Zahlen $1, 2, 4, 5, 8, 10, 11, 13, 16, 17, 19$ und 20. Nach dem obigen Satz hätte man das aber auch einfacher berechnen können als $\varphi(21) = 2 \cdot 6 = 12$.

12.2 Satz von Fermat und Euler

Mit den obigen Vorbereitungen sind wir nun in der Lage, den wichtigen **Satz von Fermat und Euler** und eine einfache Folgerung aus ihm formulieren zu können. Dazu sei daran erinnert, dass man für drei ganze Zahlen $a, b, c \in \mathbb{Z}$ sagt, dass a **kongruent** b **modulo** c ist, falls sich a und b nur durch ein ganzzahliges Vielfaches von c unterscheiden, in Kurzschreibweise

$$a \equiv b \bmod c \quad :\Longleftrightarrow \quad \exists d \in \mathbb{Z} : a = b + d \cdot c \, .$$

Die trivialen Fälle, wenn $c = 0$ ist (Gleichheitsforderung an a und b) oder $c = \pm 1$ ist (alle Elemente a und b sind kongruent), werden dabei i. Allg. ausgeschlossen. Ferner gilt die Notationskonvention

$$a := b \bmod c := \min\{r \in \mathbb{N} \mid r \equiv b \bmod c\} \, ,$$

d. h. bei Benutzung des Gleichheitszeichens wird das b auf der rechten Seite stets durch die eindeutig bestimmte kleinste natürliche Zahl a ersetzt, die kongruent zu b modulo c ist.

► **Satz 12.2.1 Satz von Fermat und Euler** Es seien $m, n \in \mathbb{N}^*$ beliebige teilerfremde Zahlen, also $\mathrm{ggT}(m, n) = 1$. Dann gilt

$$m^{\varphi(n)} \equiv 1 \bmod n .$$

Beweis Auf den Beweis wird verzichtet. Er kann z. B. in [1–3] nachgelesen werden. □

Beispiel 12.2.2
Für $m := 12$ und $n := 5$ gilt $\mathrm{ggT}(12, 5) = 1$, also ist die Voraussetzung des Satzes von Fermat und Euler erfüllt. Wegen $\varphi(5) = 4$ gilt somit erwartungsgemäß

$$12^4 = 20736 = 4147 \cdot 5 + 1 \equiv 1 \bmod 5 .$$

Beispiel 12.2.3
Für $m := 8$ und $n := 15$ gilt $\mathrm{ggT}(8, 15) = 1$, also ist die Voraussetzung des Satzes von Fermat und Euler erfüllt. Wegen $\varphi(15) = 8$ gilt somit erwartungsgemäß

$$8^8 = 16777216 = 1118481 \cdot 15 + 1 \equiv 1 \bmod 15 .$$

► **Bemerkung 12.2.4 Geschicktes modulo-Rechnen** Bei den elementaren Operationen plus, mal und hoch ist die **modulo-Reduktion** einer beteiligten Zahl in jeder Phase der Rechnung möglich. So kann man z. B. die im obigen Beispiel durchzuführende Rechnung wie folgt leicht von Hand nachvollziehen:

$$8^8 = 64 \cdot 64 \cdot 64 \cdot 64 \equiv 4 \cdot 4 \cdot 4 \cdot 4 = 16 \cdot 16 \equiv 1 \cdot 1 = 1 \bmod 15 .$$

► **Satz 12.2.5 Folgerung aus dem Satz von Fermat und Euler** Es seien $p, q \in \mathbb{N}^*$, $p \neq q$, zwei beliebige verschiedene Primzahlen sowie $m, r \in \mathbb{N}^*$. Dann gilt

$$m^{r(p-1)(q-1)+1} \equiv m \bmod pq .$$

Beweis   Es ist lediglich zu zeigen, dass

$$m^{r(p-1)(q-1)+1} \equiv m \bmod p \quad \text{und} \quad m^{r(p-1)(q-1)+1} \equiv m \bmod q$$

gilt, denn daraus folgt die Behauptung. Wenn nämlich die obigen Beziehungen gelten, dann teilt sowohl p als auch q die Zahl $m^{r(p-1)(q-1)+1} - m$ und da beide Zahlen Primzahlen sind, teilt auch ihr Produkt die Zahl $m^{r(p-1)(q-1)+1} - m$. Daraus folgt aber sofort die Behauptung. Es genügt also, wegen der Symmetrie der Aussagen, die Beziehung

$$m^{r(p-1)(q-1)+1} \equiv m \bmod p$$

nachzuweisen. Im Fall, dass $\mathrm{ggT}(m, p) = 1$ gilt, liefert der Satz von Fermat und Euler wegen $\varphi(p) = p - 1$ sofort

$$m^{r(p-1)(q-1)+1} = (m^{p-1})^{r(q-1)} \cdot m \equiv 1^{r(q-1)} \cdot m = m \bmod p \, .$$

Es gelte nun $\mathrm{ggT}(m, p) \neq 1$. Da p eine Primzahl ist, muss m durch p teilbar sein. Damit teilt p aber auch jede Potenz von m und somit insbesondere $m^{r(p-1)(q-1)+1} - m$. Daraus folgt aber sofort auch in diesem Fall

$$m^{r(p-1)(q-1)+1} \equiv m \bmod p \, .$$

Insgesamt ist damit die Folgerung aus dem Satz von Fermat und Euler bewiesen. $\square$

Beispiel 12.2.6

Für $p := 2, q := 3, m := 5$ und $r := 4$ gilt erwartungsgemäß

$$5^{4 \cdot 1 \cdot 2+1} = 5^9 = 25 \cdot 25 \cdot 25 \cdot 25 \cdot 5 \equiv 1 \cdot 1 \cdot 1 \cdot 1 \cdot 5 = 5 \bmod 6 \, .$$

Beispiel 12.2.7

Für $p := 3, q := 5, m := 8$ und $r := 6$ gilt erwartungsgemäß

$$8^{6 \cdot 2 \cdot 4+1} = 8^{49} = 64^{24} \cdot 8 \equiv 4^{24} \cdot 8 = 16^{12} \cdot 8 \equiv 1^{12} \cdot 8 = 8 \bmod 15 \, .$$

Beispiel 12.2.8

Für $p := 5, q := 7, m := 108$ und $r := 2$ gilt erwartungsgemäß

$$108^{2 \cdot 4 \cdot 6+1} = 108^{49} \equiv 3^{49} = 81^{12} \cdot 3 \equiv 11^{12} \cdot 3 = 121^6 \cdot 3$$

$$\equiv 16^6 \cdot 3 = 256^3 \cdot 3 \equiv 11^3 \cdot 3 = 121 \cdot 11 \cdot 3$$

$$\equiv 16 \cdot 33 = 528 \equiv 3 \equiv 108 \bmod 35 \, .$$

▶ **Bemerkung 12.2.9 Wahl der Basis** Die Folgerung aus dem Satz von Fermat und Euler gilt für alle Basen $m \in \mathbb{N}^*$, wird jedoch in der Praxis ausschließlich auf Basen m angewandt, die zwischen 1 und dem Produkt der beiden verschiedenen Primzahlen $p, q \in \mathbb{N}^*$ liegen.

12.3 Aufgaben mit Lösungen

Aufgabe 12.3.1 *Rechnen Sie für* $m := 8$ *und* $n := 13$ *die Gültigkeit des Satzes von Fermat und Euler nach.*

Lösung der Aufgabe Zunächst ist wegen $\mathrm{ggT}(8, 13) = 1$ die Voraussetzung des Satzes von Fermat und Euler erfüllt. Wegen $\varphi(13) = 12$ gilt somit erwartungsgemäß

$$8^{12} = 64^6 \equiv 12^6 = 144^3 \equiv 1^3 = 1 \bmod 13 \,.$$

Aufgabe 12.3.2 *Rechnen Sie für* $m := 9$ *und* $n := 16$ *die Gültigkeit des Satzes von Fermat und Euler nach.*

Lösung der Aufgabe Zunächst ist wegen $\mathrm{ggT}(9, 16) = 1$ die Voraussetzung des Satzes von Fermat und Euler erfüllt. Wegen $\varphi(16) = 8$ gilt somit erwartungsgemäß

$$9^8 = 81^4 \equiv 1^4 = 1 \bmod 16 \,.$$

Aufgabe 12.3.3 *Rechnen Sie für* $p := 3$, $q := 7$, $m := 4$ *und* $r := 5$ *die Gültigkeit der Folgerung aus dem Satz von Fermat und Euler nach.*

Lösung der Aufgabe Man erhält wie erwartet

$$4^{5 \cdot 2 \cdot 6 + 1} = 4^{61} = 64^{20} \cdot 4 \equiv 1^{20} \cdot 4 = 4 \bmod 21 \,.$$

Aufgabe 12.3.4 *Rechnen Sie für* $p := 5$, $q := 7$, $m := 6$ *und* $r := 3$ *die Gültigkeit der Folgerung aus dem Satz von Fermat und Euler nach.*

Lösung der Aufgabe Man erhält wie erwartet

$$6^{3 \cdot 4 \cdot 6 + 1} = 6^{73} = 36^{36} \cdot 6 \equiv 1^{36} \cdot 6 = 6 \bmod 35 \,.$$

Selbsttest 12.3.5 Welche Aussagen über den Satz von Fermat und Euler sind wahr?

?–? Der Satz von Fermat und Euler sagt, wann m^r kongruent zu m modulo n ist.
?–? Der Satz von Fermat und Euler sagt, wann m^r kongruent zu 0 modulo n ist.

?+? Die beim Satz von Fermat und Euler auftauchenden Zahlen m und n müssen teilerfremd sein.

?−? Die beim Satz von Fermat und Euler auftauchenden Zahlen m, n müssen $\varphi(n) = m$ erfüllen.

12.4 Euklidischer Algorithmus

Im Rahmen der Kryptografie ist es häufig erforderlich, auf möglichst effiziente Art und Weise den größten gemeinsamen Teiler zweier großer natürlicher Zahlen $m, n \in \mathbb{N}^*$ zu bestimmen, kurz

$$\mathrm{ggT}(m, n) = ? \, .$$

Dies leistet der nach Euklid von Alexandria (um 300 v. Chr.) benannte **Euklidische Algorithmus**, dessen prinzipielle Idee lediglich in einem sukzessiven ganzzahligen Teilen mit Rest besteht. In seiner erweiterten Variante, die im Folgenden direkt mit angegeben wird und die für die Kryptografie von entscheidender Bedeutung ist, werden ferner zusätzlich noch zwei natürliche Zahlen $x, y \in \mathbb{N}$ berechnet, mit deren Hilfe der ggT von m und n dann sowohl als Produkt

$$\mathrm{ggT}(m, n) \equiv x \cdot n \bmod m \qquad \text{als auch als Produkt} \qquad \mathrm{ggT}(m, n) \equiv y \cdot m \bmod n$$

dargestellt werden kann. Welche weiteren Schlüsse man aus diesen modularen Gleichungen ziehen kann, werden wir in Kürze erklären. Zunächst formulieren wir jedoch präzise den allgemeinen Algorithmus.

▶ **Satz 12.4.1 Euklidischer Algorithmus** Es seien $m, n \in \mathbb{N}^*$ beliebig gegeben. Dann lässt sich mit Hilfe einer fortgesetzten Division mit Rest, welche als **Euklidischer Algorithmus** bezeichnet wird, der größte gemeinsame Teiler $\mathrm{ggT}(m, n)$ bestimmen gemäß:

$$
\begin{aligned}
\text{Setze:} \quad & a_0 := n \text{ und } a_1 := m \\
\text{Berechne:} \quad & a_0 = v_1 \cdot a_1 + a_2 \text{ mit } v_1, a_2 \in \mathbb{N} \text{ und } 0 < a_2 < a_1 \\
& a_1 = v_2 \cdot a_2 + a_3 \text{ mit } v_2, a_3 \in \mathbb{N} \text{ und } 0 < a_3 < a_2 \\
& a_2 = v_3 \cdot a_3 + a_4 \text{ mit } v_3, a_4 \in \mathbb{N} \text{ und } 0 < a_4 < a_3 \\
& \quad \vdots \qquad\qquad \vdots \qquad\qquad \vdots \\
& a_{i-2} = v_{i-1} \cdot a_{i-1} + a_i \text{ mit } v_{i-1}, a_i \in \mathbb{N} \text{ und } 0 < a_i < a_{i-1} \\
& a_{i-1} = v_i \cdot a_i \text{ mit } v_i \in \mathbb{N} \\
\text{Ergebnis:} \quad & \mathrm{ggT}(m, n) = a_i
\end{aligned}
$$

Setzt man die oben auftauchenden Größen als bekannt voraus, so lässt sich der Algorithmus im folgenden Sinne vervollständigen und wird in dieser Form häufig als **erweiterter Euklidischer Algorithmus** bezeichnet:

$$\text{Berechne:} \quad a_2 = a_0 - v_1 \cdot a_1 =: c_2 \cdot n + d_2 \cdot m \text{ mit } c_2, d_2 \in \mathbb{Z}$$
$$a_3 = a_1 - v_2 \cdot a_2 =: c_3 \cdot n + d_3 \cdot m \text{ mit } c_3, d_3 \in \mathbb{Z}$$
$$a_4 = a_2 - v_3 \cdot a_3 =: c_4 \cdot n + d_4 \cdot m \text{ mit } c_4, d_4 \in \mathbb{Z}$$
$$\vdots \qquad\qquad \vdots \qquad \vdots$$
$$a_i = a_{i-2} - v_{i-1} \cdot a_{i-1} =: c_i \cdot n + d_i \cdot m \text{ mit } c_i, d_i \in \mathbb{Z}$$
$$\text{Ergebnis:} \quad \text{ggT}(m,n) = c_i \cdot n + d_i \cdot m \text{ mit } c_i, d_i \in \mathbb{Z}$$
$$\exists x \in \mathbb{N} : \text{ggT}(m,n) \equiv x \cdot n \bmod m$$
$$\exists y \in \mathbb{N} : \text{ggT}(m,n) \equiv y \cdot m \bmod n$$

Beweis Es sollen lediglich die zentralen Ideen des Beweises skizziert werden. Zunächst ist aufgrund der Konstruktion des Algorithmus klar, dass die Ungleichung $a_1 > a_2 > a_3 > \cdots$ gilt und, da es sich bei den Zahlen um natürliche Zahlen handelt, die Generierung dieser Restzahlen nach endlich vielen Schritten enden muss. Somit ist gezeigt, dass der Algorithmus wie behauptet terminiert. Es ist nun nur noch zu prüfen, ob die letzte berechnete Restzahl a_i wirklich gleich dem ggT von m und n ist. Dies wird in zwei Schritten nachgewiesen: Man zeigt zunächst, dass a_i die Zahlen m und n teilt, und anschließend, dass jede Zahl, die m und n teilt, auch a_i teilt. Daraus folgt dann sofort $a_i = \text{ggT}(m,n)$.

Aufgrund der Gleichung $a_{i-1} = v_i \cdot a_i$ teilt a_i die Zahl a_{i-1}. Aufgrund der Gleichung $a_{i-2} = v_{i-1} \cdot a_{i-1} + a_i$ teilt a_i damit aber auch die Zahl a_{i-2}. So fortfahrend schließt man darauf, dass a_i auch $a_0 = n$ und $a_1 = m$ teilt.

Es sei nun $t \in \mathbb{N}^*$ ein beliebiger Teiler von $a_0 = n$ und $a_1 = m$. Aufgrund der Gleichung $a_2 = a_0 - v_1 \cdot a_1$ teilt t somit auch a_2. Entsprechend folgt aus der Gleichung $a_3 = a_1 - v_2 \cdot a_2$, dass t auch a_3 teilt. So fortfahrend ergibt sich dann wie gewünscht, dass t auch a_i teilt.

Bei der vollständigen Variante des Algorithmus besteht die Idee schließlich darin, sukzessiv nach den Resten der vorgenommenen Divisionen aufzulösen und diese als ganzzahlige Linearkombinationen von m und n zu schreiben. Dabei werden die jeweils zuvor gefundenen Darstellungen der Reste in jedem Auflösungsschritt wieder benutzt, um am Ende die gewünschte Darstellung von $\text{ggT}(m,n)$ als ganzzahlige Linearkombination von m und n zu erhalten, aus der man dann x und y einfach bestimmen kann. $\qquad \square$

Ein einfacher Java-Code zur Berechnung des größten gemeinsamen Teilers basierend auf dem Euklidischen Algorithmus könnte beispielsweise wie folgt aussehen, wobei der Java-Operator % genau die modulo-Operation realisiert:

```java
public int ggT(int m, int n)
{
    int a;
```

```
        do {a=n%m; n=m; m=a;} while (m!=0);
        return n;
    }
```

Eine etwas ausführlichere Java-Routine für die erweiterte Variante dieses wichtigen Algorithmus, die eng an die im obigen Satz gewählten Bezeichnungen angelehnt ist, könnte etwa folgende Struktur besitzen, wobei $out[0] = \mathrm{ggT}(m,n)$, $out[1] = x$ und $out[2] = y$ zu setzen ist. Man beachte ferner, dass in Java die durch den Operator / gegebene Division für ganzzahlige Operanden als Ergebnis eine ganze Zahl liefert und zwar genau den ganzzahligen Teil des Quotienten:

```
public int[] euklid(int m, int n)
{
    int v; int[] out = new int[3];
    int[] a = new int[3];
    int[] c = new int[3];
    int[] d = new int[3];
    c[0]=1; c[1]=0; d[0]=0; d[1]=1; a[0]=n; a[1]=m;
    do
    {
        a[2]=a[0]%a[1];    v=a[0]/a[1];
        c[2]=c[0]-v*c[1]; d[2]=d[0]-v*d[1];
        a[0]=a[1]; a[1]=a[2];
        c[0]=c[1]; c[1]=c[2];
        d[0]=d[1]; d[1]=d[2];
    }
    while (a[1]!=0);
    while (c[0]<0) {c[0]=c[0]+m;}
    while (d[0]<0) {d[0]=d[0]+n;}
    out[0]=a[0]; out[1]=c[0]; out[2]=d[0];
    return out;
}
```

Beispiel 12.4.2

Es seien $m := 288$ und $n := 309$ gegeben und gesucht wird sowohl der ggT der beiden Zahlen als auch zwei natürliche Zahlen $x, y \in \mathbb{N}$ mit

$$\mathrm{ggT}(288, 309) \equiv x \cdot 309 \bmod 288 \,,$$

$$\mathrm{ggT}(288, 309) \equiv y \cdot 288 \bmod 309 \,.$$

Mit Hilfe des **Euklidischen Algorithmus** und seiner Erweiterung erhält man die Lösung wie folgt:

$$\begin{aligned}
\text{Berechne: } 309 &= 1 \cdot 288 + 21 \text{ mit } 0 < 21 < 288 \\
288 &= 13 \cdot 21 + 15 \text{ mit } 0 < 15 < 21 \\
21 &= 1 \cdot 15 + 6 \text{ mit } 0 < 6 < 15 \\
15 &= 2 \cdot 6 + 3 \text{ mit } 0 < 3 < 6 \\
6 &= 2 \cdot 3 \\
\text{Ergebnis: } 3 &= \mathrm{ggT}(288, 309) \\
\text{Berechne: } 21 &= 309 - 1 \cdot 288 = 1 \cdot 309 + (-1) \cdot 288 \\
15 &= 288 - 13 \cdot 21 = (-13) \cdot 309 + 14 \cdot 288 \\
6 &= 21 - 1 \cdot 15 = 14 \cdot 309 + (-15) \cdot 288 \\
3 &= 15 - 2 \cdot 6 = (-41) \cdot 309 + 44 \cdot 288 \\
\text{Ergebnis: } 3 &= \mathrm{ggT}(288, 309) \equiv (-41) \cdot 309 \equiv 247 \cdot 309 \bmod 288 \\
3 &= \mathrm{ggT}(288, 309) \equiv 44 \cdot 288 \bmod 309
\end{aligned}$$

Zusammenfassend liefert der Algorithmus also $\mathrm{ggT}(288, 309) = 3$ sowie $x = 247$ und $y = 44$.

Beispiel 12.4.3

Es seien $m := 432$ und $n := 744$ gegeben und gesucht wird sowohl der ggT der beiden Zahlen als auch zwei natürliche Zahlen $x, y \in \mathbb{N}$ mit

$$\begin{aligned}
\mathrm{ggT}(432, 744) &\equiv x \cdot 744 \bmod 432 \, , \\
\mathrm{ggT}(432, 744) &\equiv y \cdot 432 \bmod 744 \, .
\end{aligned}$$

Mit Hilfe des **Euklidischen Algorithmus** und seiner Erweiterung erhält man die Lösung wie folgt:

$$\begin{aligned}
\text{Berechne: } 744 &= 1 \cdot 432 + 312 \text{ mit } 0 < 312 < 432 \\
432 &= 1 \cdot 312 + 120 \text{ mit } 0 < 120 < 312 \\
312 &= 2 \cdot 120 + 72 \text{ mit } 0 < 72 < 120 \\
120 &= 1 \cdot 72 + 48 \text{ mit } 0 < 48 < 72 \\
72 &= 1 \cdot 48 + 24 \text{ mit } 0 < 24 < 48 \\
48 &= 2 \cdot 24
\end{aligned}$$

$$\begin{aligned}
\text{Ergebnis:} \quad & 24 = \mathrm{ggT}(432, 744) \\
\text{Berechne:} \quad & 312 = 744 - 1 \cdot 432 = 1 \cdot 744 + (-1) \cdot 432 \\
& 120 = 432 - 1 \cdot 312 = (-1) \cdot 744 + 2 \cdot 432 \\
& 72 = 312 - 2 \cdot 120 = 3 \cdot 744 + (-5) \cdot 432 \\
& 48 = 120 - 1 \cdot 72 = (-4) \cdot 744 + 7 \cdot 432 \\
& 24 = 72 - 1 \cdot 48 = 7 \cdot 744 + (-12) \cdot 432 \\
\text{Ergebnis:} \quad & 24 = \mathrm{ggT}(432, 744) \equiv 7 \cdot 744 \bmod 432 \\
& 24 = \mathrm{ggT}(432, 744) \equiv (-12) \cdot 432 \equiv 732 \cdot 432 \bmod 744
\end{aligned}$$

Zusammenfassend liefert der Algorithmus also $\mathrm{ggT}(432, 744) = 24$ sowie $x = 7$ und $y = 732$.

▶ **Bemerkung 12.4.4 Alternative ggT-Berechnung** Ist man nur an einer effizienten Berechnung des größten gemeinsamen Teilers zweier Zahlen $m, n \in \mathbb{N}^*$ interessiert, so gibt es auch noch andere Algorithmen als den Euklidischen Algorithmus. So liefert z. B. das sogenannte **Prinzip der Wechselwegnahme**,

$$a_0 := n \quad \text{und} \quad a_1 := m \,,$$
$$a_{k+1} := \max\{a_{k-1}, a_k\} - \min\{a_{k-1}, a_k\} \,, \quad k \in \mathbb{N}^*,$$

eine Folge $(a_k)_{k \in \mathbb{N}}$ mit der Eigenschaft, dass der kleinste Index $k \in \mathbb{N}$ mit $a_{k+1} = 0$ genau $a_k = \mathrm{ggT}(m, n)$ liefert (weitere Details und historische Bemerkungen hierzu findet man z. B. in [1]). Im Kontext der Kryptografie ist man jedoch i. Allg. nicht nur am größten gemeinsamen Teiler zweier Zahlen interessiert, sondern auch an den durch den erweiterten Euklidischen Algorithmus bestimmbaren Zahlen $x, y \in \mathbb{N}$, die man mit dem reinen Prinzip der Wechselwegnahme nicht erhält.

Mit Hilfe der im Rahmen des erweiterten Euklidischen Algorithmus berechneten Zahlen $x, y \in \mathbb{N}$ ist es nämlich z. B. auch möglich, für eine beliebige Zahl $m \in \mathbb{Z}_p^* := \mathbb{Z}_p \setminus \{0\}$, $p \in \mathbb{N}^*$ Primzahl, ihr multiplikativ inverses Element m^{-1} im Körper $\mathbb{Z}_p$ zu bestimmen. Dazu sei hier noch einmal daran erinnert, dass $\mathbb{Z}_p$ definiert ist als

$$\mathbb{Z}_p := \{0, 1, 2, \ldots, p-1\}$$

mit einer Primzahl $p \in \mathbb{N}^*$ und **Restklassenkörper modulo** p genannt wird. In ihm kann man eine Addition und eine Multiplikation erklären, falls man zuvor das Konzept **modularer Kongruenz** bereitstellt: Allgemein bezeichnet man $a \in \mathbb{Z}$ **als kongruent**

zu $b \in \mathbb{Z}$ **modulo** p, falls sich a und b nur durch ein ganzzahliges Vielfaches von p unterscheiden, in Kurzschreibweise

$$a \equiv b \bmod p \quad :\Longleftrightarrow \quad \exists d \in \mathbb{Z} : a = b + d \cdot p \, .$$

Als Ergebnis irgendwelcher Rechnungen modulo p nimmt man nun immer die **kleinste natürliche Zahl**, die die obige Kongruenzbedingung erfüllt. Eine Notation vom Typ

$$a := b \bmod p := \min\{r \in \mathbb{N} \mid r \equiv b \bmod p\}$$

legt also hier a genau als **die kleinste natürliche Zahl** fest, für die eine Kongruenzbeziehung zu b modulo p besteht. Nun kann man im Restklassenkörper $\mathbb{Z}_p$, p Primzahl, eine sogenannte **modulare Arithmetik** einführen gemäß

$$\forall a, b \in \mathbb{Z}_p : \quad a \oplus b := (a + b) \bmod p \ \in \mathbb{Z}_p \, ,$$
$$\forall a, b \in \mathbb{Z}_p : \quad a \odot b := (a \cdot b) \bmod p \ \in \mathbb{Z}_p \, .$$

Damit kann man nun im Körper $\mathbb{Z}_p$ rechnen und arbeiten wie man es in den üblicherweise vorliegenden Körpern $\mathbb{Q}$ oder $\mathbb{R}$ gewohnt ist: Zum Beispiel ist das multiplikativ inverse Element von 7 in $\mathbb{Z}_{13}$ gleich 2, denn $7 \odot 2 = 1$. Sucht man jedoch das multiplikativ inverse Element von 112 in $\mathbb{Z}_{229}$, wird das Ganze schon deutlich komplizierter! Fragen dieses Typs tauchen im RSA-Kontext auf und können unter Einsatz des erweiterten Euklidischen Algorithmus sehr effizient gelöst werden. Ergänzend sei bemerkt, dass diese Strategie natürlich völlig analog auch bei der Berechnung von multiplikativ inversen Elementen von Einheiten in Ringen funktioniert und diese Situation exakt bei der Bestimmung privater und öffentlicher Schlüssel im RSA-Kontext vorliegen wird. Zum Nachlesen der genauen Definitionen von Ringen und ihren Einheiten wird z. B. auf [4] verwiesen.

Beispiel 12.4.5
Es seien $m := 112$ und $p := 229$ gegeben und gesucht wird zunächst sowohl der ggT der beiden Zahlen als auch zwei natürliche Zahlen $x, y \in \mathbb{N}$ mit

$$\mathrm{ggT}(112, 229) \equiv x \cdot 229 \bmod 112 \, ,$$
$$\mathrm{ggT}(112, 229) \equiv y \cdot 112 \bmod 229 \, .$$

Wenn man bereits an dieser Stelle ausnutzen würde, dass die Zahl 229 eine Primzahl ist, wüsste man schon jetzt, dass $\mathrm{ggT}(112, 229) = 1$ gilt. Da in diesem Fall die Menge $\mathbb{Z}_p = \mathbb{Z}_{229}$ ein Körper ist, wäre auch die Frage nach dem multiplikativ inversen Element zu 112 legitim. Dieses Element 112^{-1} ist allerdings direkt kaum zu bestimmen (Versuchen Sie es!), ergibt sich aber im Rahmen des erweiterten Euklidischen

Algorithmus leicht als y, d. h. der Algorithmus lässt sich in diesem Zusammenhang zur effizienten Berechnung multiplikativ inverser Elemente einsetzen! Konkret erhält man im vorliegenden Fall mit Hilfe des **Euklidischen Algorithmus** und seiner Erweiterung die gesuchte Lösung wie folgt:

$$\text{Berechne: } 229 = 2 \cdot 112 + 5 \text{ mit } 0 < 5 < 112$$
$$112 = 22 \cdot 5 + 2 \text{ mit } 0 < 2 < 5$$
$$5 = 2 \cdot 2 + 1 \text{ mit } 0 < 1 < 2$$
$$2 = 2 \cdot 1$$
$$\text{Ergebnis: } 1 = \mathrm{ggT}(112, 229)$$
$$\text{Berechne: } 5 = 229 - 2 \cdot 112 = 1 \cdot 229 + (-2) \cdot 112$$
$$2 = 112 - 22 \cdot 5 = (-22) \cdot 229 + 45 \cdot 112$$
$$1 = 5 - 2 \cdot 2 = 45 \cdot 229 + (-92) \cdot 112$$
$$\text{Ergebnis: } 1 = \mathrm{ggT}(112, 229) \equiv 45 \cdot 229 \bmod 112$$
$$1 = \mathrm{ggT}(112, 229) \equiv (-92) \cdot 112 \equiv 137 \cdot 112 \bmod 229$$

Zusammenfassend liefert der Algorithmus also $\mathrm{ggT}(112, 229) = 1$ sowie $x = 45$ und $y = 137$, insbesondere also die Information, dass in $\mathbb{Z}_{229}$ die Identität $112^{-1} = 137$ bzw. $112 \odot 137 = 1$ gilt.

12.5 Aufgaben mit Lösungen

Aufgabe 12.5.1 *Bestimmen Sie mit dem erweiterten Euklidischen Algorithmus den* ggT *von* $m := 126$ *und* $n := 234$ *sowie zwei natürliche Zahlen* $x, y \in \mathbb{N}$ *mit*

$$\mathrm{ggT}(126, 234) \equiv x \cdot 234 \bmod 126 \, ,$$
$$\mathrm{ggT}(126, 234) \equiv y \cdot 126 \bmod 234 \, .$$

Lösung der Aufgabe Mit Hilfe des Euklidischen Algorithmus und seiner Erweiterung erhält man die Lösung wie folgt:

$$\text{Berechne: } 234 = 1 \cdot 126 + 108 \text{ mit } 0 < 108 < 126$$
$$126 = 1 \cdot 108 + 18 \text{ mit } 0 < 18 < 108$$
$$108 = 6 \cdot 18$$
$$\text{Ergebnis: } 18 = \mathrm{ggT}(126, 234)$$

$$\text{Berechne:} \quad 108 = 234 - 1 \cdot 126 = 1 \cdot 234 + (-1) \cdot 126$$
$$18 = 126 - 1 \cdot 108 = (-1) \cdot 234 + 2 \cdot 126$$
$$\text{Ergebnis:} \quad 18 = \text{ggT}(126, 234) \equiv (-1) \cdot 234 \equiv 125 \cdot 234 \bmod 126$$
$$18 = \text{ggT}(126, 234) \equiv 2 \cdot 126 \bmod 234$$

Zusammenfassend liefert der Algorithmus also $\text{ggT}(126, 234) = 18$ sowie $x = 125$ und $y = 2$.

Aufgabe 12.5.2 *Bestimmen Sie mit dem erweiterten Euklidischen Algorithmus das zu* 9 *multiplikativ inverse Element* 9^{-1} *in* $\mathbb{Z}_{17}$.

Lösung der Aufgabe　Mit Hilfe des Euklidischen Algorithmus und seiner Erweiterung ergibt sich die gesuchte Lösung wie folgt:

$$\text{Berechne:} \ 17 = 1 \cdot 9 + 8 \ \text{ mit } 0 < 8 < 9$$
$$9 = 1 \cdot 8 + 1 \ \text{ mit } 0 < 1 < 8$$
$$8 = 8 \cdot 1$$
$$\text{Ergebnis:} \quad 1 = \text{ggT}(9, 17)$$
$$\text{Berechne:} \quad 8 = 17 - 1 \cdot 9 = 1 \cdot 17 + (-1) \cdot 9$$
$$1 = 9 - 1 \cdot 8 = (-1) \cdot 17 + 2 \cdot 9$$
$$\text{Ergebnis:} \quad 1 = \text{ggT}(9, 17) \equiv (-1) \cdot 17 \equiv 8 \cdot 17 \bmod 9$$
$$1 = \text{ggT}(9, 17) \equiv 2 \cdot 9 \bmod 17$$

Also gilt in $\mathbb{Z}_{17}$ die Identität $9^{-1} = 2$ bzw. $9 \odot 2 = 1$.

Aufgabe 12.5.3 *Bestimmen Sie mit dem erweiterten Euklidischen Algorithmus das zu* 11 *multiplikativ inverse Element* 11^{-1} *in* $\mathbb{Z}_{19}$.

Lösung der Aufgabe　Mit Hilfe des Euklidischen Algorithmus und seiner Erweiterung ergibt sich die gesuchte Lösung wie folgt:

$$\text{Berechne:} \ 19 = 1 \cdot 11 + 8 \ \text{ mit } 0 < 8 < 11$$
$$11 = 1 \cdot 8 + 3 \ \text{ mit } 0 < 3 < 8$$
$$8 = 2 \cdot 3 + 2 \ \text{ mit } 0 < 2 < 3$$
$$3 = 1 \cdot 2 + 1 \ \text{ mit } 0 < 1 < 2$$
$$2 = 2 \cdot 1$$
$$\text{Ergebnis:} \quad 1 = \text{ggT}(11, 19)$$

$$\text{Berechne:}\quad 8 = 19 - 1 \cdot 11 = 1 \cdot 19 + (-1) \cdot 11$$
$$3 = 11 - 1 \cdot 8 = (-1) \cdot 19 + 2 \cdot 11$$
$$2 = 8 - 2 \cdot 3 = 3 \cdot 19 + (-5) \cdot 11$$
$$1 = 3 - 1 \cdot 2 = (-4) \cdot 19 + 7 \cdot 11$$
$$\text{Ergebnis:}\quad 1 = \mathrm{ggT}(11, 19) \equiv (-4) \cdot 19 \equiv 7 \cdot 19 \bmod 11$$
$$1 = \mathrm{ggT}(11, 19) \equiv 7 \cdot 11 \bmod 19$$

Also gilt in $\mathbb{Z}_{19}$ die Identität $11^{-1} = 7$ bzw. $11 \odot 7 = 1$.

Selbsttest 12.5.4   Welche Aussagen über den Euklidischen Algorithmus sind wahr?

?−? Der Euklidische Algorithmus ist nur auf teilerfremde Zahlen $m, n \in \mathbb{N}^*$ anwendbar.

?+? Der erweiterte Euklidische Algorithmus kann multiplikativ inverse Elemente in $\mathbb{Z}_p^*$ berechnen.

?+? Der Euklidische Algorithmus terminiert stets nach endlich vielen Schritten.

?+? Der Euklidische Algorithmus benötigt lediglich ganzzahlige Rechnungen (Integer-Arithmetik).

?−? Der Euklidische Algorithmus ist nur auf Zahlen $m, n \in \mathbb{N}^*$ mit $m > n$ anwendbar.

?−? Der Euklidische Algorithmus ist auch auf beliebige reelle Zahlen $m, n \in \mathbb{R}^*$ anwendbar.

12.6   Der chinesische Restsatz

Insbesondere im Rahmen der Kryptografie ist es häufig erforderlich, große natürliche Zahlen miteinander zu verknüpfen, sei es mittels Multiplikation oder sogar mittels (modularer) Potenzierung (letzteres speziell im Kontext des Diffie-Hellman-Schlüsseltauschs sowie des RSA-Verschlüsselungsalgorithmus). Eine Strategie, diese Aufgaben effizient und mit möglichst geringem Rechenaufwand zu lösen, ist überraschender Weise mit einem sehr alten Resultat aus der chinesischen Mathematik verbunden, nämlich dem sogenannten **Chinesischen Restsatz**. Er geht zurück auf den chinesische Mathematiker Sun Tsu, der sinngemäß folgendes Rätsel formulierte (Versuchen Sie es zu lösen!):

Ich suche eine Zahl mit folgenden Eigenschaften: Teilt man sie durch 3, bleibt der Rest 2; teilt man sie durch 5, bleibt der Rest 3; teilt man sie durch 7, bleibt der Rest 2.

Der Chinesische Restsatz besagt nun allgemein, dass ein System aus Kongruenzgleichungen mit paarweise teilerfremden Modulen eindeutig lösbar ist.

▶ **Satz 12.6.1 Chinesischer Restsatz** Seien $m_1, m_2, \ldots, m_n \in \mathbb{N}^*$ paarweise teilerfremde natürliche Zahlen und seien $a_1, a_2, \ldots, a_n \in \mathbb{N}$ beliebig gegeben. Dann gibt es genau eine natürliche Zahl $x \in \mathbb{N}$ mit $0 \leq x < \prod_{i=1}^{n} m_i$, die den folgenden n simultanen Kongruenzen genügt:

$$x \equiv a_i \bmod m_i \,, \qquad 1 \le i \le n \,.$$

Beweis Setze $m := \prod_{i=1}^{n} m_i$ und $M_i := \frac{m}{m_i}$ für $1 \le i \le n$. Dann gilt $\mathrm{ggT}(m_i, M_i) = 1$ für $1 \le i \le n$. Mit dem erweiterten Euklidischen Algorithmus kann man nun natürliche Zahlen y_i bestimmen, so dass $y_i M_i \equiv 1 \bmod m_i$ gilt für $1 \le i \le n$. Daraus folgt aber sofort auch $a_i y_i M_i \equiv a_i \bmod m_i$ für $1 \le i \le n$. Da für alle $i \ne j$ die Zahl m_i ein Teiler von M_j ist, gilt auch $a_j y_j M_j \equiv 0 \bmod m_i$ für alle $i, j \in \{1, 2, \ldots, n\}$ mit $i \ne j$. Setzt man nun

$$x := \sum_{i=1}^{n} a_i y_i M_i \bmod m \,,$$

so folgt damit sofort $x \equiv a_i \bmod m_i$ für $1 \le i \le n$. Damit ist die Existenz einer Lösung gezeigt. Dass diese Lösung auch eindeutig ist, lässt sich wie folgt beweisen: Angenommen, es gäbe zwei Lösungen x und x' des Problems mit $0 \le x, x' < m$. Dann würden die folgenden simultanen Kongruenzen gelten:

$$x \equiv a_i \equiv x' \bmod m_i \,, \qquad 1 \le i \le n \,.$$

Da die m_i paarweise teilerfremd sind, folgt dann auch sofort $x \equiv x' \bmod m$ und wegen $0 \le x, x' < m$ somit auch direkt $x = x'$. $\qquad\qquad\qquad\qquad\qquad\qquad\quad\square$

Mit dem obigen Satz lässt sich nun das Rätsel von Sun Tsu umformulieren und leicht lösen.

Beispiel 12.6.2
Zu lösen ist das folgende System von simultanen Kongruenzen:

$$x \equiv 2 \bmod 3 \,, \qquad x \equiv 3 \bmod 5 \,, \qquad x \equiv 2 \bmod 7 \,.$$

Da die Module 3, 5 und 7 verschiedene Primzahlen sind, sind sie insbesondere paarweise teilerfremd. Damit lässt sich der Chinesische Restsatz anwenden und wir erhalten Schritt für Schritt: Das Produkt der Module ist $m := m_1 m_2 m_3 = 3 \cdot 5 \cdot 7 = 105$. Es gibt also eine eindeutige Lösung $x \in \mathbb{N}$ mit $0 \le x < 105$. Die Lösung wird nun entsprechend den Beweisschritten oben konstruiert: Wir berechnen $M_1 := m_2 m_3 = 5 \cdot 7 = 35$, $M_2 := m_1 m_3 = 3 \cdot 7 = 21$ und $M_3 := m_1 m_2 = 3 \cdot 5 = 15$. Die multiplikativ Inversen von M_1, M_2 und M_3 in

$\mathbb{Z}_{m_1}$, $\mathbb{Z}_{m_2}$ und $\mathbb{Z}_{m_3}$ ergeben sich mit dem erweiterten Euklidischen Algorithmus zu $y_1 := M_1^{-1} = 2$, $y_2 := M_2^{-1} = 1$ und $y_3 := M_3^{-1} = 1$. Damit erhält man

$$2 \cdot 2 \cdot 35 + 3 \cdot 1 \cdot 21 + 2 \cdot 1 \cdot 15 = 233 \equiv 23 \bmod 105 \,,$$

also $x = 23$.

Bemerkung 12.6.3 Anwendungen des Chinesischen Restsatzes

(1) Eine nicht ganz ernst zu nehmende Anwendung ist im Kontext von Zaubertricks beim Kartenspiel vorhanden: Es sind 30 Karten gegeben und der Zauberlehrling möge sich eine Karte merken. Der Zauberer legt dann alle 30 Karten der Reihe nach sichtbar auf 5 Stapel (Stapelreihenfolge und -nummer $0, 1, 2, 3, 4, 0, 1, 2, 3, \ldots$) und der Zauberlehrling deutet auf den Stapel, in dem seine Karte steckt. Der Zauberer wiederholt das Ganze mit 6 Stapeln (Stapelreihenfolge und -nummer $0, 1, 2, 3, 4, 5, 0, 1, 2, 3, \ldots$). Danach kennt er die Nummer der Karte, die sich der Zauberlehrling gemerkt hat. Wichtig dabei ist, dass der Zauberer die Reihenfolge der Karten im Laufe der Stapelbildung nicht verändert!

(2) Eine deutlich ernstere Anwendung ist im Kontext der Multiplikation großer natürlicher Zahlen gegeben: Es seien x und y große natürliche Zahlen (mehrere 100 Bits) sowie $m_1, m_2, \ldots, m_n \in \mathbb{N}^*$ paarweise teilerfremde natürliche Zahlen mit $m := \prod_{i=1}^n m_i$ und $0 \leq x \cdot y < m$. Da sich x, y und $x \cdot y$ aufgrund des Chinesischen Restsatzes eindeutig über ihre Reste modulo m_i, $1 \leq i \leq n$, identifizieren lassen, geht man wie folgt vor:

$$\overline{x} := (x_1, x_2, \ldots, x_n) \quad \text{mit} \quad x \equiv x_i \bmod m_i \,, \quad 1 \leq i \leq n \,,$$
$$\overline{y} := (y_1, y_2, \ldots, y_n) \quad \text{mit} \quad y \equiv y_i \bmod m_i \,, \quad 1 \leq i \leq n \,,$$
$$\overline{x \cdot y} := (s_1, s_2, \ldots, s_n) \quad \text{mit} \quad x_i \cdot y_i \equiv s_i \bmod m_i \,, \quad 1 \leq i \leq n \,.$$

Um $(s_1, s_2, \ldots, s_n)$ zu erhalten, müssen nur deutlich kleinere Zahlen multipliziert werden, und aus ihnen wird dann mit der bekannten Technik die eigentlich zu bestimmende Größe $x \cdot y$ wieder rekonstruiert.

(3) Eine weitere wichtige Anwendung ergibt sich im Zusammenhang mit der modularen Potenzierung großer Zahlen: Es seien zum Beispiel p und q zwei verschiedene große Primzahlen sowie a und b große natürliche Zahlen mit $1 < a, b < pq$. Zu berechnen ist $x := a^b \bmod pq$. Hier setzt man das gesuchte x als Lösung des modularen Gleichungssystems

$$x \equiv a^b \bmod p \qquad \text{und} \qquad x \equiv a^b \bmod q$$

an, wobei man dabei (häufig noch unter Ausnutzung des Satzes von Fermat und Euler) feststellt, dass die auftauchenden Größen signifikant kleiner werden und sich damit x wesentlich effizienter berechnen lässt.

Beispiel 12.6.4

Es sind 30 Karten gegeben und der Zauberlehrling hat sich eine Karte gemerkt. Der Zauberer legt alle 30 Karten der Reihe nach sichtbar auf 5 Stapel (Stapelreihenfolge und -nummer $0, 1, 2, 3, 4, 0, 1, 2, 3, \ldots$) und der Zauberlehrling deutet auf den Stapel 2, in dem seine Karte steckt. Der Zauberer wiederholt das Ganze mit 6 Stapeln (Stapelreihenfolge und -nummer $0, 1, 2, 3, 4, 5, 0, 1, 2, 3, \ldots$) und der Zauberlehrling deutet auf den Stapel 4. Dann rechnet der Zauberer kurz: Er sucht $x \in \{0, 1, \ldots, 29\}$ mit

$$x \equiv 2 \bmod 5 \qquad \text{und} \qquad x \equiv 4 \bmod 6 \, .$$

Da die Module 5 und 6 teilerfremd sind, lässt sich der Chinesische Restsatz anwenden, und er erhält Schritt für Schritt: Das Produkt der Module ist $m := m_1 m_2 = 5 \cdot 6 = 30$. Es gibt also eine eindeutige Lösung $x \in \mathbb{N}$ mit $0 \leq x < 30$. Er berechnet $M_1 := m_2 = 6$ und $M_2 := m_1 = 5$. Die multiplikativ Inversen von M_1 und M_2 in $\mathbb{Z}_5$ und $\mathbb{Z}_6$ ergeben sich mit dem erweiterten Euklidischen Algorithmus (besser: durch schnelles Ausprobieren) zu $y_1 := M_1^{-1} = 1$ und $y_2 := M_2^{-1} = 5$. Damit erhält man

$$2 \cdot 1 \cdot 6 + 4 \cdot 5 \cdot 5 = 112 \equiv 22 \bmod 30 \, ,$$

also $x = 22$. Der Zauberer zieht die 23-te Karte aus dem Stapel und der Zauberlehrling ist verblüfft!

Beispiel 12.6.5

Es seien $x := 12$ und $y := 32$ (große) natürliche Zahlen sowie $m_1 := 3, m_2 := 10$ und $m_3 := 13$ paarweise teilerfremde natürliche Zahlen mit $m := m_1 m_2 m_3 = 390$ und $0 \leq x \cdot y < 390$. Zunächst identifiziert man x und y aufgrund des Chinesischen Restsatzes eindeutig über ihre Reste modulo $m_i, 1 \leq i \leq 3$:

$$\overline{x} := (0, 2, 12) \, , \quad \text{denn} \quad 12 \equiv 0 \bmod 3 \quad \text{und} \quad 12 \equiv 2 \bmod 10$$
$$\text{und} \quad 12 \equiv 12 \bmod 13 \, ,$$
$$\overline{y} := (2, 2, 6) \, , \quad \text{denn} \quad 32 \equiv 2 \bmod 3 \quad \text{und} \quad 32 \equiv 2 \bmod 10$$
$$\text{und} \quad 32 \equiv 6 \bmod 13 \, .$$

Um die entsprechenden Reste $\overline{x \cdot y} := (s_1, s_2, s_3)$ für $x \cdot y$ zu erhalten, berechnet man:

$$\overline{x \cdot y} = (0, 4, 7) \,, \quad \text{denn} \quad 0 \cdot 2 \equiv 0 \bmod 3 \quad \text{und} \quad 2 \cdot 2 \equiv 4 \bmod 10$$

$$\text{und} \quad 12 \cdot 6 \equiv 7 \bmod 13 \,.$$

Aus (s_1, s_2, s_3) kann man nun mit dem Chinesischen Restsatz das gesuchte Produkt $x \cdot y$ wie bekannt rekonstruieren: Wir berechnen $M_1 := m_2 m_3 = 10 \cdot 13 = 130$, $M_2 := m_1 m_3 = 3 \cdot 13 = 39$ und $M_3 := m_1 m_2 = 3 \cdot 10 = 30$. Die multiplikativ Inversen von 130, 39 und 30 in $\mathbb{Z}_3$, $\mathbb{Z}_{10}$ und $\mathbb{Z}_{13}$ ergeben sich mit dem erweiterten Euklidischen Algorithmus (oder hier sogar noch durch schnelles Ausprobieren) zu $y_1 := 130^{-1} = 1^{-1} = 1$, $y_2 := 39^{-1} = 9^{-1} = 9$ und $y_3 := 30^{-1} = 4^{-1} = 10$. Damit erhält man $x \cdot y$ aus

$$0 \cdot 1 \cdot 130 + 4 \cdot 9 \cdot 39 + 7 \cdot 10 \cdot 30 \equiv 384 \bmod 390 \,,$$

also $x \cdot y = 384$.

Beispiel 12.6.6

Es seien $p := 37$ und $q := 89$ zwei verschiedene (große) Primzahlen sowie $a := 2494$ und $b := 2987$ große natürliche Zahlen mit $1 < a, b < pq$. Zu berechnen ist $x := a^b \bmod pq$, also konkret $x := 2494^{2987} \bmod 3293$. Wir setzen das gesuchte x als Lösung des modularen Gleichungssystems

$$x \equiv 2494^{2987} \bmod 37 \quad \text{und} \quad x \equiv 2494^{2987} \bmod 89$$

an. Zunächst reduzieren wir die Basen entsprechend der Module 37 und 89 und erhalten

$$x \equiv 15^{2987} \bmod 37 \quad \text{und} \quad x \equiv 2^{2987} \bmod 89 \,.$$

Aufgrund des Satzes von Fermat und Euler wissen wir wegen $\varphi(37) = 36$ und $\varphi(89) = 88$ sowie $\mathrm{ggT}(15, 37) = 1$ und $\mathrm{ggT}(2, 89) = 1$, dass

$$15^{36} \bmod 37 = 1 \quad \text{und} \quad 2^{88} \bmod 89 = 1$$

gilt. Wegen $2987 = 36 \cdot 82 + 35$ und $2987 = 88 \cdot 33 + 83$ reduziert sich damit das modulare Gleichungssystem zu

$$x \equiv 15^{35} \bmod 37 \quad \text{und} \quad x \equiv 2^{83} \bmod 89 \,.$$

Die jetzt moderat großen Potenzen lassen sich nun leicht berechnen, so dass sich das finale modulare Gleichungssystem ergibt zu

$$x \equiv 5 \bmod 37 \quad \text{und} \quad x \equiv 64 \bmod 89 \, .$$

Mit Hilfe des Chinesischen Restsatzes lässt sich nun das gesuchte x wie bekannt rekonstruieren: Wir setzen $M_1 := m_2 := 89$ und $M_2 := m_1 := 37$ und berechnen die multiplikativ Inversen von 89 und 37 in $\mathbb{Z}_{37}$ und $\mathbb{Z}_{89}$ mit dem erweiterten Euklidischen Algorithmus zu $y_1 := 89^{-1} = 15^{-1} = 5$ und $y_2 := 37^{-1} = 77$. Damit erhält man x aus

$$5 \cdot 5 \cdot 89 + 64 \cdot 77 \cdot 37 \equiv 153 \bmod 3293 \, ,$$

also $x = 153$.

12.7 Aufgaben mit Lösungen

Aufgabe 12.7.1 *Lösen Sie das folgende System von simultanen Kongruenzen*

$$x \equiv 4 \bmod 7 \, , \quad x \equiv 3 \bmod 8 \, , \quad x \equiv 6 \bmod 15 \, ,$$

unter Anwendung des Chinesischen Restsatzes. Überprüfen Sie zuvor seine Anwendbarkeit!

Lösung der Aufgabe Da die Module 7, 8 und 15 paarweise teilerfremd sind, lässt sich der Chinesische Restsatz anwenden, und wir erhalten Schritt für Schritt: Das Produkt der Module ist $m := m_1 m_2 m_3 = 7 \cdot 8 \cdot 15 = 840$. Es gibt also eine eindeutige Lösung $x \in \mathbb{N}$ mit $0 \leq x < 840$. Die Lösung wird nun wie bekannt konstruiert: Wir berechnen $M_1 := m_2 m_3 = 8 \cdot 15 = 120$, $M_2 := m_1 m_3 = 7 \cdot 15 = 105$ und $M_3 := m_1 m_2 = 7 \cdot 8 = 56$. Die multiplikativ Inversen von 120, 105 und 56 in $\mathbb{Z}_7$, $\mathbb{Z}_8$ und $\mathbb{Z}_{15}$ ergeben sich mit dem erweiterten Euklidischen Algorithmus oder durch Ausprobieren zu $y_1 := 120^{-1} = 1^{-1} = 1$, $y_2 := 105^{-1} = 1^{-1} = 1$ und $y_3 := 56^{-1} = 11^{-1} = 11$. Damit erhält man

$$4 \cdot 1 \cdot 120 + 3 \cdot 1 \cdot 105 + 6 \cdot 11 \cdot 56 \equiv 291 \bmod 840 \, ,$$

also $x = 291$.

Aufgabe 12.7.2 *Es sind 12 Karten gegeben und der Zauberlehrling hat sich eine Karte gemerkt. Der Zauberer legt alle 12 Karten der Reihe nach sichtbar auf 3 Stapel (Stapelreihenfolge und -nummer $0, 1, 2, 0, 1, 2, 0 \ldots$) und der Zauberlehrling deutet auf den*

Stapel 1, in dem seine Karte steckt. Der Zauberer wiederholt das Ganze mit 4 Stapeln (Stapelreihenfolge und -nummer 0, 1, 2, 3, 0, 1, 2, . . .) und der Zauberlehrling deutet auf den Stapel 3. Welche Nummer hatte die Karte, die sich der Zauberlehrling gemerkt hat?

Lösung der Aufgabe   Gesucht wird $x \in \{0, 1, \ldots, 12\}$ mit

$$x \equiv 1 \bmod 3 \qquad \text{und} \qquad x \equiv 3 \bmod 4 \, .$$

Da die Module 3 und 4 teilerfremd sind, lässt sich der Chinesische Restsatz anwenden, und man erhält Schritt für Schritt: Das Produkt der Module ist $m := m_1 m_2 = 3 \cdot 4 = 12$. Es gibt also eine eindeutige Lösung $x \in \mathbb{N}$ mit $0 \le x < 12$. Man berechnet $M_1 := m_2 = 4$ und $M_2 := m_1 = 3$. Die multiplikativ Inversen von 4 und 3 in $\mathbb{Z}_3$ und $\mathbb{Z}_4$ ergeben sich mit dem erweiterten Euklidischen Algorithmus (besser: durch schnelles Ausprobieren) zu $y_1 := 4^{-1} = 1^{-1} = 1$ und $y_2 := 3^{-1} = 3$. Damit erhält man

$$1 \cdot 1 \cdot 4 + 3 \cdot 3 \cdot 3 = 31 \equiv 7 \bmod 12 \, ,$$

also $x = 7$. Der Zauberlehrling hatte sich also die 8-te Karte gemerkt.

Aufgabe 12.7.3 *Es seien $x := 14$ und $y := 20$ (große) natürliche Zahlen sowie $m_1 := 4$, $m_2 := 7$ und $m_3 := 11$ paarweise teilerfremde natürliche Zahlen mit $m := m_1 m_2 m_3 = 308$ und $0 \le x \cdot y < 308$. Berechnen Sie $x \cdot y$ unter Einsatz des Chinesischen Restsatzes mit den gegebenen Parametern.*

Lösung der Aufgabe   Zunächst identifiziert man x und y aufgrund des Chinesischen Restsatzes eindeutig über ihre Reste modulo m_i, $1 \le i \le 3$:

$$\overline{x} := (2, 0, 3) \, , \quad \text{denn} \quad 14 \equiv 2 \bmod 4 \quad \text{und} \quad 14 \equiv 0 \bmod 7$$
$$\text{und} \quad 14 \equiv 3 \bmod 11 \, ,$$
$$\overline{y} := (0, 6, 9) \, , \quad \text{denn} \quad 20 \equiv 0 \bmod 4 \quad \text{und} \quad 20 \equiv 6 \bmod 7$$
$$\text{und} \quad 20 \equiv 9 \bmod 11 \, .$$

Um die entsprechenden Reste $\overline{x \cdot y} := (s_1, s_2, s_3)$ für $x \cdot y$ zu erhalten, berechnet man:

$$\overline{x \cdot y} = (0, 0, 5) \, , \quad \text{denn} \quad 2 \cdot 0 \equiv 0 \bmod 4 \quad \text{und} \quad 0 \cdot 6 \equiv 0 \bmod 7$$
$$\text{und} \quad 3 \cdot 9 \equiv 5 \bmod 11 \, .$$

Aus (s_1, s_2, s_3) kann man nun mit dem Chinesischen Restsatz das gesuchte Produkt $x \cdot y$ wie bekannt rekonstruieren: Wir berechnen $M_1 := m_2 m_3 = 7 \cdot 11 = 77$, $M_2 := m_1 m_3 = 4 \cdot 11 = 44$ und $M_3 := m_1 m_2 = 4 \cdot 7 = 28$. Die multiplikativ Inversen von 77, 44 und 28 in $\mathbb{Z}_4$, $\mathbb{Z}_7$ und $\mathbb{Z}_{11}$ ergeben sich mit dem erweiterten Euklidischen Algorithmus (oder hier sogar noch durch schnelles Ausprobieren) zu $y_1 := 77^{-1} = 1^{-1} = 1$, $y_2 := 44^{-1} = 2^{-1} = 4$ und $y_3 := 28^{-1} = 6^{-1} = 2$. Damit erhält man $x \cdot y$ aus

$$0 \cdot 1 \cdot 77 + 0 \cdot 4 \cdot 44 + 5 \cdot 2 \cdot 28 \equiv 280 \bmod 390 \, ,$$

also $x \cdot y = 280$.

Aufgabe 12.7.4 *Es seien $p := 11$ und $q := 19$ zwei verschiedene (große) Primzahlen sowie $a := 194$ und $b := 166$ große natürliche Zahlen mit $1 < a, b < pq$. Zu berechnen ist $x := a^b \bmod pq$, also konkret $x := 194^{166} \bmod 209$ unter Einsatz des Chinesischen Restsatzes.*

Lösung der Aufgabe Wir setzen das gesuchte x als Lösung des modularen Gleichungssystems

$$x \equiv 194^{166} \bmod 11 \qquad \text{und} \qquad x \equiv 194^{166} \bmod 19$$

an. Zunächst reduzieren wir die Basen entsprechend der Module 11 und 19 und erhalten

$$x \equiv 7^{166} \bmod 11 \qquad \text{und} \qquad x \equiv 4^{166} \bmod 19 \, .$$

Aufgrund des Satzes von Fermat und Euler wissen wir wegen $\varphi(11) = 10$ und $\varphi(19) = 18$ sowie $\mathrm{ggT}(7, 11) = 1$ und $\mathrm{ggT}(4, 19) = 1$, dass

$$7^{10} \bmod 11 = 1 \qquad \text{und} \qquad 4^{18} \bmod 19 = 1$$

gilt. Wegen $166 = 10 \cdot 16 + 6$ und $166 = 18 \cdot 9 + 4$ reduziert sich damit das modulare Gleichungssystem zu

$$x \equiv 7^6 \bmod 11 \qquad \text{und} \qquad x \equiv 4^4 \bmod 19 \, .$$

Die jetzt moderat großen Potenzen lassen sich nun leicht berechnen, so dass sich das finale modulare Gleichungssystem ergibt zu

$$x \equiv 4 \bmod 11 \qquad \text{und} \qquad x \equiv 9 \bmod 19 \, .$$

Mit Hilfe des Chinesischen Restsatzes lässt sich nun das gesuchte x wie bekannt rekonstruieren: Wir setzen $M_1 := m_2 := 19$ und $M_2 := m_1 := 11$ und berechnen die multiplikativ Inversen von 19 und 11 in $\mathbb{Z}_{11}$ und $\mathbb{Z}_{19}$ mit dem erweiterten Euklidischen Algorithmus zu $y_1 := 19^{-1} = 8^{-1} = 7$ und $y_2 := 11^{-1} = 7$. Damit erhält man x aus

$$4 \cdot 7 \cdot 19 + 9 \cdot 7 \cdot 11 \equiv 180 \bmod 209 \, ,$$

also $x = 180$.

Selbsttest 12.7.5 Welche Aussagen über den Chinesischen Restsatz sind wahr?

?+? Der Chinesische Restsatz funktioniert nur bei paarweise teilerfremden Modulen.

?+? Der Chinesische Restsatz kann zum Multiplizieren großer ganzer Zahlen eingesetzt werden.

?−? Der Chinesische Restsatz kann den Euklidischen Algorithmus ersetzen.

?+? Der Chinesische Restsatz kann zum modularen Potenzieren großer ganzer Zahlen eingesetzt werden.

?+? Der Beweis des Chinesischen Restsatzes liefert eine konstruktive Strategie für seine Anwendung.

?+? Der Chinesische Restsatz dient zum Lösen bestimmter Kongruenz-Gleichungssysteme.

?−? Der Chinesische Restsatz ist auch für beliebige reelle Zahlen anwendbar.

12.8 Polynome über beliebigen Körpern

Polynome sind uns in ihrer einfachsten Ausprägung mit Koeffizienten aus $\mathbb{R}$ bereits aus der Analysis bekannt (vgl. z. B. [5]) und wurden dann im Kontext der Linearen Algebra verallgemeinert, indem dort beliebige Koeffizienten aus endlichen oder nicht endlichen Körpern zugelassen wurden. Wir knüpfen im Folgenden an die zweite, allgemeinere Sicht auf Polynome an, und fassen in diesem Abschnitt zunächst in aller Kürze die entsprechenden Resultate aus [4] zusammen, die sich auf die uns interessierenden formalen Polynome beziehen, die wir der Einfachheit halber dann auch direkt wieder schlicht als Polynome bezeichnen werden. Dabei wird der Körper, aus dem die Koeffizienten der Polynome stammen, wieder mit **K** abgekürzt und dessen innere additive und multiplikative Verknüpfung wie üblich durchgängig mit $\oplus$ und $\odot$. Um etwas Konkretes vor Augen zu haben, denke man bei **K** im einfachsten Fall an einen Restklassenkörper $\mathbb{Z}_p$ mit $p \in \mathbb{N}^*$ Primzahl und dessen modulare Arithmetik.

Definition 12.8.1 Formale Polynome über K

Es sei **K** ein Körper mit den beiden inneren Verknüpfungen $\oplus$ und $\odot$ sowie $n \in \mathbb{N}$. Dann bezeichnet man den **Isomorphismus** P,

$$P : \mathbf{K}^{n+1} \to \mathbf{K}_n[X] \,,$$

$$(p_0, p_1, \ldots, p_n)^T \mapsto p_0 X^0 + p_1 X^1 + \cdots + p_n X^n =: \sum_{j=0}^{n} p_j X^j =: p(X) \,,$$

als **formale polynomiale Notation von $\mathbf{K}^{n+1}$** und $p(X)$ als **formales Polynom über K vom Höchstgrad** n. Gilt $p_n \neq 0$, dann nennt man $p(X)$ ein **formales Polynom über K vom (genauen) Grad** n. Außerdem werden $p_0, p_1, \ldots, p_n \in \mathbf{K}$ auch hier wieder **Koeffizienten von** $p(X)$ genannt und die Menge aller formalen Polynome über **K** vom

Höchstgrad n wird, wie oben bereits geschehen, mit $\mathbf{K}_n[X]$ bezeichnet. Im Sonderfall, dass alle Koeffizienten von $p(X)$ gleich Null sind, nennt man das zugehörige formale Polynom wieder das **Nullpolynom** und ordnet ihm definitionsgemäß den (genauen) Grad $-\infty$ zu. Möchte man den Grad bzw. den Höchstgrad der formalen Polynome offen lassen, dann bezeichnet man mit $\mathbf{K}[X]$ den **Raum aller formalen Polynome über K beliebigen Grades**. Schließlich lässt man das Adjektiv **formal** häufig einfach weg und spricht wieder schlicht von Polynomen, wenn aus dem Kontext klar ist, dass es sich um formale Polynome handelt. ◄

Konkret stellen sich die Verknüpfungen des so entstandenen **Vektorraums $\mathbf{K}_n[X]$** wie folgt dar, wobei $\oplus$ und $\odot$ wieder kontextsensitiv zu interpretieren sind, d. h. steht der jeweilige Operand zwischen zwei Körperelementen, dann sind die Körperoperationen gemeint, steht er zwischen zwei Vektorraumelementen bzw. im Fall von $\odot$ zwischen einem Körper- und einem Vektorraumelement, dann sind die Verknüpfungen des Vektorraums gemeint:

$$p(X), q(X) \in \mathbf{K}_n[X]: \qquad p(X) \oplus q(X) := (p_0 \oplus q_0)X^0 + (p_1 \oplus q_1)X^1$$
$$+ \cdots + (p_n \oplus q_n)X^n,$$
$$\lambda \in \mathbf{K}, p(X) \in \mathbf{K}_n[X]: \quad \lambda p(X) := \lambda \odot p(X) := (\lambda \odot p_0)X^0 + (\lambda \odot p_1)X^1$$
$$+ \cdots + (\lambda \odot p_n)X^n.$$

Im Prinzip sollte man es also so sehen, dass $\mathbf{K}_n[X]$ lediglich eine andere Notation für den Vektorraum $\mathbf{K}^{n+1}$ darstellt, also

$$(p_0, p_1, \ldots, p_n)^T \quad \text{ist gleichbedeutend mit} \quad p_0X^0 + p_1X^1 + \cdots + p_nX^n.$$

Bei der konkreten Notation der (formalen) Polynome nimmt man wieder die üblichen Vereinfachungen vor, z. B. das Weglassen von 0-Summanden oder 1-Faktoren, das Identifizieren von X^0 mit 1 und X^1 mit X und so weiter.

Im Vektorraum $\mathbf{K}_n[X]$ definieren wir nun eine Multiplikation, die an die Multiplikation gewöhnlicher Polynome über $\mathbb{R}$ angelehnt ist.

Definition 12.8.2 Multiplikation von Polynomen über K

Es sei $\mathbf{K}$ ein Körper mit den beiden inneren Verknüpfungen $\oplus$ und $\odot$ sowie $n \in \mathbb{N}$. Ferner seien mit $p(X), q(X) \in \mathbf{K}_n[X]$ zwei beliebige Polynome über $\mathbf{K}$ vom Höchstgrad n gegeben. Setzt man nun $p_k := q_k := 0$ für $n < k \leq 2n$, dann bezeichnet man das Polynom $p(X) \cdot q(X)$,

$$p(X) \cdot q(X) := \sum_{k=0}^{2n} \left(\bigoplus_{j=0}^{k} p_j \odot q_{k-j} \right) X^k,$$

als **Produktpolynom von $p(X)$ und $q(X)$ vom Höchstgrad $2n$** und nennt die vorgenommene Operation **Polynommultiplikation**. ◄

Beispiel 12.8.3

1. Es sei $\mathbf{K} := \mathbb{R}$ sowie $p(X) := X^2 + 5X - 1$ und $q(X) := 4X^3 + 2X^2 + X$. Dann sind $p(X), q(X) \in \mathbb{R}_3[X]$ und das Produktpolynom $p(X) \cdot q(X) \in \mathbb{R}_6[X]$ berechnet sich zu

$$p(X) \cdot q(X) = 4X^5 + 22X^4 + 7X^3 + 3X^2 - X \ .$$

2. Es sei $\mathbf{K} := \mathbb{Z}_5$ sowie $p(X) := X^2 + 4$ und $q(X) := 4X^3 + 2X^2 + X$. Dann sind $p(X), q(X) \in \mathbb{Z}_{5,3}[X]$ und das Produktpolynom $p(X) \cdot q(X) \in \mathbb{Z}_{5,6}[X]$ berechnet sich zu

$$p(X) \cdot q(X) = 4X^5 + 2X^4 + 2X^3 + 3X^2 + 4X \ .$$

3. Es sei $\mathbf{K} := \mathbb{Z}_{11}$ sowie $p(X) := X^2 + 5X + 10$ und $q(X) := 4X^3 + 2X^2 + X$. Dann sind $p(X), q(X) \in \mathbb{Z}_{11,3}[X]$ und das Produktpolynom $p(X) \cdot q(X) \in \mathbb{Z}_{11,6}[X]$ berechnet sich zu

$$p(X) \cdot q(X) = 4X^5 + 7X^3 + 3X^2 + 10X \ .$$

Wie man sieht, fällt man bei der Multiplikation von Polynomen, im Gegensatz zu deren Addition, aus dem Polynomraum heraus, aus dem die beiden Faktoren genommen wurden. Dies ist manchmal unerwünscht und man möchte auf systematische Art und Weise wieder in den Polynomraum, aus dem die beiden zu multiplizierenden Polynome stammen, zurück kehren, also eine innere multiplikative Verknüpfung zweier Polynome finden. Um das zu erreichen, bedarf es zunächst einer kleinen Vorüberlegung, die uns für gewöhnliche Polynome über dem Körper $\mathbb{R}$ schon wohl bekannt ist und als **Polynomdivision** bezeichnet wird.

▶ **Satz 12.8.4 Polynomdivision (mit Rest) bzw. Kongruenz von Polynomen**
Es sei $\mathbf{K}$ ein Körper mit den beiden inneren Verknüpfungen $\oplus$ und $\odot$ sowie $n \in \mathbb{N}$. Ferner seien $p(X), d(X) \in \mathbf{K}_n[X]$ und $d(X)$ sei nicht das Nullpolynom. Dann existieren eindeutig bestimmte Polynome $v(X), r(X) \in \mathbf{K}_n[X]$ mit

$$p(X) = v(X) \cdot d(X) \oplus r(X) \ ,$$

wobei die wesentliche Forderung die ist, dass der (genaue) Grad von $r(X)$ **kleiner** ist als der (genaue) Grad von $d(X)$. Gilt speziell $r(X) = 0$, dann sagt man $d(X)$ **ist ein Teilerpolynom von** $p(X)$ bzw. $d(X)$ **teilt** $p(X)$ (**ohne Rest**).

Man kann das Resultat auch so interpretieren: Das Polynom $p(X)$ lässt sich mit Hilfe des Polynoms $v(X)$ als polynomiales Vielfaches von $d(X)$ plus Restpolynom $r(X)$ kleineren Grades schreiben. Man nennt die vorgenommene Operation deshalb auch **Polynomdivision (mit Rest)**. Schließlich ist es in diesem Zusammenhang üblich, das Polynom $p(X)$ **kongruent** $r(X)$ **modulo** $d(X)$ zu nennen, kurz

$$p(X) \equiv r(X) \mod d(X) \, .$$

Ersetzt man $p(X)$ bei Gültigkeit der obigen Kongruenz durch $r(X)$, dann sagt man auch, dass man $p(X)$ **modulo** $d(X)$ **auf** $r(X)$ **reduziert** habe und schreibt dies, da $r(X)$ eindeutig bestimmt ist, als

$$r(X) := p(X) \mod d(X) \, .$$

Beweis Der Beweis ist einfach, aber formal korrekt etwas länglich aufzuschreiben. Wir verzichten deshalb auf seine Angabe, verweisen statt dessen z. B. auf [6–8], und wenden uns lieber einigen konkreten Beispielen zu. $\qquad\square$

Beispiel 12.8.5

1. Es sei $\mathbf{K} := \mathbb{R}$ sowie $d(X) := X^2 + 5X - 1$ und $p(X) := 4X^3 + 2X^2 + X$. Dann sind $d(X), p(X) \in \mathbb{R}_3[X]$ und die Polynomdivision lässt sich wie folgt durchführen:

$$
\begin{aligned}
(4X^3 + 2X^2 + X) &= 4X \cdot (X^2 + 5X - 1) \oplus (-18X^2 + 5X) \, , \\
(-18X^2 + 5X) &= -18 \cdot (X^2 + 5X - 1) \oplus (95X - 18) \, .
\end{aligned}
$$

Man erhält so

$$p(X) = v(x) \cdot d(X) \oplus r(X)$$

mit $v(X) := 4X - 18$ und $r(X) := 95X - 18$.

2. Es sei $\mathbf{K} := \mathbb{Z}_5$ sowie $d(X) := X^2 + 4$ und $p(X) := 4X^3 + 2X^2 + X$. Dann sind $d(X), p(X) \in \mathbb{Z}_{5,3}[X]$ und die Polynomdivision lässt sich wie folgt durchführen:

$$
\begin{aligned}
(4X^3 + 2X^2 + X) &= 4X \cdot (X^2 + 4) \oplus (2X^2) \, , \\
(2X^2) &= 2 \cdot (X^2 + 4) \oplus 2 \, .
\end{aligned}
$$

Man erhält so

$$p(X) = v(x) \cdot d(X) \oplus r(X)$$

mit $v(X) := 4X + 2$ und $r(X) := 2$.

3. Es sei $\mathbf{K} := \mathbb{Z}_{11}$ sowie $d(X) := X^2 + 5X + 10$ und $p(X) := 4X^3 + 2X^2 + X$. Dann sind $d(X), p(X) \in \mathbb{Z}_{11,3}[X]$ und die Polynomdivision lässt sich wie folgt durchführen:

$$\begin{aligned} (4X^3 + 2X^2 + X) &= 4X \cdot (X^2 + 5X + 10) \oplus (4X^2 + 5X)\,, \\ (4X^2 + 5X) &= 4 \cdot (X^2 + 5X + 10) \oplus (7X + 4)\,. \end{aligned}$$

Man erhält so

$$p(X) = v(x) \cdot d(X) \oplus r(X)$$

mit $v(X) := 4X + 4$ und $r(X) := 7X + 4$.

Unter Zugriff auf die Polynomdivision mit Rest sind wir nun auch in der Lage, eine Klasse von Polynomen zu definieren, die in den Anwendungen eine herausragende Rolle spielen, nämlich die sogenannten **irreduziblen Polynome**.

Definition 12.8.6   Irreduzible und reduzible Polynome

Es sei $\mathbf{K}$ ein Körper mit den beiden inneren Verknüpfungen $\oplus$ und $\odot$ sowie $n \in \mathbb{N}^*$, $n \geq 2$. Ferner sei $p(X) \in \mathbf{K}_n[X]$ ein Polynom vom (genauen) Grad n. Gibt es kein Polynom $d(X) \in \mathbf{K}_{n-1}[X]$ vom Mindestgrad 1, welches $p(X)$ ohne Rest teilt, dann nennt man $p(X)$ ein **irreduzibles Polynom (über K)**. Gibt es ein Polynom $d(X) \in \mathbf{K}_{n-1}[X]$ vom Mindestgrad 1, welches $p(X)$ ohne Rest teilt, dann nennt man $p(X)$ ein **reduzibles Polynom (über K)**.   ◄

Beispiel 12.8.7
1. Es sei $\mathbf{K} := \mathbb{R}$ sowie $p(X) := X^2 - 1$. Da $p(X) = (X - 1) \cdot (X + 1)$ gilt, ist $p(X)$ reduzibel über $\mathbb{R}$.
2. Es sei $\mathbf{K} := \mathbb{R}$ sowie $p(X) := X^2 + 1$. Da $p(X)$ nicht als Produkt zweier linearer Polynome aus $\mathbb{R}[X]$ darstellbar ist, ist $p(X)$ irreduzibel über $\mathbb{R}$.
3. Es sei $\mathbf{K} := \mathbb{C}$ sowie $p(X) := X^2 + 1$. Da $p(X) = (X - i) \cdot (X + i)$ gilt, ist $p(X)$ reduzibel über $\mathbb{C}$.
4. Es sei $\mathbf{K} := \mathbb{R}$ sowie $p(X) := X^4 + 2X^2 + 1$. Da $p(X) = (X^2 + 1) \cdot (X^2 + 1)$ gilt, ist $p(X)$ reduzibel über $\mathbb{R}$ und das, obwohl $p(x)$ interpretiert als normales Polynom über $\mathbb{R}$ keine Nullstelle in $\mathbb{R}$ hat!
5. Es sei $\mathbf{K} := \mathbb{Z}_2$ sowie $p(X) := X^4 + X^2 + 1$. Da $p(X) = (X^2 + X + 1) \cdot (X^2 + X + 1)$ gilt, ist $p(X)$ reduzibel über $\mathbb{Z}_2$ und das, obwohl $p(x)$ interpretiert als normales Polynom über $\mathbb{Z}_2$ keine Nullstelle in $\mathbb{Z}_2$ hat!

6. Es sei $\mathbf{K} := \mathbb{Z}_2$ sowie $p(X) := X^2 + X + 1$. Da $p(X)$ nicht als Produkt zweier linearer Polynome aus $\mathbb{Z}_2[X]$ darstellbar ist, ist $p(X)$ irreduzibel über $\mathbb{Z}_2$.

7. Es sei $\mathbf{K} := \mathbb{Z}_2$ sowie $p(X) := X^3 + X + 1$. Da $p(X)$ nicht als Produkt zweier mindestens linearer Polynome aus $\mathbb{Z}_2[X]$ darstellbar ist, ist $p(X)$ irreduzibel über $\mathbb{Z}_2$.

Mit Hilfe der Polynomdivision mit Rest sowie unter Zugriff auf irreduzible Polynome sind wir nun in der Lage, in Analogie zur modularen Arithmetik in $\mathbb{Z}$, auch in $\mathbf{K}_n[X]$ eine Polynommultiplikation einzuführen, die uns nicht aus $\mathbf{K}_n[X]$ hinaus führt und den gängigen Gesetzen der Multiplikation genügt. Dazu sei $d(X) \in \mathbf{K}_{n+1}[X]$ ein fest vorgegebenes irreduzibles Polynom vom (genauen) Grad $n + 1$. Dann definiert man auf $\mathbf{K}_n[X]$ die von $d(X)$ abhängende neue Multiplikation $\odot$ als

$$p(X) \odot q(X) := r(X) \in \mathbf{K}_n[X] \, ,$$

wobei $p(X), q(X) \in \mathbf{K}_n[X]$ beliebig gegeben sind und $r(X)$ das eindeutig bestimmte Restpolynom ist, welches bei Division von $p(X) \cdot q(X)$ durch $d(X)$ entsteht, also der Polynomdivision mit Rest aus

$$p(X) \cdot q(X) = v(X) \cdot d(X) \oplus r(X)$$

entnommen wird. Aus diesem Grunde benutzt man auch häufig für $p(X) \odot q(X)$ die Notation

$$p(X) \odot q(X) := p(X) \cdot q(X) \quad \mathrm{mod}\ d(X)$$

und spricht in diesem Zusammenhang davon, dass man $p(X) \cdot q(X)$ **modulo** $d(X)$ **reduziert** habe. Man kann es auch so interpretieren, dass die beiden Polynome $p(X) \cdot q(X)$ **und** $p(X) \odot q(X)$ **kongruent modulo** $d(X)$ sind, kurz

$$p(X) \odot q(X) \equiv p(X) \cdot q(X) \quad \mathrm{mod}\ d(X) \, ,$$

und das Polynom $p(X) \odot q(X)$ genau das Polynom kleinsten Grades ist, was dieser modularen Kongruenz entspricht. Wesentlich dabei ist, dass aufgrund der Irreduzibilität von $d(X)$ dieses neue Produktpolynom $p(X) \odot q(X)$ niemals 0 sein kann, sofern weder $p(X)$ noch $q(X)$ gleich dem Nullpolynom sind! Diese Erkenntnis ist die Basis dafür, ähnlich wie beim modularen Rechnen in $\mathbb{Z}_p$ modulo einer Primzahl p, auch im Kontext von Polynomen wieder zu einer Körperstruktur kommen zu können. Die so entstehenden Körper werden in der Literatur als **Galois-Felder** bezeichnet und werden uns in Kürze intensiv beschäftigen, da das effiziente Rechnen in einigen von ihnen wesentlicher Bestandteil des AES-Verschlüsselungsverfahrens ist.

12.9 Aufgaben mit Lösungen

Aufgabe 12.9.1 *Es sei* $\mathbf{K} := \mathbb{Z}_7$ *und* $\mathbb{Z}_{7,5}[X]$ *der Raum der formalen Polynome vom Höchstgrad 5 über* $\mathbb{Z}_7$*. Ferner sei* $p \in \mathbb{Z}_{7,5}[X]$ *definiert als*

$$p(X) := X^5 + X^2 + 6X + 6 \,.$$

Dividieren Sie nun $p(X)$ *durch* $X + 6$*.*

Lösung der Aufgabe Abdivision von $X + 6$ liefert

$$
\begin{aligned}
(X^5 + X^2 + 6X + 6) &= X^4 \cdot (X + 6) \oplus (X^4 + X^2 + 6X + 6) \,, \\
(X^4 + X^2 + 6X + 6) &= X^3 \cdot (X + 6) \oplus (X^3 + X^2 + 6X + 6) \,, \\
(X^3 + X^2 + 6X + 6) &= X^2 \cdot (X + 6) \oplus (2X^2 + 6X + 6) \,, \\
(2X^2 + 6X + 6) &= (2X) \cdot (X + 6) \oplus (X + 6) \,, \\
(X + 6) &= 1 \cdot (X + 6) \oplus 0 \,,
\end{aligned}
$$

also

$$(X^5 + X^2 + 6X + 6) = (X + 6) \cdot (X^4 + X^3 + X^2 + 2X + 1) \,.$$

Aufgabe 12.9.2 *Es sei* $\mathbf{K} := \mathbb{Z}_2$ *und* $\mathbb{Z}_{2,3}[X]$ *der Raum der formalen Polynome vom Höchstgrad 3 über* $\mathbb{Z}_2$*. Ferner sei* $d(X) \in \mathbb{Z}_{2,4}[X]$ *definiert als* $d(X) := X^4 + X + 1$ *ein irreduzibles Polynom vom (genauen) Grad 4 über* $\mathbb{Z}_2$*. Berechnen Sie exemplarisch für* $p(X), q(X) \in \mathbb{Z}_{2,3}[X]$,

$$p(X) := X^3 + X^2 \quad und \quad q(X) := X^3 \,,$$

sowohl die polynomiale Summe $p(X) \oplus q(X)$*, als auch das polynomiale Produkt* $p(X) \odot q(X)$*, letzteres mittels modularer Reduktion bezüglich* $d(X)$*.*

Lösung der Aufgabe Die Summe der beiden Polynome ergibt sich sofort als

$$
\begin{aligned}
(X^3 + X^2) \oplus X^3 &= (1X^3 + 1X^2 + 0X + 0) \oplus (1X^3 + 0X^2 + 0X + 0) \\
&= (1 \oplus 1)X^3 + (1 \oplus 0)X^2 + (0 \oplus 0)X + (0 \oplus 0) = X^2.
\end{aligned}
$$

In Hinblick auf die multiplikative Verknüpfung liefert zunächst die gewöhnliche polynomiale Multiplikation

$$(X^3 + X^2) \cdot X^3 = X^6 + X^5 \,.$$

Reduziert man dieses Polynom modulo $X^4 + X + 1$, so ergibt sich wegen

$$
\begin{aligned}
X^6 + X^5 &= X^2 \cdot (X^4 + X + 1) \oplus (X^5 + X^3 + X^2) \,, \\
X^5 + X^3 + X^2 &= X \cdot (X^4 + X + 1) \oplus (X^3 + X) \,,
\end{aligned}
$$

das Ergebnis $(X^3 + X^2) \odot X^3 = X^3 + X$.

Selbsttest 12.9.3   Welche Aussagen über (formale) Polynome über endlichen Körpern $\mathbf{K}$ sind wahr?

?+? $\mathbf{K}_n[X]$ hat maximal $|\mathbf{K}|^{n+1}$ verschiedene Elemente.

?+? $\mathbf{K}_n[X]$ hat immer genau $|\mathbf{K}|^{n+1}$ verschiedene Elemente.

?−? $\mathbf{K}_n[X]$ hat maximal $|\mathbf{K}|^n$ verschiedene Elemente.

?−? $\mathbf{K}_n[X]$ ist ein Körper.

?+? $\mathbf{K}_n[X]$ ist ein Vektorraum.

12.10 Euklidischer Algorithmus für Polynome

Im Zusammenhang mit einigen der sogenannten Post-Quanten-Verschlüsselungsstrategien kommt der Euklidische Algorithmus und seine Erweiterung in einer Variante für Polynome zum Einsatz. Um diesen **(erweiterten) Euklidischen Algorithmus für Polynome** präzise beschreiben zu können, greifen wir jetzt auf das allgemeine Konzept formaler Polynome $\mathbf{K}_n[X]$ vom Höchstgrad n über beliebigen Körpern $\mathbf{K}$ zurück. Konkret ist es häufig erforderlich, auf möglichst effiziente Art und Weise ein größtes gemeinsames Teilerpolynom $t(X) \in \mathbf{K}_n[X]$ zweier formaler Polynome $p(X), q(X) \in \mathbf{K}_n[X] \setminus \{0\}$ zu bestimmen. Dazu muss natürlich zunächst präzisiert werden, welchen Größenbegriff man zu Grunde legt. Dazu führen wir auf $\mathbf{K}_n[X]$ eine sogenannte **Quasiordnung** ein, die sich am **(genauen) Grad** einen gegebenen Polynoms orientiert. Ferner nennen wir im Folgenden formale Polynome wieder schlicht Polynome.

Definition 12.10.1 (Genauer) Grad eines Polynoms aus $\mathbf{K}_n[X]$

Es sei $\mathbf{K}$ ein Körper mit den beiden inneren Verknüpfungen $\oplus$ und $\odot$ sowie $n \in \mathbb{N}$. Ferner sei $p(X) \in \mathbf{K}_n[X] \setminus \{0\}$ ein Polynom in der Standardnotation, also

$$p(X) = p_0 X^0 + p_1 X^1 + \cdots + p_n X^n \quad \text{mit} \quad p_0, p_1, \ldots, p_n \in \mathbf{K}\,.$$

Dann sagt man, $p(X)$ habe den **(genauen) Grad** k, falls $p_k \neq 0$ und $p_j = 0$ für alle Koeffizienten mit Indices $j \in \{k+1, k+2, \ldots, n\}$ gilt, kurz

$$\deg(p(X)) := \max\{i \in \{0, 1, \ldots, n\} \mid p_i \neq 0\}\,.$$

Im Sonderfall, dass alle Koeffizienten von $p(X)$ gleich Null sind, ordnet man dem **Nullpolynom**, wie bereits bekannt, formal den (genauen) Grad $-\infty$ zu. ◄

Aufbauend auf dem Begriff des (genauen) Polynomgrades können wir nun eine **Quasiordnung** (direkt mit ihrer sogenannten strikten Variante) auf dem Raum der Polynome definieren.

Definition 12.10.2   (Strikte) Quasiordnung auf $\mathbf{K}_n[X]$

Es sei $\mathbf{K}$ ein Körper mit den beiden inneren Verknüpfungen $\oplus$ und $\odot$ sowie $n \in \mathbb{N}$. Ferner seien $p(X), q(X) \in \mathbf{K}_n[X]$ zwei beliebige Polynome. Dann schreibt man

$$p(X) \preceq q(X) :\Longleftrightarrow \quad \deg(p(X)) \leq \deg(q(X)) \,,$$
$$p(X) \prec q(X) :\Longleftrightarrow \quad \deg(p(X)) < \deg(q(X)) \,. \quad \blacktriangleleft$$

Mit der so definierten Quasiordnung können wir nun exakt fixieren, was wir unter einem größten gemeinsamen Teilerpolynom zweier gegebener Polynome verstehen wollen.

Definition 12.10.3   Größte gemeinsame Teilerpolynome

Es sei $\mathbf{K}$ ein Körper mit den beiden inneren Verknüpfungen $\oplus$ und $\odot$ sowie $n \in \mathbb{N}$. Ferner seien $p(X), q(X) \in \mathbf{K}_n[X] \setminus \{0\}$ zwei beliebige Polynome. Dann nennt man $t(X) \in \mathbf{K}_n[X]$ ein **größtes gemeinsames Teilerpolynom von** $p(X)$ **und** $q(X)$, falls $t(X)$ sowohl $p(X)$ als auch $q(X)$ ohne Rest teilt und kein Polynom $s(X) \in \mathbf{K}_n[X]$ existiert, welches ebenfalls $p(X)$ und $q(X)$ ohne Rest teilt und $t(X) \prec s(X)$ erfüllt. $\blacktriangleleft$

▶ **Bemerkung 12.10.4   Nicht-Eindeutigkeit größter gemeinsamer Teilerpolynome** Man mache sich klar, dass es im Allgemeinen mehrere größte gemeinsame Teilerpolynome gibt. Zum Beispiel sind in $\mathbb{R}_2[X]$ für die beiden Polynome

$$p(X) := (X+1) \cdot (X+2) = X^2 + 3X + 2 \quad \text{und}$$
$$q(X) := (X+1) \cdot (X+3) = X^2 + 4X + 3$$

alle Polynome $t_\alpha(X) := \alpha X + \alpha$ für $\alpha \in \mathbb{R}^*$ größte gemeinsame Teilerpolynome! Will man Eindeutigkeit, muss man fordern, dass der führende Koeffizient des größten gemeinsamen Teilerpolynoms z. B. auf 1 fixiert wird. Polynome dieses Typs werden in der Literatur auch als **monische Polynome** bezeichnet. Wir verzichten im Folgenden auf diese Normierung!

Wir können nun unter Benutzung der bekannten Polynomdivision den Euklidischen Algorithmus direkt in seiner erweiterten Version auf Polynome übertragen, um größte gemeinsame Teilerpolynome zu bestimmen.

▶ **Satz 12.10.5   Euklidischer Algorithmus für Polynome** Es sei $\mathbf{K}$ ein Körper mit den beiden inneren Verknüpfungen $\oplus$ und $\odot$ sowie $n \in \mathbb{N}$. Ferner seien $p(X), q(X) \in \mathbf{K}_n[X] \setminus \{0\}$ zwei beliebige Polynome. Dann lässt sich mit Hilfe einer fortgesetzten Polynomdivision mit Rest, welche als **Euklidischer**

Algorithmus für Polynome bezeichnet wird, ein größtes gemeinsames Teilerpolynom $t(X) \in \mathbf{K}_n[X]$ von $p(X)$ und $q(X)$ bestimmen gemäß:

$$\text{Setze:} \quad a_0(X) := p(X) \text{ und } a_1(X) := q(X)$$

$$\text{Berechne:} \quad a_0(X) = v_1(X) \cdot a_1(X) \oplus a_2(X) \qquad \text{mit } v_1(X), a_2(X) \in \mathbf{K}_n[X]$$
$$\text{und } 0 \prec a_2(X) \prec a_1(X)$$

$$a_1(X) = v_2(X) \cdot a_2(X) \oplus a_3(X) \qquad \text{mit } v_2(X), a_3(X) \in \mathbf{K}_n[X]$$
$$\text{und } 0 \prec a_3(X) \prec a_2(X)$$

$$a_2(X) = v_3(X) \cdot a_3(X) \oplus a_4(X) \qquad \text{mit } v_3(X), a_4(X) \in \mathbf{K}_n[X]$$
$$\text{und } 0 \prec a_4(X) \prec a_3(X)$$

$$\vdots \qquad \vdots \qquad \vdots$$

$$a_{i-2}(X) = v_{i-1}(X) \cdot a_{i-1}(X) \oplus a_i(X) \quad \text{mit } v_{i-1}(X), a_i(X) \in \mathbf{K}_n[X]$$
$$\text{und } 0 \prec a_i(X) \prec a_{i-1}(X)$$

$$a_{i-1}(X) = v_i(X) \cdot a_i(X) \qquad \text{mit } v_i(X) \in \mathbf{K}_n[X]$$
$$\text{Ergebnis:} \quad t(X) := a_i(X)$$

Setzt man die oben auftauchenden Größen als bekannt voraus, so lässt sich der Algorithmus im folgenden Sinne vervollständigen und wird in dieser Form häufig als **erweiterter Euklidischer Algorithmus für Polynome** bezeichnet:

$$\text{Berechne:} \quad a_2(X) = a_0(X) \oplus -v_1(X) \cdot a_1(X) =: c_2(X) \cdot p(X) \oplus d_2(X) \cdot q(X)$$
$$\text{mit } c_2(X), d_2(X) \in \mathbf{K}_n[X]$$

$$a_3(X) = a_1(X) \oplus -v_2(X) \cdot a_2(X) =: c_3(X) \cdot p(X) \oplus d_3(X) \cdot q(X)$$
$$\text{mit } c_3(X), d_3(X) \in \mathbf{K}_n[X]$$

$$a_4(X) = a_2(X) \oplus -v_3(X) \cdot a_3(X) =: c_4(X) \cdot p(X) \oplus d_4(X) \cdot q(X)$$
$$\text{mit } c_4(X), d_4(X) \in \mathbf{K}_n[X]$$

$$\vdots \qquad \vdots \qquad \vdots$$

$$a_i(X) = a_{i-2}(X) \oplus -v_{i-1}(X) \cdot a_{i-1}(X) =: c_i(X) \cdot p(X) \oplus d_i(X) \cdot q(X)$$
$$\text{mit } c_i(X), d_i(X) \in \mathbf{K}_n[X]$$

$$\text{Ergebnis:} \quad t(X) = c_i(X) \cdot p(X) \oplus d_i(X) \cdot q(X) \text{ mit } c_i(X), d_i(X) \in \mathbf{K}_n[X]$$
$$\exists\, u(X) \in \mathbf{K}_n[X] : t(X) \equiv u(X) \cdot p(X) \bmod q(X)$$
$$\exists w(X) \in \mathbf{K}_n[X] : t(X) \equiv w(X) \cdot q(X) \bmod p(X)$$

Beweis   Es sollen lediglich die zentralen Ideen des Beweises skizziert werden. Zunächst ist aufgrund der Konstruktion des Algorithmus klar, dass die Ungleichung $a_1(X) \succ a_2(X) \succ a_3(X) > \cdots$ gilt und, da es sich bei den dabei betrachteten Graden von Polynomen um natürliche Zahlen handelt, diese Zahlenfolge und damit auch die Folge der Polynome nach endlich vielen Schritten enden muss. Somit ist gezeigt, dass der Algorithmus wie behauptet terminiert. Es ist nun nur noch zu prüfen, ob das letzte berechnete Polynom $t(X) := a_i(X)$ wirklich ein größtes gemeinsames Teilerpolynom von $p(X)$ und $q(X)$ ist. Dies wird in zwei Schritten nachgewiesen: Man zeigt zunächst, dass $a_i(X)$ die Polynome $p(X)$ und $q(X)$ teilt, und anschließend, dass jedes Polynom, das $p(X)$ und $q(X)$ teilt, auch $a_i(X)$ teilt. Daraus folgt dann sofort, dass es kein Polynom höheren Grades als $a_i(X)$ geben kann, welches $p(X)$ und $q(X)$ gleichzeitig teilt.

Aufgrund der Gleichung $a_{i-1}(X) = v_i(X) \cdot a_i(X)$ teilt $a_i(X)$ das Polynom $a_{i-1}(X)$. Aufgrund der Gleichung $a_{i-2}(X) = v_{i-1}(X) \cdot a_{i-1}(X) \oplus a_i(X)$ teilt $a_i(X)$ damit aber auch das Polynom $a_{i-2}(X)$. So fortfahrend schließt man darauf, dass $a_i(X)$ auch $a_0(X) = p(X)$ und $a_1(X) = q(X)$ teilt.

Es sei nun $s(X) \in \mathbf{K}_n[X]$ ein beliebiger Teiler von $a_0(X) = p(X)$ und $a_1(X) = q(X)$. Aufgrund der Gleichung $a_2(X) = a_0(X) \oplus -v_1(X) \cdot a_1(X)$ teilt $s(X)$ somit auch $a_2(X)$. Entsprechend folgt aus der Gleichung $a_3(X) = a_1(X) \oplus -v_2(X) \cdot a_2(X)$, dass $s(X)$ auch $a_3(X)$ teilt. So fortfahrend ergibt sich dann wie gewünscht, dass $s(X)$ auch $a_i(X) =: t(X)$ teilt und somit höchstens denselben Grad wie $t(X)$ haben kann.

Bei der vollständigen Variante des Algorithmus besteht die Idee schließlich darin, sukzessiv nach den Resten der vorgenommenen Divisionen aufzulösen und diese als polynomiale Linearkombinationen von $p(X)$ und $q(X)$ zu schreiben. Dabei werden die jeweils zuvor gefundenen Darstellungen der Restpolynome in jedem Auflösungsschritt wieder benutzt, um am Ende die gewünschte Darstellung von $t(X)$ als polynomiale Linearkombination von $p(X)$ und $q(X)$ zu erhalten, aus der man dann $u(X)$ und $w(X)$ einfach bestimmen kann. $\qquad\square$

Wir betrachten ein einfaches Beispiel, wobei wir den Algorithmus ein wenig modifizieren, um eine effiziente Handrechnung, aber auch Implementierung zu ermöglichen. Dabei orientieren wir uns stets nur an den höchsten Potenzen der beteiligten Polynome und führen somit die konkrete Polynomdivision implizit in mehreren Schritten durch. Erst wenn der Grad des Restpolynoms echt kleiner ist als der Grad des Divisorpolynoms wird dann der eigentliche Euklidische Tauschschritt der Polynome durchgeführt.

Beispiel 12.10.6

Es seien $\mathbf{K} := \mathbb{Z}_5$ sowie $p(X) := 3X^4 + 2X^3 + X + 4 \in \mathbb{Z}_{5,4}[X]$ und $q(X) := 2X^2 + 2X + 1 \in \mathbb{Z}_{5,4}[X]$ gegeben. Gesucht wird sowohl ein größtes gemeinsames Teilerpolynom $t(X) \in \mathbb{Z}_{5,4}[X]$ von $p(X)$ und $q(X)$ als auch zwei Polynome $u(X), w(X) \in \mathbb{Z}_{5,4}[X]$ mit

$$t(X) \equiv u(X) \cdot p(X) \bmod q(X) \,,$$
$$t(X) \equiv w(X) \cdot q(X) \bmod p(X) \,.$$

Mit Hilfe des modifizierten **Euklidischen Algorithmus** im oben beschriebenen Sinne und seiner Erweiterung erhält man die Lösung wie folgt:

$$3X^4 + 2X^3 + X + 4 = 4X^2 \cdot (2X^2 + 2X + 1) \oplus (4X^3 + X^2 + X + 4)$$

$$4X^3 + X^2 + X + 4 = 2X \cdot (2X^2 + 2X + 1) \oplus (2X^2 + 4X + 4)$$

$$2X^2 + 4X + 4 = 1 \cdot (2X^2 + 2X + 1) \oplus (2X + 3)$$

$$2X^2 + 2X + 1 = X \cdot (2X + 3) \oplus (4X + 1)$$

$$4X + 1 = 2 \cdot (2X + 3)$$

$$\text{Ergebnis:} \quad 2X + 3 =: t(X)$$

$$2X + 3 = (3X^4 + 2X^3 + X + 4) \oplus$$

$$- (4X^2 + 2X + 1) \cdot (2X^2 + 2X + 1)$$

$$= 1 \cdot (3X^4 + 2X^3 + X + 4) \oplus (X^2 + 3X + 4)$$

$$\cdot (2X^2 + 2X + 1)$$

$$\text{Ergebnis:} \quad t(X) = 2X + 3 \equiv 1 \cdot (3X^4 + 2X^3 + X + 4) \bmod (2X^2 + 2X + 1)$$

$$t(X) = 2X + 3 \equiv (X^2 + 3X + 4)$$

$$\cdot (2X^2 + 2X + 1) \bmod (3X^4 + 2X^3 + X + 4)$$

Insgesamt liefert der Algorithmus also $t(X) := 2X + 3$ sowie $u(X) := 1$ und $w(X) := X^2 + 3X + 4$.

Wie im Fall natürlicher Zahlen kann man nun den erweiterten Euklidischen Algorithmus für Polynome anwenden, um sogenannte **modular multiplikativ inverse Polynome** zu bestimmen. Dazu müssen wir aber zunächst definieren, was wir darunter verstehen möchten.

Definition 12.10.7 Modular multiplikativ inverse Polynome

Es sei $\mathbf{K}$ ein Körper mit den beiden inneren Verknüpfungen $\oplus$ und $\odot$ sowie $n \in \mathbb{N}^*$. Ferner seien $p(X), q(X), d(X) \in \mathbf{K}_n[X] \setminus \{0\}$ drei beliebige Polynome mit $p(X) \prec d(X)$ und $q(X) \prec d(X)$. Dann nennt man das Polynom $p(X)$ **multiplikativ invers zum Polynom** $q(X)$ **modulo** $d(X)$ bzw. $q(X)$ **multiplikativ invers zum Polynom** $p(X)$ **modulo** $d(X)$, wenn gilt

$$p(X) \cdot q(X) \equiv 1 \quad \bmod d(X) \, .$$

Man schreibt dafür häufig auch kurz

$$q(X) = p(X)^{-1} \bmod d(X) \qquad \text{bzw.} \qquad p(X) = q(X)^{-1} \bmod d(X) \, . \quad \blacktriangleleft$$

Beispiel 12.10.8

Es seien $\mathbf{K} := \mathbb{Z}_2$ sowie $p(X) := X^3 + X + 1 \in \mathbb{Z}_{2,3}[X]$, $q(X) := X^2 + 1 \in \mathbb{Z}_{2,3}[X]$ und $d(X) := X^4 + X + 1 \in \mathbb{Z}_{2,4}[X]$ gegeben. Wegen

$$p(X) \cdot q(X) = X^5 + X^2 + X + 1$$

und

$$X^5 + X^2 + X + 1 = X \cdot (X^4 + X + 1) \oplus 1$$

gilt hier

$$p(X) \cdot q(X) \equiv 1 \quad \mathrm{mod}\ d(X)\,.$$

Also ist $p(X)$ multiplikativ invers zum Polynom $q(X)$ modulo $d(X)$.

Um nun auch in komplizierteren Fällen modular multiplikativ inverse Polynome berechnen zu können, bedient man sich wieder des erweiterten Euklidischen Algorithmus für Polynome. Wir verzichten auf eine allgemeine Definition des Vorgehens und betrachten direkt ein Beispiel. Klar sollte dabei im Vorfeld allerdings schon sein, dass die Strategie nur dann erfolgreich sein kann, wenn das zu invertierende Polynom und das Polynom, bezüglich dem modular reduziert wird, teilerfremd sind in dem Sinne, dass ihre größten gemeinsamen Teiler aus $\mathbf{K}_0[X] = \mathbf{K}$ sind. Ferner zeigen wir zuvor auch noch kurz, dass das modular multiplikativ inverse Polynom eindeutig bestimmt ist, sofern es existiert.

> **Satz 12.10.9 Existenz und Eindeutigkeit modular multiplikativ inverser Polynome** Es sei $\mathbf{K}$ ein Körper mit den beiden inneren Verknüpfungen $\oplus$ und $\odot$ sowie $n \in \mathbb{N}^*$. Ferner seien $p(X), d(X) \in \mathbf{K}_n[X] \setminus \{0\}$ zwei beliebige Polynome mit $p(X) \prec d(X)$. Dann gibt es zu $p(X)$ genau dann ein multiplikativ inverses Polynom $q(X) \in \mathbf{K}_n[X]$ modulo $d(X)$ mit $q(X) \prec d(X)$, wenn die größten gemeinsamen Teiler von $p(X)$ und $d(X)$ aus $\mathbf{K}_0[X] = \mathbf{K}$ sind, d. h. die beiden Polynome keine echten gemeinsamen polynomialen Teiler haben. Ferner ist in diesem Fall das multiplikativ inverse Polynom $q(X)$ eindeutig bestimmt, so dass die Notation $q(X) = p(X)^{-1} \bmod d(X)$ legitim ist.

Beweis Wir nehmen zunächst an, dass $q(X)$ multiplikativ invers zu $p(X)$ modulo $d(X)$ ist. Dann gilt

$$p(X) \cdot q(X) \equiv 1 \quad \mathrm{mod}\ d(X)\,.$$

Da modulare Kongruenzen bezüglich $d(X)$ auch für jedes Teilerpolynom $e(X)$ von $d(X)$ gelten, würde dies, falls $e(X)$ auch $p(X)$ teilt, zu der Kongruenz

$$0 \equiv 1 \quad \mod e(X)$$

führen, die bei einem Teilerpolynom $e(X)$ mit (genauem) Grad größer oder gleich 1 offensichtlich falsch ist. Also können $p(X)$ und $d(X)$ kein gemeinsames echtes Teilerpolynom $e(X)$ besitzen. Die umgekehrte Behauptung, dass man für Polynome $p(X)$ und $d(X)$ mit größten gemeinsamen Teilern aus $\mathbf{K}_0[X] = \mathbf{K}$ ein multiplikativ inverses Polynom für $p(X)$ modulo $d(X)$ bestimmen kann, ist genau Gegenstand der Konstruktion gemäß dem erweiterten Euklidischen Algorithmus.

Wir müssen nun noch zeigen, dass das modular multiplikativ inverse Polynom, sofern es existiert, auch eindeutig ist. Dazu nehmen wir an, es gäbe zwei Polynome $q_1(X), q_2(X) \in \mathbf{K}_n[X]$ mit $q_1(X) \prec d(X)$ und $q_2(X) \prec d(X)$ sowie

$$p(X) \cdot q_1(X) \equiv 1 \quad \mod d(X) \qquad \text{und} \qquad p(X) \cdot q_2(X) \equiv 1 \quad \mod d(X) \, .$$

Daraus folgt aber sofort

$$p(X) \cdot (q_1(X) \oplus -q_2(X)) \equiv 0 \quad \mod d(X) \, .$$

Da nun $p(X)$ und $d(X)$ keine echten gemeinsamen polynomialen Teiler haben und $(q_1(X) \oplus -q_2(X)) \prec d(X)$ gilt, folgt daraus sofort $q_1(X) = q_2(X)$, d. h. das multiplikativ inverse Polynom $q(X)$ von $p(X)$ modulo $d(X)$ ist eindeutig bestimmt, so dass die Notation $q(X) = p(X)^{-1} \mod d(X)$ legitim ist. $\qquad \square$

Wir kommen nun zum bereits angekündigten Beispiel der konkreten Berechnung modular multiplikativ inverser Polynome mit Hilfe des erweiterten Euklidischen Algorithmus für Polynome.

Beispiel 12.10.10
Es seien $\mathbf{K} := \mathbb{Z}_7$ sowie $p(X) := 6X^4 + X + 6 \in \mathbb{Z}_{7,4}[X]$ und $d(X) := X^5 + 6 \in \mathbb{Z}_{7,5}[X]$ gegeben. Gesucht wird das multiplikativ inverse Polynom von $p(X)$ modulo $d(X)$, also das Polynom $p(X)^{-1} \in \mathbb{Z}_{7,4}[X]$ mit

$$p(X) \cdot p(X)^{-1} \equiv 1 \quad \mod d(X) \, .$$

Mit Hilfe des erweiterten Euklidischen Algorithmus erhält man die Lösung wie folgt:

$$X^5 + 6 = 6X \cdot (6X^4 + X + 6) \oplus (X^2 + 6X + 6)$$
$$6X^4 + X + 6 = 6X^2 \cdot (X^2 + 6X + 6) \oplus (6X^3 + 6X^2 + X + 6)$$

$$6X^3 + 6X^2 + X + 6 = 6X \cdot (X^2 + 6X + 6) \oplus (5X^2 + 6)$$

$$5X^2 + 6 = 5 \cdot (X^2 + 6X + 6) \oplus (5X + 4)$$

$$X^2 + 6X + 6 = 3X \cdot (5X + 4) \oplus (X + 6)$$

$$X + 6 = 3 \cdot (5X + 4) \oplus 1$$

$$5X + 4 = (5X + 4) \cdot 1$$

$$\text{Ergebnis:} \quad 1 =: t(X)$$

Beim sukzessiven Auflösen nach den Resten rechnen wir nun direkt stets modulo $d(X)$, so dass Vielfache von $d(X)$ direkt weggelassen werden können:

$$(X^2 + 6X + 6) = (X^5 + 6) \oplus -6X \cdot (6X^4 + X + 6)$$

$$\equiv X \cdot (6X^4 + X + 6) \quad \bmod d(X)$$

$$(5X + 4) = (6X^4 + X + 6) \oplus -(6X^2 + 6X + 5) \cdot (X^2 + 6X + 6)$$

$$\equiv (X^3 + X^2 + 2X + 1) \cdot (6X^4 + X + 6) \quad \bmod d(X)$$

$$1 = (X^2 + 6X + 6) \oplus -(3X + 3) \cdot (5X + 4)$$

$$\equiv (4X^4 + X^3 + 5X^2 + 6X + 4) \cdot (6X^4 + X + 6) \quad \bmod d(X)$$

$$\text{Ergebnis:} \quad (p(X))^{-1} = 1^{-1} \cdot (4X^4 + X^3 + 5X^2 + 6X + 4)$$

$$= 4X^4 + X^3 + 5X^2 + 6X + 4$$

12.11 Aufgaben mit Lösungen

Aufgabe 12.11.1 *Es seien $\mathbf{K} := \mathbb{Z}_{11}$ sowie $p(X) := X^4 + 8X^3 + 9X^2 + 8X + 1 \in \mathbb{Z}_{11,4}[X]$ und $q(X) := X^3 + 8X^2 + 8X + 1 \in \mathbb{Z}_{11,4}[X]$ gegeben. Bestimmt werden sollen sowohl ein größtes gemeinsames Teilerpolynom $t(X) \in \mathbb{Z}_{11,4}[X]$ von $p(X)$ und $q(X)$ als auch zwei Polynome $u(X), w(X) \in \mathbb{Z}_{11,4}[X]$ mit*

$$t(X) \equiv u(X) \cdot p(X) \bmod q(X),$$

$$t(X) \equiv w(X) \cdot q(X) \bmod p(X).$$

Lösung der Aufgabe Mit Hilfe des Euklidischen Algorithmus und seiner Erweiterung erhält man die Lösung wie folgt:

$$X^4 + 8X^3 + 9X^2 + 8X + 1 = X \cdot (X^3 + 8X^2 + 8X + 1) \oplus (X^2 + 7X + 1)$$

$$X^3 + 8X^2 + 8X + 1 = X \cdot (X^2 + 7X + 1) \oplus (X^2 + 7X + 1)$$

$$X^2 + 7X + 1 = 1 \cdot (X^2 + 7X + 1)$$

$$\text{Ergebnis:}\quad X^2 + 7X + 1 =: t(X)$$
$$X^2 + 7X + 1 = (X^4 + 8X^3 + 9X^2 + 8X + 1)$$
$$\oplus -X \cdot (X^3 + 8X^2 + 8X + 1)$$
$$= 1 \cdot (X^4 + 8X^3 + 9X^2 + 8X + 1)$$
$$\oplus 10X \cdot (X^3 + 8X^2 + 8X + 1)$$
$$\text{Ergebnis:}\quad t(X) = X^2 + 7X + 1 \equiv 1 \cdot (X^4 + 8X^3 + 9X^2 + 8X + 1)$$
$$\mathrm{mod}\,(X^3 + 8X^2 + 8X + 1)$$
$$t(X) = X^2 + 7X + 1 \equiv 10X \cdot (X^3 + 8X^2 + 8X + 1)$$
$$\mathrm{mod}\,(X^4 + 8X^3 + 9X^2 + 8X + 1)$$

Insgesamt liefert der Algorithmus also $t(X) := X^2 + 7X + 1$ sowie $u(X) := 1$ und $w(X) := 10X$.

Aufgabe 12.11.2 *Es seien* $\mathbf{K} := \mathbb{Z}_3$ *sowie* $p(X) := 2X^4 + X + 2 \in \mathbb{Z}_{3,4}[X]$ *und* $d(X) := X^5 + 2 \in \mathbb{Z}_{3,5}[X]$ *gegeben. Bestimmt werden soll das multiplikativ inverse Polynom von* $p(X)$ *modulo* $d(X)$*, also das Polynom* $p(X)^{-1} \in \mathbb{Z}_{3,4}[X]$ *mit*

$$p(X) \cdot p(X)^{-1} \equiv 1 \quad \mathrm{mod}\, d(X)\,.$$

Lösung der Aufgabe Mit Hilfe des erweiterten Euklidischen Algorithmus erhält man die Lösung wie folgt:

$$X^5 + 2 = 2X \cdot (2X^4 + X + 2) \oplus (X^2 + 2X + 2)$$
$$2X^4 + X + 2 = 2X^2 \cdot (X^2 + 2X + 2) \oplus (2X^3 + 2X^2 + X + 2)$$
$$2X^3 + 2X^2 + X + 2 = 2X \cdot (X^2 + 2X + 2) \oplus (X^2 + 2)$$
$$X^2 + 2 = 1 \cdot (X^2 + 2X + 2) \oplus X$$
$$X^2 + 2X + 2 = X \cdot (X) \oplus (2X + 2)$$
$$2X + 2 = 2 \cdot (X) \oplus 2$$
$$X = 2X \cdot (2)$$
$$\text{Ergebnis:}\quad 2 =: t(X)$$

Beim sukzessiven Auflösen nach den Resten rechnen wir nun direkt stets modulo $d(X)$, so dass Vielfache von $d(X)$ direkt weggelassen werden können:

$$X^2 + 2X + 2 = (X^5 + 2) \oplus -2X \cdot (2X^4 + X + 2)$$
$$\equiv X \cdot (2X^4 + X + 2) \quad \mathrm{mod}\, d(X)$$
$$X = (2X^4 + X + 2) \oplus -(2X^2 + 2X + 1) \cdot (X^2 + 2X + 2)$$
$$\equiv (X^3 + X^2 + 2X + 1) \cdot (2X^4 + X + 2) \quad \mathrm{mod}\, d(X)$$

$$2 = (X^2 + 2X + 2) \oplus -(X + 2) \cdot (X)$$
$$\equiv (2X^4 + 2X^2 + 2X + 1) \cdot (2X^4 + X + 2) \quad \mod d(X)$$
$$\text{Ergebnis:} \quad (p(X))^{-1} = 2^{-1} \cdot (2X^4 + 2X^2 + 2X + 1)$$
$$= 2 \cdot (2X^4 + 2X^2 + 2X + 1)$$
$$= X^4 + X^2 + X + 2$$

Selbsttest 12.11.3 Welche Aussagen über den Euklidischen Algorithmus für Polynome sind wahr?

?−? Der Euklidische Algorithmus ist nur auf teilerfremde Polynome anwendbar.

?+? Der erweiterte Euklidische Algorithmus kann modular multiplikativ inverse Polynome berechnen.

?+? Der Euklidische Algorithmus terminiert stets nach endlich vielen Schritten.

?−? Der Euklidische Algorithmus ist nur auf Polynome verschiedenen Grades anwendbar.

?+? Der Euklidische Algorithmus kann ein größtes gemeinsames Teilerpolynom bestimmen.

Literatur

1. Remmert, R., Ullrich, P.: Elementare Zahlentheorie, 3. Aufl. Birkhäuser Verlag, Basel (2008)
2. Buchmann, J.: Einführung in die Kryptographie, 6. Aufl. Springer, Berlin, Heidelberg (2016)
3. Wätjen, D.: Kryptographie, 3. Aufl. Springer Vieweg, Wiesbaden (2018)
4. Lenze, B.: Basiswissen Lineare Algebra. Springer Vieweg, Wiesbaden (2020)
5. Lenze, B.: Basiswissen Analysis. Springer Vieweg, Wiesbaden (2020)
6. Fischer, G.: Lineare Algebra, 18. Aufl. Springer Spektrum, Wiesbaden (2014)
7. Knabner, P., Barth, W.: Lineare Algebra: Grundlagen und Anwendungen, 2. Aufl. Springer Spektrum, Berlin (2018)
8. Liesen, J., Mehrmann, V.: Lineare Algebra, 2. Aufl. Springer Spektrum, Wiesbaden (2015)

In vielen Publikationen werden endliche Körper auch **Galois-Felder** genannt, wobei die Bezeichnung an den französischen Mathematiker Évariste Galois (1811–1832) erinnert, der diese Strukturen als einer der Ersten intensiv studierte. Endliche Körper haben stets p^n Elemente, wobei p eine Primzahl und n eine natürliche Zahl größer oder gleich 1 ist. Mit den Körpern $\mathbb{Z}_p$ sind uns bereits, bis auf Isomorphie, alle Körper bekannt, deren Kardinalität gleich einer Primzahl p ist. Für die Anwendungen und speziell für eine effiziente Implementierung sind darüber hinaus auch noch die Körper besonders interessant, die eine Zweierpotenz von Elementen besitzen, deren Kardinalität also genau 2^n mit $n \in \mathbb{N}^*$ ist. Genau um diese Galois-Felder soll es im Folgenden gehen, denn sie spielen z. B. im Kontext des symmetrischen Verschlüsselungsstandards **AES** eine zentrale Rolle. Wir werden sehen, dass die Konstruktion dieser Körper im Fall von echten Zweierpotenzkardinalitäten 4, 8, 16 usw. aufs Engste mit Operationen auf Polynomräumen verbunden ist, so wie wir sie in den vorausgegangenen Abschnitten eingeführt haben. Lediglich der erste Körper dieses Typs, nämlich $\mathbb{Z}_2$, ist ein klassischer Restklassenkörper und bedarf noch keiner Hinzunahme geeignet definierter Polynome. Genau mit diesem Körper werden wir im Folgenden beginnen.

13.1 Galois-Feld $GF(2) = \mathbb{Z}_2$

Der **Körper** $\mathbb{Z}_2$, der auch als **Galois-Feld** der Ordnung (Kardinalität) 2 bezeichnet und mit $GF(2)$ abgekürzt wird, ist der kleinste Körper und uns bereits bekannt. Er ist ein spezieller **Restklassenkörper** und zwar derjenige mit der geringsten Zahl an Elementen,

Elektronisches Zusatzmaterial Die elektronische Version dieses Kapitels enthält Zusatzmaterial, das berechtigten Benutzern zur Verfügung steht https://doi.org/10.1007/978-3-658-30028-9_13.

genauer

$$GF(2) := \mathbb{Z}_2 := \{0, 1\} \, .$$

Aufgrund seiner einfachen Arithmetik ist er zur Implementierung besonders gut geeignet und in Hinblick auf seine beiden inneren Verknüpfungen vollständig durch die folgenden beiden Verknüpfungstabellen beschrieben:

$\oplus$	0	1
0	0	1
1	1	0

$\odot$	0	1
0	0	0
1	0	1

Über dem Körper $\mathbb{Z}_2$ kann man z. B. auch Matrizenrechnung betreiben und alle Rechenregeln, die man für Matrizen über $\mathbb{Q}$ und $\mathbb{R}$ kennt, gelten entsprechend.

Beispiel 13.1.1

Für die gegebene Matrix $A \in \mathbb{Z}_2^{3\times3}$,

$$A := \begin{pmatrix} 1 & 0 & 1 \\ 1 & 1 & 0 \\ 1 & 1 & 1 \end{pmatrix},$$

berechnet sich die Determinante z. B. mit der **Regel von Sarrus** zu

$$\det(A) = 1 \oplus 0 \oplus 1 \oplus -1 \oplus -0 \oplus -0 = 1 \, .$$

Da $\det(A) \neq 0$ gilt, ist die Matrix regulär. Die zugehörige inverse Matrix lässt sich z. B. mit dem vollständigen Gaußschen Algorithmus berechnen gemäß

1	0	1	1	0	0	$\odot 1$	$\odot 1$
1	1	0	0	1	0	$\leftarrow \oplus$	$\mid$
1	1	1	0	0	1		$\leftarrow \oplus$
1	0	1	1	0	0		$\leftarrow \oplus$
0	1	1	1	1	0	$\odot 1$	$\odot 0$
0	1	0	1	0	1		$\leftarrow \oplus$
1	0	1	1	0	0		$\leftarrow \oplus$
0	1	1	1	1	0	$\leftarrow \oplus$	$\mid$
0	0	1	0	1	1	$\odot 1$	$\odot 1$

$$
\begin{array}{ccc|ccc}
1 & 0 & 0 & 1 & 1 & 1 \\
0 & 1 & 0 & 1 & 0 & 1 \\
0 & 0 & 1 & 0 & 1 & 1
\end{array}
$$

Aus dem obigen Endschema liest man die Inverse von A direkt auf der rechten Seite ab als

$$
A^{-1} = \begin{pmatrix} 1 & 1 & 1 \\ 1 & 0 & 1 \\ 0 & 1 & 1 \end{pmatrix}.
$$

Auch Matrix-Vektor-Produkte kann man über $\mathbb{Z}_2$ in gleicher Weise berechnen wie man es über $\mathbb{Q}$ oder $\mathbb{R}$ gewohnt ist. So ergibt sich z. B. für $\vec{x} := (1, 0, 1)^T \in \mathbb{Z}_2^3$ die Identität

$$
A\vec{x} = \begin{pmatrix} 1 & 0 & 1 \\ 1 & 1 & 0 \\ 1 & 1 & 1 \end{pmatrix} \begin{pmatrix} 1 \\ 0 \\ 1 \end{pmatrix} = \begin{pmatrix} 0 \\ 1 \\ 0 \end{pmatrix} = \vec{y}
$$

und aus $\vec{y}$ erhält man $\vec{x}$ zurück gemäß

$$
A^{-1}\vec{y} = \begin{pmatrix} 1 & 1 & 1 \\ 1 & 0 & 1 \\ 0 & 1 & 1 \end{pmatrix} \begin{pmatrix} 0 \\ 1 \\ 0 \end{pmatrix} = \begin{pmatrix} 1 \\ 0 \\ 1 \end{pmatrix} = \vec{x}.
$$

13.2 Aufgaben mit Lösungen

Aufgabe 13.2.1 *Zeigen Sie, dass die Matrix $A \in \mathbb{Z}_2^{3\times3}$,*

$$
A := \begin{pmatrix} 1 & 1 & 1 \\ 1 & 1 & 0 \\ 1 & 0 & 1 \end{pmatrix},
$$

regulär ist. Berechnen Sie dann die inverse Matrix $A^{-1} \in \mathbb{Z}_2^{3\times3}$ von A über $\mathbb{Z}_2$. Lösen Sie anschließend das lineare Gleichungssystem $A\vec{x} = (1, 1, 0)^T$ über $\mathbb{Z}_2$ mit Hilfe von A^{-1}.

Lösung der Aufgabe Für die gegebene Matrix $A \in \mathbb{Z}_2^{3\times3}$ berechnet sich die Determinante mit der Regel von Sarrus zu

$$
\det(A) = 1 \oplus 0 \oplus 0 \oplus -1 \oplus -0 \oplus -1 = 1.
$$

Da $\det(A) \neq 0$ gilt, ist die Matrix regulär. Die zugehörige inverse Matrix lässt sich mit dem vollständigen Gaußschen Algorithmus berechnen gemäß

$$
\begin{array}{ccc|ccc|cc}
1 & 1 & 1 & 1 & 0 & 0 & \odot 1 & \odot 1 \\
1 & 1 & 0 & 0 & 1 & 0 & \leftarrow \oplus & | \\
1 & 0 & 1 & 0 & 0 & 1 & & \leftarrow \oplus \\
\hline
1 & 1 & 1 & 1 & 0 & 0 & & \\
0 & 0 & 1 & 1 & 1 & 0 & \leftarrow & \\
0 & 1 & 0 & 1 & 0 & 1 & \leftarrow & \\
\hline
1 & 1 & 1 & 1 & 0 & 0 & \leftarrow \oplus & \\
0 & 1 & 0 & 1 & 0 & 1 & \odot 0 & \odot 1 \\
0 & 0 & 1 & 1 & 1 & 0 & \leftarrow \oplus & \\
\hline
1 & 0 & 1 & 0 & 0 & 1 & \leftarrow \oplus & \\
0 & 1 & 0 & 1 & 0 & 1 & \leftarrow \oplus & | \\
0 & 0 & 1 & 1 & 1 & 0 & \odot 0 & \odot 1 \\
\hline
1 & 0 & 0 & 1 & 1 & 1 & & \\
0 & 1 & 0 & 1 & 0 & 1 & & \\
0 & 0 & 1 & 1 & 1 & 0 & &
\end{array}
$$

Aus dem obigen Endschema liest man die Inverse von A direkt auf der rechten Seite ab als

$$
A^{-1} = \begin{pmatrix} 1 & 1 & 1 \\ 1 & 0 & 1 \\ 1 & 1 & 0 \end{pmatrix}.
$$

Für $\vec{x} \in \mathbb{Z}_2^3$ ergibt sich

$$
\vec{x} = \begin{pmatrix} 1 & 1 & 1 \\ 1 & 0 & 1 \\ 1 & 1 & 0 \end{pmatrix} \begin{pmatrix} 1 \\ 1 \\ 0 \end{pmatrix} = \begin{pmatrix} 0 \\ 1 \\ 0 \end{pmatrix}.
$$

Aufgabe 13.2.2 *Zeigen Sie, dass die Matrix $A \in \mathbb{Z}_2^{3\times 3}$,*

$$
A := \begin{pmatrix} 1 & 1 & 1 \\ 1 & 0 & 0 \\ 0 & 0 & 1 \end{pmatrix},
$$

regulär ist. Berechnen Sie dann die inverse Matrix $A^{-1} \in \mathbb{Z}_2^{3\times 3}$ von A über $\mathbb{Z}_2$. Lösen Sie anschließend das lineare Gleichungssystem $A\vec{x} = (1, 1, 1)^T$ über $\mathbb{Z}_2$ mit Hilfe von A^{-1}.

Lösung der Aufgabe Für die gegebene Matrix $A \in \mathbb{Z}_2^{3\times3}$ berechnet sich die Determinante mit der Regel von Sarrus zu

$$\det(A) = 0 \oplus 0 \oplus 0 \oplus -0 \oplus -0 \oplus -1 = 1\,.$$

Da $\det(A) \neq 0$ gilt, ist die Matrix regulär. Die zugehörige inverse Matrix lässt sich mit dem vollständigen Gaußschen Algorithmus berechnen gemäß

1	1	1	1	0	0	$\odot 1$	$\odot 0$
1	0	0	0	1	0	$\leftarrow \oplus$	$\vert$
0	0	1	0	0	1		$\leftarrow \oplus$
1	1	1	1	0	0	$\leftarrow \oplus$	
0	1	1	1	1	0	$\odot 0$	$\odot 1$
0	0	1	0	0	1	$\leftarrow \oplus$	
1	0	0	0	1	0	$\leftarrow \oplus$	
0	1	1	1	1	0	$\leftarrow \oplus$	$\vert$
0	0	1	0	0	1	$\odot 1$	$\odot 0$
1	0	0	0	1	0		
0	1	0	1	1	1		
0	0	1	0	0	1		

Aus dem obigen Endschema liest man die Inverse von A direkt auf der rechten Seite ab als

$$A^{-1} = \begin{pmatrix} 0 & 1 & 0 \\ 1 & 1 & 1 \\ 0 & 0 & 1 \end{pmatrix}\,.$$

Für $\vec{x} \in \mathbb{Z}_2^3$ ergibt sich

$$\vec{x} = \begin{pmatrix} 0 & 1 & 0 \\ 1 & 1 & 1 \\ 0 & 0 & 1 \end{pmatrix} \begin{pmatrix} 1 \\ 1 \\ 1 \end{pmatrix} = \begin{pmatrix} 1 \\ 1 \\ 1 \end{pmatrix}\,.$$

Selbsttest 13.2.3 Welche Aussagen über das Galois-Feld $GF(2) = \mathbb{Z}_2$ sind wahr?

?+? In $GF(2)$ sind zwei Verknüpfungen erklärt, die $GF(2)$ zu einem Körper werden lassen.

?+? Das multiplikativ inverse Element von 1 in $GF(2)$, also bezüglich der Verknüpfung $\odot$, ist 1.

?+? Das additiv inverse Element von 1 in $GF(2)$, also bezüglich der Verknüpfung $\oplus$, ist
1.

?+? Die Determinante einer Matrix $A \in GF(2)^{5 \times 5}$ kann nur 0 oder 1 sein.

?−? Das multiplikativ inverse Element von 0 in $GF(2)$, also bezüglich der Verknüpfung
$\odot$, ist 0.

13.3 Galois-Feld $GF(4)$

Der **Körper** $GF(4)$, der auch als **Galois-Feld** der Ordnung (Kardinalität) 4 bezeichnet
wird, ist der kleinste Körper, der als Menge von (formalen) Polynomen über $\mathbb{Z}_2$ interpretiert werden kann. Er besteht genau aus den vier Polynomen vom Höchstgrad 1 über $\mathbb{Z}_2$,
also

$$GF(4) := \{aX + b \mid a, b \in \mathbb{Z}_2\}$$
$$= \{0X + 0, 0X + 1, 1X + 0, 1X + 1\} = \{0, 1, X, X + 1\} \, .$$

Es gilt die übliche Konvention, dass die Ziffer 1 weggelassen werden darf, wenn sie als
Faktor auftaucht, sowie die Ziffer 0 zusammen mit ihr zugehörigen Faktoren, wenn sie
als Summand auftritt. Ferner ist sowohl die Addition als auch die Multiplikation für Polynome des obigen Typs zunächst so erklärt, wie man es aus der Analysis kennt. Lediglich
die für die Koeffizienten der Summen oder Produkte erhaltenen algebraischen Ausdrücke
werden gemäß den Rechenregeln in $\mathbb{Z}_2$ vereinfacht und wieder mit einem Element aus
$\mathbb{Z}_2$ identifiziert. Hinzu kommt, dass man nach der so durchgeführten formalen Multiplikation noch modulo eines sogenannten über $\mathbb{Z}_2$ **irreduziblen Polynoms** vom (genauen)
Grad 2 reduzieren muss, damit man wieder ein Element aus $GF(4)$ erhält. Dabei sei daran
erinnert, dass man ein beliebiges Polynom

$$p(X) := p_n X^n + p_{n-1} X^{n-1} + \quad \cdots \quad + p_1 X + p_0 \quad \text{mit } p_n, p_{n-1}, \cdots, p_1, p_0 \in \mathbb{Z}_2$$

ein **irreduzibles Polynom (über** $\mathbb{Z}_2$**)** nennt, wenn es kein Polynom $d(X)$ vom Mindestgrad 1 gibt, welches $p(X)$ ohne Rest teilt. Gibt es ein Polynom $d(X)$ vom Mindestgrad
1, welches $p(X)$ ohne Rest teilt, dann nennt man $p(X)$ ein **reduzibles Polynom (über**
$\mathbb{Z}_2$**)**. Das hier in $GF(4)$ nun eingesetzte **irreduzible Polynom**, bezüglich dem das formal
ausmultiplizierte Polynom reduziert werden muss, lautet konkret

$$i(X) := 1X^2 + 1X + 1 = X^2 + X + 1 \, .$$

Um die Details dieses Reduktionsprozesses zu verstehen, der quasi für Polynome genau
die bekannte modulare Reduktion von natürlichen Zahlen nachbildet, muss zunächst noch
einmal das entsprechende Konzept der **Kongruenz modulo eines Polynoms** in Erinne-

rung gerufen werden. Für drei beliebig gegebene Polynome $p(X)$, $r(X)$ und $d(X)$ über dem Körper $\mathbb{Z}_2$, d. h. mit Koeffizienten aus $\mathbb{Z}_2$, sagt man, dass $p(X)$ **kongruent** $r(X)$ **modulo** $d(X)$ ist, falls sich $p(X)$ und $r(X)$ nur durch ein polynomiales Vielfaches $v(X)$ von $d(X)$ unterscheiden,

$$p(X) \equiv r(X) \quad \mathrm{mod}\ d(X) \ :\Longleftrightarrow\ \exists v(X) : p(X) = r(X) + v(X) \cdot d(X).$$

Ersetzt man $p(X)$ bei Gültigkeit der obigen Kongruenz durch $r(X)$ und ist $r(X)$ speziell das Polynom niedrigsten Grades mit der obigen Kongruenzeigenschaft (z. B. bestimmbar mittels Polynomdivision mit Rest), dann sagt man auch, dass man $p(X)$ **modulo** $d(X)$ **auf** $r(X)$ **reduziert** habe.

Beispiel 13.3.1
Exemplarisch werden zwei einfache Rechnungen mit Polynomen in $GF(4)$ vorgeführt. Zunächst ergibt sich für eine einfache Addition wie bereits bekannt

$$(X + 1) \oplus X = (1X + 1) \oplus (1X + 0) = (1 \oplus 1)X + (1 \oplus 0) = 0X + 1 = 1.$$

Bei der Multiplikation sieht die Rechnung etwas komplizierter aus. Zunächst ergibt sich bei ganz formaler Ausmultiplikation unter Berücksichtigung der Tatsache, dass für die Koeffizienten wieder die Rechengesetze aus $\mathbb{Z}_2$ angewendet werden müssen,

$$(X + 1) \cdot X = (1X + 1) \cdot (1X + 0) = (1 \odot 1)X^2 + (1 \odot 0 \oplus 1 \odot 1)X + (1 \odot 0)$$
$$= 1X^2 + (0 \oplus 1)X + 0 = X^2 + X \, .$$

Dieses Polynom wird jetzt, damit es wieder in das Galois-Feld $GF(4)$ zurückfällt, modulo $X^2 + X + 1$ reduziert. Das bedeutet, dass man sich fragt, wie man $X^2 + X$ darstellen kann als Vielfaches des Polynoms $X^2 + X + 1$ zuzüglich eines Rests aus $GF(4)$. In diesem Fall ist dies sehr einfach und man erhält

$$X^2 + X = 1 \cdot (X^2 + X + 1) \oplus 1 \, .$$

Alle Vielfache des irreduziblen Polynoms $X^2 + X + 1$ lässt man nun fort, m.a.W. man rechnet modulo dieses Polynoms, so dass sich so für die eigentlich zu definierende Verknüpfung $\odot$ in $GF(4)$ das Ergebnis

$$(X + 1) \odot X = 1$$

ergibt. Man hat also das im klassischen Sinne ausmultiplizierte Polynom $(X + 1) \cdot X$ durch das modulo $i(X)$ reduzierte Polynom zu ersetzen und erhält auf diese Weise stets ein Polynom, welches wieder in $GF(4)$ liegt.

Rechnet man alle Verknüpfungen in $GF(4)$ in dieser Form nach, dann erhält man die folgenden Verknüpfungstabellen:

$\oplus$	0	1	X	$X+1$
0	0	1	X	$X+1$
1	1	0	$X+1$	X
X	X	$X+1$	0	1
$X+1$	$X+1$	X	1	0

$\odot$	0	1	X	$X+1$
0	0	0	0	0
1	0	1	X	$X+1$
X	0	X	$X+1$	1
$X+1$	0	$X+1$	1	X

Zur Implementierung codiert man die Polynome als 2-Bit-Dualzahlen, genauer

$$GF(4) := \{00, 01, 10, 11\},$$

so dass sich die Verknüpfungstabellen nun wie folgt darstellen:

$\oplus$	00	01	10	11
00	00	01	10	11
01	01	00	11	10
10	10	11	00	01
11	11	10	01	00

$\odot$	00	01	10	11
00	00	00	00	00
01	00	01	10	11
10	00	10	11	01
11	00	11	01	10

In dieser dualen Notation lassen sich die Operationen $\oplus$ und $\odot$ sehr elementar implementieren und effizient ausführen: Die Operation $\oplus$ ist lediglich ein bitweises $\oplus$ in $\mathbb{Z}_2$ (auch **bitweises XOR** genannt, wobei XOR für *eXclusive OR* steht), und die Operation $\odot$ ist eine übliche duale Multiplikation gefolgt von maximal einer $\oplus$-Operationen mit dem irreduziblen Polynom in Dualdarstellung. Am einfachsten macht man sich das Vorgehen anhand eines Beispiels klar.

Beispiel 13.3.2
Zunächst sollen 10 und 11 in $GF(4)$ mit $\oplus$ verknüpft werden. Dies lässt sich wie folgt in einem klassischen Additionsschema notieren:

$$\begin{array}{r} 10 \\ \oplus\, 11 \\ \hline 01 \end{array}$$

Nun sollen 10 und 11 in $GF(4)$ mit $\odot$ verknüpft werden. Dies lässt sich zunächst wie folgt in einem klassischen Multiplikationsschema notieren:

$$
\begin{array}{r}
10 \cdot 11 \\
\hline
100 \\
\oplus \quad 10 \\
\hline
110
\end{array}
$$

Zur Reduktion des Ergebnisses in $GF(4)$ addiert man nun auf 110 das dual codierte irreduzible Polynom 111 im Sinne von $\oplus$, so dass man wieder in $GF(4)$ zurückfällt, wobei eine führende Null einfach wegzustreichen ist:

$$
\begin{array}{r}
110 \\
\oplus \, 111 \\
\hline
\not{0}01
\end{array}
$$

Als Ergebnis erhält man so $10 \odot 11 = 01$.

Je nachdem, welche Darstellung im Vordergrund steht, werden im Folgenden die Elemente von $GF(4)$ entweder mit $p(X)$, $q(X)$, $r(X)$ etc. bezeichnet (polynomiale Interpretation) oder schlicht mit p, q, r etc. (duale Interpretation). Über dem Galois-Feld $GF(4)$ kann man nun auch wieder Matrizenrechnung betreiben und alle Rechenregeln, die man für Matrizen über $\mathbb{Q}$ und $\mathbb{R}$ kennt, gelten entsprechend.

Beispiel 13.3.3

Für die gegebene Matrix $A \in GF(4)^{3 \times 3}$ in Dualdarstellung,

$$
A := \begin{pmatrix} 11 & 01 & 00 \\ 10 & 01 & 10 \\ 00 & 11 & 01 \end{pmatrix},
$$

berechnet sich die Determinante z. B. mit der Regel von Sarrus zu

$$
\det(A) = 11 \oplus 00 \oplus 00 \oplus -00 \oplus -11 \oplus -10 = 10 \,.
$$

Da $\det(A) \neq 00$ gilt, ist die Matrix regulär. Die zugehörige inverse Matrix lässt sich z. B. mit dem vollständigen Gaußschen Algorithmus berechnen gemäß

11	01	00	01	00	00	$\odot 10$	$\odot 10$	$\odot 00$
10	01	10	00	01	00		$\leftarrow \oplus$	$\mid$
00	11	01	00	00	01			$\leftarrow \oplus$

01	10	00	10	00	00			$\leftarrow \oplus$
00	10	10	11	01	00	$\odot 11$	$\odot 11$	$\odot 10$
00	11	01	00	00	01			$\leftarrow \oplus$

01	00	10	01	01	00			$\leftarrow \oplus$
00	01	01	10	11	00		$\leftarrow \oplus$	$\mid$
00	00	10	01	10	01	$\odot 11$	$\odot 01$	$\odot 10$

01	00	00	00	11	01
00	01	00	01	10	11
00	00	01	11	01	11

Aus dem obigen Endschema liest man die Inverse von A direkt auf der rechten Seite ab als

$$A^{-1} = \begin{pmatrix} 00 & 11 & 01 \\ 01 & 10 & 11 \\ 11 & 01 & 11 \end{pmatrix}.$$

Für $\vec{x} := (10, 01, 11)^T \in GF(4)^3$ ergibt sich

$$A\vec{x} = \begin{pmatrix} 11 & 01 & 00 \\ 10 & 01 & 10 \\ 00 & 11 & 01 \end{pmatrix} \begin{pmatrix} 10 \\ 01 \\ 11 \end{pmatrix} = \begin{pmatrix} 00 \\ 11 \\ 00 \end{pmatrix} = \vec{y}$$

und aus $\vec{y}$ erhält man $\vec{x}$ zurück gemäß

$$A^{-1}\vec{y} = \begin{pmatrix} 00 & 11 & 01 \\ 01 & 10 & 11 \\ 11 & 01 & 11 \end{pmatrix} \begin{pmatrix} 00 \\ 11 \\ 00 \end{pmatrix} = \begin{pmatrix} 10 \\ 01 \\ 11 \end{pmatrix} = \vec{x}.$$

13.4 Aufgaben mit Lösungen

Aufgabe 13.4.1 *Berechnen Sie die inverse Matrix $A^{-1} \in GF(4)^{3\times3}$ von*

$$
A := \begin{pmatrix} 11 & 01 & 10 \\ 00 & 11 & 10 \\ 01 & 00 & 11 \end{pmatrix} \in GF(4)^{3\times3}
$$

über $GF(4)$. Lösen Sie anschließend das lineare Gleichungssystem $A\vec{x} = (10, 10, 01)^T$ über $GF(4)$ mit Hilfe von A^{-1}.

Lösung der Aufgabe Für die gegebene Matrix $A \in GF(4)^{3\times3}$ berechnet sich die Determinante z. B. mit der Regel von Sarrus zu

$$
\det(A) = 01 \oplus 10 \oplus 00 \oplus -01 \oplus -00 \oplus -00 = 10 \,.
$$

Da $\det(A) \neq 00$ gilt, ist die Matrix regulär. Die zugehörige inverse Matrix lässt sich z. B. mit dem vollständigen Gaußschen Algorithmus berechnen gemäß

11	01	10	01	00	00	$\odot 10$	$\odot 00$	$\odot 01$
00	11	10	00	01	00		$\leftarrow \oplus$	|
01	00	11	00	00	01			$\leftarrow \oplus$
01	10	11	10	00	00			$\leftarrow \oplus$
00	11	10	00	01	00	$\odot 10$	$\odot 10$	$\odot 10$
00	10	00	10	00	01		$\leftarrow \oplus$	
01	00	10	10	11	00			$\leftarrow \oplus$
00	01	11	00	10	00		$\leftarrow \oplus$	|
00	00	01	10	11	01	$\odot 01$	$\odot 11$	$\odot 10$
01	00	00	01	10	10			
00	01	00	01	00	11			
00	00	01	10	11	01			

Aus dem obigen Endschema liest man die Inverse von A direkt auf der rechten Seite ab als

$$
A^{-1} = \begin{pmatrix} 01 & 10 & 10 \\ 01 & 00 & 11 \\ 10 & 11 & 01 \end{pmatrix}.
$$

Für $\vec{x} \in GF(4)^3$ ergibt sich

$$\vec{x} = \begin{pmatrix} 01 & 10 & 10 \\ 01 & 00 & 11 \\ 10 & 11 & 01 \end{pmatrix} \begin{pmatrix} 10 \\ 10 \\ 01 \end{pmatrix} = \begin{pmatrix} 11 \\ 01 \\ 11 \end{pmatrix} .$$

Selbsttest 13.4.2   Welche Aussagen über das Galois-Feld $GF(4)$ sind wahr?

?+? In $GF(4)$ sind zwei Verknüpfungen erklärt, die $GF(4)$ zu einem Körper werden lassen.

?+? Das multiplikativ inverse Element von 11 in $GF(4)$, also bezüglich der Verknüpfung $\odot$, ist 10.

?−? Das additiv inverse Element von 11 in $GF(4)$, also bezüglich der Verknüpfung $\oplus$, ist 10.

13.5   Galois-Feld $GF(8)$

Der **Körper** $GF(8)$, der auch als **Galois-Feld** der Ordnung (Kardinalität) 8 bezeichnet wird, besteht genau aus den acht Polynomen vom Höchstgrad 2 über $\mathbb{Z}_2$, also

$$GF(8) := \{aX^2 + bX + c \mid a,b,c \in \mathbb{Z}_2\} .$$

Die Addition $\oplus$ ist dabei komponentenweise modulo 2 erklärt und die Multiplikation $\odot$ entsprechend, allerdings modulo eines über $\mathbb{Z}_2$ **irreduziblen Polynoms** vom (genauen) Grad 3, hier

$$i(X) := 1X^3 + 1X^2 + 0X + 1 = X^3 + X^2 + 1 .$$

Das weitere prinzipielle Vorgehen entspricht nun genau dem aus dem vorherigen Abschnitt. Insbesondere gelten auch alle dort getroffenen Konventionen sinngemäß für $GF(8)$.

Beispiel 13.5.1
Exemplarisch werden zwei Rechnungen vorgeführt, beginnend mit einer einfachen Addition.

$$(X^2 + 1) \oplus (X + 1) = (1X^2 + 1) \oplus (1X + 1) = 1X^2 + 1X + (1 \oplus 1)$$
$$= X^2 + X .$$

Für eine beispielhafte Multiplikation ergibt sich zunächst durch formale Ausmultiplikation

$$(X^2 + 1) \cdot (X + 1) = (1X^2 + 1) \cdot (1X + 1) = X^3 + X^2 + X + 1 .$$

Dieses Polynom wird nun modulo $X^3 + X^2 + 1$ reduziert und man erhält so wegen

$$X^3 + X^2 + X + 1 = 1 \cdot (X^3 + X^2 + 1) \oplus X$$

das Ergebnis $(X^2 + 1) \odot (X + 1) = X$.

Führt man die Rechnungen obigen Typs für alle bildbaren Verknüpfungen durch, dann ergibt sich die Verknüpfungstabelle bezüglich $\oplus$ zu

$\oplus$	0	1	X	$X+1$	X^2	X^2+1	X^2+X	X^2+X+1
0	0	1	X	$X+1$	X^2	X^2+1	X^2+X	X^2+X+1
1	1	0	$X+1$	X	X^2+1	X^2	X^2+X+1	X^2+X
X	X	$X+1$	0	1	X^2+X	X^2+X+1	X^2	X^2+1
$X+1$	$X+1$	X	1	0	X^2+X+1	X^2+X	X^2+1	X^2
X^2	X^2	X^2+1	X^2+X	X^2+X+1	0	1	X	$X+1$
X^2+1	X^2+1	X^2	X^2+X+1	X^2+X	1	0	$X+1$	X
X^2+X	X^2+X	X^2+X+1	X^2	X^2+1	X	$X+1$	0	1
X^2+X+1	X^2+X+1	X^2+X	X^2+1	X^2	$X+1$	X	1	0

und entsprechend die bewusst unvollständige Verknüpfungstabelle bezüglich $\odot$ zu

$\odot$	0	1	X	$X+1$	X^2	X^2+1	X^2+X	X^2+X+1
0	0	0	0	0	0	0	0	0
1	0	1	X	$X+1$	X^2	X^2+1	X^2+X	X^2+X+1
X	0	X	X^2	X^2+X	X^2+1	X^2+X+1	1	$X+1$
$X+1$	0	$X+1$	X^2+X	X^2+1	1	X	X^2+X+1	X^2
X^2	0	X^2	X^2+1	1				
X^2+1	0	X^2+1	X^2+X+1	X				
X^2+X	0	X^2+X	1	X^2+X+1				
X^2+X+1	0	X^2+X+1	$X+1$	X^2				

In der dualen Notation lassen sich die Operationen $\oplus$ und $\odot$ wieder sehr elementar interpretieren und effizient ausführen: Die Operation $\oplus$ ist lediglich ein bitweises $\oplus$ in $\mathbb{Z}_2$ (auch **bitweises XOR** genannt), und die Operation $\odot$ ist eine übliche duale Multiplikation gefolgt von maximal zwei $\oplus$-Operationen mit dem irreduziblen Polynom in Dualdarstellung oder seiner Ergänzung durch eine abschließende Null (einstelliger Shift). Am einfachsten macht man sich das Vorgehen anhand eines Beispiels klar.

Beispiel 13.5.2

Zunächst sollen 110 und 101 in $GF(8)$ mit $\oplus$ verknüpft werden. Dies lässt sich wie folgt in einem klassischen Additionsschema notieren:

$$
\begin{array}{r}
110 \\
\oplus\ 101 \\
\hline
011
\end{array}
$$

Nun sollen 110 und 101 in $GF(8)$ mit $\odot$ verknüpft werden. Dies lässt sich zunächst wie folgt in einem klassischen Multiplikationsschema ohne Übertrag notieren:

$$
\begin{array}{r}
110 \cdot 101 \\
\hline
11000 \\
\oplus\ \ \ \ 110 \\
\hline
11110
\end{array}
$$

Zur Reduktion des Ergebnisses in $GF(8)$ addiert man nun auf 11110 das dual codierte irreduzible Polynom 1101 (oder Shifts von ihm) im Sinne von $\oplus$, bis man wieder in $GF(8)$ zurückfällt, wobei führende Nullen einfach wegzustreichen sind:

$$
\begin{array}{r}
11110 \\
\oplus\ 11010 \\
\hline
\cancel{0}\cancel{0}100
\end{array}
$$

Als Ergebnis erhält man so $110 \odot 101 = 100$.

Je nachdem, welche Darstellung im Vordergrund steht, werden im Folgenden die Elemente von $GF(8)$ entweder mit $p(X)$, $q(X)$, $r(X)$ etc. bezeichnet (polynomiale Interpretation) oder schlicht mit p, q, r etc. (duale Interpretation). Über dem Galois-Feld $GF(8)$ kann man nun natürlich auch wieder Matrizenrechnung betreiben und alle Rechenregeln, die man für Matrizen über $\mathbb{Q}$ und $\mathbb{R}$ kennt, gelten entsprechend. Auf ein explizites Beispiel wird aufgrund der dazu erforderlichen umfangreichen Rechnung verzichtet!

13.6   Aufgaben mit Lösungen

Aufgabe 13.6.1   *Berechnen Sie* $(X^2 + X + 1) \odot (X^2 + X)$ *in* $GF(8)$*, wobei Sie polynomial oder dual rechnen dürfen.*

Lösung der Aufgabe   Durch formale Ausmultiplikation erhält man bei polynomialer Rechnung zunächst

$$(X^2 + X + 1) \cdot (X^2 + X) = X^4 + 0X^3 + 0X^2 + X = X^4 + X \ .$$

Dieses Polynom wird nun wieder modulo $X^3 + X^2 + 1$ reduziert und man erhält so wegen

$$X^4 + X = X \cdot (X^3 + X^2 + 1) \oplus X^3 \ ,$$
$$X^3 = 1 \cdot (X^3 + X^2 + 1) \oplus (X^2 + 1) \ ,$$

das Ergebnis $(X^2 + X + 1) \odot (X^2 + X) = X^2 + 1$.

Nun soll die Rechnung dual vorgeführt werden. Da die dualen Darstellungen der beteiligten Polynome 111 und 110 lauten, ergibt sich zunächst in einem klassischen Multiplikationsschema ohne Übertrag:

$$
\begin{array}{r}
111 \cdot 110 \\
\hline
11100 \\
\oplus \quad 1110 \\
\hline
10010
\end{array}
$$

Zur Reduktion des Ergebnisses in $GF(8)$ addiert man nun auf 10010 das dual codierte irreduzible Polynom 1101 (oder Shifts von ihm) im Sinne von $\oplus$, bis man wieder in $GF(8)$ zurückfällt, wobei führende Nullen einfach wegzustreichen sind:

$$
\begin{array}{r}
10010 \\
\oplus\ 11010 \\
\hline
\cancel{0}1000
\end{array}
$$

$$
\begin{array}{r}
1000 \\
\oplus\ 1101 \\
\hline
\cancel{0}101
\end{array}
$$

Als Ergebnis erhält man so $111 \odot 110 = 101$.

Aufgabe 13.6.2   *Geben Sie die vollständigen Verknüpfungstabellen von* $GF(8)$ *bezüglich* $\oplus$ *und* $\odot$ *in 3-Bit-Dualdarstellung an.*

Lösung der Aufgabe Die vervollständigten Verknüpfungstabellen in 3-Bit-Dualdarstellung ergeben sich nach einiger Rechnung zu

$\oplus$	000 001 010 011 100 101 110 111
000	000 001 010 011 100 101 110 111
001	001 000 011 010 101 100 111 110
010	010 011 000 001 110 111 100 101
011	011 010 001 000 111 110 101 100
100	100 101 110 111 000 001 010 011
101	101 100 111 110 001 000 011 010
110	110 111 100 101 010 011 000 001
111	111 110 101 100 011 010 001 000

$\odot$	000 001 010 011 100 101 110 111
000	000 000 000 000 000 000 000 000
001	000 001 010 011 100 101 110 111
010	000 010 100 110 101 111 001 011
011	000 011 110 101 001 010 111 100
100	000 100 101 001 111 011 010 110
101	000 101 111 010 011 110 100 001
110	000 110 001 111 010 100 011 101
111	000 111 011 100 110 001 101 010

Selbsttest 13.6.3 Welche Aussagen über das Galois-Feld $GF(8)$ sind wahr?

?+? In $GF(8)$ sind zwei Verknüpfungen erklärt, die $GF(8)$ zu einem Körper werden lassen.

?+? Das multiplikativ inverse Element von 001 in $GF(8)$, also bezüglich der Verknüpfung $\odot$, ist 001.

?−? Das additiv inverse Element von 101 in $GF(8)$, also bezüglich der Verknüpfung $\oplus$, ist 010.

?+? Das additiv inverse Element von 101 in $GF(8)$, also bezüglich der Verknüpfung $\oplus$, ist 101.

13.7 Galois-Feld $GF(16)$

Der **Körper** $GF(16)$, der auch als **Galois-Feld** der Ordnung (Kardinalität) 16 bezeichnet wird, besteht genau aus den sechzehn Polynomen vom Höchstgrad 3 über $\mathbb{Z}_2$, also

$$GF(16) := \{aX^3 + bX^2 + cX + d \mid a,b,c,d \in \mathbb{Z}_2\}\,.$$

Die Addition $\oplus$ ist dabei komponentenweise modulo 2 erklärt und die Multiplikation $\odot$ entsprechend, allerdings modulo eines über $\mathbb{Z}_2$ **irreduziblen Polynoms** vom (genauen) Grad 4, hier

$$i(X) := 1X^4 + 0X^3 + 0X^2 + 1X + 1 = X^4 + X + 1\,.$$

Da die Rechnungen für die Addition und die Handhabung der entsprechenden Konventionen zum Aufschrieb inzwischen klar sein dürften, beschränkt sich das folgende Beispiel auf eine Rechnung zur Multiplikation.

Beispiel 13.7.1

Zunächst liefert eine rein formale Multiplikation

$$(X^3 + X^2) \cdot X^3 = X^6 + X^5 \,.$$

Reduziert man dieses Polynom modulo $X^4 + X + 1$, so ergibt sich wegen

$$X^6 + X^5 = X^2 \cdot (X^4 + X + 1) \oplus (X^5 + X^3 + X^2)\,,$$
$$X^5 + X^3 + X^2 = X \cdot (X^4 + X + 1) \oplus (X^3 + X)\,,$$

das Ergebnis $(X^3 + X^2) \odot X^3 = X^3 + X$.

Im Folgenden ist lediglich die Multiplikationstabelle (direkt in 4-Bit-Darstellung) angegeben und zwar auch nur mit den Resultaten, die für die spätere Erläuterung des Rijndael-Verfahrens im entsprechenden Abschnitt benötigt werden.

$\odot$	0000	0001	0010	0011	0100	0101	0110	0111	1000	1001	1010	1011	1100	1101	1110	1111
0000	0000	0000	0000	0000	0000	0000	0000	0000	0000	0000	0000	0000	0000	0000	0000	0000
0001	0000	0001	0010	0011	0100	0101	0110	0111	1000	1001	1010	1011	1100	1101	1110	1111
0010	0000	0010														
0011	0000	0011														
0100	0000	0100							0110				0101	0001		
0101	0000	0101							1110			0001	1001			
0110	0000	0110						0001								
0111	0000	0111					0001		1101							
1000	0000	1000			0110	1110		1101	1100	0100	1111		1010	0010	1001	
1001	0000	1001							0100							
1010	0000	1010							1111				0001	1011	0110	
1011	0000	1011				0001										
1100	0000	1100			0101	1001			1010		0001		1111	0011	0100	
1101	0000	1101			0001				0010		1011		0011			
1110	0000	1110							1001		0110		0100			
1111	0000	1111														

In der dualen Notation lassen sich die Operationen $\oplus$ und $\odot$ wieder sehr elementar interpretieren und effizient ausführen: Die Operation $\oplus$ ist auch hier lediglich ein bitweises $\oplus$ in $\mathbb{Z}_2$ (auch **bitweises XOR** genannt), und die Operation $\odot$ ist eine übliche duale Multiplikation gefolgt von maximal drei $\oplus$-Operationen mit dem irreduziblen Polynom in Dualdarstellung oder seiner Ergänzung durch ein oder zwei abschließende Nullen (ein- oder zweistelliger Shift). Am einfachsten macht man sich das Vorgehen anhand eines Beispiels klar.

Beispiel 13.7.2

Zunächst sollen 1100 und 1001 in $GF(16)$ mit $\oplus$ verknüpft werden. Dies lässt sich wie folgt in einem klassischen Additionsschema notieren:

$$
\begin{array}{r}
1100 \\
\oplus\ 1001 \\
\hline
0101
\end{array}
$$

Nun sollen 1100 und 1001 in $GF(16)$ mit $\odot$ verknüpft werden. Dies lässt sich zunächst wie folgt in einem klassischen Multiplikationsschema notieren:

$$
\begin{array}{r}
1100 \cdot 1001 \\
\hline
1100000 \\
\oplus\qquad 1100 \\
\hline
1101100
\end{array}
$$

Zur Reduktion des Ergebnisses in $GF(16)$ addiert man nun auf 1101100 das dual codierte irreduzible Polynom 10011 (oder Shifts von ihm) im Sinne von $\oplus$, bis man wieder in $GF(8)$ zurückfällt, wobei führende Nullen einfach wegzustreichen sind:

$$
\begin{array}{r}
1101100 \\
\oplus\ 1001100 \\
\hline
\not0100000
\end{array}
$$

$$
\begin{array}{r}
100000 \\
\oplus\quad 100110 \\
\hline
\not0\not00110
\end{array}
$$

Als Ergebnis erhält man so $1100 \odot 1001 = 0110$.

Je nachdem, welche Darstellung im Vordergrund steht, werden im Folgenden die Elemente von $GF(16)$ entweder mit $p(X)$, $q(X)$, $r(X)$ etc. bezeichnet (polynomiale Interpretation) oder schlicht mit p, q, r etc. (duale Interpretation). Über dem Galois-Feld $GF(16)$ kann man nun natürlich auch wieder Matrizenrechnung betreiben und alle Rechenregeln, die man für Matrizen über $\mathbb{Q}$ und $\mathbb{R}$ kennt, gelten entsprechend. Auf ein explizites Beispiel wird aufgrund der dazu erforderlichen umfangreichen Rechnung an dieser Stelle verzichtet! Allerdings wird es im Zusammenhang mit dem Rijndael-Verfahren (AES) erforderlich sein, genau derartige Rechnungen durchzuführen, so dass dort auf Matrizen über $GF(16)$ zurückzukommen sein wird.

Ferner kann man völlig analog zur Rechnung in den klassischen Körpern $\mathbb{Z}_p$ mit p Primzahl in einem Galois-Feld $GF(2^n)$ mit $n \in \mathbb{N}^*$ mit Hilfe des erweiterten Euklidischen Algorithmus multiplikativ inverse Elemente berechnen. Hier nutzt man aus, dass das größte gemeinsame Teilerpolynom eines beliebigen Polynoms aus $GF(2^n)$ mit dem zum Galois-Feld gehörenden irreduziblen Polynom hier immer eindeutig und gleich 1 ist.

Beispiel 13.7.3

Es seien in $GF(16)$ das Polynom $p(X) := X^3$ und das zugehörige irreduzible Polynom $i(X) := X^4 + X + 1$ gegeben und gesucht wird das zu $p(X)$ multiplikativ inverse Polynom $p(X)^{-1} \in GF(16)$. Mit Hilfe des **Euklidischen Algorithmus** und seiner Erweiterung ergibt sich die gesuchte Lösung wie folgt:

$$\text{Berechne: } X^4 + X + 1 = X \cdot X^3 \oplus (X + 1)$$
$$X^3 = X^2 \cdot (X + 1) \oplus X^2$$
$$X^2 = X \cdot (X + 1) \oplus X$$
$$X = 1 \cdot (X + 1) \oplus 1$$
$$X + 1 = (X + 1) \cdot 1$$
$$\text{Ergebnis: } 1 =: t(X)$$
$$\text{Berechne: } X + 1 = (X^4 + X + 1) \oplus X \cdot X^3 = 1 \cdot (X^4 + X + 1) \oplus X \cdot X^3$$
$$1 = X^3 \oplus (X^2 + X + 1) \cdot (X + 1)$$
$$= (X^2 + X + 1) \cdot (X^4 + X + 1)$$
$$\oplus (X^3 + X^2 + X + 1) \cdot X^3$$
$$\text{Ergebnis: } 1 = t(X) \equiv (X^2 + X + 1) \cdot (X^4 + X + 1) \bmod X^3$$
$$1 = t(X) \equiv (X^3 + X^2 + X + 1) \cdot X^3 \bmod (X^4 + X + 1)$$

Aus der obigen Rechnung folgt insbesondere, dass das multiplikativ inverse Element zu X^3 in $GF(16)$ genau $X^3 + X^2 + X + 1$ lautet. Eine Variante des obigen Algorithmus mit der Option der effizienten dualen Implementierung ergibt sich, wenn man die Polynomdivisionen mit Rest nicht konsequent umsetzt, sondern immer nur Euklidische Schritte durchführt in dem Sinne, dass ein entstehender Rest auch nach Betrachtung lediglich der führenden Koeffizienten immer nur **einmal** zur Abdivision benutzt wird und notfalls der Faktor **null** im Algorithmus erlaubt ist. Konkret sieht dieser modifizierte Euklidische Algorithmus im obigen Fall dann wie folgt aus, wobei das Ergebnis am Ende natürlich identisch ist:

$$\text{Berechne:}\quad X^4 + X + 1 = X \cdot X^3 \oplus (X+1)$$
$$X^3 = X^2 \cdot (X+1) \oplus X^2$$
$$X+1 = 0 \cdot X^2 \oplus (X+1)$$
$$X^2 = X \cdot (X+1) \oplus X$$
$$X+1 = 1 \cdot X \oplus 1$$
$$X = X \cdot 1$$
$$\text{Ergebnis:}\quad 1 =: t(X)$$
$$\text{Berechne:}\quad X+1 = (X^4 + X + 1) \oplus \mathbf{X} \cdot X^3 = 1 \cdot (X^4 + X + 1) \oplus X \cdot X^3$$
$$X^2 = X^3 \oplus \mathbf{X^2} \cdot (X+1)$$
$$= X^2 \cdot (X^4 + X + 1) \oplus (X^3 + 1) \cdot X^3$$
$$X+1 = (X+1) \oplus \mathbf{0} \cdot X^2 = 1 \cdot (X^4 + X + 1) \oplus X \cdot X^3$$
$$X = X^2 \oplus \mathbf{X} \cdot (X+1)$$
$$= (X^2 + X) \cdot (X^4 + X + 1) \oplus (X^3 + X^2 + 1) \cdot X^3$$
$$1 = (X+1) \oplus \mathbf{1} \cdot X$$
$$= (X^2 + X + 1) \cdot (X^4 + X + 1)$$
$$\oplus (X^3 + X^2 + X + 1) \cdot X^3$$
$$\text{Ergebnis:}\quad 1 = t(X) \equiv (X^2 + X + 1) \cdot (X^4 + X + 1) \bmod X^3$$
$$1 = t(X) \equiv (X^3 + X^2 + X + 1) \cdot X^3 \bmod (X^4 + X + 1)$$

Diese Variante des Euklidischen Algorithmus lässt sich bei dualer Darstellung wieder sehr effizient durch den Einsatz von Shifts und bitweisen XOR-Rechnungen realisieren. Wir skizzieren das Vorgehen anhand des obigen Problems. Zunächst lauten die Dualdarstellungen für die beiden relevanten Polynome

$$p = 1000 \quad \text{und} \quad i = 10011\,.$$

Gesucht wird das zu p multiplikativ inverse Element $p^{-1} \in GF(16)$. In einem ersten Schritt wird der modifizierte Euklidische Algorithmus in dualer Notation nachvollzogen, wobei in jedem Schritt bereits modulo i reduziert wird und die Shift-Multiplikatoren notiert werden:

10011	1000	11	100	11
$\oplus$ 10000 ↗	$\oplus$ 1100 ↗	$\oplus$ 00 ↗	$\oplus$ 110 ↗	$\oplus$ 10
0011 ↗	0100 ↗	11 ↗	010 ↗	01
$m_1 := 10$	$m_2 := 100$	$m_3 := 0$	$m_4 := 10$	$m_5 := 1$

Man setzt nun noch $m_0 := 1$ und kann dann mit folgendem rekursiven Algorithmus das gesuchte inverse Element p^{-1} berechnen, wobei am Ende $q_{k_{max}}$ (hier q_5) unter Umständen noch modulo i zu reduzieren ist, um p^{-1} zu erhalten, d. h. sicher gilt nur $p^{-1} \equiv q_{k_{max}} \bmod i$:

$$q_0 := m_0 \,, \quad q_1 := m_1 \,, \quad q_k := m_k \cdot q_{k-1} \oplus q_{k-2} \,, \quad 2 \le k \le k_{max} \,.$$

Konkret ergibt sich also im vorliegenden Fall:

$$q_0 := 1 \,, \quad q_1 := 10 \,, \quad q_2 := 100 \cdot 10 \oplus 1 = 1001 \,,$$
$$q_3 := 0 \cdot 1001 \oplus 10 = 10 \,,$$
$$q_4 := 10 \cdot 10 \oplus 1001 = 1101 \,,$$
$$q_5 := 1 \cdot 1101 \oplus 10 = 1111 \,.$$

Also erhält man wie erwartet $p^{-1} = q_5 = 1111$.

Beispiel 13.7.4

Es seien in $GF(16)$ das Polynom $p(X) := X^2 + X$ und das zugehörige irreduzible Polynom $i(X) := X^4 + X + 1$ gegeben und gesucht wird das zu $p(X)$ multiplikativ inverse Polynom $p(X)^{-1} \in GF(16)$. Mit Hilfe des modifizierten Euklidischen Algorithmus und seiner Erweiterung ergibt sich die gesuchte Lösung wie folgt:

$$\text{Berechne:} \quad X^4 + X + 1 = X^2 \cdot (X^2 + X) \oplus (X^3 + X + 1)$$
$$X^2 + X = 0 \cdot (X^3 + X + 1) \oplus (X^2 + X)$$
$$X^3 + X + 1 = X \cdot (X^2 + X) \oplus (X^2 + X + 1)$$
$$X^2 + X = 1 \cdot (X^2 + X + 1) \oplus 1$$
$$X^2 + X + 1 = (X^2 + X + 1) \cdot 1$$
$$\text{Ergebnis:} \quad 1 =: t(X)$$
$$\text{Berechne:} \quad X^3 + X + 1 = (X^4 + X + 1) \oplus \mathbf{X^2} \cdot (X^2 + X)$$
$$= 1 \cdot (X^4 + X + 1) \oplus X^2 \cdot (X^2 + X)$$
$$X^2 + X = (X^2 + X) \oplus \mathbf{0} \cdot (X^3 + X + 1)$$
$$= 0 \cdot (X^4 + X + 1) \oplus 1 \cdot (X^2 + X)$$
$$X^2 + X + 1 = (X^3 + X + 1) \oplus \mathbf{X} \cdot (X^2 + X)$$
$$= 1 \cdot (X^4 + X + 1) \oplus (X^2 + X) \cdot (X^2 + X)$$
$$1 = (X^2 + X) \oplus \mathbf{1} \cdot (X^2 + X + 1)$$
$$= 1 \cdot (X^4 + X + 1) \oplus (X^2 + X + 1) \cdot (X^2 + X)$$

$$\text{Ergebnis:}\quad 1 = t(X) \equiv 1 \cdot (X^4 + X + 1) \bmod (X^2 + X)$$

$$1 = t(X)$$

$$\equiv (X^2 + X + 1) \cdot (X^2 + X) \bmod (X^4 + X + 1)$$

Aus der obigen Rechnung folgt insbesondere, dass das multiplikativ inverse Element zu $X^2 + X$ in $GF(16)$ genau $X^2 + X + 1$ lautet.

In dualer Terminologie ergibt sich das Ergebnis mit

$$p = 0110 \qquad \text{und} \qquad i = 10011$$

wie folgt, wobei direkt zu Beginn die führende 0 von p gestrichen wird:

$$
\begin{array}{llll}
\quad 10011 & \quad 110 & \quad 1011 & \quad 110 \\
\oplus\ 11000 \quad\nearrow & \oplus\ 000 \quad\nearrow & \oplus\ 1100 \quad\nearrow & \oplus\ 111 \\
\hline
\cancel{0}1011 \quad\nearrow & \ 110 \quad\nearrow & \cancel{0}111 \quad\nearrow & \cancel{0}\cancel{0}1 \\[4pt]
m_1 := 100 & m_2 := 0 & m_3 := 10 & m_4 := 1
\end{array}
$$

Setzt man nun noch $m_0 := 1$, dann ergibt sich mit dem eingeführten rekursiven Algorithmus das gesuchte inverse Element p^{-1} zu:

$$q_0 := 1\,, \quad q_1 := 100\,, \quad q_2 := 0 \cdot 100 \oplus 1 = 1\,,$$

$$q_3 := 10 \cdot 1 \oplus 100 = 110\,,$$

$$q_4 := 1 \cdot 110 \oplus 1 = 111\,.$$

Also erhält man wie erwartet $p^{-1} = q_4 = 0111$.

13.8 Aufgaben mit Lösungen

Aufgabe 13.8.1 *Berechnen Sie $(X^3 + X + 1) \odot (X^3 + X^2 + 1)$ in $GF(16)$, wobei Sie polynomial oder dual rechnen dürfen.*

Lösung der Aufgabe Durch formale Ausmultiplikation ergibt sich bei polynomialer Rechnung zunächst

$$(X^3 + X + 1) \cdot (X^3 + X^2 + 1) = X^6 + X^5 + X^4 + X^3 + X^2 + X + 1\,.$$

Dieses Polynom wird nun wieder modulo $X^4 + X + 1$ reduziert und man erhält so wegen

$$X^6 + X^5 + X^4 + X^3 + X^2 + X + 1 = X^2 \cdot (X^4 + X + 1) \oplus (X^5 + X^4 + X + 1)\,,$$

$$X^5 + X^4 + X + 1 = X \cdot (X^4 + X + 1) \oplus (X^4 + X^2 + 1)\,,$$

$$X^4 + X^2 + 1 = 1 \cdot (X^4 + X + 1) \oplus (X^2 + X)\,,$$

das Ergebnis $(X^3 + X + 1) \odot (X^3 + X^2 + 1) = X^2 + X$. Die duale Rechnung wäre deutlich einfacher und schneller gewesen und wird als Übung nachdrücklich empfohlen!

Aufgabe 13.8.2 *Berechnen Sie* $(X^3 + X) \odot (X^3 + 1)$ *in* $GF(16)$, *wobei Sie polynomial oder dual rechnen dürfen.*

Lösung der Aufgabe Durch formale Ausmultiplikation ergibt sich bei polynomialer Rechnung zunächst

$$(X^3 + X) \cdot (X^3 + 1) = X^6 + X^4 + X^3 + X \ .$$

Dieses Polynom wird nun wieder modulo $X^4 + X + 1$ reduziert und man erhält so wegen

$$X^6 + X^4 + X^3 + X = X^2 \cdot (X^4 + X + 1) \oplus (X^4 + X^2 + X) \ ,$$
$$X^4 + X^2 + X = \quad 1 \cdot (X^4 + X + 1) \oplus (X^2 + 1) \ ,$$

das Ergebnis $(X^3 + X) \odot (X^3 + 1) = X^2 + 1$. Die duale Rechnung wäre deutlich einfacher und schneller gewesen und wird als Übung nachdrücklich empfohlen!

Aufgabe 13.8.3 *Ergänzen Sie die Verknüpfungstabelle von* $GF(16)$ *bezüglich* $\odot$ *in 4-Bit-Dualdarstellung durch die Berechnung von mindestens drei zusätzlichen Einträgen.*

Lösung der Aufgabe Die vervollständigte Verknüpfungstabelle in 4-Bit-Dualdarstellung ergibt sich nach einiger Rechnung zu

$\odot$	0000	0001	0010	0011	0100	0101	0110	0111	1000	1001	1010	1011	1100	1101	1110	1111
0000	0000	0000	0000	0000	0000	0000	0000	0000	0000	0000	0000	0000	0000	0000	0000	0000
0001	0000	0001	0010	0011	0100	0101	0110	0111	1000	1001	1010	1011	1100	1101	1110	1111
0010	0000	0010	0100	0110	1000	1010	1100	1110	0011	0001	0111	0101	1011	1001	1111	1101
0011	0000	0011	0110	0101	1100	1111	1010	1001	1011	1000	1101	1110	0111	0100	0001	0010
0100	0000	0100	1000	1100	0011	0111	1011	1111	0110	0010	1110	1010	0101	0001	1101	1001
0101	0000	0101	1010	1111	0111	0010	1101	1000	1110	1011	0100	0001	1001	1100	0011	0110
0110	0000	0110	1100	1010	1011	1101	0111	0001	0101	0011	1001	1111	1110	1000	0010	0100
0111	0000	0111	1110	1001	1111	1000	0001	0110	1101	1010	0011	0100	0010	0101	1100	1011
1000	0000	1000	0011	1011	0110	1110	0101	1101	1100	0100	1111	0111	1010	0010	1001	0001
1001	0000	1001	0001	1000	0010	1011	0011	1010	0100	1101	0101	1100	0110	1111	0111	1110
1010	0000	1010	0111	1101	1110	0100	1001	0011	1111	0101	1000	0010	0001	1011	0110	1100
1011	0000	1011	0101	1110	1010	0001	1111	0100	0111	1100	0010	1001	1101	0110	1000	0011
1100	0000	1100	1011	0111	0101	1001	1110	0010	1010	0110	0001	1101	1111	0011	0100	1000
1101	0000	1101	1001	0100	0001	1100	1000	0101	0010	1111	1011	0110	0011	1110	1010	0111
1110	0000	1110	1111	0001	1101	0011	0010	1100	1001	0111	0110	1000	0100	1010	1011	0101
1111	0000	1111	1101	0010	1001	0110	0100	1011	0001	1110	1100	0011	1000	0111	0101	1010

Aufgabe 13.8.4 *Bestimmen Sie mit dem erweiterten Euklidischen Algorithmus das zu* $p(X) := X$ *multiplikativ inverse Element* $p(X)^{-1}$ *in* $GF(16)$, *wobei Sie sowohl polynomial als auch dual rechnen mögen.*

Lösung der Aufgabe Da das irreduzible Polynom in $GF(16)$ gegeben ist durch $i(X) :=$ $X^4 + X + 1$, erhält man mit Hilfe des Euklidischen Algorithmus und seiner Erweiterung die gesuchte Lösung wie folgt:

$$\text{Berechne: } X^4 + X + 1 = X^3 \cdot X \oplus (X + 1)$$
$$X = 1 \cdot (X + 1) \oplus 1$$
$$X + 1 = (X + 1) \cdot 1$$
$$\text{Ergebnis: } 1 =: t(X)$$
$$\text{Berechne: } X + 1 = (X^4 + X + 1) \oplus \mathbf{X^3} \cdot X = 1 \cdot (X^4 + X + 1) \oplus X^3 \cdot X$$
$$1 = X \oplus 1 \cdot (X + 1) = 1 \cdot (X^4 + X + 1) \oplus (X^3 + 1) \cdot X$$
$$\text{Ergebnis: } 1 = t(X) \equiv 1 \cdot (X^4 + X + 1) \bmod X$$
$$1 = t(X) \equiv (X^3 + 1) \cdot X \bmod (X^4 + X + 1)$$

Aus der obigen Rechnung folgt insbesondere, dass das multiplikativ inverse Element zu X in $GF(16)$ genau $X^3 + 1$ lautet.

In dualer Terminologie ergibt sich das Ergebnis mit

$$p = 0010 \qquad \text{und} \qquad i = 10011$$

wie folgt, wobei direkt zu Beginn wie auch in den bereits zuvor betrachteten Beispielen die führenden Nullen von p gestrichen werden:

$$
\begin{array}{cc}
\begin{array}{r}
10011 \\
\oplus\ 10000 \quad \nearrow \\
\hline
\cancel{000}11 \quad \nearrow
\end{array}
&
\begin{array}{r}
10 \\
\oplus\quad 11 \\
\hline
1
\end{array}
\end{array}
$$

$$m_1 := 1000 \qquad\qquad m_2 := 1$$

Setzt man nun noch $m_0 := 1$, dann ergibt sich mit dem eingeführten rekursiven Algorithmus das gesuchte inverse Element p^{-1} zu:

$$q_0 := 1, \quad q_1 := 1000, \quad q_2 := 1 \cdot 1000 \oplus 1 = 1001.$$

Also erhält man wie erwartet $p^{-1} = q_2 = 1001$.

Selbsttest 13.8.5 Welche Aussagen über das Galois-Feld $GF(16)$ sind wahr?

?+? In $GF(16)$ sind zwei Verknüpfungen erklärt, die $GF(16)$ zu einem Körper werden lassen.

?+? Das multiplikativ inverse Element von 0001 in $GF(16)$, also bezüglich der Verknüpfung $\odot$, ist 0001.

?−? Das additiv inverse Element von 1001 in $GF(16)$, also bezüglich der Verknüpfung $\oplus$, ist 0110.

?−? Das multiplikativ inverse Element von 0000 in $GF(16)$, also bezüglich der Verknüpfung $\odot$, ist 0000.

?+? Das additiv inverse Element von 1101 in $GF(16)$, also bezüglich der Verknüpfung $\oplus$, ist 1101.

Im Rahmen der Kryptografie sind Funktionen von besonderer Bedeutung, die man schnell und exakt auswerten kann, aber nur sehr schwer invertieren kann. Die Idee dabei ist, dass man auf die zu verschlüsselnde Information die schwer invertierbare Funktion anwendet und dann hoffentlich niemand mehr aus dem öffentlichen Bild auf das geheime Urbild schließen kann. Funktionen dieses Typs heißen **Einwegfunktionen (ohne Falltür)**. Natürlich sind diese Funktionen nicht wirklich für eine sichere Kommunikation geeignet, denn mindestens die Empfängerin oder der Empfänger der Nachricht sollte in der Lage sein, die im Ergebnis der Funktionsaufrufs versteckte Information des Urbilds wieder zu rekonstruieren. Genau an dieser Stelle kommen dann die **Einwegfunktionen mit Falltür** ins Spiel, bei denen auf geschickte Art und Weise dafür gesorgt wird, dass auf Empfängerseite zusätzliche Parameter bekannt sind, die das Umkehren der Funktion ermöglichen, alle anderen Beobachter aber nach wie vor nicht in der Lage sind, auf das Urbild zurück zu schließen. Wir beginnen mit den Einwegfunktionen ohne Falltür und nehmen dabei einen recht naiven Standpunkt bei der Definition dieser Funktionen ein. Interessierten, die sich intensiver mit den theoretischen Grundlagen beschäftigen möchten, sei das Buch von Delfs und Knebl [1] als sehr gute Referenz zum Einstieg empfohlen.

14.1 Einwegfunktionen ohne Falltür

Im Rahmen der formalen Komplexitätstheorie gibt es ausgefeilte und sehr technische Definitionen für das, was man als eine Einwegfunktion (ohne Falltür) klassifizieren möchte. In diesem einführenden Buch verzichten wir auf die Bereitstellung dieser theoretischen Details und geben eine sehr intuitive und wenig formale Definition für Funktionen dieses Typs.

Elektronisches Zusatzmaterial Die elektronische Version dieses Kapitels enthält Zusatzmaterial, das berechtigten Benutzern zur Verfügung steht https://doi.org/10.1007/978-3-658-30028-9_14.

Definition 14.1.1 Einwegfunktion (ohne Falltür)

Es seien D, W zwei beliebige nicht leere Mengen und $f : D \to W$ sei eine injektive Funktion. Dann heißt f **Einwegfunktion (ohne Falltür)**, wenn gilt:

- $f(x)$ ist für alle $x \in D$ **sehr effizient** berechenbar,
- $f^{-1}(y)$ ist für alle $y \in f(D)$ **sehr schwer** berechenbar.

Dabei bezeichnet $f(D)$,

$$f(D) := \{f(x) \mid x \in D\} \subseteq W,$$

genau die Teilmenge des Wertebereichs W, deren Elemente als Funktionswerte von f angenommen werden. ◄

Ob es wirklich echte Einwegfunktionen gibt, ist ein offenes Problem (bisher existiert kein formaler Beweis). Gute Kandidaten für Einwegfunktionen sind die **Multiplikation großer Primzahlen** sowie die **Potenzfunktion in Restklassenkörpern** $\mathbb{Z}_p$ **mit großer Primzahl** p bezüglich einer geeigneten Basis, häufig einer **primitiven Wurzel in** $\mathbb{Z}_p^*$. Was darunter zu verstehen ist, hatten wir ausführlich in [2] für kommutative Ringe mit Einselement eingeführt und soll hier noch einmal kurz für Körper $\mathbb{Z}_p$ mit $p \in \mathbb{N}^*$ Primzahl in Erinnerung gerufen werden.

Definition 14.1.2 Primitive Wurzeln in $\mathbb{Z}_p^*$

Es sei $p \in \mathbb{N}^*$ eine Primzahl und $g \in \mathbb{Z}_p^* := \mathbb{Z}_p \setminus \{0\}$. Dann heißt g **primitive Wurzel in** $\mathbb{Z}_p^*$, falls

$$\mathbb{Z}_p^* = \langle g \rangle := \{g^1, g^2, \ldots, g^{p-1}\}$$

gilt, wobei natürlich alle Potenzbildungen in $\mathbb{Z}_p$ durchzuführen sind, also stets modulo p zu rechnen ist. ◄

▶ **Bemerkung 14.1.3 Anzahl primitiver Wurzeln in $\mathbb{Z}_p^*$** Man kann zeigen, dass es in $\mathbb{Z}_p^*$ ($p \in \mathbb{N}^*$ Primzahl) stets genau $\varphi(p-1)$ primitive Wurzeln gibt, wobei φ natürlich genau die Eulersche φ-Funktion bezeichnet (Details findet man in [1, 3–6]).

Beispiel 14.1.4

In $\mathbb{Z}_3^*$ ist wegen $\varphi(2) = 1$ genau die eine Zahl 2 eine primitive Wurzel, denn es gilt

$$\mathbb{Z}_3^* = \langle 2 \rangle = \{2^1 \bmod 3, 2^2 \bmod 3\} = \{2, 1\} \, .$$

Beispiel 14.1.5

In $\mathbb{Z}_5^*$ sind genau die $\varphi(4) = 2$ Zahlen 2 und 3 die primitiven Wurzeln, denn es gilt

$$\mathbb{Z}_5^* = \langle 2 \rangle = \{2^1 \bmod 5, 2^2 \bmod 5, 2^3 \bmod 5, 2^4 \bmod 5\} = \{2, 4, 3, 1\}\,,$$
$$\mathbb{Z}_5^* = \langle 3 \rangle = \{3^1 \bmod 5, 3^2 \bmod 5, 3^3 \bmod 5, 3^4 \bmod 5\} = \{3, 4, 2, 1\}\,.$$

Damit sind die Vorbereitungen abgeschlossen, um zwei wichtige Kandidaten für Einwegfunktionen explizit angeben zu können, nämlich, wie bereits eingangs erwähnt, die **Multiplikation großer Primzahlen** sowie spezielle **Potenzfunktion in Restklassenkörpern $\mathbb{Z}_p$ mit großer Primzahl p**.

Beispiel 14.1.6

Eine **Einwegfunktion** kann man z. B. erhalten, indem man als Definitionsbereich der Funktion f die Menge der geordneten Primzahlpaare

$$D := \mathbf{PQ} := \{(p,q)^T \in \mathbb{N} \times \mathbb{N} \mid ((p < q) \wedge (p, q \text{ große Primz.}))\}$$

definiert und dann f festlegt gemäß

$$f : \mathbf{PQ} \to \mathbb{N}^*\,, \qquad (p,q)^T \mapsto p \cdot q\,.$$

Sucht man jetzt z. B. $f^{-1}(1073)$, dann ist es durchaus nicht so einfach, Primzahlen p und q zu finden mit $p \cdot q = 1073$. Das Problem wird umso komplizierter, je größer die beteiligten Zahlen sind. Man spricht in diesem Zusammenhang dann auch vom sogenannten **Faktorisierungsproblem (FP)**.

Beispiel 14.1.7

Eine andere **Einwegfunktion** kann man z. B. erhalten, indem man in einem Restklassenkörper wie $\mathbb{Z}_{11}$ als Definitionsbereich der Funktion f die Menge $D := \mathbb{Z}_{11}^*$ heranzieht und dann f beispielsweise festlegt gemäß

$$f : \mathbb{Z}_{11}^* \to \mathbb{Z}_{11}^*\,, \qquad x \mapsto 7^x \bmod 11\,.$$

Man mache sich klar, dass 7 eine primitive Wurzel in $\mathbb{Z}_{11}^*$ ist und damit f auch wirklich injektiv, ja sogar bijektiv ist! Sucht man jetzt z. B. $f^{-1}(6)$, dann ist es durchaus nicht so einfach, ein $x \in \mathbb{Z}_{11}^*$ zu finden mit $7^x \equiv 6 \bmod 11$. Auch hier wird das

Problem umso komplizierter, je größer die beteiligten Zahlen sind. Man spricht in diesem Zusammenhang dann vom sogenannten **Diskrete-Logarithmus-Problem (DLP)**.

14.2 Aufgaben mit Lösungen

Aufgabe 14.2.1 *Bestimmen Sie alle primitiven Wurzeln in* $\mathbb{Z}_7^*$.

Lösung der Aufgabe In $\mathbb{Z}_7^*$ sind genau die $\varphi(6) = 2$ Zahlen 3 und 5 die primitiven Wurzeln, denn es gilt

$$\mathbb{Z}_7^* = \langle 3 \rangle = \{3^1 \bmod 7, 3^2 \bmod 7, 3^3 \bmod 7, 3^4 \bmod 7, 3^5 \bmod 7, 3^6 \bmod 7\}$$
$$= \{3, 2, 6, 4, 5, 1\}\,,$$
$$\mathbb{Z}_7^* = \langle 5 \rangle = \{5^1 \bmod 7, 5^2 \bmod 7, 5^3 \bmod 7, 5^4 \bmod 7, 5^5 \bmod 7, 5^6 \bmod 7\}$$
$$= \{5, 4, 6, 2, 3, 1\}\,.$$

Aufgabe 14.2.2 *Betrachten Sie die Einwegfunktion*

$$f : \mathbf{PQ} \to \mathbb{N}^*\,, \qquad (p, q)^T \mapsto p \cdot q\,,$$

mit dem bekannten Definitionsbereich

$$\mathbf{PQ} := \{(p, q)^T \in \mathbb{N} \times \mathbb{N} \mid ((p < q) \wedge (p, q\ \text{große Primz.}))\}\,.$$

Versuchen Sie, $f^{-1}(960504195389)$ *zu finden.*

Lösung der Aufgabe Nach dem Schreiben eines kleinen Programms zur Faktorisierung von Zahlen, z. B. basierend auf der unten angegebenen Methode, erhält man $f^{-1}(960504195389) = (p, q)^T = (222247, 4321787)^T$. Der Aufwand ist aber schon erheblich!

```
public static long[] factorize(long z)
    {
        long[] out = new long[2];
        long d=1;
        do {d=d+1;} while ((z%d)!=0);
        out[0]=d; out[1]=z/d;
        return out;
    }
```

Aufgabe 14.2.3 *Betrachten Sie die Einwegfunktion*

$$f : \mathbb{Z}_{677}^* \to \mathbb{Z}_{677}^*, \qquad x \mapsto 8^x \bmod 677,$$

wobei Sie voraussetzen dürfen, dass 8 eine primitive Wurzel in $\mathbb{Z}_{677}^*$ ist. Versuchen Sie, $f^{-1}(600)$ zu finden.

Lösung der Aufgabe Nach dem Schreiben eines kleinen Programms zum Testen von modulo-Ergebnissen, z. B. basierend auf der unten angegebenen Methode, erhält man $f^{-1}(600) = x = 20$. Der Aufwand ist aber schon erheblich!

```
public static long modtest(long basis, long modul, long result)
    {
        long a=1,p=0;
        do {p=p+1; a=a*basis;} while (((result-a)%modul)!=0);
        return p;
    }
```

Selbsttest 14.2.4 Welche Aussagen über Einwegfunktionen sind wahr?

?−? Die Funktion $f : \mathbb{N} \to \mathbb{N}, x \mapsto x^2$, ist eine Einwegfunktion.
?+? Einwegfunktionen müssen mindestens injektiv sein.
?+? Einwegfunktionen dürfen verschiedene Definitions- und Wertebereiche besitzen.
?+? Die Verkettung zweier Einwegfunktionen, sofern möglich, liefert wieder eine Einwegfunktion.

14.3 Einwegfunktionen mit Falltür

Mit Einwegfunktionen kann man offensichtlich sehr effizient verschlüsseln, allerdings – gemäß ihrer Definition – kaum wieder entschlüsseln. Zum effizienten Entschlüsseln bedarf es sogenannter **Einwegfunktionen mit Falltür**.

Definition 14.3.1 Einwegfunktion mit Falltür

Es seien D, W zwei beliebige nicht leere Mengen und $f : D \to W$ sei eine injektive Funktion. Dann heißt f **Einwegfunktion mit Falltür**, wenn gilt:

- $f(x)$ ist für alle $x \in D$ **sehr effizient** berechenbar,
- $f^{-1}(y)$ ist für alle $y \in f(D)$ **ohne** geheime Zusatzinformationen **sehr schwer** berechenbar,
- $f^{-1}(y)$ ist für alle $y \in f(D)$ **mit** geheimen Zusatzinformationen **sehr effizient** berechenbar. ◄

Ob es wirklich echte Einwegfunktionen mit Falltür gibt, ist ein offenes Problem (bisher existiert kein formaler Beweis). Gute Kandidaten für Einwegfunktionen mit Falltür sind z. B. **spezielle Polynomfunktionen in Restklassenringen** $\mathbb{Z}_{pq}$ **mit großen verschiedenen Primzahlen** p **und** q. Dort nutzt man für $a, b, m \in \mathbb{N}^*$ die Folgerung aus dem Satz von Fermat und Euler aus in der Form

$$a \cdot b \equiv 1 \mod (p-1)(q-1) \implies \exists r \in \mathbb{N} : a \cdot b = 1 + r(p-1)(q-1)$$
$$\implies m^{a \cdot b} = m^{1+r(p-1)(q-1)} \equiv m \mod pq \ .$$

Wie man diese Folgerung nun genau zur Konstruktion einer Einwegfunktion mit Falltür einsetzen kann, soll anhand zweier Beispiele, das erste relativ ausführlich, erläutert werden.

Beispiel 14.3.2

Eine konkrete **Einwegfunktion mit Falltür** kann man z. B. erhalten, indem man als Definitionsbereich der Funktion f einen Restklassenring wie $D := \mathbb{Z}_{1073}$ heranzieht und dann f beispielsweise festlegt gemäß

$$f : \mathbb{Z}_{1073} \to \mathbb{Z}_{1073} \ , \qquad x \mapsto x^{605} \mod 1073 \ .$$

Dass diese Funktion wirklich injektiv, ja sogar bijektiv ist, wird durch die geschickte Abstimmung der Zahlen 605 und 1073 aufeinander sichergestellt. Wieso dies in der Tat so ist, soll an einem konkreten Invertierungsbeispiel erläutert werden: Sucht man z. B. $f^{-1}(97)$, also ein $x \in \mathbb{Z}_{1073}$ mit

$$x^{605} \equiv 97 \mod 1073 \ ,$$

dann ist zunächst weder klar, ob es ein solches x (oder mehrere) gibt, noch wie man es oder sie bestimmen könnte (Versuchen Sie es!). Um das Problem nun Schritt für Schritt zu lösen, bedarf es gewisser Zusatzinformationen und natürlich einer geheimen **Falltür**, die in diesem Fall $a := 5$ lautet. Wie kommt man darauf? Zunächst muss man zur Bestimmung der Falltür wissen, dass die Zahl 1073 das Produkt zweier Primzahlen ist, genauer

$$1073 = 29 \cdot 37 \ .$$

Man überprüft nun mit dem Euklidischen Algorithmus ferner, dass auch die Potenz 605 geschickt gewählt wurde. Es gilt nämlich

$$\mathrm{ggT}(605, (29-1)(37-1)) = \mathrm{ggT}(605, 1008) = 1$$

und es gibt somit ein $a \in \mathbb{N}$ mit $a \cdot 605 \equiv 1 \bmod 1008$, welches mit dem erweiterten Euklidischen Algorithmus bestimmt werden kann und sich zu $a = 5$ ergibt. Dass dies alles so ist, muss im Vorfeld der Verschlüsselung sichergestellt werden! Ferner darf es natürlich auch nicht möglich sein, aus den öffentlich bekannten Zahlen 1073 und 605 auf die **Falltür** $a = 5$ oder direkt auf das **Urbild** $f^{-1}(97)$ schließen zu können. Das ist aber sichergestellt, denn die **Multiplikation großer Primzahlen** und die **bijektiven Polynomfunktionen in großen Restklassenringen** sind Einwegfunktionen. Dabei handelt es sich im ersten Fall genau um das bereits aufgetauchte **Faktorisierungsproblem (FP)** und im zweiten Fall um das sogenannte **Diskrete-Wurzel-Problem (DWP)**. Nach diesen Vorüberlegungen lässt sich aber sofort die Ursprungsinformation $x \in \mathbb{Z}_{1073}$ mit Hilfe der Falltür $a = 5$ berechnen. Das gesuchte $x \in \mathbb{Z}_{1073}$ erfüllt nämlich aufgrund seiner Definition als $f^{-1}(97)$ und andererseits aufgrund der Folgerung aus dem Satz von Fermat und Euler die Gleichung

$$x \equiv x^{605 \cdot 5} = (x^{605})^5 \equiv 97^5 \equiv 8 \bmod 1073 \ .$$

Damit ist die gesuchte Zahl $x \in \mathbb{Z}_{1073}$ in eindeutiger Weise gefunden!

Beispiel 14.3.3

Der Definitionsbereich der Funktion f sei der Restklassenring $D := \mathbb{Z}_{33}$ und f sei definiert als

$$f : \mathbb{Z}_{33} \to \mathbb{Z}_{33} \ , \qquad x \mapsto x^7 \bmod 33 \ .$$

Dass diese Funktion wirklich injektiv, ja sogar bijektiv ist, wird durch die geschickte Abstimmung der Zahlen 7 und 33 aufeinander sichergestellt. Sucht man z. B. $f^{-1}(14)$, also ein $x \in \mathbb{Z}_{33}$ mit

$$x^7 \equiv 14 \bmod 33 \ ,$$

so muss man zunächst wissen, dass die Zahl 33 das Produkt zweier Primzahlen ist, genauer

$$33 = 3 \cdot 11 \ .$$

Man überprüft nun mit dem Euklidischen Algorithmus, dass auch die Potenz 7 geschickt gewählt wurde. Es gilt nämlich

$$\mathrm{ggT}(7, (3-1)(11-1)) = \mathrm{ggT}(7, 20) = 1$$

und es gibt somit ein $a \in \mathbb{N}$ mit $a \cdot 7 \equiv 1 \bmod 20$, welches mit dem erweiterten Euklidischen Algorithmus bestimmt werden kann und sich zu $a = 3$ ergibt. Nach diesen Vorüberlegungen lässt sich aber sofort die Ursprungsinformation $x \in \mathbb{Z}_{33}$ mit Hilfe der **Falltür** $a = 3$ berechnen. Das gesuchte $x \in \mathbb{Z}_{33}$ erfüllt nämlich aufgrund seiner Definition als $f^{-1}(14)$ und andererseits aufgrund der Folgerung aus dem Satz von Fermat und Euler die Gleichung

$$x \equiv x^{7 \cdot 3} = (x^7)^3 \equiv 14^3 \equiv 5 \bmod 33 \ .$$

Damit ist die gesuchte Zahl $x \in \mathbb{Z}_{33}$ in eindeutiger Weise gefunden!

14.4 Aufgaben mit Lösungen

Aufgabe 14.4.1 *Betrachten Sie die Einwegfunktion*

$$f : \mathbb{Z}_{8051} \to \mathbb{Z}_{8051} \ , \qquad x \mapsto x^{535} \bmod 8051 \ .$$

Bestimmen Sie $f^{-1}(6886)$. *Dabei dürfen Sie als Information zur Berechnung einer Falltür ausnutzen, dass* 8051 *das Produkt der beiden Primzahlen* 83 *und* 97 *ist.*

Lösung der Aufgabe Zunächst prüft man mit dem Euklidischen Algorithmus schnell nach, dass $\mathrm{ggT}(535, 82 \cdot 96) = 1$ gilt, und bestimmt mit seiner erweiterten Variante auch direkt ein $a \in \mathbb{N}$ mit $a \cdot 535 \equiv 1 \bmod 7872$. Dies liefert $a = 103$. Damit berechnet sich das gesuchte $x \in \mathbb{Z}_{8051}$ mit Hilfe der Folgerung aus dem Satz von Fermat und Euler gemäß

$$x \equiv x^{535 \cdot 103} = (x^{535})^{103} \equiv 6886^{103} \equiv 96 \bmod 8051 \ .$$

Aufgabe 14.4.2 *Betrachten Sie die Einwegfunktion*

$$f : \mathbb{Z}_{51} \to \mathbb{Z}_{51} \ , \qquad x \mapsto x^9 \bmod 51 \ .$$

Bestimmen Sie $f^{-1}(20)$. *Dabei dürfen Sie als Information zur Berechnung einer Falltür ausnutzen, dass* 51 *das Produkt der beiden Primzahlen* 3 *und* 17 *ist.*

Lösung der Aufgabe Zunächst prüft man direkt nach, dass $\mathrm{ggT}(9, 2 \cdot 16) = 1$ gilt, und bestimmt dann mit der erweiterten Variante des Euklidischen Algorithmus auch direkt ein $a \in \mathbb{N}$ mit $a \cdot 9 \equiv 1 \bmod 32$. Dies liefert $a = 25$. Damit berechnet sich das gesuchte $x \in \mathbb{Z}_{51}$ mit Hilfe der Folgerung aus dem Satz von Fermat und Euler gemäß

$$x \equiv x^{9 \cdot 25} = (x^9)^{25} \equiv 20^{25} \equiv 14 \bmod 51 \ .$$

Selbsttest 14.4.3   Welche Aussagen über Einwegfunktionen mit Falltür sind wahr?

?−? Man kann beweisen, dass es Einwegfunktionen mit Falltür gibt.

?+? Einwegfunktionen mit Falltür müssen mindestens injektiv sein.

?+? Einwegfunktionen mit Falltür dürfen verschiedene Definitions- und Wertebereiche besitzen.

?−? Einwegfunktionen mit Falltür dürfen nur einen endlichen Definitionsbereich besitzen.

Literatur

1. Delfs, H., Knebl, H.: Introduction to Cryptography: Principles and Applications, 3. Aufl. Springer, Berlin, Heidelberg (2015)
2. Lenze, B.: Basiswissen Lineare Algebra. Springer Vieweg, Wiesbaden (2020)
3. Bauer, F.L.: Entzifferte Geheimnisse, Methoden und Maximen der Kryptologie, 3. Aufl. Springer, Berlin, Heidelberg, New York (2000)
4. Buchmann, J.: Einführung in die Kryptographie, 6. Aufl. Springer, Berlin, Heidelberg (2016)
5. Remmert, R., Ullrich, P.: Elementare Zahlentheorie, 3. Aufl. Birkhäuser, Basel (2008)
6. Wätjen, D.: Kryptographie. Wiesbaden, 3. Aufl. Springer Vieweg, Verlag (2018)

Bei einem **asymmetrischen Verschlüsselungsverfahren** verfügen die kommunizierenden Seiten über **geheime individuelle Schlüssel** und nicht über einen gemeinsamen Schlüssel. Verfahren dieses Typs werden manchmal auch als **Public-Key-Verschlüsselungsverfahren** bezeichnet, weil bei ihnen neben dem geheimen individuellen Schlüssel (**private or secret key**) ein zweiter, dazu passender öffentlicher Schlüssel (**public key**) ins Spiel kommt. Wir beginnen allerdings hier mit einem Verfahren, bei dem es nicht um den sicheren Austausch von Informationen, sondern lediglich um die Vereinbarung eines gemeinsamen Schlüssels geht, welches aber konzeptionell ebenfalls als asymmetrisch angesehen werden muss, obwohl hier keine privaten und öffentlichen Schlüssel im Spiel sind. Weitere Details zu Verfahren dieses Typs findet man z. B. in [1–4].

15.1 Diffie-Hellman-Verfahren

Ein einfacher Prototyp eines asymmetrischen Verfahrens, welches allerdings, wie bereits erwähnt, nicht zum Verschlüsseln, sondern lediglich zum Austausch bzw. zur Vereinbarung eines geheimen Schlüssels dient, ist das nach ihren Entwicklern Bailey Whitfield Diffie (geb. 1944) und Martin Hellman (geb. 1945) benannte **Diffie-Hellman-Verfahren** (1976).

Definition 15.1.1 Diffie-Hellman-Verfahren

Das **Diffie-Hellman-Verfahren** ist ein asymmetrisches Verfahren zum Austausch eines geheimen Schlüssels $k \in \mathbb{N}^*$ und wie folgt definiert:

Problem: Alice und Bob möchten geheimen Schlüssel k vereinbaren

Elektronisches Zusatzmaterial Die elektronische Version dieses Kapitels enthält Zusatzmaterial, das berechtigten Benutzern zur Verfügung steht https://doi.org/10.1007/978-3-658-30028-9_15.

B. Lenze, *Basiswissen Angewandte Mathematik – Numerik, Grafik, Kryptik*,
https://doi.org/10.1007/978-3-658-30028-9_15

<table>
<tr><td>Alice</td><td>Öffentlich</td><td>Bob</td></tr>
<tr><td>p</td><td>⟵ p ⟶</td><td>p</td></tr>
<tr><td>g</td><td>⟵ g ⟶</td><td>g</td></tr>
<tr><td>a</td><td></td><td>b</td></tr>
<tr><td>$k_1 := g^a \bmod p$</td><td>⟶ k_1 ⟶</td><td>k_1</td></tr>
<tr><td>k_2</td><td>⟵ k_2 ⟵</td><td>$k_2 := g^b \bmod p$</td></tr>
<tr><td>$k = k_2^a \bmod p$</td><td></td><td>$k = k_1^b \bmod p$</td></tr>
</table>

Abb. 15.1 Diffie-Hellman-Verfahren

Öffentlich: $p \in \mathbb{N}^*$ große Primzahl,

                $g \in \mathbb{Z}_p^*$ primitive Wurzel in $\mathbb{Z}_p^*$

Alice: Wählt geheimes $a \in \mathbb{N}^*$ und sendet $k_1 := g^a \bmod p$ an Bob

Bob: Wählt geheimes $b \in \mathbb{N}^*$ und sendet $k_2 := g^b \bmod p$ an Alice

Alice: Berechnet Schlüssel $k = k_2^a \bmod p$ $(= (g^b)^a \bmod p = g^{a \cdot b} \bmod p)$

Bob: Berechnet Schlüssel $k = k_1^b \bmod p$ $(= (g^a)^b \bmod p = g^{a \cdot b} \bmod p)$

Der prinzipielle Ablauf des Diffie-Hellman-Verfahrens ist nochmals zusammenfassend in Abb. 15.1 skizziert. ◄

Beispiel 15.1.2

Alice und Bob möchten einen geheimen Schlüssel k vereinbaren. Dazu gehen sie wie folgt vor, wobei hier die Zahlen p und g natürlich nicht groß, sondern moderat gewählt wurden, um eine Handrechnung zu ermöglichen:

Öffentlich: $p := 19$ und $g := 14$

Alice: Wählt geheimes $a := 5$

                Sendet $k_1 := g^a \bmod p = 14^5 \bmod 19 = 10$ an Bob

Bob: Wählt geheimes $b := 6$

                Sendet $k_2 := g^b \bmod p = 14^6 \bmod 19 = 7$ an Alice

Alice: Berechnet Schlüssel $k = k_2^a \bmod p = 7^5 \bmod 19 = 11$

Bob: Berechnet Schlüssel $k = k_1^b \bmod p = 10^6 \bmod 19 = 11$

Also lautet der vereinbarte geheime Schlüssel in diesem Fall $k = 11$.

Beispiel 15.1.3

Alice und Bob möchten einen geheimen Schlüssel k vereinbaren. Dazu gehen sie wie folgt vor:

Öffentlich:	$p := 11$ und $g := 8$
Alice:	Wählt geheimes $a := 3$
	Sendet $k_1 := g^a \bmod p = 8^3 \bmod 11 = 6$ an Bob
Bob:	Wählt geheimes $b := 6$
	Sendet $k_2 := g^b \bmod p = 8^6 \bmod 11 = 3$ an Alice
Alice:	Berechnet Schlüssel $k = k_2^a \bmod p = 3^3 \bmod 11 = 5$
Bob:	Berechnet Schlüssel $k = k_1^b \bmod p = 6^6 \bmod 11 = 5$

Also lautet der vereinbarte geheime Schlüssel in diesem Fall $k = 5$.

▶ **Bemerkung 15.1.4 Sicherheit des Diffie-Hellman-Verfahrens** Das Verfahren ist sicher, falls ein Mitlesen von $g^a \bmod p$ oder $g^b \bmod p$ bei bekanntem g und p keine Berechnung von a oder b ermöglicht. Dies ist für große Primzahlen p und geeignete Zahlen g, a und b der Fall, da die Funktionen $f : \mathbb{Z}_p^* \to \mathbb{Z}_p^*$ mit $f(x) := g^x \bmod p$ für große Primzahlen $p \in \mathbb{N}^*$ und zugehörige primitive Wurzeln $g \in \mathbb{Z}_p^*$ Einwegfunktionen sind bzw. das **Diskrete-Logarithmus-Problem (DLP)** dort nicht effizient lösbar ist (Details siehe [1, 3–5]).

15.2 Aufgaben mit Lösungen

Aufgabe 15.2.1 *Rechnen Sie für $p := 17$, $g := 10$, $a := 6$ und $b := 4$ den Schlüsseltausch gemäß dem Diffie-Hellman-Verfahren nach.*

Lösung der Aufgabe Die Lösung ergibt sich aus dem folgenden Schema:

Öffentlich:	$p := 17$ und $g := 10$
Alice:	Wählt geheimes $a := 6$
	Sendet $k_1 := g^a \bmod p = 10^6 \bmod 17 = 9$ an Bob
Bob:	Wählt geheimes $b := 4$
	Sendet $k_2 := g^b \bmod p = 10^4 \bmod 17 = 4$ an Alice
Alice:	Berechnet Schlüssel $k = k_2^a \bmod p = 4^6 \bmod 17 = 16$
Bob:	Berechnet Schlüssel $k = k_1^b \bmod p = 9^4 \bmod 17 = 16$

Also lautet der vereinbarte geheime Schlüssel in diesem Fall $k = 16$.

Aufgabe 15.2.2 *Rechnen Sie für* $p := 13$, $g := 11$, $a := 3$ *und* $b := 6$ *den Schlüsseltausch gemäß dem Diffie-Hellman-Verfahren nach.*

Lösung der Aufgabe Die Lösung ergibt sich aus dem folgenden Schema:

Öffentlich: $p := 13$ und $g := 11$

Alice: Wählt geheimes $a := 3$

Sendet $k_1 := g^a \bmod p = 11^3 \bmod 13 = 5$ an Bob

Bob: Wählt geheimes $b := 2$

Sendet $k_2 := g^b \bmod p = 11^2 \bmod 13 = 4$ an Alice

Alice: Berechnet Schlüssel $k = k_2^a \bmod p = 4^3 \bmod 13 = 12$

Bob: Berechnet Schlüssel $k = k_1^b \bmod p = 5^2 \bmod 13 = 12$

Also lautet der vereinbarte geheime Schlüssel in diesem Fall $k = 12$.

Selbsttest 15.2.3 Welche Aussagen über das Diffie-Hellman-Verfahren sind wahr?

?–? Das Diffie-Hellman-Verfahren ist ein symmetrisches Verschlüsselungsverfahren.

?–? Das Diffie-Hellman-Verfahren dient zum Ver- und Entschlüsseln geheimer Nachrichten.

?+? Das Diffie-Hellman-Verfahren dient der Vereinbarung eines geheimen Schlüssels.

?–? Das Diffie-Hellman-Verfahren nutzt die Gültigkeit des Satzes von Fermat und Euler aus.

15.3 RSA-Verfahren

Ein asymmetrisches Verfahren zum Austausch geheimer Nachrichten ist das nach den Initialen ihrer Entwickler Ronald Rivest (geb. 1947), Adi Shamir (geb. 1952) und Leonard Adleman (geb. 1945) abgekürzte **RSA-Verfahren** (1978) (weitere Verfahren und ausführlichere Einführungen in das Gebiet der asymmetrischen Verschlüsselung findet man z. B. in [1–4]). Es beruht im Wesentlichen auf der Folgerung aus dem bereits bekannten Satz von Fermat und Euler, die sich für $a, b, m \in \mathbb{N}^*$ und zwei verschiedene Primzahlen $p, q \in \mathbb{N}^*$ in Form folgender Implikationskette schreiben lässt:

$$a \cdot b \equiv 1 \bmod (p-1)(q-1) \implies \exists r \in \mathbb{N} : a \cdot b = 1 + r(p-1)(q-1)$$
$$\implies m^{a \cdot b} = m^{1 + r(p-1)(q-1)} \equiv m \bmod pq \,.$$

Dabei wird sich der oben auftauchende Exponent a als **privater Schlüssel** (engl. *secret key*) und der Exponent b als **öffentlicher Schlüssel** (engl. *public key*) entpuppen und das Paar $(b, n) \in \mathbb{N}^2$ ist die vollständige Information, die im Rahmen einer RSA-Verschlüsselung öffentlich und geeignet formatiert bereitzustellen ist. Letzteres kann entweder durch den die geheime Information empfangenden Kommunikationspartner geschehen (eher die Ausnahme z. B. beim individuellen Setup einer Ende-zu-Ende-E-Mail-Verschlüsselung) oder durch einen der zahlreichen kommerziellen akkreditierten Anbieter sogenannter digitaler Zertifikate (eher die Regel z. B. beim Aufbau einer sicheren Verbindung mit einem Webserver unter Zugriff auf ein sogenanntes $X.509$-Zertifikat). Der konkrete Ablauf einer sicheren RSA-Kommunikation wird im Folgenden im Detail beschrieben.

Definition 15.3.1 RSA-Verfahren

Das **RSA-Verfahren** ist ein asymmetrisches Verfahren zum Ver- und Entschlüsseln einer geheimen Nachricht $m \in \mathbb{N}^*$ und wie folgt definiert:

Problem:	Alice möchte geheime Nachricht $m \in \mathbb{N}^*$ von Bob empfangen
Alice:	Wählt geheime große Primzahlen $p, q \in \mathbb{N}^*$ mit $p \neq q$
	Wählt geheimes $a \in \mathbb{N}^*$ mit $\mathrm{ggT}(a, (p-1)(q-1)) = 1$
	Berechnet $b \in \mathbb{N}^*$ mit $a \cdot b \equiv 1 \bmod (p-1)(q-1)$
	Berechnet $n := pq$
Öffentlich:	n und b
Bob:	Wählt Nachricht $m \in \mathbb{N}^*$ mit $1 < m < n$
	Sendet $c := m^b \bmod n$ an Alice
Alice:	Berechnet Nachricht $m = c^a \bmod n$ $(= (m^b)^a \bmod n = m^{a \cdot b} \bmod n)$

Der prinzipielle Ablauf des RSA-Verfahrens ist nochmals zusammenfassend in Abb. 15.2 skizziert. ◄

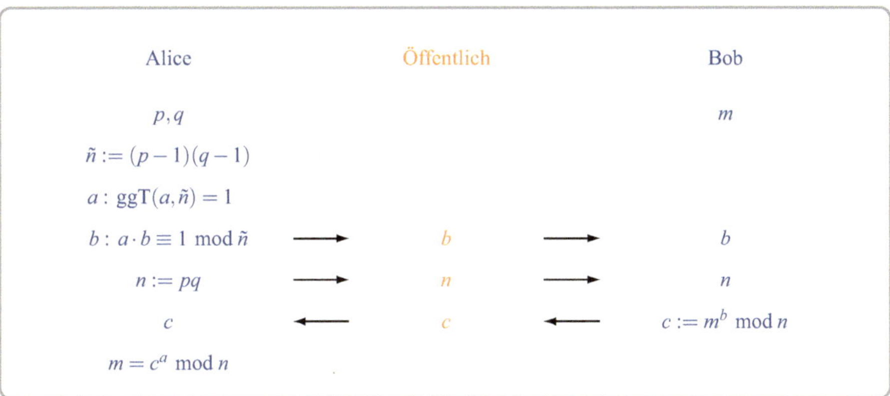

Abb. 15.2 RSA-Verfahren

▶ **Bemerkung 15.3.2 Bestimmung der RSA-Parameter** Die Techniken zur effizienten Bestimmung zweier großer verschiedener Primzahlen p und q sowie einer Zahl a mit $\mathrm{ggT}(a, (p-1)(q-1)) = 1$ erfordern einige fundamentale Resultate aus dem Bereich der Zahlentheorie, auf die wir im nächsten Abschnitt eingehen werden (mehr Details und Referenzen zu weiterführender Literatur findet man z. B. in [1–4]). Bei der daran anschließenden Berechnung von $b \in \mathbb{N}^*$ mit

$$a \cdot b \equiv 1 \bmod (p-1)(q-1)$$

kommt natürlich der **Euklidische Algorithmus** in seiner erweiterten Variante zum Einsatz. Da a und $(p-1)(q-1)$ teilerfremd sind, liefert er u. a. genau die gesuchte Zahl $b \in \mathbb{N}^*$.

Beispiel 15.3.3

Alice möchte von Bob eine geheime Nachricht m empfangen. Dazu gehen sie wie folgt vor, wobei die Zahlen p, q und m natürlich wieder nicht groß, sondern moderat gewählt werden, um eine Handrechnung zu ermöglichen:

Problem:	Alice möchte geheime Nachricht $m \in \mathbb{N}^*$ von Bob empfangen
Alice:	Wählt geheime große Primzahlen $p := 29$ und $q := 37$
	Wählt geheimes $a := 5$ mit $\mathrm{ggT}(5, 28 \cdot 36) = \mathrm{ggT}(5, 1008) = 1$
	Berechnet $b \in \mathbb{N}^*$ mit $a \cdot b = 5 \cdot b \equiv 1 \bmod 1008$, also $b = 605$
	Berechnet $n := pq = 29 \cdot 37 = 1073$
Öffentlich:	$n = 1073$ und $b = 605$
Bob:	Wählt Nachricht $m := 8$ mit $1 < 8 < 1073$
	Sendet $c := m^b \bmod n = 8^{605} \bmod 1073 = 97$
Alice:	Berechnet Nachricht $m = c^a \bmod n = 97^5 \bmod 1073 = 8$

Also hat Alice nun Zugriff auf die geheime Nachricht $m = 8$.

Beispiel 15.3.4

Alice möchte von Bob eine geheime Nachricht m empfangen. Dazu gehen sie wie folgt vor:

Problem:	Alice möchte geheime Nachricht $m \in \mathbb{N}^*$ von Bob empfangen
Alice:	Wählt geheime große Primzahlen $p := 11$ und $q := 17$
	Wählt geheimes $a := 7$ mit $\mathrm{ggT}(7, 10 \cdot 16) = \mathrm{ggT}(7, 160) = 1$
	Berechnet $b \in \mathbb{N}^*$ mit $a \cdot b = 7 \cdot b \equiv 1 \bmod 160$, also $b = 23$
	Berechnet $n := pq = 11 \cdot 17 = 187$
Öffentlich:	$n = 187$ und $b = 23$
Bob:	Wählt Nachricht $m := 12$ mit $1 < 12 < 187$
	Sendet $c := m^b \bmod n = 12^{23} \bmod 187 = 177$
Alice:	Berechnet Nachricht $m = c^a \bmod n = 177^7 \bmod 187 = 12$

Also hat Alice nun Zugriff auf die geheime Nachricht $m = 12$.

▶ **Bemerkung 15.3.5 Sicherheit des RSA-Verfahrens** Das Verfahren ist sicher, falls ein Mitlesen von $m^b \bmod n$ bei bekanntem $n := pq$ und b keine Berechnung von m ermöglicht. Dies ist für große Primzahlen p und q mit $p \neq q$ der Fall, da die Funktion $f : \mathbf{PQ} \to \mathbb{N}^*$ mit $(p,q)^T \mapsto pq$ und dem Definitionsbereich

$$\mathbf{PQ} := \{(p,q)^T \in \mathbb{N} \times \mathbb{N} \mid ((p < q) \wedge (p,q \text{ große Primz.}))\} ,$$

eine Einwegfunktion ist und somit nicht auf die Faktorisierung von n geschlossen werden kann (**Faktorisierungsproblem (FP)**). Auch eine direkte Berechnung von m aus der Kenntnis von b und $m^b \bmod n$ mit $n = pq$ ist nicht möglich, da die Funktionen $f : \mathbb{Z}_n \to \mathbb{Z}_n$ mit $x \mapsto x^b \bmod n$ Einwegfunktionen (allerdings für Alice mit Falltür) sind, wobei $p, q \in \mathbb{N}^*$ zwei große verschiedene Primzahlen sein müssen und $b \in \mathbb{N}^*$ der Bedingung $\mathrm{ggT}(b, (p-1)(q-1)) = 1$ genügen muss, was im Verfahren ja sichergestellt wird (**Diskrete-Wurzel-Problem (DWP)**). Weitere Details zur Sicherheit des RSA-Verfahrens findet man z. B. in [1–4].

15.4   Aufgaben mit Lösungen

Aufgabe 15.4.1 *Rechnen Sie für* $m := 8$, $p := 3$, $q := 5$ *und* $a := 11$ *die Ver- und Entschlüsselung gemäß dem RSA-Verfahren nach.*

Lösung der Aufgabe   Die Lösung ergibt sich aus dem folgenden Schema:

Problem:	Alice möchte geheime Nachricht $m \in \mathbb{N}^*$ von Bob empfangen
Alice:	Wählt geheime große Primzahlen $p := 3$ und $q := 5$
	Wählt geheimes $a := 11$ mit $\mathrm{ggT}(11, 2 \cdot 4) = \mathrm{ggT}(11, 8) = 1$
	Berechnet $b \in \mathbb{N}^*$ mit $a \cdot b = 11 \cdot b \equiv 1 \bmod 8$, also $b = 3$
	Berechnet $n := pq = 3 \cdot 5 = 15$
Öffentlich:	$n = 15$ und $b = 3$
Bob:	Wählt Nachricht $m := 8$ mit $1 < 8 < 15$
	Sendet $c := m^b \bmod n = 8^3 \bmod 15 = 2$
Alice:	Berechnet Nachricht $m = c^a \bmod n = 2^{11} \bmod 15 = 8$

Also hat Alice nun Zugriff auf die geheime Nachricht $m = 8$.

Aufgabe 15.4.2 *Rechnen Sie für* $m := 14$, $p := 3$, $q := 11$ *und* $a := 3$ *die Ver- und Entschlüsselung gemäß dem RSA-Verfahren nach.*

Lösung der Aufgabe   Die Lösung ergibt sich aus dem folgenden Schema:

Problem:	Alice möchte geheime Nachricht $m \in \mathbb{N}^*$ von Bob empfangen
Alice:	Wählt geheime große Primzahlen $p := 3$ und $q := 11$
	Wählt geheimes $a := 3$ mit $\mathrm{ggT}(3, 2 \cdot 10) = \mathrm{ggT}(3, 20) = 1$
	Berechnet $b \in \mathbb{N}^*$ mit $a \cdot b = 3 \cdot b \equiv 1 \bmod 20$, also $b = 7$
	Berechnet $n := pq = 3 \cdot 11 = 33$
Öffentlich:	$n = 33$ und $b = 7$
Bob:	Wählt Nachricht $m := 14$ mit $1 < 14 < 33$
	Sendet $c := m^b \bmod n = 14^7 \bmod 33 = 20$
Alice:	Berechnet Nachricht $m = c^a \bmod n = 20^3 \bmod 33 = 14$

Also hat Alice nun Zugriff auf die geheime Nachricht $m = 14$.

Selbsttest 15.4.3   Welche Aussagen über das RSA-Verfahren sind wahr?

?–? Das RSA-Verfahren ist ein symmetrisches Verschlüsselungsverfahren.
?+? Das RSA-Verfahren dient zum Ver- und Entschlüsseln geheimer Nachrichten.

?+? Das RSA-Verfahren kann auch zur Vereinbarung eines geheimen Schlüssels eingesetzt werden.

?+? Das RSA-Verfahren nutzt die Gültigkeit einer Folgerung aus dem Satz von Fermat und Euler aus.

?+? Bei der Berechnung der RSA-Parameter kommt der Euklidische Algorithmus ins Spiel.

15.5 Anwendungs- und Sicherheitsaspekte asymmetrischer Verfahren

Im Folgenden werden einige wesentliche Aspekte zur effizienten Anwendung und zur Sicherheit asymmetrischer Verfahren beleuchtet. Dabei ist die Liste der betrachteten Punkte natürlich nicht vollständig, bietet aber einen guten ersten Einstieg in die Problematik.

Wichtige grundsätzliche Fragen beim Einsatz des Diffie-Hellman- und/oder des RSA-Verfahrens sind u. a. das Finden und die Wahl der Primzahl(en) $p \in \mathbb{N}^*$ (und $q \in \mathbb{N}^*$), die effiziente Berechnung von g^a mod p bzw. m^b mod pq und c^a mod pq sowie die Suche nach intelligenten Techniken zur Lösung des Diskrete-Logarithmus-Problems (DLP) oder des Faktorisierungsproblems (FP) um abzuschätzen, wie sicher die Verfahren sind. Zusätzlich werden wir einen kurzen Blick auf eine optimierte Variante des RSA-Verfahrens werfen, die in der Literatur als CRT-RSA-Verfahren bekannt ist.

Primzahltests

Wir beginnen mit der Frage, wie man für eine gegebene Zahl $n \in \mathbb{N}$ möglichst effizient feststellen kann, dass sie (mit hoher Wahrscheinlichkeit) eine Primzahl ist. Der einfachste Test dieses Typs, auf dem viele Weiterentwicklungen dieser Strategie beruhen, ist der **Primzahltest von Fermat**. Ausgehend vom sogenannten **Kleinen Satz von Fermat**, der als Spezialfall vom Satz von Fermat und Euler für alle Primzahlen $p \in \mathbb{N}$ und für alle natürlichen Zahlen $m \in \mathbb{N}$ mit $0 < m < p$ die Kongruenz $m^{p-1} \equiv 1$ mod p garantiert, läuft der Primzahltest von Fermat ab wie in Abb. 15.3 skizziert.

Wenn dieser einfache Test hinreichend häufig ohne Abbruch durchlaufen werden kann und man also keine Zeugen für das Nicht-Primzahl-Sein von n gefunden hat, kann man mit hoher Wahrscheinlichkeit davon ausgehen, dass n in der Tat eine Primzahl ist. Allerdings ist Vorsicht geboten, denn es gibt Ausnahmen: Zum Beispiel wäre $m := 2$ eine Basis, die das Primzahl-Sein von $n := 341$ nicht ausschließen würde (nachrechnen!), jedoch gilt $341 = 11 \cdot 31$. Allerdings bereits die Testbasis $m := 3$ hätte diesen Irrtum offenbart, denn $3^{340} \equiv 56$ mod 341, d. h. $m := 3$ wäre ein Zeuge für das Nicht-Primzahl-Sein von 341. Zahlen dieses Typs werden **Fermatsche Pseudoprimzahlen** genannt, wobei die jeweilige Basis, für die beim Testen 1 herauskommt, im Allgemeinen immer explizit mit angegeben wird.

> Gegeben wird die auf eine Primzahl zu testende Zahl $n \in \mathbb{N}$.
>
> Gegeben wird eine beliebige Zahl $m \in \mathbb{N}$ mit $1 < m < n$.
>
> Falls $\mathrm{ggT}(m, n) \neq 1$, dann ist n keine Primzahl. Abbruch!
>
> Falls $\mathrm{ggT}(m, n) = 1$ berechne $m^{n-1} \bmod n$
>
> Falls $m^{n-1} \not\equiv 1 \bmod n$, dann ist n keine Primzahl und m ein **Zeuge** dafür! Abbruch!
>
> Falls $m^{n-1} \equiv 1 \bmod n$, dann **könnte** n eine Primzahl sein!
>
> Generiere eine neue beliebige Zahl $m \in \mathbb{N}$ mit $1 < m < n$ und wiederhole den Test.

Abb. 15.3　Primzahltest von Fermat

Definition 15.5.1　Fermatsche Pseudoprimzahl

Es sei $n \in \mathbb{N}^*$ eine ungerade Zahl und $m \in \{2, 3, \ldots, n-1\}$ mit $\mathrm{ggT}(m, n) = 1$. Dann nennt man n eine **Fermatsche Pseudoprimzahl**, wenn n keine Primzahl ist und $m^{n-1} \equiv 1 \bmod n$ gilt. Genauer spricht man in diesem Fall von einer **Fermatschen Pseudoprimzahl** n **zur Basis** m.　◄

Beispiel 15.5.2

Jede ungerade Zahl $n \in \mathbb{N}$, $n > 3$, die keine Primzahl ist, ist eine Fermatsche Pseudoprimzahl zur Basis $n - 1$, denn aufgrund der verallgemeinerten binomischen Formel gilt die Kongruenz

$$(n-1)^{n-1} = \sum_{k=0}^{n-1} \binom{n-1}{k} n^k (-1)^{n-1-k} \equiv 1 \bmod n \, ,$$

wobei zu berücksichtigen ist, dass $n - 1$ gerade ist und alle Summanden außer dem zum Index $k = 0$, der gleich 1 ist, einen Faktor n enthalten.

Fermatsche Pseudoprimzahlen $n \in \mathbb{N}^*$, bei denen alle Basen $m \in \{2, 3, \ldots, n-1\}$ mit $\mathrm{ggT}(m, n) = 1$ keine Zeugen für das Nicht-Primzahl-Sein von n sind, werden **Carmichael-Zahlen** genannt (benannt nach Robert Daniel Carmichael (1879–1967)).

Definition 15.5.3　Carmichael-Zahl

Eine ungerade Zahl $n \in \mathbb{N}^*$ wird **Carmichael-Zahl** genannt, wenn sie eine Fermatsche Pseudoprimzahl zu allen Basen $m \in \{2, 3, \ldots, n-1\}$ mit $\mathrm{ggT}(m, n) = 1$ ist.　◄

Die kleinste Carmichael-Zahl ist $n := 561 = 3 \cdot 11 \cdot 17$ und man kann zeigen, dass es von ihnen unendlich viele gibt. Die gute Nachricht ist aber, dass die Dichte der Fermatschen Pseudoprimzahlen zu mehreren Basen deutlich geringer ist als die Dichte der Primzahlen, so dass der Primzahltest von Fermat und insbesondere seine Verbesserungen mit hohen Wahrscheinlichkeiten erfolgreich sind (vgl. dazu insbesondere die Ausführungen zum **Miller-Rabin-Primzahltest** in [1, 4]).

Starke Primzahlen

Wir setzen unsere Untersuchungen fort mit der Frage, wie man für eine Primzahl $p \in \mathbb{N}^*$ sicherstellen kann, dass in möglichst vielen Fällen die von einem beliebigen $g \in \mathbb{Z}_p^*$ erzeugte Untergruppe in $\mathbb{Z}_p^*$ möglichst groß ist, bzw. wie man schnell erkennen kann, dass dies nicht so ist. Dies ist wichtig, falls man im Zusammenhang mit dem Diffie-Hellman-Verfahren die Forderung, dass $g \in \mathbb{Z}_p^*$ eine primitive Wurzel in $\mathbb{Z}_p$ ist, ein wenig abschwächen möchte. Zunächst wird das Konzept einer sogenannten **starken Primzahl** eingeführt.

Definition 15.5.4 Starke Primzahl

Eine Primzahl $p \in \mathbb{N}^*$ wird **starke Primzahl** genannt, falls $\frac{p-1}{2}$ ebenfalls eine Primzahl ist. ◄

Beispiel 15.5.5
Die Zahlen 11 und 107 sind starke Primzahlen, da $5 = \frac{10}{2}$ und $53 = \frac{106}{2}$ Primzahlen sind.

▶ **Bemerkung 15.5.6 Starke Primzahl in der Literatur** In der Zahlentheorie werden die in unserem Sinne starken Primzahlen abweichend **sichere Primzahlen** genannt. Darüber hinaus nennt man eine Primzahl $q \in \mathbb{N}^*$ **Sophie-Germain-Primzahl** oder auch **Germainsche Primzahl**, wenn auch $p := (2q + 1)$ eine Primzahl ist. Diese Primzahlen sind nach der französischen Mathematikerin Sophie Germain (1776–1831) benannt, die diese speziellen Primzahlen im Zusammenhang mit der Suche nach einem Beweis der sogenannten Fermatschen Vermutung betrachtete. Man kann somit zusammenfassend sagen, dass die in unserem Sinne starken Primzahlen genau die sicheren Primzahlen im Sinne der Zahlentheorie sind und sich als das um 1 erhöhte Doppelte einer Sophie-Germain-Primzahl ergeben. Um die Verwirrung in Hinblick auf gängige Bezeichnungen komplett zu machen, sei abschließend noch erwähnt, dass der Begriff der starken Primzahl in der Zahlentheorie vollkommen anders definiert ist und in der Kryptografie-Literatur dieser Begriff vielfach auch noch etwas anders benutzt wird: Z. B. sprechen einige Autoren allgemeiner von starken Primzahlen $p \in \mathbb{N}^*$, wenn $p - 1$ außer der Zahl 2 lediglich wenige weitere Teiler hat, unter denen mindestens eine große Primzahl vorkommt, oder restriktiver, wenn dies zusätzlich auch noch für $p + 1$ gilt.

Um die Bedeutung starker Primzahlen in unserem Sinne im Verschlüsselungskontext zu verstehen, bedarf es eines weiteren kleinen Satzes aus der Zahlentheorie. Es geht dabei um die Frage, welche Strukturen durch beliebige Elemente aus $\mathbb{Z}_p^* := \mathbb{Z}_p \setminus \{0\}$ mittels Potenzierung generiert werden.

▶ **Satz 15.5.7 Zyklische Untergruppen in $\mathbb{Z}_p^*$** Es sei $p \in \mathbb{N}^*$ eine Primzahl und $n \in \mathbb{Z}_p^*$. Dann bildet die Menge

$$\langle n \rangle := \{n^k \bmod p \mid k \in \mathbb{N}^*\}$$

mit der multiplikativen Verknüpfung modulo p eine Gruppe, die sogenannte **von n erzeugte zyklische Untergruppe von $\mathbb{Z}_p^*$**. Ferner ist die als **Ordnung** (oder als **Kardinalität**) der Untergruppe bezeichnete Anzahl ihrer Elemente $|\langle n \rangle|$ ein Teiler der Ordnung von $\mathbb{Z}_p^*$, also von $p - 1 = |\mathbb{Z}_p^*|$.

Beweis Auf den Beweis dieses elementaren Satzes aus der Gruppentheorie wird verzichtet. Er kann z. B. in [6, 7] nachgelesen werden.   □

▶ **Bemerkung 15.5.8 Zyklische Untergruppen** Das Adjektiv **zyklisch** für derartige Untergruppen ist motiviert durch die Tatsache, dass sich für irgendeine Potenz $n^k \bmod p$ wieder das Ergebnis 1 ergibt und sich dann die bereits generierten Gruppenelemente wiederholen.

Beispiel 15.5.9
In $\mathbb{Z}_{11}^*$ erzeugt $2 \in \mathbb{Z}_{11}^*$ die zyklische Untergruppe

$$\langle 2 \rangle = \{2, 4, 8, 5, 10, 9, 7, 3, 6, 1\} = \mathbb{Z}_{11}^* \, .$$

Also ist 2 sogar eine primitive Wurzel in $\mathbb{Z}_{11}^*$ und $|\langle 2 \rangle| = 10$ teilt natürlich $|\mathbb{Z}_{11}^*| = 10$.

Beispiel 15.5.10
In $\mathbb{Z}_{11}^*$ erzeugt $3 \in \mathbb{Z}_{11}^*$ die zyklische Untergruppe

$$\langle 3 \rangle = \{3, 9, 5, 4, 1\} \neq \mathbb{Z}_{11}^* \, .$$

Also ist 3 keine primitive Wurzel in $\mathbb{Z}_{11}^*$, aber $|\langle 3 \rangle| = 5$ teilt $|\mathbb{Z}_{11}^*| = 10$.

Beispiel 15.5.11
In $\mathbb{Z}_{11}^*$ erzeugt $10 \in \mathbb{Z}_{11}^*$ die zyklische Untergruppe

$$\langle 10 \rangle = \{10, 1\} \neq \mathbb{Z}_{11}^* \; .$$

Also ist 10 keine primitive Wurzel in $\mathbb{Z}_{11}^*$, aber $|\langle 10 \rangle| = 2$ teilt $|\mathbb{Z}_{11}^*| = 10$.

Der obige Satz bietet nun im Fall, dass $p \in \mathbb{N}^*$ eine starke Primzahl ist, für ein beliebiges Element $n \in \mathbb{Z}_p^*$ die Möglichkeit, leicht zu testen, ob es eine hinreichend große Untergruppe von $\mathbb{Z}_p^*$ erzeugt, also $\langle n \rangle$ aus hinreichend vielen Elementen besteht. Das prinzipielle Vorgehen ist einfach: Entweder es gilt $n \cdot n \equiv 1 \bmod p$, dann ist n eine unbrauchbare Basis für das Diffie-Hellman-Verfahren, oder es gilt $n \cdot n \not\equiv 1 \bmod p$, dann ist n entweder eine primitive Wurzel und erzeugt somit ganz $\mathbb{Z}_p^*$ oder die durch n erzeugte Untergruppe besteht aus $\frac{p-1}{2}$ Elementen, was für großes p im Allgemeinen auch hinreichend groß ist (vergleiche obiges Beispiel für $\mathbb{Z}_{11}^*$).

▶ **Bemerkung 15.5.12 Ordnungen zyklischer Untergruppen bei starker Primzahl** Es sei $p \in \mathbb{N}^*$ eine starke Primzahl und $n \in \mathbb{Z}_p^*$. Man kann leicht zeigen, dass $n \cdot n \equiv 1 \bmod p$ genau dann gilt, wenn $n = 1$ oder $n = p - 1$ ist, mit anderen Worten: Alle Zahlen $n \in \mathbb{Z}_p^*$ außer 1 und $p - 1$ erzeugen zyklische Untergruppen von $\mathbb{Z}_p^*$ mit mindestens $\frac{p-1}{2}$ Elementen!

Beispiel 15.5.13
Offenbar ist $p := 11$ eine starke Primzahl. In $\mathbb{Z}_{11}^*$ haben alle $n \in \{2, 3, 4, 5, 6, 7, 8, 9\}$ die Eigenschaft, dass $n \cdot n \not\equiv 1 \bmod 11$ gilt. Sie erzeugen also alle jeweils eine zyklische Untergruppe in $\mathbb{Z}_{11}^*$ mit mindestens 5 Elementen, einige von ihnen sind sogar primitive Wurzeln und erzeugen ganz $\mathbb{Z}_{11}^*$. Lediglich $n = 1$ und $n = 10$ sind als Basis gänzlich ungeeignet, denn sie erzeugen jeweils eine zyklische Untergruppe mit nur einem bzw. zwei Elementen.

Beispiel 15.5.14
Offenbar ist $p := 107$ eine starke Primzahl. In $\mathbb{Z}_{107}^*$ haben alle $n \in \{2, 3, 4, \ldots, 104, 105\}$ die Eigenschaft, dass $n \cdot n \not\equiv 1 \bmod 107$ gilt. Sie erzeugen also alle jeweils eine zyklische Untergruppe in $\mathbb{Z}_{107}^*$ mit mindestens 53 Elementen, einige von ihnen sind sogar primitive Wurzeln und erzeugen ganz $\mathbb{Z}_{107}^*$. Lediglich $n = 1$

und $n = 106$ sind als Basis gänzlich ungeeignet, denn sie erzeugen jeweils eine zyklische Untergruppe mit nur einem bzw. zwei Elementen.

Schnelles modulares Potenzieren

Ein dritter wesentlicher Aspekt sowohl im Kontext des Diffie-Hellman-Verfahrens als auch des RSA-Verfahrens ist die schnelle Berechnung von Termen des Typs $m^a \bmod n$ mit $1 < m < n$ (für lediglich eine oder wenige Multiplikationen hatten wir ja schon den Chinesischen Restsatz zur Effizienzsteigerung kennengelernt). Würde man dies naiv machen, hätte man $a-1$ Multiplikationen durchzuführen, was bei einem $a \in \mathbb{N}^*$ mit Hunderten von Bits in Dualdarstellung unrealistisch wäre. Was man stattdessen tut und was die Komplexität im Wesentlichen von a auf $\log_2(a)$ reduziert, wird im folgenden Java-Code skizziert und anhand eines kleinen Beispiels erläutert.

```
public static long quick_pot(long m, long a, long n)
    {
    long help;
    if (a==0) {return 1;}
    help=quick_pot (m,a/2,n);
    help=(help*help)%n;
    if (a%2==1) {help=(help*m)%n;}
    return help;
    }
```

Beispiel 15.5.15
Zunächst macht man sich klar, dass der obige Java-Code darauf beruht, dass man die Potenzierung, ob mit oder ohne Reduzierung modulo n, wie folgt rekursiv durchführen kann:

$$m^a = \left\{ \begin{array}{ll} \left(m^{\frac{a}{2}}\right)^2 & \text{falls } a \text{ gerade ist} \\ \left(m^{\lfloor\frac{a}{2}\rfloor}\right)^2 \cdot m & \text{falls } a \text{ ungerade ist} \end{array} \right\}.$$

Für eine Berechnung per Hand lässt sich der obige Code wie folgt uminterpretieren: Nehmen wir an, wir möchten $5^{42} \bmod 47$ berechnen. Dann beschafft man sich zunächst die Dualdarstellung von 42, die 101010 lautet. Die führende 1 im Dualcode setzt eine Hilfsvariable *out* auf *out* $= m = 5$. Folgende Einsen implizieren eine Überschreibung von *out* gemäß *out* $= out * out * m = out * out * 5$, folgende Nullen eine Überschreibung von *out* gemäß *out* $= out * out$. Konkret ergibt sich damit für das gegebene Beispiel:

$$n = 47; \ m = 5; \ a = 42 = 101010_2;$$
$$1: \ out = 5;$$
$$0: \ out = 5 * 5 \bmod 47 = 25;$$
$$1: \ out = 25 * 25 * 5 \bmod 47 = 23;$$
$$0: \ out = 23 * 23 \bmod 47 = 12;$$
$$1: \ out = 12 * 12 * 5 \bmod 47 = 15;$$
$$0: \ out = 15 * 15 \bmod 47 = 37.$$

Also gilt $5^{42} \bmod 47 = 37$.

Eine effiziente Variante des RSA-Verfahrens: CRT-RSA

Im Folgenden werfen wir noch einmal einen Blick auf das RSA-Verfahren und skizzieren eine Optimierung zur schnelleren Entschlüsselung basierend auf dem Satz von Fermat und Euler sowie einer geschickten Anwendung des Chinesischen Restsatzes. In der Literatur wird dieses Vorgehen auch häufig als **CRT-RSA-Verfahren** bezeichnet, wobei das Kürzel CRT für **C**hinese **R**emainder **T**heorem steht. Um die Funktionsweise des Protokolls zu verstehen, bedarf es zunächst einer kleinen Vorüberlegung zum Rechnen mit Modulo-Äquivalenzen.

▶ **Satz 15.5.16 Einfache modulare Identitäten und ein CRT-Spezialfall** Es seien $p, q \in \mathbb{N}^*$ zwei verschiedene Primzahlen. Dann gilt für $r, s \in \mathbb{N}$:

(1) $(r \bmod pq) \bmod p = r \bmod p$,

(2) $(r \bmod pq) \bmod q = r \bmod q$,

(3) $r \equiv s \bmod pq \quad \Longleftrightarrow \quad r \equiv s \bmod p \quad \text{und} \quad r \equiv s \bmod q$.

Insbesondere folgt aus (3) im Fall der Gültigkeit der beiden Äquivalenzen auf der rechten Seite und der Zusatzinformation, dass $r, s \in \{0, 1, \ldots, pq-1\}$ gilt, sofort $r = s$. In diesem Sinne lässt sich (3) als Spezialfall des **Chinesischen Restsatzes** interpretieren.

Beweis (1) und (2): Da sich r darstellen lässt als

$$r = \bar{r} + u \cdot p \cdot q$$

mit $\bar{r} \in \{0, 1, \ldots, pq - 1\}$ und $u \in \mathbb{Z}$ geeignet, folgt sofort

$$(r \bmod pq) \bmod p = \bar{r} \bmod p = r \bmod p \,,$$

$$\mathrm{bzw.}\,(r \bmod pq) \bmod q = \bar{r} \bmod q = r \bmod q \,.$$

(3): Zunächst gelte $r \equiv s \bmod pq$. Dann gibt es ein $u \in \mathbb{Z}$ mit $r = s + u \cdot p \cdot q$. Daraus folgt aber sofort

$$r \equiv s \bmod p \qquad \text{und} \qquad r \equiv s \bmod q \,.$$

Gelte nun umgekehrt $r \equiv s \bmod p$ und $r \equiv s \bmod q$. Dann gibt es $u, v \in \mathbb{Z}$ geeignet mit

$$r = s + u \cdot p \qquad \text{und} \qquad r = s + v \cdot q \,.$$

Somit gilt $u \cdot p = v \cdot q$. Daraus folgt wegen $p \neq q$ entweder $u = v = 0$, also $r = s$, oder aber p muss ein Teiler von v und q ein Teiler von u sein. In jedem Fall gibt es folglich ein $w \in \mathbb{Z}$ mit

$$r = s + w \cdot p \cdot q \qquad \text{bzw.} \qquad r \equiv s \bmod pq \,. \qquad \square$$

Nach diesem vorbereitenden Satz wird nun das **CRT-RSA-Verfahren** vorgestellt und anhand eines kleinen Beispiels veranschaulicht.

> **Definition 15.5.17 CRT-RSA-Verfahren**

Das **CRT-RSA-Verfahren** ist ein asymmetrisches Verfahren zum Ver- und Entschlüsseln einer geheimen Nachricht $m \in \mathbb{N}^*$, welches die Entschlüsselung im Rahmen des **RSA-Verfahrens** unter Ausnutzung des **Chinesischen Restsatzes (CRT)** (sowie des **Satzes von Fermat und Euler**) optimiert und wie folgt definiert ist:

Problem:	Alice möchte geheime Nachricht $m \in \mathbb{N}^*$ von Bob empfangen
Alice:	Wählt geheime große Primzahlen $p, q \in \mathbb{N}^*$ mit $p \neq q$
	Wählt geheimes $a \in \mathbb{N}^*$ mit $\mathrm{ggT}(a, (p-1)(q-1)) = 1$
	Berechnet $b \in \mathbb{N}^*$ mit $a \cdot b \equiv 1 \bmod (p-1)(q-1)$
	Berechnet $n := pq$
	Berechnet $a_p := a \bmod (p-1)$
	Berechnet $a_q := a \bmod (q-1)$
	Berechnet $q_{invp} := q^{-1} \bmod p$
Öffentlich:	n und b
Bob:	Wählt Nachricht $m \in \mathbb{N}^*$ mit $1 < m < n$
	Sendet $c := m^b \bmod n$ an Alice

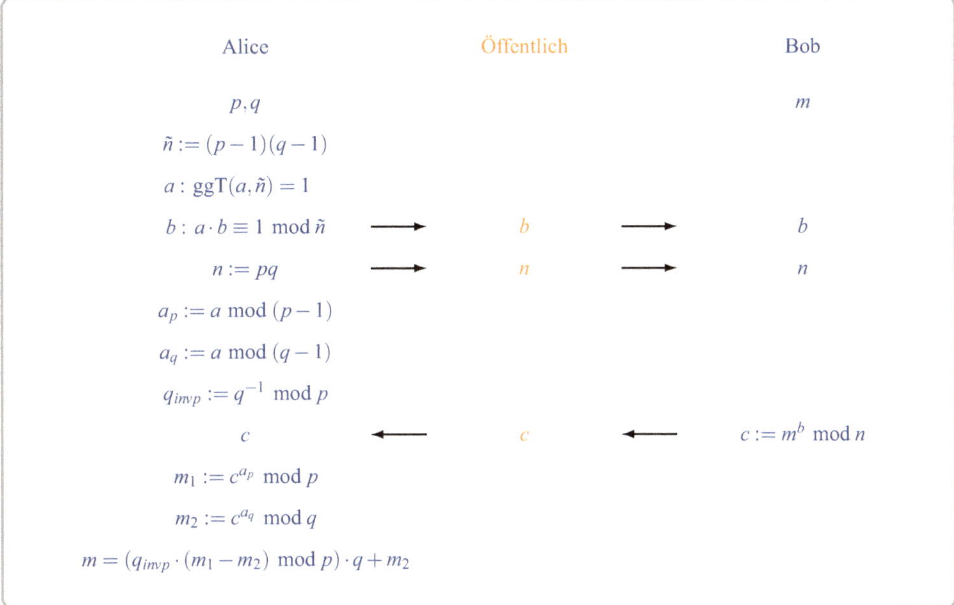

Abb. 15.4 CRT-RSA-Verfahren

$$
\begin{array}{lll}
\text{Alice:} & \text{Berechnet } m_1 := c^{a_p} \bmod p \\
& \text{Berechnet } m_2 := c^{a_q} \bmod q \\
& \text{Berechnet Nachricht } m = (q_{invp} \cdot (m_1 - m_2) \bmod p) \cdot q + m_2
\end{array}
$$

Der prinzipielle Ablauf des CRT-RSA-Verfahrens ist nochmals zusammenfassend in Abb. 15.4 skizziert. ◄

Der Vorteil des obigen Vorgehens ist, dass man beim Entschlüsseln nicht mit dem i. Allg. sehr großen privaten Schlüssel a potenzieren muss, sondern lediglich zwei Mal mit den deutlich kleineren Exponenten a_p und a_q. Hinzu kommt, dass bei der modularen Reduktion lediglich modulo p und q gerechnet werden muss und nicht modulo $n = pq$. Dass das Verfahren schließlich korrekt entschlüsselt, kann man sich wie folgt klar machen: Definiert man zunächst

$$
k := (q_{invp} \cdot (m_1 - m_2) \bmod p) \cdot q + m_2 \, ,
$$

dann ist zu zeigen, dass $k = m$ gilt. Die obige Formel wird in der Literatur auch häufig als **Garners Formel** bezeichnet, da sie auf eine von H.L. Garner im Jahr 1959 vorgestellte allgemeinere Strategie zurückgeführt werden kann. Sie stellt eine Alternative zur klassischen Rekonstruktion der Nachricht m mittels Chinesischem Restsatz dar und spart die Berechnung des multiplikativ Inversen von p in $\mathbb{Z}_q$.

Zunächst ergeben sich aus

$$k \bmod p = (q_{invp} \cdot q \cdot (m_1 - m_2) + m_2) \bmod p = (1 \cdot (m_1 - m_2) + m_2) \bmod p$$
$$= m_1 \bmod p \,,$$
$$k \bmod q = ((q_{invp} \cdot (m_1 - m_2) \bmod p) \cdot q + m_2) \bmod q = m_2 \bmod q \,,$$

sowie der Definition von m_1 und m_2 die modularen Identitäten

$$k \equiv c^{a_p} \bmod p \qquad \text{und} \qquad k \equiv c^{a_q} \bmod q \,.$$

Aufgrund der Definition von a_p und a_q gibt es Zahlen $u, v \in \mathbb{N}$, so dass sich der private Schlüssel a schreiben lässt als

$$a = a_p + u \cdot (p - 1) \qquad \text{und} \qquad a = a_q + v \cdot (q - 1) \,.$$

Mit Hilfe von Satz 15.5.16, (1) und (2), sowie des Satzes von Fermat und Euler folgt daraus

$$(c^a \bmod pq) \bmod p = c^{a_p + u(p-1)} \bmod p \;=\; c^{a_p} \bmod p \;=\; k \bmod p \,,$$
$$(c^a \bmod pq) \bmod q = c^{a_q + v(q-1)} \bmod q \;=\; c^{a_q} \bmod q \;=\; k \bmod q \,.$$

Da sowohl $c^a \bmod pq$ als auch k Elemente der Menge $\{0, 1, \dots pq - 1\}$ sind, ergibt sich insgesamt nach Satz 15.5.16 (3) sofort $k = c^a \bmod pq$ und somit $k = m$.

Beispiel 15.5.18

Alice möchte von Bob eine geheime Nachricht m empfangen. Dazu gehen sie wie folgt vor, wobei die Zahlen p, q und m natürlich wieder nicht groß, sondern moderat gewählt werden, um eine Handrechnung zu ermöglichen:

Problem:	Alice möchte geheime Nachricht $m \in \mathbb{N}^*$ von Bob empfangen
Alice:	Wählt geheime große Primzahlen $p := 61$ und $q := 53$
	Wählt geheimes $a := 2753$ mit $\mathrm{ggT}(2753, 60 \cdot 52)$
	$\quad = \mathrm{ggT}(2753, 3120) = 1$
	Berechnet $b \in \mathbb{N}^*$ mit $a \cdot b = 2753 \cdot b \equiv 1 \bmod 3120$, also $b = 17$
	Berechnet $n := pq = 61 \cdot 53 = 3233$
	Berechnet $a_p := a \bmod (p - 1) = 2753 \bmod 60 = 53$
	Berechnet $a_q := a \bmod (q - 1) = 2753 \bmod 52 = 49$
	Berechnet $q_{invp} := q^{-1} \bmod p = 53^{-1} \bmod 61 = 38$

Öffentlich: $n = 3233$ und $b = 17$

Bob: Wählt Nachricht $m := 65$ mit $1 < 65 < 3233$

                Sendet $c := m^b \bmod n = 65^{17} \bmod 3233 = 2790$

Alice: Berechnet $m_1 := c^{a_p} \bmod p = 2790^{53} \bmod 61 = 45^{53} \bmod 61 = 4$

                Berechnet $m_2 := c^{a_q} \bmod q = 2790^{49} \bmod 53 = 34^{49} \bmod 53 = 12$

                Berechnet Nachricht $m = (q_{invp} \cdot (m_1 - m_2) \bmod p) \cdot q + m_2$

$$= (38 \cdot (4 - 12) \bmod 61) \cdot 53 + 12$$

$$= 1 \cdot 53 + 12 = 65$$

Also hat Alice nun Zugriff auf die geheime Nachricht $m = 65$.

Babystep-Giantstep-Methode

Beim nächsten wesentlichen Aspekt im Kontext asymmetrischer Verfahren geht es um die Frage ihrer Sicherheit und möglichen Versuchen, sie zu brechen. Wie bereits herausgearbeitet wurde, besteht die Sicherheit des Diffie-Hellman-Verfahrens im Wesentlichen in der Schwierigkeit, bei gegebener großer (starker) Primzahl $p \in \mathbb{N}^*$ und gegebener Basis $g \in \mathbb{Z}_p^*$ (möglichst primitive Wurzel) aus dem Ergebnis von $y := g^a \bmod p$ auf den benutzten Exponenten a zu schließen (DLP). Würde man naiv versuchen, dieses Problem zu lösen, müsste man alle $a \in \mathbb{Z}_p^*$ ausprobieren und hätte so eine Komplexität von p. Geschickter ist es, die in Frage kommenden Exponenten a darzustellen in der Form

$$a = k \cdot m - l , \quad 1 \leq k \leq m, \, 0 \leq l \leq m - 1,$$

wobei

$$m := \lceil \sqrt{p} \rceil .$$

Tut man dies, kann man wegen

$$g^a \equiv y \bmod p \quad \Longleftrightarrow \quad g^{k \cdot m - l} \equiv y \bmod p \quad \Longleftrightarrow \quad (g^m)^k \equiv y \cdot g^l \bmod p$$

die Suche nach einer Lösung des DLPs auf die Suche nach einem Paar

$$(k, l) \in \{1, 2, \ldots, m\} \times \{0, 1, \ldots, m - 1\}$$

zurückführen, welches der Identität

$$(g^m)^k \equiv y \cdot g^l \bmod p$$

genügt. Dazu bedarf es aber nur noch etwa $2m \approx 2\sqrt{p}$ Operationen und nicht mehr rund p Operationen. Muss man allerdings beide Listen komplett berechnen und vergleichen, so bedarf es p Vergleiche und die Komplexität ist genau so groß wie bei einem Angriff durch reines sukzessives Ausprobieren. Das folgende Beispiel erläutert das genaue Vorgehen.

Beispiel 15.5.19

Gegeben seien eine starke Primzahl $p := 107$ und eine primitive Wurzel $g := 5$ in $\mathbb{Z}_{107}$. Gesucht wird nun $a \in \mathbb{Z}_{107}^*$ mit

$$5^a \equiv 47 \bmod 107 \,.$$

Wegen $m := \lceil \sqrt{107} \rceil = 11$ erhält man hier für das gesuchte a die Darstellung

$$a = k \cdot 11 - l \,, \quad 1 \le k \le 11,\ 0 \le l \le 10,$$

sowie die Äquivalenz

$$5^a \equiv 47 \bmod 107 \quad \Longleftrightarrow \quad (5^{11})^k \equiv 47 \cdot 5^l \bmod 107$$

$$\Longleftrightarrow \quad 66^k \equiv 47 \cdot 5^l \bmod 107 \,.$$

Die Suche nach einer Lösung des DLPs ist also auf die Suche nach einem Paar

$$(k, l) \in \{1, 2, \ldots, 11\} \times \{0, 1, \ldots, 10\}$$

zurückgeführt, welches der Identität

$$66^k \equiv 47 \cdot 5^l \bmod 107$$

genügt. Um dieses Paar zu bestimmen, legt man eine kleine Tabelle an:

k	1	2	3	4	5	6	7	8	9	10	11
$66^k \bmod 107$	66	76	94	105	$\ldots$	$\ldots$	$\ldots$	$\ldots$	$\ldots$	$\ldots$	$\ldots$
l	0	1	2	3	4	5	6	7	8	9	10
$47 \cdot 5^l \bmod 107$	47	21	105	$\ldots$	$\ldots$	$\ldots$	$\ldots$	$\ldots$	$\ldots$	$\ldots$	$\ldots$

Man erkennt, dass für $k = 4$ und $l = 2$ dasselbe Ergebnis resultiert, also ergibt sich der gesuchte Exponent a zu

$$a = 4 \cdot 11 - 2 = 42 \,.$$

▶ **Bemerkung 15.5.20 Algorithmus von Shanks oder Babystep-Giantstep-Methode** Die beschriebene algorithmische Vorgehensweise wurde erstmals von Daniel Shanks Anfang der 1970-er Jahre vorgestellt und wird in der Literatur häufig als Babystep-Giantstep-Methode bezeichnet, da bei vorgegebener großer (starker) Primzahl $p \in \mathbb{N}^*$ bei der Zerlegung von a gemäß

$$a = k \cdot \lceil \sqrt{p} \rceil - l \,, \qquad 1 \le k \le \lceil \sqrt{p} \rceil \,, \quad 0 \le l \le \lceil \sqrt{p} \rceil - 1 \,,$$

in Hinblick auf k mit $\lceil \sqrt{p} \rceil$-Schritten (giant steps) und in Hinblick auf l mit Einerschritten (baby steps) vorangeschritten wird.

Methode der quadratischen Kollisionen

Zum Abschluss dieses Abschnitts betrachten wir noch zwei zentrale Ideen, die RSA-Verschlüsselung durch Lösung des Faktorisierungsproblems (FP) zu brechen. Wir beginnen mit der **Methode der quadratischen Kollisionen**. Dazu seien im Folgenden $p \in \mathbb{N}^*$ und $q \in \mathbb{N}^*$ zwei verschiedene große Primzahlen und $n := pq$ ihr Produkt. Würde man durch Probieren aller natürlichen Zahlen zwischen 1 und $\sqrt{n}$ versuchen, einen Teiler von n zu finden, wäre die Komplexität des Problems im schlimmsten Fall $\mathcal{O}(\sqrt{n})$. Mit einem relativ einfachen Gedanken, der auf Fermat zurück geht, kann man diese Komplexität jedoch in vielen Fällen bereits deutlich senken. Dabei macht man sich auf die Suche nach sogenannten **quadratischen Kollisionen**, d. h. man sucht Zahlen $x, y \in \mathbb{Z}_n$ mit $x \ne y$ und

$$x^2 \equiv y^2 \bmod n \,.$$

Hat man zwei Zahlen mit der obigen Eigenschaft gefunden, dann weiß man, dass ihre Differenz $x^2 - y^2$ ohne Rest durch n teilbar ist. Da ferner

$$x^2 - y^2 = (x + y)(x - y) \qquad \text{und} \qquad n = pq$$

gilt, könnte es also im Idealfall so sein, dass p oder q gleich $(x + y)$ oder $|x - y|$ sind. Dies überprüft man durch Bestimmung von

$$\mathrm{ggT}(x + y, n) \quad \text{und} \quad \mathrm{ggT}(|x - y|, n)$$

mit Hilfe des Euklidischen Algorithmus. Wenn man insbesondere weiß, dass die beiden Primfaktoren p und q von etwa gleicher Größenordnung sind, macht es wegen der Identität

$$pq = \left(\frac{p+q}{2}\right)^2 - \left(\frac{p-q}{2}\right)^2$$

Sinn, zur Kollisionsfindung zwei Listen zu führen: Eine, die bei 1 beginnt (hier hat man den Term $\frac{|p-q|}{2}$ im Auge), und eine, die bei $\lceil \sqrt{n} \rceil$ beginnt (hier hat man den Term $\frac{p+q}{2}$ im Auge).

Beispiel 15.5.21

Gegeben sei die Zahl $n := 187$. Zur Bestimmung quadratischer Kollisionen betrachtet man eine Tabelle beginnend mit $x = 1$ und eine zweite Tabelle beginnend mit $y = \lceil \sqrt{187} \rceil = 14$:

x	1	2	3	4	5	6	7	8	9	10	11	$\cdots$
$x^2 \bmod 187$	1	4	9	16	25	36	49	64	81	100	121	$\cdots$
y	14	15	16	17	18	19	20	21	22	23	24	$\cdots$
$y^2 \bmod 187$	9	$\cdots$	$\cdots$	$\cdots$	$\cdots$	$\cdots$	$\cdots$	$\cdots$	$\cdots$	$\cdots$	$\cdots$	$\cdots$

Man erhält eine erste Kollision für $x = 3$ und $y = 14$. Man sieht hier sofort, ohne den Euklidischen Algorithmus bemühen zu müssen, dass $y - x = 11 = p$ und $x + y = 17 = q$ gilt und damit die Faktorisierung gefunden wurde.

Beispiel 15.5.22

Gegeben sei die Zahl $n := 1073$. Zur Bestimmung quadratischer Kollisionen betrachtet man eine Tabelle beginnend mit $x = 1$ und eine zweite Tabelle beginnend mit $y = \lceil \sqrt{1073} \rceil = 33$:

x	1	2	3	4	5	6	7	8	9	10	11	$\cdots$
$x^2 \bmod 1073$	1	4	9	16	25	36	49	64	81	100	121	$\cdots$
y	33	34	35	36	37	38	39	40	41	42	43	$\cdots$
$y^2 \bmod 1073$	16	$\cdots$	$\cdots$	$\cdots$	$\cdots$	$\cdots$	$\cdots$	$\cdots$	$\cdots$	$\cdots$	$\cdots$	$\cdots$

Man erhält eine erste Kollision für $x = 4$ und $y = 33$. Man sieht hier sofort, ohne den Euklidischen Algorithmus bemühen zu müssen, dass $y - x = 29 = p$ und $x + y = 37$ gilt und damit die Faktorisierung gefunden wurde.

▶ **Bemerkung 15.5.23 Optimierung der Fermat-Suche nach quadratischen Kollisionen** Zunächst ist klar, dass man die jeweils erste Liste von Quadraten modulo pq nicht wirklich explizit berechnen muss, denn sie liefert nur schlichte Quadrate, da die Reduktion modulo pq für Quadrate von Zahlen kleiner als $\lceil \sqrt{pq} \rceil$ keine Rolle spielt. Es genügt also stets, nur die zweite

Liste beginnend mit $\lceil \sqrt{pq} \rceil$ zu betrachten und zu testen, ob das entstehende Ergebnis das gewöhnliche Quadrat einer natürlichen Zahl ist, d. h. zu überprüfen, ob seine Wurzel ganzzahlig ist. Man nutzt ferner aus, dass man aus einem Ergebnis für y^2 mittels $(y + 1)^2 = y^2 + 2y + 1$ leicht auf $(y + 1)^2$ schließen kann und man den Test, ob eine natürliche Zahl das Quadrat einer anderen natürlichen Zahl ist, durch Betrachtung der letzten Stellen ihrer Dezimaldarstellung enorm beschleunigen kann. So macht man sich z. B. sehr schnell klar, dass eine Quadratzahl nur die Endziffern 0, 1, 4, 5, 6 und 9 haben kann und Zahlen mit anderen Endziffern direkt verworfen werden können. Das Ergebnis lässt sich noch verallgemeinern auf die beiden letzten möglichen Endziffern, wir verzichten auf Details.

Methode der Periodenfindung

Als letzte effiziente Methode, die RSA-Verschlüsselung durch Lösung des Faktorisierungsproblems (FP) zu brechen, betrachten wir die **Methode der Periodenfindung**, die etwa seit den späten 60-er Jahren des letzten Jahrhunderts bekannt ist und auch im Rahmen des sogenannten **Shor-Algorithmus** [8] zum Faktorisieren auf Quanten-Computern zum Einsatz kommt (benannt nach Peter Shor, einem zeitgenössischen amerikanischen Mathematiker). Dazu seien im Folgenden also $p \in \mathbb{N}^*$ und $q \in \mathbb{N}^*$ zwei verschiedene große Primzahlen und $n := pq$ ihr Produkt. Insbesondere möge also n stets ungerade sein! Wir wählen nun zufällig gleichverteilt eine natürliche Zahl a größer als 1 und kleiner als n. Mit Hilfe des **Euklidischen Algorithmus** kann nun schnell klassisch der größte gemeinsame Teiler von a und n bestimmt werden.

- Falls $\mathrm{ggT}(a, n) > 1$ ist, dann muss $a = p$ oder $a = q$ sein und die Faktorisierung ist geschafft.
- Falls $\mathrm{ggT}(a, n) = 1$ ist, dann gehört a zur Einheitengruppe $\mathbb{Z}_n^*$.

Im zweiten Fall, also für $a \in \mathbb{Z}_n^*$, betrachten wir die Folge

$$a^k \bmod n \quad \text{für } k = 1, 2, 3, \ldots \ .$$

Da $\langle a \rangle$ eine zyklische Untergruppe von $\mathbb{Z}_n^*$ ist, gibt es ein $k \in \mathbb{N}^*$ mit $a^k \bmod n = 1$. Die kleinste natürliche Zahl $r > 0$ mit $a^r \bmod n = 1$ wird **Periode von a modulo n** oder auch **Ordnung von a modulo n** genannt,

$$r := \mathrm{Per}(a, n) := \min\{k \in \mathbb{N}^* \mid a^k \bmod n = 1\},$$

und ist nichts anderes als die Ordnung der von a erzeugten zyklischen Untergruppe in $\mathbb{Z}_n^*$, also

$$r = |\langle a \rangle|.$$

- Falls r ungerade ist, wiederhole die zufällig gleichverteilte Wahl von a bis r gerade ist.
- Falls r gerade ist, schließe weiter wie folgt:

$$a^r \bmod n = 1 \qquad \Longleftrightarrow$$
$$(a^r - 1) \bmod n = 0 \qquad \Longleftrightarrow$$
$$\left(a^{\frac{r}{2}} - 1\right)\left(a^{\frac{r}{2}} + 1\right) \bmod n = 0 \qquad \Longleftrightarrow$$
$$\left(a^{\frac{r}{2}} - 1\right)\left(a^{\frac{r}{2}} + 1\right) = j \cdot p \cdot q \qquad \text{für ein } j \in \mathbb{N}^*$$

Zunächst ist der erste obige Faktor $(a^{\frac{r}{2}} - 1)$ sicher kein Vielfaches von $n = pq$, denn dann wäre r **nicht** die Periode von a modulo n, sondern $\frac{r}{2}$ oder noch kleiner. Nehmen wir nun an, dass auch $(a^{\frac{r}{2}} + 1)$ kein Vielfaches von $n = pq$ ist, dann folgt aus der Tatsache, dass das Produkt der beiden Faktoren ein Vielfaches von $n = pq$ ist, dass entweder

$$\mathrm{ggT}\left(\left(a^{\frac{r}{2}} - 1\right), n\right) = p \quad \text{und} \quad \mathrm{ggT}\left(\left(a^{\frac{r}{2}} + 1\right), n\right) = q$$

oder umgekehrt

$$\mathrm{ggT}\left(\left(a^{\frac{r}{2}} - 1\right), n\right) = q \quad \text{und} \quad \mathrm{ggT}\left(\left(a^{\frac{r}{2}} + 1\right), n\right) = p$$

gilt, also die Faktorisierung gelungen ist. Falls jedoch leider $(a^{\frac{r}{2}} + 1)$ doch ein Vielfaches von $n = pq$ ist, müssen wir ein neues zufällig gleichverteiltes a wählen und wieder von vorne beginnen.

Beispiel 15.5.24

Gegeben sei die Zahl $n := 187$. Wir wählen $a := 2$ und bestimmen die Periode von 2 modulo 187 zu $r = 40$ (sukzessives Potenzieren). Dann berechnen wir

$$\mathrm{ggT}((2^{20} - 1), 187) = 11 \quad \text{und} \quad \mathrm{ggT}((2^{20} + 1), 187) = 17$$

mittels schnellem modularen Potenzieren sowie mit Hilfe des Euklidischen Algorithmus und haben die gesuchten Faktoren gefunden (eine ggT-Berechnung würde reichen, der andere Faktor ist durch Division bestimmbar).

Beispiel 15.5.25

Gegeben sei die Zahl $n := 1073$. Wir wählen erneut $a := 2$ und bestimmen die Periode von 2 modulo 1073 zu $r = 252$ (sukzessives Potenzieren). Dann berechnen wir

$$\mathrm{ggT}((2^{126} - 1), 1073) = 1 \qquad \text{und} \qquad \mathrm{ggT}((2^{126} + 1), 1073) = 1073$$

mit schnellem modularen Potenzieren sowie mit Hilfe des Euklidischen Algorithmus. Schade, das hat offenbar nicht funktioniert. Also wählen wir nun $a := 3$ und bestimmen die Periode von 3 modulo 1073 zu $r = 252$ (sukzessives Potenzieren). Dann berechnen wir

$$\mathrm{ggT}((3^{126} - 1), 1073) = 37 \qquad \text{und} \qquad \mathrm{ggT}((3^{126} + 1), 1073) = 29$$

mit schnellem modularen Potenzieren sowie mit Hilfe des Euklidischen Algorithmus und haben die gesuchten Faktoren gefunden (eine ggT-Berechnung würde wieder reichen, der andere Faktor ist durch Division bestimmbar).

▶ **Bemerkung 15.5.26** Man kann zeigen, dass bei den obigen Vorgaben und Bezeichnungen die Wahrscheinlichkeit, dass die Periode r von a modulo $n = pq$ gerade ist und $(a^{\frac{r}{2}} + 1)$ kein Vielfaches von $n = pq$ ist, hinreichend groß ist, also das obige Vorgehen spätestens nach einigen wenigen Fehlversuchen funktioniert. Wir beweisen dies im Folgenden ergänzend noch in aller Kürze mit einigen Zugriffen auf zahlentheoretische Grundlagen, wobei wir dem Vorgehen in [9] (korrigierte Version der Seiten 633 und 634) folgen.

▶ **Satz 15.5.27 Perioden von Einheiten in Körpern $\mathbb{Z}_p$** Es sei $p \in \mathbb{N}^*$ eine ungerade Primzahl und $a \in \mathbb{Z}_p^* = \{1, 2, \ldots, p - 1\}$ sei zufällig gleichverteilt gewählt. Ferner sei 2^d mit $d \in \mathbb{N}^*$ die größte Zweierpotenz, die $(p - 1)$ ohne Rest teilt. Dann ist die Wahrscheinlichkeit dafür, dass die Periode r von a modulo p ebenfalls ohne Rest durch 2^d geteilt werden kann, genau gleich $\frac{1}{2}$.

Beweis   Es sei $a \in \mathbb{Z}_p^*$ zufällig gleichverteilt gewählt und r die Periode von a modulo p. Aufgrund des kleinen Satzes von Fermat bzw. als Spezialfall des Satzes von Fermat und Euler ist bekannt, dass

$$a^{p-1} \bmod p = 1$$

gilt. Da ferner $\mathbb{Z}_p$ ein Körper ist, ist $\mathbb{Z}_p^*$ zyklisch und es gibt eine primitive Wurzel $g \in \mathbb{Z}_p^*$ (siehe z. B. [6], Seite 225ff. für dieses Resultat) und somit auch ein $k \in \{1, 2, \ldots, p - 1\}$

mit $g^k \bmod p = a$. Da a zufällig gleichverteilt gewählt wurde, ist k mit Wahrscheinlichkeit $\frac{1}{2}$ ungerade und ebenfalls mit Wahrscheinlichkeit $\frac{1}{2}$ gerade.

Wir nehmen nun zunächst an, dass k ungerade ist. Dann ergibt sich wegen $a = g^k \bmod p$ die Identität

$$a^r \bmod p = \left(g^k\right)^r \bmod p = g^{k \cdot r} \bmod p = 1 \, .$$

Da g eine primitive Wurzel in $\mathbb{Z}_p^*$ ist, gilt $g^{k \cdot r} \bmod p = 1$ nur dann, wenn $k \cdot r$ ein Vielfaches von $(p-1)$ ist. Da k als ungerade angenommen war, muss r gerade sein und insbesondere auch ohne Rest durch 2^d teilbar sein.

Wir nehmen jetzt an, dass k gerade ist. Dann ergibt sich wegen $a = g^k \bmod p$ die Identität

$$a^{\frac{p-1}{2}} \bmod p = \left(g^k\right)^{\frac{p-1}{2}} \bmod p = \left(g^{p-1}\right)^{\frac{k}{2}} \bmod p = 1^{\frac{k}{2}} \bmod p = 1 \, .$$

Da r die Periode von a modulo p ist, muss r die Zahl $\frac{p-1}{2}$ ohne Rest teilen. Also ist 2^d kein Teiler von r.

Zusammenfassend haben wir also gezeigt, dass $\mathbb{Z}_p^*$ genau zwei Typen von Einheiten enthält: Es gibt genau $\frac{p-1}{2}$ Einheiten $a \in \mathbb{Z}_p^*$, die mit ungeradem $k \in \mathbb{N}^*$ als $g^k \bmod p$ dargestellt werden können und für die 2^d ein Teiler ihrer Periode r ist. Und es gibt entsprechend genau $\frac{p-1}{2}$ Einheiten $a \in \mathbb{Z}_p^*$, die mit geradem $k \in \mathbb{N}^*$ als $g^k \bmod p$ dargestellt werden können und für die 2^d kein Teiler ihrer Periode r ist. $\qquad\square$

▶ **Satz 15.5.28 Perioden von Einheiten in Ringen $\mathbb{Z}_{pq}$** Es seien $p, q \in \mathbb{N}^*$, $p \neq q$, zwei ungerade Primzahlen sowie $n := pq$ ihr Produkt und $a \in \mathbb{Z}_n^*$ sei zufällig gleichverteilt gewählt. Dann ist die Wahrscheinlichkeit dafür, dass die Periode r von a modulo n gerade ist und gleichzeitig $(a^{\frac{r}{2}} + 1) \bmod n \neq 0$ ist, mindestens gleich $\frac{1}{2}$.

Beweis Es sei $a \in \mathbb{Z}_n^*$ zufällig gleichverteilt gewählt und r die Periode von a modulo n. Da $\mathbb{Z}_n^*$ genau $(p-1)(q-1)$ Elemente enthält und genau diese die Eigenschaft $\mathrm{ggT}(a, n) = 1$ besitzen, kann man sich leicht überlegen, dass man a aufgrund des Chinesischen Restsatzes auch hätte generieren können, indem man $a_1 \in \{1, 2, \ldots, p-1\}$ zufällig gleichverteilt sowie $a_2 \in \{1, 2, \ldots, q-1\}$ zufällig gleichverteilt wählt und a dann eindeutig als Lösung des modularen Gleichungssystems mit den beiden Gleichungen $a_1 = a \bmod p$ und $a_2 = a \bmod q$ bestimmt. Wir nehmen im Folgenden an, dass a genau so erzeugt wurde. Sei ferner r_1 die Periode von a_1 modulo p und entsprechend r_2 die Periode von a_2 modulo q. Da $a^r \bmod pq$ und $a_1^{r_1} \bmod p$ und $a_2^{r_2} \bmod q$ alle gleich 1 sind und die auftauchenden Exponenten die kleinsten sind, die dies realisieren, kann man sofort folgern, dass r_1 und r_2 die Zahl r ohne Rest teilen. Dies ist leicht einzusehen, denn es gilt die Implikation

$$a^r \bmod pq = 1 \quad \Longrightarrow \quad a^r \bmod p = 1 \quad \text{und} \quad a^r \bmod q = 1$$

und daraus folgt sofort auch

$$a_1^r \bmod p = 1 \quad \text{und} \quad a_2^r \bmod q = 1.$$

Wir zeigen nun in einem nächsten Schritt, dass die Wahrscheinlichkeit dafür, dass r ungerade ist oder dass r gerade mit $(a^{\frac{r}{2}} + 1) \bmod n = 0$ ist, höchstens gleich $\frac{1}{2}$ ist. Daraus folgt sofort, dass die Wahrscheinlichkeit dafür, dass r gerade mit $(a^{\frac{r}{2}} + 1) \bmod n \neq 0$ ist, mindestens gleich $\frac{1}{2}$ ist. Dazu sei nun 2^d die höchste Zweierpotenz, die r ohne Rest teilt, 2^{d_1} die höchste Zweierpotenz, die r_1 ohne Rest teilt, und schließlich 2^{d_2} die höchste Zweierpotenz, die r_2 ohne Rest teilt.

- Es sei nun zunächst r ungerade. Da r_1 und r_2 die Zahl r ohne Rest teilen, müssen r_1 und r_2 ebenfalls ungerade sein, also gilt in diesem Fall $d = d_1 = d_2 = 0$.
- Es sei nun r gerade mit $(a^{\frac{r}{2}} + 1) \bmod n = 0$. Dann gilt auch $(a^{\frac{r}{2}} + 1) \bmod p = 0$ und $(a^{\frac{r}{2}} + 1) \bmod q = 0$ sowie $(a_1^{\frac{r}{2}} + 1) \bmod p = 0$ und $(a_2^{\frac{r}{2}} + 1) \bmod q = 0$. Da r_1 die Periode von a_1 modulo p und r_2 die Periode von a_2 modulo q ist, folgt daraus sofort, dass weder r_1 noch r_2 die Zahl $\frac{r}{2}$ ohne Rest teilen können, da ansonsten die beiden letzten Modulo-Identitäten nicht 0, sondern 2 liefern würden. Da r_1 und r_2 aber r ohne Rest teilen, müssen alle drei Zahlen dieselbe maximale Zweierpotenz als Teiler besitzen, also gilt in diesem Fall $d = d_1 = d_2 > 0$.

Zusammenfassend kann man also mit Satz 15.5.27 wie folgt schließen, wobei $a_1 \in \{1, 2, \dots, p - 1\}$ zufällig gleichverteilt gewählt sein möge:

- Ist die Periode r_1 von a_1 modulo p ungerade, also $d_1 = 0$, dann ist bei zufällig gleichverteilter Wahl von $a_2 \in \{1, 2, \dots, q - 1\}$ die Periode r_2 von a_2 modulo q höchstens mit Wahrscheinlichkeit $\frac{1}{2}$ ebenfalls ungerade: Also ist r in diesem Fall höchstens mit Wahrscheinlichkeit $\frac{1}{2}$ ungerade mit $d = d_1 = d_2 = 0$.
- Ist die Periode r_1 von a_1 modulo p gerade, also $d_1 > 0$, mit 2^{d_1} als maximalen Zweierpotenz-Teiler, dann ist bei zufällig gleichverteilter Wahl von $a_2 \in \{1, 2, \dots, q - 1\}$ die Periode r_2 von a_2 modulo q höchstens mit Wahrscheinlichkeit $\frac{1}{2}$ ebenfalls gerade mit $2^{d_2} = 2^{d_1}$ als maximalen Zweierpotenz-Teiler: Also ist r in diesem Fall höchstens mit Wahrscheinlichkeit $\frac{1}{2}$ gerade mit $d = d_1 = d_2 > 0$.

Insgesamt ist damit gezeigt, dass die Wahrscheinlichkeit dafür, dass r ungerade ist oder dass r gerade mit $(a^{\frac{r}{2}} + 1) \bmod n = 0$ ist, höchstens gleich $\frac{1}{2}$ ist. Daraus folgt aber wie behauptet, dass die Wahrscheinlichkeit dafür, dass r gerade mit $(a^{\frac{r}{2}} + 1) \bmod n \neq 0$ ist, mindestens gleich $\frac{1}{2}$ ist. $\qquad\square$

Beispiel 15.5.29

Wir betrachten den Fall $p := 3$ und $q := 7$, also $n := 21$. Ein kleines Java-Programm liefert hier zunächst im Überblick die Gesamtsituation:

```
 1:    ### Periode r=1
 2:    ### Periode r=6 gerade mit (a^(r/2)+1) mod 21 = 9
 3: keine Einheit
 4:    ### Periode r=3
 5:    ### Periode r=6 gerade mit (a^(r/2)+1) mod 21 = 0
       ***ungeeignet***
 6: keine Einheit
 7: keine Einheit
 8:    ### Periode r=2 gerade mit (a^(r/2)+1) mod 21 = 9
 9: keine Einheit
10:    ### Periode r=6 gerade mit (a^(r/2)+1) mod 21 = 14
11:    ### Periode r=6 gerade mit (a^(r/2)+1) mod 21 = 9
12: keine Einheit
13:    ### Periode r=2 gerade mit (a^(r/2)+1) mod 21 = 14
14: keine Einheit
15: keine Einheit
16:    ### Periode r=3
17:    ### Periode r=6 gerade mit (a^(r/2)+1) mod 21 = 0
       ***ungeeignet***
18: keine Einheit
19:    ### Periode r=6 gerade mit (a^(r/2)+1) mod 21 = 14
20:    ### Periode r=2 gerade mit (a^(r/2)+1) mod 21 = 0
       ***ungeeignet***
```

Wir haben hier also $12 = (3-1)(7-1)$ Einheiten, von denen 9 eine gerade Periode haben. Man erkennt auch, dass lediglich 3 Einheiten mit geraden Perioden r bei Potenzierung mit $\frac{r}{2}$ und Addition von 1 modulo 21 die unerwünschte 0 ergeben, also 6 Einheiten von 12 Einheiten eine gerade Periode r besitzen mit von 0 verschiedenem Ergebnis bei Potenzierung mit $\frac{r}{2}$ und Addition von 1 modulo 21. Da $\frac{6}{12} = \frac{1}{2}$ ist, deckt sich dies mit dem Ergebnis unseres Satzes 15.5.28, es zeigt sogar, dass die Vorhersage des Satzes im Allgemeinen nicht verbessert werden kann!

Neben den oben skizzierten Strategien zur Faktorisierung gibt es in der Literatur eine Fülle von weiteren Vorgehensweisen, von denen sich die sogenannten **Monte-Carlo-Methoden** verbunden mit den Namen Floyd, Pollard oder Brent besonderer Beliebtheit erfreuen. In Hinblick auf Effizienz sind jedoch die **Siebalgorithmen** zur Zeit nicht zu schlagen, die wiederum eng mit der ursprünglichen, oben skizzierten Fermat-Idee zusammenhängen. Die besten bekannten Algorithmen dieses Typs sind das 1981 von Pomerance vorgestellte **Quadratische Sieb**, das um 1990 von mehreren Mathematikern gemeinsam entwickelte **Zahlkörpersieb** und die **Methode der Elliptischen Kurven**, die 1987 von Lenstra entwickelt wurde. Details und Referenzen zu einigen dieser Faktorisierungstechniken findet man z. B. in [1, 3, 4] oder aber in den entsprechenden Originalarbeiten.

15.6 Aufgaben mit Lösungen

Aufgabe 15.6.1 *Geben Sie alle starken Primzahlen zwischen* 4 *und* 100 *an.*

Lösung der Aufgabe Die starken Primzahlen zwischen 4 und 100 lauten 5, 7, 11, 23, 47, 59 und 83.

Aufgabe 15.6.2 *Berechnen Sie* 8^9 mod 11 *möglichst schnell.*

Lösung der Aufgabe Da 9 in Dualdarstellung 1001 lautet, ergibt sich

$$p = 11; \; n = 8; \; a = 9 = 1001_2;$$
$$1: \; out = 8;$$
$$0: \; out = 8 * 8 \bmod 11 = 9;$$
$$0: \; out = 9 * 9 \bmod 11 = 4;$$
$$1: \; out = 4 * 4 * 8 \bmod 11 = 7.$$

Also gilt 8^9 mod 11 = 7.

Aufgabe 15.6.3 *Rechnen Sie für* $m := 513$, $p := 137$, $q := 131$ *und* $a := 11787$ *die Ver- und Entschlüsselung gemäß dem CRT-RSA-Verfahren nach.*

Lösung der Aufgabe Die Lösung ergibt sich aus dem folgenden Schema:

Problem: Alice möchte geheime Nachricht $m \in \mathbb{N}^*$ von Bob empfangen

Alice: Wählt geheime große Primzahlen $p := 137$ und $q := 131$

    Wählt geheimes $a := 11787$ mit $\mathrm{ggT}(11787, 136 \cdot 130)$

    $= \mathrm{ggT}(11787, 17680) = 1$

    Berechnet $b \in \mathbb{N}^*$ mit $a \cdot b = 11787 \cdot b \equiv 1 \bmod 17680$, also $b = 3$

    Berechnet $n := pq = 137 \cdot 131 = 17947$

    Berechnet $a_p := a \bmod (p - 1) = 11787 \bmod 136 = 91$

    Berechnet $a_q := a \bmod (q - 1) = 11787 \bmod 130 = 87$

    Berechnet $q_{invp} := q^{-1} \bmod p = 131^{-1} \bmod 137 = 114$

Öffentlich: $n = 17947$ und $b = 3$

Bob: Wählt Nachricht $m := 513$ mit $1 < 513 < 17947$

Sendet $c := m^b \bmod n = 513^3 \bmod 17947 = 8363$

Alice: Berechnet $m_1 := c^{a_p} \bmod p = 8363^{91} \bmod 137 = 6^{91} \bmod 137 = 102$

Berechnet $m_2 := c^{a_q} \bmod q = 8363^{87} \bmod 131 = 110^{87} \bmod 131 = 120$

Berechnet Nachricht $m = (q_{invp} \cdot (m_1 - m_2) \bmod p) \cdot q + m_2$

$$= (114 \cdot (102 - 120) \bmod 137) \cdot 131 + 120$$

$$= 3 \cdot 131 + 120 = 513$$

Also hat Alice nun Zugriff auf die geheime Nachricht $m = 513$.

Aufgabe 15.6.4   *Gegeben seien eine starke Primzahl $p := 23$ und eine primitive Wurzel $g := 10$ in $\mathbb{Z}_{23}$. Bestimmen Sie $a \in \mathbb{Z}_{23}^*$ mit*

$$10^a \equiv 15 \quad \bmod 23$$

mit Hilfe der Babystep-Giantstep-Methode.

Lösung der Aufgabe   Wegen $m := \lceil \sqrt{23} \rceil = 5$ erhält man hier für das gesuchte a die Darstellung

$$a = k \cdot 5 - l, \quad 1 \leq k \leq 5, \; 0 \leq l \leq 4,$$

sowie die Äquivalenz

$$10^a \equiv 15 \bmod 23 \quad \Longleftrightarrow \quad (10^5)^k \equiv 15 \cdot 10^l \bmod 23$$
$$\Longleftrightarrow \quad 19^k \equiv 15 \cdot 10^l \bmod 23 \,.$$

Die Suche nach einer Lösung des DLPs ist also auf die Suche nach einem Paar

$$(k, l) \in \{1, 2, 3, 4, 5\} \times \{0, 1, 2, 3, 4\}$$

zurückgeführt, welches der Identität $19^k \equiv 15 \cdot 10^l \bmod 23$ genügt. Um dieses Paar zu bestimmen, legt man eine kleine Tabelle an:

k	1	2	3	4	5
$19^k \bmod 23$	19	16	5	3	11
l		0	1	2	3	4
$15 \cdot 10^l \bmod 23$	15	12	5	$\cdots$	$\cdots$

Man erkennt, dass für $k = 3$ und $l = 2$ dasselbe Ergebnis resultiert, also ergibt sich der gesuchte Exponent a zu $a = 3 \cdot 5 - 2 = 13$.

Aufgabe 15.6.5 *Bestimmen Sie mit der auf Fermat zurückgehenden Suche nach quadratischen Kollisionen die Faktorisierung der Zahl $n := 19729$, wobei Sie ausnutzen dürfen, dass n das Produkt zweier verschiedener Primzahlen p und q ist. Hier macht es eventuell Sinn, sich ein kleines Programm zu schreiben!*

Lösung der Aufgabe Zur Bestimmung quadratischer Kollisionen betrachtet man eine Tabelle beginnend mit $x = 1$ und eine zweite Tabelle beginnend mit $y = \lceil \sqrt{19729} \rceil = 141$:

x	1	2	3	4	5	6	7	8	9	$\cdots$	**36**	$\cdots$
$x^2 \bmod 19729$	1	4	9	16	25	36	49	64	81	$\cdots$	**1296**	$\cdots$
y	141	142	143	144	**145**	146	147	148	149	150	151	$\cdots$
$y^2 \bmod 19729$	152	435	720	1007	**1296**	$\cdots$	$\cdots$	$\cdots$	$\cdots$	$\cdots$	$\cdots$	$\cdots$

Man erhält eine erste Kollision für $x = 36$ und $y = 145$. Man sieht hier sofort, ohne den Euklidischen Algorithmus bemühen zu müssen, dass $y - x = 109 = p$ und $x + y = 181 = q$ gilt und damit die Faktorisierung gefunden wurde.

Aufgabe 15.6.6 *Bestimmen Sie mit der Methode der Periodenfindung beginnend mit $a := 2$ und bei Bedarf Schritt für Schritt um 1 erhöhend die Faktorisierung der Zahl $n := 19729$, wobei Sie ausnutzen dürfen, dass n das Produkt zweier verschiedener Primzahlen p und q ist. Auch hier macht es Sinn, sich ein kleines Programm zu schreiben!*

Lösung der Aufgabe Wir bestimmen die Periode von 2 modulo 19729 zu $r = 180$ (sukzessives Potenzieren). Dann berechnen wir

$$\mathrm{ggT}((2^{90} - 1), 19729) = 1 \qquad \text{und} \qquad \mathrm{ggT}((2^{90} + 1), 19729) = 19729$$

mit schnellem modularen Potenzieren sowie mit Hilfe des Euklidischen Algorithmus. Schade, das hat offenbar nicht funktioniert. Also wählen wir nun $a := 3$ und bestimmen die Periode von 3 modulo 19729 zu $r = 135$ (sukzessives Potenzieren). Schade, auch das funktioniert nicht, denn r ist ungerade. Wir fahren fort und wählen $a := 4$ und bestimmen die Periode von 4 modulo 19729 zu $r = 90$ (sukzessives Potenzieren). Dann berechnen wir

$$\mathrm{ggT}((4^{45} - 1), 19729) = 1 \qquad \text{und} \qquad \mathrm{ggT}((4^{45} + 1), 19729) = 19729$$

mit schnellem modularen Potenzieren sowie mit Hilfe des Euklidischen Algorithmus und haben erneut keinen Erfolg! Auch die Wahl von $a := 5$ führt modulo 19729 zu einer ungeraden Periode $r = 135$, so dass wir schließlich bei $a := 6$ landen und auch damit scheitern (nachprüfen!). Schließlich setzen wir $a := 7$ und bestimmen die Periode von 7 modulo 19729 zu $r = 108$ (sukzessives Potenzieren). Dann berechnen wir

$$\mathrm{ggT}((7^{54} - 1), 19729) = 109 \qquad \text{und} \qquad \mathrm{ggT}((7^{54} + 1), 19729) = 181$$

mit schnellem modularen Potenzieren sowie mit Hilfe des Euklidischen Algorithmus und haben endlich die gesuchten Faktoren gefunden.

Selbsttest 15.6.7   Welche der folgenden Aussagen sind wahr?

?−? Jede Primzahl ist insbesondere eine Fermatsche Pseudoprimzahl.

?+? Jede Carmichael-Zahl ist insbesondere eine Fermatsche Pseudoprimzahl.

?−? Der Primzahltest von Fermat liefert mit Sicherheit eine Primzahl.

?−? Jede zyklische Untergruppe in $\mathbb{Z}_p^*$ hat mindestens zwei Elemente.

?−? p ist eine starke Primzahl, falls $p - 2$ auch eine Primzahl ist.

?+? Die Ordnung jeder zyklischen Untergruppe teilt die Ordnung von $\mathbb{Z}_p^*$.

?+? Für die Potenzierung von Zahlen gibt es ein extrem effizientes Verfahren.

?+? Mit dem Algorithmus von Shanks kann man die Komplexität des DLPs reduzieren.

?+? Das CRT-RSA-Verfahren beruht u. a. auch auf dem Satz von Fermat und Euler.

?+? Mit der Suche nach quadratischen Kollisionen kann man das FP attackieren.

?−? Bei der Methode der Periodenfindung funktioniert jede Basis a.

Literatur

1. Buchmann, J.: Einführung in die Kryptographie, 6. Aufl. Springer, Berlin, Heidelberg (2016)
2. Delfs, H., Knebl, H.: Introduction to Cryptography: Principles and Applications, 3. Aufl. Springer, Berlin, Heidelberg (2015)
3. Paar, C., Pelzl, J.: Kryptografie verständlich. Springer Vieweg, Berlin, Heidelberg (2016)
4. Wätjen, D.: Kryptographie, 3. Aufl. Springer Vieweg, Wiesbaden (2018)
5. Bauer, F.L.: Entzifferte Geheimnisse, Methoden und Maximen der Kryptologie, 3. Aufl. Springer, Berlin, Heidelberg, New York (2000)
6. Remmert, R., Ullrich, P.: Elementare Zahlentheorie, 3. Aufl. Birkhäuser Verlag, Basel (2008)
7. Wüstholz, G.: Algebra, 2. Aufl. Springer Spektrum, Wiesbaden (2013)
8. Shor, P.W.: Polynomial-time algorithms for prime factorization and discrete logarithms on a quantum computer. SIAM J. Comput. **26**(5), 1484–1509 (1997)
9. Nielson, M.A., Chuang, I.L.: Quantum Computation and Quantum Information. Cambridge University Press, Cambridge (2010)

Bei einem **symmetrischen Verschlüsselungsverfahren** verfügen die kommunizierenden Seiten über einen **gemeinsamen geheimen Schlüssel**. Das hat natürlich unmittelbar zur Konsequenz, dass dafür zu sorgen ist, dass die beiden Kommunikationspartner diesen gemeinsamen geheimen Schlüssel auf sichere Art und Weise vereinbaren. Genau an dieser Stelle kommen dann wieder asymmetrische Verfahren bzw. Schlüsseltausch-Verfahren ins Spiel. Weitere Details zu Verfahren dieses Typs und dem Zusammenspiel zwischen symmetrischen und asymmetrischen Verfahren findet man z. B. in [3, 4, 6, 7].

16.1 Vernam-Verfahren

Ein einfacher Prototyp eines symmetrischen Verfahrens ist das nach Gilbert Vernam (1890–1960) benannte **Vernam-Verfahren** (1918), welches als Vorläufer des sogenannten *one-time tape* oder *one-time pad* gilt. Die prinzipielle Idee dieses Verfahrens besteht darin, eine einfache Ver- und Entschlüsselungsroutine mit einem geheimen Schlüssel anzugeben, die ihre Sicherheit aus der Länge (i. Allg. gleiche Länge wie die zu verschlüsselnde Nachricht) und der Einzigartigkeit des Schlüssels (i. Allg. für jede zu verschlüsselnde Nachricht ein neuer Schlüssel, dessen Komponenten 0 und 1 zufällig gemäß einer Gleichverteilung gewählt werden) schöpft. Der Prototyp eines derartigen Verfahrens basiert auf folgender einfachen Gesetzmäßigkeit im Restklassenkörper $\mathbb{Z}_2$.

▶ **Satz 16.1.1 Einfache Rechenregel in $\mathbb{Z}_2$** Für alle $m, k \in \mathbb{Z}_2$ gilt

$$m = ((m + k) + k) \mod 2 .$$

Elektronisches Zusatzmaterial Die elektronische Version dieses Kapitels enthält Zusatzmaterial, das berechtigten Benutzern zur Verfügung steht https://doi.org/10.1007/978-3-658-30028-9_16.

B. Lenze, *Basiswissen Angewandte Mathematik – Numerik, Grafik, Kryptik*,
https://doi.org/10.1007/978-3-658-30028-9_16

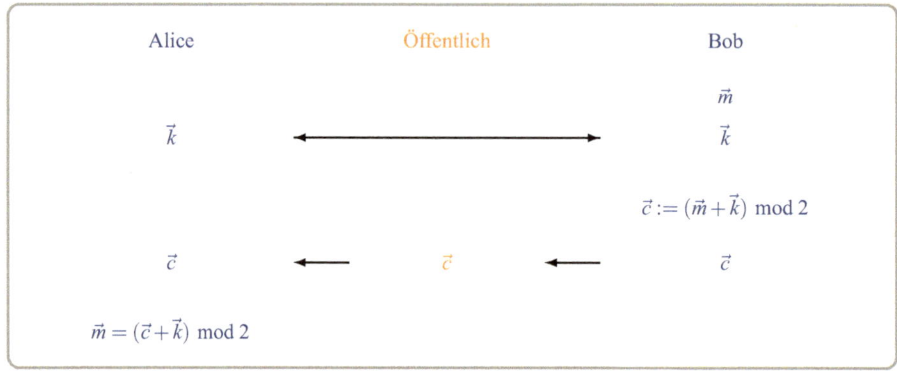

Abb. 16.1 Vernam-Verfahren

Beweis Es seien $m, k \in \mathbb{Z}_2$ beliebig gegeben aufgrund des Assoziativgesetztes ergibt sich sofort

$$((m + k) + k) \bmod 2 = (m + (k + k)) \bmod 2 = m + 0 = m \, . \qquad \square$$

Nach dieser kleinen Vorüberlegung lässt sich nun das **Vernam-Verfahren** formulieren.

Definition 16.1.2 Vernam-Verfahren

Das **Vernam-Verfahren** ist ein symmetrisches Verfahren zum Ver- und Entschlüsseln einer geheimen Nachricht $\vec{m} \in \mathbb{Z}_2^n$ und wie folgt definiert:

Problem: Alice möchte geheime Nachricht $\vec{m} \in \mathbb{Z}_2^n$ von Bob empfangen

Geheim: Alice und Bob wählen geheimen Schlüssel $\vec{k} \in \mathbb{Z}_2^n$

Bob: Wählt Nachricht $\vec{m} \in \mathbb{Z}_2^n$

Sendet $\vec{c} := (\vec{m} + \vec{k}) \bmod 2$ an Alice

Alice: Berechnet Nachricht $\vec{m} = (\vec{c} + \vec{k}) \bmod 2$

Der prinzipielle Ablauf des Vernam-Verfahrens ist nochmals zusammenfassend in Abb. 16.1 skizziert. ◄

Beispiel 16.1.3

In diesem Beispiel ist $n := 4$. Alice möchte also von Bob eine geheime Nachricht $\vec{m} \in \mathbb{Z}_2^4$ empfangen. Dazu gehen sie wie folgt vor:

Problem: Alice möchte geheime Nachricht $\vec{m} \in \mathbb{Z}_2^4$ von Bob empfangen

Geheim: Alice und Bob wählen geheimen Schlüssel $\vec{k} := (1, 1, 0, 1)^\mathrm{T} \in \mathbb{Z}_2^4$

Bob:	Wählt Nachricht $\vec{m} := (0,1,1,0)^T$
	Sendet $\vec{c} := ((0,1,1,0)^T + (1,1,0,1)^T) \bmod 2 = (1,0,1,1)^T$
Alice:	Berechnet Nachricht
	$\vec{m} = ((1,0,1,1)^T + (1,1,0,1)^T) \bmod 2 = (0,1,1,0)^T$

Also hat Alice nun Zugriff auf die geheime Nachricht $\vec{m} = (0,1,1,0)^T$.

▶ **Bemerkung 16.1.4 Sicherheit des Vernam-Verfahrens** Das Verfahren ist sicher, falls der Schlüssel geheim gehalten werden kann, so lang wie die Nachricht ist, gemäß einer Gleichverteilung von 0 und 1 zufällig gewählt ist sowie lediglich für eine Ver- und Entschlüsselung benutzt wird. Die letzte Bedingung ist wesentlich, denn aus einem bekannten Paar bestehend aus Nachricht und Verschlüsselung lässt sich der verwandte Schlüssel natürlich unmittelbar berechnen. Eine Schwachstelle des Verfahrens ist allerdings, wie bei jedem symmetrischen Verfahren, dass die Kommunikationspartner irgendwie den geheimen Schlüssel vereinbaren müssen. An dieser Stelle kommen dann Schlüsseltausch-Verfahren wie das Diffie-Hellman-Verfahren oder aber asymmetrische Verfahren wie RSA ins Spiel.

16.2 Aufgaben mit Lösungen

Aufgabe 16.2.1 *Rechnen Sie für $n := 6$, $\vec{k} := (0,1,1,1,0,1)^T$ und $\vec{m} := (0,0,1,1,0,1)^T$ die Ver- und Entschlüsselung gemäß dem Vernam-Verfahren nach.*

Lösung der Aufgabe Die Lösung ergibt sich aus dem folgenden Schema:

Problem:	Alice möchte geheime Nachricht $\vec{m} \in \mathbb{Z}_2^6$ von Bob empfangen
Geheim:	Alice und Bob wählen geheimen Schlüssel $\vec{k} := (0,1,1,1,0,1)^T \in \mathbb{Z}_2^6$
Bob:	Wählt Nachricht $\vec{m} := (0,0,1,1,0,1)^T$ und sendet
	$\vec{c} := ((0,0,1,1,0,1)^T + (0,1,1,1,0,1)^T) \bmod 2 = (0,1,0,0,0,0)^T$
Alice:	Berechnet Nachricht
	$\vec{m} = ((0,1,0,0,0,0)^T + (0,1,1,1,0,1)^T) \bmod 2 = (0,0,1,1,0,1)^T$

Also hat Alice nun Zugriff auf die geheime Nachricht $\vec{m} = (0,0,1,1,0,1)^T$.

Selbsttest 16.2.2 Welche Aussagen über das Vernam-Verfahren sind wahr?

?+? Das Vernam-Verfahren ist ein symmetrisches Verschlüsselungsverfahren.
?+? Das Vernam-Verfahren dient zum Ver- und Entschlüsseln geheimer Nachrichten.

?+? Das Vernam-Verfahren arbeitet prinzipiell im Restklassenkörper $\mathbb{Z}_2$.

?−? Das Vernam-Verfahren nutzt die Gültigkeit einer Folgerung aus dem Satz von Fermat und Euler aus.

16.3 DES-Verfahren

Ein weiteres **symmetrisches** Verfahren ist das **DES-Verfahren** (*Data Encryption Standard*, 1977). Es basiert auf einigen fundamentalen Funktionen im Raum $\mathbb{Z}_2^{64}$, die im Folgenden zunächst allgemein definiert werden. Bei der Beschreibung des Verfahrens wird ein prototypischer Ver- und Entschlüsselungsschritt betrachtet und nicht im Detail auf die genauen Einzelheiten des Verfahrens sowie seine Erweiterungen eingegangen, da es inzwischen weitgehend vom **AES-Verfahren** abgelöst wurde und auch in seinen verbesserten Varianten als nicht mehr sicher gilt. Es dient hier lediglich dazu, die für viele symmetrische Verfahren zentrale Idee der Feistel-Block-Verschlüsselung zu skizzieren, die auf den deutschen Physiker Horst Feistel (1915–1990) zurück geht und historisch gesehen von grundlegender Bedeutung für die Entwicklung sicherer symmetrischer Verschlüsselungsverfahren war.

Definition 16.3.1 Basisfunktionen des DES-Verfahrens

Das **DES-Verfahren** ist aus insgesamt vier grundlegenden Funktionentypen aufgebaut, die wie folgt bezeichnet werden:

- Der erste Funktionstyp ist eine beliebige, fest gewählte **bijektive Funktion** $f : \mathbb{Z}_2^{64} \to \mathbb{Z}_2^{64}$.

- Der zweite Funktionstyp ist die sogenannte **bijektive Blocktauschfunktion** $t : \mathbb{Z}_2^{64} \to \mathbb{Z}_2^{64}$,

$$(x_1, \ldots, x_{64})^T \mapsto (x_{33}, \ldots, x_{64}, x_1, \ldots, x_{32})^T.$$

- Der dritte Funktionstyp besteht aus zwei sogenannten **bijektiven Schlüsselfunktionen** $s_1 : \mathbb{Z}_2^{32} \to \mathbb{Z}_2^{32}$ und $s_2 : \mathbb{Z}_2^{32} \to \mathbb{Z}_2^{32}$, die beide von einem **geheimen Schlüssel** $\vec{k} \in \mathbb{Z}_2^{64}$ abhängen und im einfachsten Fall wie folgt definiert werden können:

$$s_1 : (x_1, \ldots, x_{32})^T \mapsto (x_1, \ldots, x_{32})^T + (k_1, \ldots, k_{32})^T,$$
$$s_2 : (x_1, \ldots, x_{32})^T \mapsto (x_1, \ldots, x_{32})^T + (k_{33}, \ldots, k_{64})^T.$$

- Der vierte Funktionstyp besteht aus zwei sogenannten **bijektiven Verarbeitungsfunktionen** $v_1 : \mathbb{Z}_2^{64} \to \mathbb{Z}_2^{64}$ und $v_2 : \mathbb{Z}_2^{64} \to \mathbb{Z}_2^{64}$, die jeweils von den Schlüsselfunktionen abhängen und wie folgt erklärt sind:

$$v_1 : (x_1, \ldots, x_{64})^T \mapsto (x_1, \ldots, x_{32}, (x_{33}, \ldots, x_{64}) + s_1(x_1, \ldots, x_{32}))^T,$$
$$v_2 : (x_1, \ldots, x_{64})^T \mapsto (x_1, \ldots, x_{32}, (x_{33}, \ldots, x_{64}) + s_2(x_1, \ldots, x_{32}))^T.$$

Dabei sind die auftauchenden Additionen natürlich stets komponentenweise modulo 2 durchzuführen. ◄

Die oben eingeführten Funktionen werden nun in recht verwickelter Art und Weise hintereinander angewandt, um eine gegebene Nachricht $\vec{m} \in \mathbb{Z}_2^{64}$ zu ver- und entschlüsseln. Die folgende Definition gibt die schrittweise Vorgehensweise präzise wieder. Entscheidend ist dabei, dass alle auftauchenden Funktionen bijektiv sind und somit in eindeutiger Weise invertiert werden können.

Definition 16.3.2 Grundfunktionalität des DES-Verfahrens (basierend auf Feistel-Idee)

Das **DES-Verfahren** ist ein symmetrisches Verfahren zum Ver- und Entschlüsseln einer geheimen Nachricht $\vec{m} \in \mathbb{Z}_2^{64}$. Es ist in seiner prinzipiellen Funktionsweise bezogen auf eine Ver- und Entschlüsselungsrunde gegeben durch die mit Hilfe der Basisfunktionen definierte **DES-Verschlüsselungsfunktion** DES,

$$DES: \quad \mathbb{Z}_2^{64} \to \mathbb{Z}_2^{64}, \qquad (m_1 \dots, m_{64})^T \mapsto (f^{-1} \circ v_2 \circ t \circ v_1 \circ f)(m_1, \dots, m_{64}) \,,$$

sowie durch die entsprechende inverse Funktion, die sogenannte **DES-Entschlüsselungsfunktion** DES^{-1},

$$DES^{-1}: \quad \mathbb{Z}_2^{64} \to \mathbb{Z}_2^{64}, \qquad (c_1, \dots, c_{64})^T \mapsto (f^{-1} \circ v_1 \circ t \circ v_2 \circ f)(c_1, \dots, c_{64}) \,.$$

Insgesamt ergibt sich also das folgende schematische Vorgehen, wobei sich Alice und Bob zuvor auf eine gemeinsame bijektive Funktion $f : \mathbb{Z}_2^{64} \to \mathbb{Z}_2^{64}$ geeinigt haben müssen:

Problem:	Alice möchte geheime Nachricht $\vec{m} \in \mathbb{Z}_2^{64}$ von Bob empfangen
Geheim:	Alice und Bob wählen geheimen Schlüssel $\vec{k} \in \mathbb{Z}_2^{64}$
Bob:	Wählt Nachricht $\vec{m} \in \mathbb{Z}_2^{64}$
	Sendet $\vec{c} := DES(\vec{m})$
Alice:	Berechnet Nachricht $\vec{m} = DES^{-1}(\vec{c})$

Der prinzipielle Ablauf des DES-Verfahrens, genauer einer Ver- und Entschlüsselungsrunde des Verfahrens, ist nochmals zusammenfassend in Abb. 16.2 skizziert. ◄

▶ **Bemerkung 16.3.3 Funktionen des DES-Verfahrens** Man prüft natürlich anhand der oben definierten Funktionen sofort nach, dass die Verkettung von **DES-Ver- und Entschlüsselungsfunktion** genau die Identität auf $\mathbb{Z}_2^{64}$ liefert, also für alle $(m_1, \dots, m_{64})^T \in \mathbb{Z}_2^{64}$ gilt

$$(DES^{-1} \circ DES)(m_1, \dots, m_{64}) = (m_1, \dots, m_{64})^T \,.$$

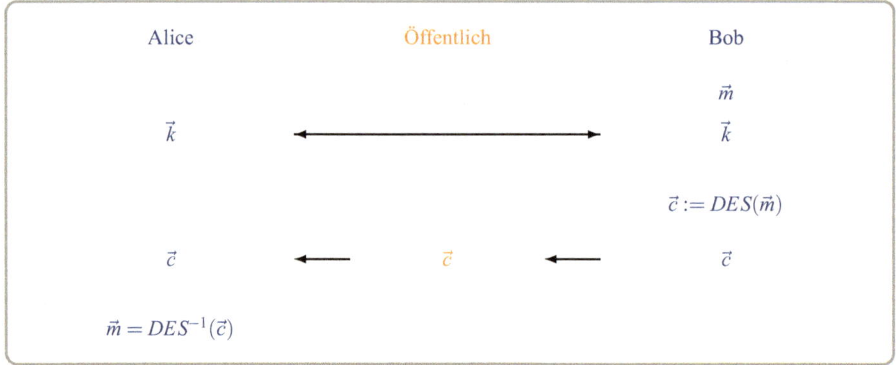

Abb. 16.2 DES-Verfahren

Dabei muss man ausnutzen, dass die Blocktauschfunktion t und auch die beiden Verfahrensfunktionen v_1 und v_2 zu sich selbst invers sind und lediglich für die Funktion f die inverse Funktion f^{-1} zu bestimmen ist.

Beispiel 16.3.4

In diesem Beispiel wird anstelle von $\mathbb{Z}_2^{64}$ der Raum $\mathbb{Z}_2^4$ gewählt, um eine nachvollziehbare Rechnung zu ermöglichen. Alice möchte also von Bob eine geheime Nachricht $\vec{m} \in \mathbb{Z}_2^4$ empfangen. Dazu einigen sie sich zunächst auf die feste bijektive Funktion $f : \mathbb{Z}_2^4 \to \mathbb{Z}_2^4$, z. B. auf

$$f : (x_1, x_2, x_3, x_4)^T \mapsto (x_2, x_1, x_4, x_3)^T.$$

Diese Funktion besitzt offenbar die eindeutig bestimmte inverse Funktion $f^{-1} : \mathbb{Z}_2^4 \to \mathbb{Z}_2^4$ mit

$$f^{-1} : (x_1, x_2, x_3, x_4)^T \mapsto (x_2, x_1, x_4, x_3)^T,$$

d. h. hier gilt zufälligerweise auch $f = f^{-1}$. Nach dieser verbindlichen Vereinbarung der Funktion f (und ihrer inversen Funktion f^{-1}) gehen sie dann wie folgt vor:

Problem: Alice möchte geheime Nachricht $\vec{m} \in \mathbb{Z}_2^4$ von Bob empfangen

Geheim: Alice und Bob wählen geheimen Schlüssel $\vec{k} := (1, 0, 1, 1)^T \in \mathbb{Z}_2^4$

Bob:	Wählt Nachricht $\vec{m} := (0, 1, 1, 1)^T$ und sendet

$$\vec{c} := (f^{-1} \circ v_2 \circ t \circ v_1 \circ f)(0, 1, 1, 1) \bmod 2$$
$$= (f^{-1} \circ v_2 \circ t \circ v_1)(1, 0, 1, 1) \bmod 2$$
$$= (f^{-1} \circ v_2 \circ t)(1, 0, 1 + 1 + \mathbf{1}, 1 + 0 + \mathbf{0}) \bmod 2$$
$$= (f^{-1} \circ v_2)(1, 1, 1, 0) \bmod 2$$
$$= f^{-1}(1, 1, 1 + 1 + \mathbf{1}, 0 + 1 + \mathbf{1}) \bmod 2$$
$$= (1, 1, 0, 1)^T$$

Alice: Berechnet Nachricht

$$\vec{m} = (f^{-1} \circ v_1 \circ t \circ v_2 \circ f)(1, 1, 0, 1) \bmod 2$$
$$= (f^{-1} \circ v_1 \circ t \circ v_2)(1, 1, 1, 0) \bmod 2$$
$$= (f^{-1} \circ v_1 \circ t)(1, 1, 1 + 1 + \mathbf{1}, 0 + 1 + \mathbf{1}) \bmod 2$$
$$= (f^{-1} \circ v_1)(1, 0, 1, 1) \bmod 2$$
$$= f^{-1}(1, 0, 1 + 1 + \mathbf{1}, 1 + 0 + \mathbf{0}) \bmod 2$$
$$= (0, 1, 1, 1)^T$$

Also hat Alice nun Zugriff auf die geheime Nachricht $\vec{m} = (0, 1, 1, 1)^T$.

▶ **Bemerkung 16.3.5 Sicherheit des DES-Verfahrens** Das Verfahren ist hinreichend sicher, falls die oben skizzierte prototypische Vorgehensweise hinreichend häufig hintereinander mit entsprechend vielen verschiedenen Schlüsseln angewandt wird und falls die dazu eingesetzten Schlüssel hinreichend zufällig sind und geheim gehalten werden können. Dabei ist zu erwähnen, dass die Benutzung der öffentlich bekannten bijektiven Funktion f keine zusätzliche Sicherheit bietet, sondern lediglich aus historischen Gründen benutzt wird (entspricht der Definition des Standards). Eine Schwachstelle des Verfahrens ist natürlich, wie bereits beim Vernam-Verfahren, dass die Kommunikationspartner irgendwie den/die geheimen Schlüssel vereinbaren müssen. An dieser Stelle kommen dann Schlüsseltausch-Verfahren wie das Diffie-Hellman-Verfahren oder aber asymmetrische Verfahren wie RSA ins Spiel.

Das oben vorgestellte DES-Verfahren, genauer eine Ver- und Entschlüsselungsrunde des Verfahrens, skizziert nur die prinzipielle Vorgehensweise und die wesentliche Feistel-Idee des DES-Konzepts. Beim **echten DES-Algorithmus** werden, wie in der vorausgegangenen Bemerkung bereits angeklungen ist, Operationen des obigen Typs mehrfach verkettet (Ver- und Entschlüsselungsrunden) sowie mit Klartextblöcken und Schlüsselvektoren aus $\mathbb{Z}_2^{64}$ gearbeitet (beim Schlüssel sind dabei 8 Paritätsbits und 56 Schlüsselbits gesetzt). In den einzelnen Runden werden ferner aus dem ursprünglichen Schlüssel sogenannte

Rundenschlüssel berechnet, d. h. es wird nicht durchgängig mit demselben Schlüssel gearbeitet. Desweiteren sind die realen DES-Schlüsselfunktionen durch spezielle Expansions- und Substitutionsregeln deutlich komplexer als in der oben skizzierten prototypischen Variante. Trotz all dieser zusätzlichen Maßnahmen zur Erhöhung der Sicherheit ist das klassische DES-Verfahren inzwischen relativ leicht zu brechen und wird deshalb in seiner reinen Form auch nicht mehr eingesetzt. Vereinzelt findet man noch das auf dem DES-Verfahren aufbauende **Triple-DES-Verfahren**, welches zur Erhöhung der Sicherheit das klassische DES-Verfahren dreimal hintereinander mit verschiedenen Schlüsseln angewendet. Aber auch dieses Verfahren kann inzwischen mit einigem Aufwand kompromittiert werden und gilt gemäß dem amerikanischen *National Institute of Standards and Technology* (**NIST**) als *deprecated*. Insgesamt kann man also feststellen, dass die Zeit der DES-Verfahren abgelaufen ist und sie inzwischen nahezu vollständig vom **AES-Verfahren** als dem symmetrischen Standard-Block-Verschlüsselungsverfahren abgelöst worden sind. Hinsichtlich weiterer Details vergleiche man z. B. [2–7].

16.4 Aufgaben mit Lösungen

Aufgabe 16.4.1 *Rechnen Sie für* $f : (x_1, x_2, x_3, x_4)^T \mapsto (x_4, x_3, x_2, x_1)^T$, *den geheimen Schlüssel* $\vec{k} := (0, 1, 0, 1)^T$ *und die Nachricht* $\vec{m} := (1, 1, 1, 0)^T$ *die prototypische DES-Ver- und Entschlüsselung nach.*

Lösung der Aufgabe Zunächst bestimmt man die zu f inverse Funktion f^{-1},

$$f^{-1} : (x_1, x_2, x_3, x_4)^T \mapsto (x_4, x_3, x_2, x_1)^T,$$

d. h. hier gilt zufälligerweise wieder $f = f^{-1}$. Nun ergibt sich die DES-Ver- und Entschlüsselung nach folgendem Schema:

Problem:	Alice möchte geheime Nachricht $\vec{m} \in \mathbb{Z}_2^4$ von Bob empfangen
Geheim:	Alice und Bob wählen geheimen Schlüssel $\vec{k} := (0, 1, 0, 1)^T \in \mathbb{Z}_2^4$
Bob:	Wählt Nachricht $\vec{m} := (1, 1, 1, 0)^T$ und sendet

$$
\begin{aligned}
\vec{c} &:= (f^{-1} \circ v_2 \circ t \circ v_1 \circ f)(1, 1, 1, 0) \bmod 2 \\
&= (f^{-1} \circ v_2 \circ t \circ v_1)(0, 1, 1, 1) \bmod 2 \\
&= (f^{-1} \circ v_2 \circ t)(0, 1, 1 + 0 + \mathbf{0}, 1 + 1 + \mathbf{1}) \bmod 2 \\
&= (f^{-1} \circ v_2)(1, 1, 0, 1) \bmod 2 \\
&= f^{-1}(1, 1, 0 + 1 + \mathbf{0}, 1 + 1 + \mathbf{1}) \bmod 2 \\
&= (1, 1, 1, 1)^T
\end{aligned}
$$

Alice: Berechnet Nachricht

$$\vec{m} = (f^{-1} \circ v_1 \circ t \circ v_2 \circ f)(1,1,1,1) \bmod 2$$
$$= (f^{-1} \circ v_1 \circ t \circ v_2)(1,1,1,1) \bmod 2$$
$$= (f^{-1} \circ v_1 \circ t)(1,1,1+1+0,1+1+1) \bmod 2$$
$$= (f^{-1} \circ v_1)(0,1,1,1) \bmod 2$$
$$= f^{-1}(0,1,1+0+0,1+1+1) \bmod 2$$
$$= (1,1,1,0)^T$$

Also hat Alice nun Zugriff auf die geheime Nachricht $\vec{m} = (1,1,1,0)^T$.

Aufgabe 16.4.2 *Rechnen Sie für $f : (x_1, x_2, x_3, x_4)^T \mapsto (x_2, x_3, x_1, x_4)^T$, den geheimen Schlüssel $\vec{k} := (0,1,1,0)^T$ und die Nachricht $\vec{m} := (1,1,0,1)^T$ die prototypische DES-Ver- und Entschlüsselung nach.*

Lösung der Aufgabe Zunächst bestimmt man die zu f inverse Funktion f^{-1},

$$f^{-1} : (x_1, x_2, x_3, x_4)^T \mapsto (x_3, x_1, x_2, x_4)^T.$$

Nun ergibt sich die DES-Ver- und Entschlüsselung nach folgendem Schema:

Problem: Alice möchte geheime Nachricht $\vec{m} \in \mathbb{Z}_2^4$ von Bob empfangen

Geheim: Alice und Bob wählen geheimen Schlüssel $\vec{k} := (0,1,1,0)^T \in \mathbb{Z}_2^4$

Bob: Wählt Nachricht $\vec{m} := (1,1,0,1)^T$ und sendet

$$\vec{c} := (f^{-1} \circ v_2 \circ t \circ v_1 \circ f)(1,1,0,1) \bmod 2$$
$$= (f^{-1} \circ v_2 \circ t \circ v_1)(1,0,1,1) \bmod 2$$
$$= (f^{-1} \circ v_2 \circ t)(1,0,1+1+0,1+0+1) \bmod 2$$
$$= (f^{-1} \circ v_2)(0,0,1,0) \bmod 2$$
$$= f^{-1}(0,0,1+0+1,0+0+0) \bmod 2$$
$$= (0,0,0,0)^T$$

Alice: Berechnet Nachricht

$$\vec{m} = (f^{-1} \circ v_1 \circ t \circ v_2 \circ f)(0,0,0,0) \bmod 2$$
$$= (f^{-1} \circ v_1 \circ t \circ v_2)(0,0,0,0) \bmod 2$$
$$= (f^{-1} \circ v_1 \circ t)(0,0,0+0+1,0+0+0) \bmod 2$$
$$= (f^{-1} \circ v_1)(1,0,0,0) \bmod 2$$
$$= f^{-1}(1,0,0+1+0,0+0+1) \bmod 2$$
$$= (1,1,0,1)^T$$

Also hat Alice nun Zugriff auf die geheime Nachricht $\vec{m} = (1,1,0,1)^T$.

Selbsttest 16.4.3   Welche Aussagen über das DES-Verfahren sind wahr?

?+? Das DES-Verfahren ist ein symmetrisches Verschlüsselungsverfahren.

?+? Das DES-Verfahren dient zum Ver- und Entschlüsseln geheimer Nachrichten.

?+? Das DES-Verfahren arbeitet prinzipiell im Restklassenkörper $\mathbb{Z}_2$.

?−? Das DES-Verfahren nutzt die Gültigkeit einer Folgerung aus dem Satz von Fermat
und Euler aus.

16.5   AES-Verfahren

Beim **AES-Verfahren** handelt es sich um ein auf dem **Rijndael-Verfahren** basierendes
symmetrisches Verfahren zum Ver- und Entschlüsseln einer geheimen Nachricht $\vec{m} \in$
$\mathbb{Z}_2^{128}$. Es nutzt eine Fülle von bijektiven oder mindestens injektiven Abbildungen in unterschiedlichen Körpern aus und wechselt von einer vektorspezifischen Sicht auf die zu
ver- und entschlüsselnde Nachricht $\vec{m}$ auf eine matrixorientierte Perspektive. Als desi-
gnierter Nachfolger des DES-Verfahrens wurde im Jahre 2001 das **Rijndael-Verfahren**
der belgischen Kryptologen Joan Daemen (geb. 1965) und Vincent Rijmen (geb. 1970)
durch das amerikanische *National Institute of Standards and Technology* (**NIST**) offizi-
ell zum *Federal Information Processing Standard* (**FIPS**) erklärt. Es hatte sich in einem
mehrjährigen Ausscheidungsprozess aufgrund seiner hohen Sicherheit und enormen Geschwindigkeit gegen mehrere konkurrierende Verfahren durchgesetzt und wird in der Literatur inzwischen vielfach schlicht als **AES** (*Advanced Encryption Standard*) bezeichnet
(genau genommen ist das AES-Verfahren ein Spezialfall des noch etwas allgemeineren
Rijndael-Verfahrens). Es handelt sich bei Rijndael – wie auch bereits bei DES – um einen
blockorientierten symmetrischen Verschlüsselungsalgorithmus mit mehreren Verschlüsselungsrunden (und entsprechenden Entschlüsselungsrunden), von denen im Folgenden
exemplarisch eine Runde mit ihren prinzipiellen Verarbeitungsschritten im Detail betrachtet wird. Um die einzelnen Schritte zu verstehen, ist es empfehlenswert, sich noch einmal
im Zusammenhang die mathematischen Grundlagen der Galois-Felder anzusehen, denn
Rechnungen in ihnen werden im Folgenden eine zentrale Rolle spielen.

Definition 16.5.1   Initiale Block-Bildung

Zunächst wird die zu verschlüsselnde Nachricht in Blöcke fester Länge zerlegt, im
Folgenden 32 Bit Block-Länge (bei Rijndael 128, 192 oder 256 Bit). Also lautet ein zu
verschlüsselnder Block z. B.

$$(m_1,\ldots,m_{32})^T := (11010111010110110111011011011011101)^T. \quad \blacktriangleleft$$

Definition 16.5.2   Matrix-Bildung

Jeder Block wird in einer Matrix-Struktur abgelegt mit 4 Bit Einträgen in jeder Matrixkomponente (bei Rijndael 8 Bit = 1 Byte), wobei die Matrix stets aus 4 Zeilen und

im folgenden Beispiel aus 2 Spalten (bei Rijndael je nach Block-Länge aus 4, 6 oder 8 Spalten) besteht. Die Matrix wird spaltenweise von links nach rechts aufgefüllt.

$$X^{(1)} := \begin{pmatrix} 1101 & 0111 \\ 0111 & 0110 \\ 0101 & 1101 \\ 1011 & 1101 \end{pmatrix}. \quad \blacktriangleleft$$

Es folgt nun ein erster rein komponentenspezifischer Schritt. Um ihn zu verstehen, muss man sich an das Galois-Feld $GF(16)$ der Ordnung 16 erinnern (bei Rijndael arbeitet man entsprechend im Galois-Feld $GF(2^8)$ der Ordnung 256).

Definition 16.5.3 Erster komponentenspezifischer Schritt

Man interpretiert jede 4-Bit-Matrixkomponente als ein Element p aus $GF(16)$ und ersetzt es durch sein multiplikativ inverses Element $q := p^{-1}$ in $GF(16)$ im Sinne von

$$p_3 p_2 p_1 p_0 \odot q_3 q_2 q_1 q_0 = 0001 \,.$$

Im Sonderfall, dass p das Nullelement in $GF(16)$ ist und somit kein zugehöriges multiplikativ inverses Element existiert, möge es unverändert übernommen werden. Man erhält so unter Ausnutzung der multiplikativen Verknüpfungstabelle in $GF(16)$ als Ergebnis

$$X^{(2)} := \begin{pmatrix} 0100 & 0110 \\ 0110 & 0111 \\ 1011 & 0100 \\ 0101 & 0100 \end{pmatrix}. \quad \blacktriangleleft$$

Der folgende Schritt ist ebenfalls ein rein komponentenspezifischer Schritt, in dem im Wesentlichen ausgenutzt wird, dass man in $\mathbb{Z}_2^{4\times4}$ (bei Rijndael in $\mathbb{Z}_2^{8\times8}$) mit regulären, also invertierbaren Matrizen exakt genauso arbeiten kann wie z. B. mit regulären Matrizen in $\mathbb{R}^{4\times4}$. Auch dies wurde bereits in dem Kapitel über Galois-Felder im Detail erörtert.

Definition 16.5.4 Zweiter komponentenspezifischer Schritt

Man wendet auf jede 4-Bit-Komponente $q_3 q_2 q_1 q_0$ der Matrix $X^{(2)}$ die invertierbare (nachweisen!) affin-lineare Operation

$$\begin{pmatrix} r_3 \\ r_2 \\ r_1 \\ r_0 \end{pmatrix} := \underbrace{\begin{pmatrix} 1 & 0 & 0 & 0 \\ 0 & 1 & 1 & 0 \\ 0 & 1 & 1 & 1 \\ 0 & 0 & 1 & 1 \end{pmatrix}}_{=:M} \begin{pmatrix} q_3 \\ q_2 \\ q_1 \\ q_0 \end{pmatrix} + \underbrace{\begin{pmatrix} 1 \\ 0 \\ 1 \\ 1 \end{pmatrix}}_{=:\vec{t}} \mod 2$$

an. Man erhält so

$$X^{(3)} := \begin{pmatrix} 1101 & 1010 \\ 1010 & 1001 \\ 0111 & 1101 \\ 1110 & 1101 \end{pmatrix}. \quad \blacktriangleleft$$

Damit sind die komponentenspezifischen Schritte abgeschlossen. Es sei erwähnt, dass diese beiden Schritte von den Entwicklern des Algorithmus als eine Einheit betrachtet und als **ByteSub-Transformation** bezeichnet werden, da sie genau auf einer Matrix-Komponente bestehend aus einem Byte ausgeführt werden (bei uns sind es der Einfachheit halber 4 Bit). Bei ihrer Anwendung hat man zudem die Optionen, entweder das Ergebnis zu berechnen (so haben wir es getan) oder aber aus einem Lookup-Table (hier **S-Box** wie Substitution-**Box** genannt) auszulesen. Welche Variante man wählt, hängt von der jeweiligen Architektur und Implementierung ab.

Der nächste durchzuführende Schritt ist ein recht einfacher, rein zeilenspezifischer Schritt, der von den Entwicklern als **ShiftRow-Transformation** bezeichnet wird.

Definition 16.5.5 Zeilenspezifischer Schritt

Man verschiebt jede Zeile von $X^{(3)}$ zyklisch um eine feste Anzahl von Komponenten nach rechts (Umkehrung ist offensichtlich ein entsprechender zyklischer Shift nach links). Konkret verschiebt man hier als Beispiel die erste und dritte Zeile gar nicht, die zweite und vierte Zeile jeweils um eine Komponente. Man erhält so

$$X^{(4)} := \begin{pmatrix} 1101 & 1010 \\ 1001 & 1010 \\ 0111 & 1101 \\ 1101 & 1110 \end{pmatrix}. \quad \blacktriangleleft$$

Der nächste durchzuführende Schritt ist ein rein spaltenspezifischer Schritt, von den Entwicklern **MixColumn-Transformation** genannt. Er ist vom Verständnis her der wohl schwierigste Schritt, da man hier Polynome über dem Galois-Feld $GF(16)$ betrachtet, d. h. die Koeffizienten dieser Polynome sind nicht mehr aus dem einfachen Körper $\mathbb{Z}_2$ der Ordnung 2, sondern aus dem deutlich komplizierteren Körper $GF(2^4)$ der Ordnung 16 (bei Rijndael aus dem Körper $GF(2^8)$ der Ordnung 256).

Definition 16.5.6 Spaltenspezifischer Schritt

Man interpretiert jede 4-Bit-Matrixkomponente von $X^{(4)}$ spaltenweise als Koeffizient eines Polynoms vom Höchstgrad 3 über $GF(16)$ und multipliziert die so interpretierten Spalten mit einem festen, modular invertierbaren Polynom über $GF(16)$. Dabei ist natürlich die gesamte Multiplikation prinzipiell genauso durchzuführen wie die Multiplikation von Polynomen über $\mathbb{Z}_2$. Insbesondere ist auch hier nach Beendigung der formalen Multiplikation das erhaltene Polynom mittels modulo-Rechnung mit einem geeignet zu wählenden Polynom wieder in den Ausgangspolynomraum zurück zu überführen (man nimmt allerdings in diesem Fall zur Reduktion kein irreduzibles Polynom, sondern das Polynom $X^4 + 1$, welches schnelle Rechenoperationen gestattet und die Existenz eines inversen Polynoms für das speziell gewählte Multiplikationspolynom sicherstellt). Abstrahiert man dieses Vorgehen auf das Wesentliche, so geht es letztlich um die Bestimmung einer regulären Matrix $S \in GF(16)^{4\times4}$ (sowie ihrer inversen Matrix zum Zwecke der Entschlüsselung). Nimmt man als einfaches Beispiel die invertierbare Matrix (nachrechnen!)

$$
S := \begin{pmatrix} 0001 & 1000 & 0000 & 0000 \\ 0000 & 0001 & 1000 & 0000 \\ 0000 & 0000 & 0001 & 1000 \\ 0000 & 0000 & 0000 & 0001 \end{pmatrix},
$$

so erhält man unter Ausnutzung der Rechenregeln in $GF(16)$ die Matrix

$$
X^{(5)} := S \begin{pmatrix} 1101 & 1010 \\ 1001 & 1010 \\ 0111 & 1101 \\ 1101 & 1110 \end{pmatrix} = \begin{pmatrix} 1001 & 0101 \\ 0100 & 1000 \\ 0101 & 0100 \\ 1101 & 1110 \end{pmatrix}. \quad \blacktriangleleft
$$

Der vorletzte Schritt ist ein rein schlüsselspezifischer Schritt, der im Raum der Matrizen $GF(16)^{4\times2}$ abläuft (bei Rijndael im Raum $GF(2^8)^{4\times s_m}$ mit $s_m \in \{4, 6, 8\}$) und naheliegender Weise als **RoundKeyAddition** bezeichnet wird.

Definition 16.5.7 Schlüsselspezifischer Schritt

Auf die Matrix $X^{(5)}$ wird die feste und geheime Schlüsselmatrix K,

$$
K := \begin{pmatrix} 1001 & 0110 \\ 0010 & 1011 \\ 1111 & 0110 \\ 1011 & 0110 \end{pmatrix},
$$

im Sinne einer komponentenweisen Addition im Galois-Feld $GF(16)$ addiert (Inversion?), so dass man die Matrix

$$
X^{(6)} := \begin{pmatrix} 0000 & 0011 \\ 0110 & 0011 \\ 1010 & 0010 \\ 0110 & 1000 \end{pmatrix}
$$

erhält. $\quad \blacktriangleleft$

Der letzte Schritt schließlich überführt die Matrix-Darstellung wieder in die übliche Vektor- bzw. Block-Darstellung (spaltenweise von links nach rechts).

Definition 16.5.8 Finale Block-Bildung

Der endgültige verschlüsselte Nachrichten-Block lautet

$$(c_1, \ldots, c_{32})^T := (00000110101001100011001100101000)^T. \quad \blacktriangleleft$$

Die Entschlüsselung verläuft ganz entsprechend, allerdings in umgekehrter Reihenfolge und unter Anwendung der jeweils inversen Operationen. Im Einzelnen ist wie folgt vorzugehen.

Definition 16.5.9 Initiale Block-Bildung

Man beginnt mit dem verschlüsselten 32-Bit-Block

$$(c_1, \ldots, c_{32})^T = (00000110101001100011001100101000)^T. \quad \blacktriangleleft$$

Dann wird die Matrix-Bildung vorgenommen.

Definition 16.5.10 Matrix-Bildung

Man überführt den 32-Bit-Block in eine Matrix gemäß

$$Y^{(1)} := \begin{pmatrix} 0000 & 0011 \\ 0110 & 0011 \\ 1010 & 0010 \\ 0110 & 1000 \end{pmatrix} \;(= X^{(6)}). \quad \blacktriangleleft$$

Es folgt der schlüsselspezifische Schritt (**RoundKeyAddition**).

Definition 16.5.11 Schlüsselspezifischer Schritt

Auf die Matrix $Y^{(1)}$ wird die feste und geheime Schlüsselmatrix K,

$$K = \begin{pmatrix} 1001 & 0110 \\ 0010 & 1011 \\ 1111 & 0110 \\ 1011 & 0110 \end{pmatrix},$$

im Sinne einer komponentenweisen Addition im Galois-Feld $GF(16)$ addiert, so dass man die Matrix

$$Y^{(2)} := \begin{pmatrix} 1001 & 0101 \\ 0100 & 1000 \\ 0101 & 0100 \\ 1101 & 1110 \end{pmatrix} \quad (= X^{(5)})$$

erhält. ◄

Nun kommt der bekannte spaltenspezifische Schritt (**MixColumn-Transformation**).

Definition 16.5.12 Spaltenspezifischer Schritt

Man bestimmt die inverse Matrix S^{-1} der regulären Matrix

$$S \in GF(16)^{4\times 4}$$

und multipliziert diese von links mit $Y^{(2)}$. Da sich die Inverse von S zu

$$S^{-1} = \begin{pmatrix} 0001 & 1000 & 1100 & 1010 \\ 0000 & 0001 & 1000 & 1100 \\ 0000 & 0000 & 0001 & 1000 \\ 0000 & 0000 & 0000 & 0001 \end{pmatrix}$$

ergibt (nachrechnen!), erhält man so unter Ausnutzung der Rechenregeln in $GF(16)$ die Matrix

$$Y^{(3)} := S^{-1} \begin{pmatrix} 1001 & 0101 \\ 0100 & 1000 \\ 0101 & 0100 \\ 1101 & 1110 \end{pmatrix} = \begin{pmatrix} 1101 & 1010 \\ 1001 & 1010 \\ 0111 & 1101 \\ 1101 & 1110 \end{pmatrix} \quad (= X^{(4)}) . \quad ◄$$

Wir kommen nun zum zeilenspezifischen Schritt (**ShiftRow-Transformation**) sowie den beiden komponentenspezifischen Schritten (**ByteSub-Transformation**).

Definition 16.5.13 Zeilenspezifischer Schritt

Man verschiebt die erste und dritte Zeile von $Y^{(3)}$ gar nicht und die zweite und vierte Zeile jeweils um eine Matrixkomponente nach links. Man erhält so

$$Y^{(4)} := \begin{pmatrix} 1101 & 1010 \\ 1010 & 1001 \\ 0111 & 1101 \\ 1110 & 1101 \end{pmatrix} \quad (= X^{(3)}) . \quad ◄$$

Definition 16.5.14 Erster komponentenspezifischer Schritt

Man wendet auf jede 4-Bit-Komponente $r_3 r_2 r_1 r_0$ der Matrix $Y^{(4)}$ die (zur Verschlüsselungsoperation inverse) affin-lineare Operation

$$\begin{pmatrix} q_3 \\ q_2 \\ q_1 \\ q_0 \end{pmatrix} = \underbrace{\begin{pmatrix} 1 & 0 & 0 & 0 \\ 0 & 0 & 1 & 1 \\ 0 & 1 & 1 & 1 \\ 0 & 1 & 1 & 0 \end{pmatrix}}_{=M^{-1}} \left(\begin{pmatrix} r_3 \\ r_2 \\ r_1 \\ r_0 \end{pmatrix} + \underbrace{\begin{pmatrix} 1 \\ 0 \\ 1 \\ 1 \end{pmatrix}}_{=\vec{t}} \right) \bmod 2$$

an (nachrechnen!). Man erhält so

$$Y^{(5)} := \begin{pmatrix} 0100 & 0110 \\ 0110 & 0111 \\ 1011 & 0100 \\ 0101 & 0100 \end{pmatrix} \; (= X^{(2)}) . \; \blacktriangleleft$$

Definition 16.5.15 Zweiter komponentenspezifischer Schritt

Man interpretiert jede 4-Bit-Matrixkomponente als ein Element q aus $GF(16)$ und ersetzt es durch sein multiplikativ inverses Element $p := q^{-1}$ in $GF(16)$ im Sinne von

$$p_3 p_2 p_1 p_0 \odot q_3 q_2 q_1 q_0 = 0001 .$$

Im Sonderfall, dass q das Nullelement in $GF(16)$ ist und somit kein zugehöriges multiplikativ inverses Element existiert, möge es unverändert übernommen werden. Man erhält so unter Ausnutzung der multiplikativen Verknüpfungstabelle in $GF(16)$ als Ergebnis

$$Y^{(6)} := \begin{pmatrix} 1101 & 0111 \\ 0111 & 0110 \\ 0101 & 1101 \\ 1011 & 1101 \end{pmatrix} \; (= X^{(1)}) . \; \blacktriangleleft$$

Zum Schluss wird wieder der übliche Bit-Block gebildet.

Definition 16.5.16 Finale Block-Bildung

Man überführt die Matrix in Vektor-Notation und erhält so den endgültigen entschlüsselten Nachrichten-Block als

$$(11010111010110110111011011011101)^T = (m_1, \ldots, m_{32})^T . \; \blacktriangleleft$$

Damit ist nun eine komplette, prototypische Ver- und Entschlüsselungsrunde des Rijndael-Verfahrens durchgespielt worden. Entscheidend ist dabei wieder, dass alle auftauchenden Funktionen bijektiv bzw. mindestens injektiv sind und somit in eindeutiger Weise invertiert werden können. Ferner sind alle Funktionen fest vereinbart und beide Kommunikationspartner wählen lediglich den geheimen Schlüssel für den schlüsselspezifischen Schritt. Zusammenfassend wird dies nochmals in der folgenden Definition festgehalten.

Definition 16.5.17 Grundfunktionalität des Rijndael-Verfahrens

Das **Rijndael-Verfahren** ist ein symmetrisches Verfahren zum Ver- und Entschlüsseln einer geheimen Nachricht $\vec{m} \in \mathbb{Z}_2^n$ für $n = 128$, $n = 192$ oder $n = 256$. Es ist in seiner prinzipiellen Funktionsweise bezogen auf eine Ver- und Entschlüsselungsrunde gegeben durch die mit Hilfe der initialen Block-Bildung, der Matrix-Bildung, zweier spezieller komponentenspezifischer Schritte, eines zeilenspezifischen Schritts, eines spaltenspezifischen Schritts, eines schlüsselspezifischen Schritts sowie einer finalen Block-Bildung definierte **Rijndael-Verschlüsselungsfunktion** RD,

$$RD: \qquad \mathbb{Z}_2^n \to \mathbb{Z}_2^n, \qquad (m_1 \ldots, m_n)^T \mapsto RD(m_1, \ldots, m_n),$$

sowie durch die entsprechende inverse Funktion, die sogenannte **Rijndael-Entschlüsselungsfunktion** RD^{-1},

$$RD^{-1}: \qquad \mathbb{Z}_2^n \to \mathbb{Z}_2^n, \qquad (c_1, \ldots, c_n)^T \mapsto RD^{-1}(c_1, \ldots, c_n).$$

Insgesamt ergibt sich also das folgende schematische Vorgehen:

Problem: Alice möchte geheime Nachricht $\vec{m} \in \mathbb{Z}_2^n$ von Bob empfangen

Geheim: Alice und Bob wählen geheimen Schlüssel $\vec{k} \in \mathbb{Z}_2^n$

Bob: Wählt Nachricht $\vec{m} \in \mathbb{Z}_2^n$ und sendet $\vec{c} = RD(\vec{m})$

Alice: Berechnet Nachricht $\vec{m} = RD^{-1}(\vec{c})$

Der prinzipielle Ablauf des Rijndael-Verfahrens, genauer einer Ver- und Entschlüsselungsrunde des Verfahrens, ist nochmals zusammenfassend in Abb. 16.3 skizziert. ◄

▶ **Bemerkung 16.5.18 Sicherheit des Rijndael-Verfahrens** Das Verfahren ist gegenwärtig, insbesondere in der 256 Bit-Block-Variante für die Schlüssellänge, als sicher anzusehen, falls der Schlüssel hinreichend zufällig ist und geheim gehalten werden kann. Eine Schwachstelle des Verfahrens ist natürlich, wie bei jedem symmetrischen Verfahren, dass die Kommunikationspartner irgendwie den geheimen Schlüssel vereinbaren müssen. An dieser Stelle kommen dann wieder Schlüsseltausch-Verfahren wie das Diffie-Hellman-Verfahren oder aber asymmetrische Verfahren wie RSA ins Spiel.

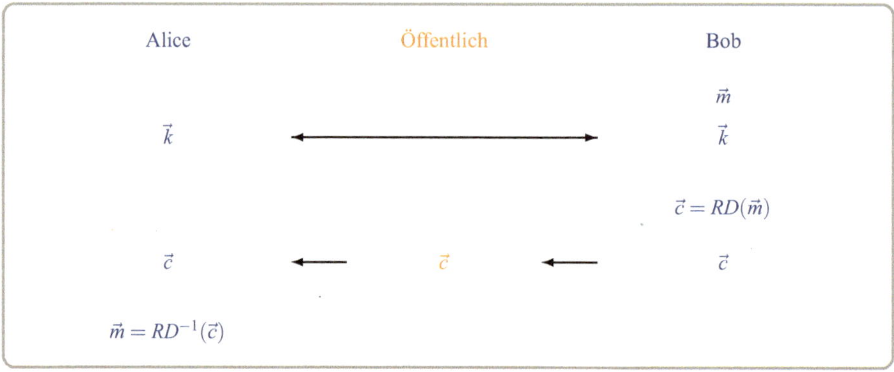

Abb. 16.3 Rijndael-Verfahren

In der Praxis des Rijndael-Verfahrens werden mehrere Ver- und Entschlüsselungsrunden des oben skizzierten Typs durchlaufen und durch zusätzliche Symmetrisierungsmaß-nahmen dafür gesorgt, dass die Ver- und Entschlüsselungsrunden ähnlich strukturiert sind. Desweiteren wird in jeder Runde aus dem ursprünglichen Schlüssel nach einer fest vorgegebenen Vorschrift ein sogenannter Rundenschlüssel berechnet und schließ-lich wird auch noch zugelassen, dass die Bit-Länge der Nachricht und des primären Schlüssels verschieden sein dürfen (wahlweise 128, 192 oder 256 Bit). Die genaue An-zahl der Verschlüsselungsrunden in Abhängigkeit von der Anzahl der Spalten s_m der $(4 \times s_m)$-Nachrichtenmatrix und der Anzahl der Spalten s_k der $(4 \times s_k)$-Schlüsselmatrix ergeben sich aus folgender Tabelle, wobei noch zu beachten ist, dass hier jeder Matrix-Eintrag ein 8-Bit-Wort (1 Byte) ist und nicht, wie im oben durchgespielten prototypischen Beispiel einer Verschlüsselungsrunde, ein 4-Bit-Wort.

Schlüsselrunden	$s_m = 4$	$(s_m = 6)$	$(s_m = 8)$
$s_k = 4$	10	(12)	(14)
$s_k = 6$	12	(12)	(14)
$s_k = 8$	14	(14)	(14)

Die in der obigen Tabelle nicht geklammerten Angaben geben genau die speziellen Vor-einstellungen des Rijndael-Verfahrens wieder, die als AES-Verfahren bezeichnet werden und als solches standardisiert wurden. In genau diesem Sinne realisiert das AES-Verfahren einen Teil der Funktionalität des Rijndael-Verfahrens und beschränkt sich insbesondere auf den Spezialfall von Nachrichten-Blöcken von 128 Bit Länge (weitere Details, sowohl zu Rijndael als auch zu AES, findet man z. B. in [3, 4, 6, 7]). Diejenigen, die in besonde-rer Tiefe in die Konstruktion und das Design des Algorithmus einsteigen möchten, seien schließlich auf das Buch [1] der beiden Entwickler hingewiesen.

16.6 Aufgaben mit Lösungen

Aufgabe 16.6.1 *Machen Sie sich für den ersten komponentenspezifischen Schritt der Rijndael-Verschlüsselung erneut klar, dass man z. B. das multiplikativ inverse Element $p^{-1} \in GF(16)$ von $p := 1101 \in GF(16)$ auch ohne Zugriff auf eine bereits vorhandene Multiplikationstabelle mit einem angepassten erweiterten Euklidischen Algorithmus auf $GF(16)$ schnell berechnen kann.*

Lösung der Aufgabe In dualer Terminologie ergibt sich das Ergebnis für p^{-1} mit dem bekannten irreduziblen Element $i = 10011$ wie folgt:

$$
\begin{array}{ccc}
10011 & 1101 & 1001 \\
\oplus\, 11010 \quad \nearrow & \oplus\ \ 1001 \quad \nearrow & \oplus\ \ 1000 \\
\hline
\cancel{0}1001 \quad \nearrow & \cancel{0}100 \quad \nearrow & \cancel{0}\cancel{0}\cancel{0}1 \\
\\
m_1 := 10 & m_2 := 1 & m_3 := 10
\end{array}
$$

Setzt man nun noch $m_0 := 1$, dann ergibt sich mit dem aus dem Kapitel über spezielle Galois-Felder $GF(2^n)$ bekannten rekursiven Algorithmus das gesuchte inverse Element p^{-1} zu:

$$
q_0 := 1 \,, \quad q_1 := 10 \,, \quad q_2 := 1 \cdot 10 \oplus 1 = 11 \,,
$$
$$
q_3 := 10 \cdot 11 \oplus 10 = 100 \,.
$$

Also erhält man $p^{-1} = q_3 = 0100$.

Aufgabe 16.6.2 *Berechnen Sie die inverse Matrix M^{-1} zu der im Rahmen des zweiten komponentenspezifischen Schritts der Rijndael-Verschlüsselung gegebenen Matrix $M \in \mathbb{Z}_2^{4\times 4}$. Benutzen Sie dazu den vollständigen Gaußschen Algorithmus zur Inversion einer Matrix.*

Lösung der Aufgabe Die zugehörige inverse Matrix lässt sich mit dem vollständigen Gaußschen Algorithmus berechnen gemäß

$$
\begin{array}{cccc|cccc l}
1 & 0 & 0 & 0 & 1 & 0 & 0 & 0 & \\
0 & 1 & 1 & 0 & 0 & 1 & 0 & 0 & \odot 1 \\
0 & 1 & 1 & 1 & 0 & 0 & 1 & 0 & \leftarrow \oplus \\
0 & 0 & 1 & 1 & 0 & 0 & 0 & 1 & \\
\hline
1 & 0 & 0 & 0 & 1 & 0 & 0 & 0 & \\
0 & 1 & 1 & 0 & 0 & 1 & 0 & 0 & \\
0 & 0 & 0 & 1 & 0 & 1 & 1 & 0 & \leftarrow \\
0 & 0 & 1 & 1 & 0 & 0 & 0 & 1 & \leftarrow
\end{array}
$$

$$
\begin{array}{cccc|cccc}
1 & 0 & 0 & 0 & 1 & 0 & 0 & 0 \\
0 & 1 & 1 & 0 & 0 & 1 & 0 & 0 \\
0 & 0 & 1 & 1 & 0 & 0 & 0 & 1 \\
0 & 0 & 0 & 1 & 0 & 1 & 1 & 0
\end{array}
\quad
\begin{array}{l}
\\ \\ \leftarrow \oplus \\ \odot 1
\end{array}
$$

$$
\begin{array}{cccc|cccc}
1 & 0 & 0 & 0 & 1 & 0 & 0 & 0 \\
0 & 1 & 1 & 0 & 0 & 1 & 0 & 0 \\
0 & 0 & 1 & 0 & 0 & 1 & 1 & 1 \\
0 & 0 & 0 & 1 & 0 & 1 & 1 & 0
\end{array}
\quad
\begin{array}{l}
\\ \leftarrow \oplus \\ \odot 1 \\
\end{array}
$$

$$
\begin{array}{cccc|cccc}
1 & 0 & 0 & 0 & 1 & 0 & 0 & 0 \\
0 & 1 & 0 & 0 & 0 & 0 & 1 & 1 \\
0 & 0 & 1 & 0 & 0 & 1 & 1 & 1 \\
0 & 0 & 0 & 1 & 0 & 1 & 1 & 0
\end{array}
$$

Aus dem obigen Endschema liest man die Inverse von M direkt auf der rechten Seite ab als

$$
M^{-1} = \begin{pmatrix}
1 & 0 & 0 & 0 \\
0 & 0 & 1 & 1 \\
0 & 1 & 1 & 1 \\
0 & 1 & 1 & 0
\end{pmatrix}.
$$

Aufgabe 16.6.3 *Berechnen Sie die inverse Matrix S^{-1} zu der im Rahmen des spaltenspezifischen Schritts der Rijndael-Verschlüsselung gegebenen Matrix $S \in GF(16)^{4 \times 4}$. Benutzen Sie dazu den vollständigen Gaußschen Algorithmus zur Inversion einer Matrix.*

Lösung der Aufgabe Die zugehörige inverse Matrix lässt sich mit dem vollständigen Gaußschen Algorithmus berechnen gemäß

$$
\begin{array}{cccc|cccc}
0001 & 1000 & 0000 & 0000 & 0001 & 0000 & 0000 & 0000 \\
0000 & 0001 & 1000 & 0000 & 0000 & 0001 & 0000 & 0000 \\
0000 & 0000 & 0001 & 1000 & 0000 & 0000 & 0001 & 0000 \\
0000 & 0000 & 0000 & 0001 & 0000 & 0000 & 0000 & 0001
\end{array}
\quad
\begin{array}{l}
\\ \\ \leftarrow \oplus \\ \odot 1000
\end{array}
$$

$$
\begin{array}{cccc|cccc}
0001 & 1000 & 0000 & 0000 & 0001 & 0000 & 0000 & 0000 \\
0000 & 0001 & 1000 & 0000 & 0000 & 0001 & 0000 & 0000 \\
0000 & 0000 & 0001 & 0000 & 0000 & 0000 & 0001 & 1000 \\
0000 & 0000 & 0000 & 0001 & 0000 & 0000 & 0000 & 0001
\end{array}
\quad
\begin{array}{l}
\\ \leftarrow \oplus \\ \odot 1000 \\
\end{array}
$$

$$
\begin{array}{cccccccc}
0001 & 1000 & 0000 & 0000 & 0001 & 0000 & 0000 & 0000 \\
0000 & 0001 & 0000 & 0000 & 0000 & 0001 & 1000 & 1100 \\
0000 & 0000 & 0001 & 0000 & 0000 & 0000 & 0001 & 1000 \\
0000 & 0000 & 0000 & 0001 & 0000 & 0000 & 0000 & 0001 \\
\hline
0001 & 0000 & 0000 & 0000 & 0001 & 1000 & 1100 & 1010 \\
0000 & 0001 & 0000 & 0000 & 0000 & 0001 & 1000 & 1100 \\
0000 & 0000 & 0001 & 0000 & 0000 & 0000 & 0001 & 1000 \\
0000 & 0000 & 0000 & 0001 & 0000 & 0000 & 0000 & 0001
\end{array}
\qquad
\begin{array}{l}
\leftarrow \oplus \\
\odot 1000
\end{array}
$$

Aus dem obigen Endschema liest man die Inverse von S direkt auf der rechten Seite ab als

$$
S^{-1} = \begin{pmatrix}
0001 & 1000 & 1100 & 1010 \\
0000 & 0001 & 1000 & 1100 \\
0000 & 0000 & 0001 & 1000 \\
0000 & 0000 & 0000 & 0001
\end{pmatrix}.
$$

Aufgabe 16.6.4 *Rechnen Sie die Multiplikation der Matrix S mit der im Rahmen des spaltenspezifischen Schritts der Rijndael-Verschlüsselung gegebenen Matrix $X^{(4)} \in GF(16)^{4\times 2}$ zur Bestimmung der Matrix $X^{(5)} \in GF(16)^{4\times 2}$ nach.*

Lösung der Aufgabe Die Lösung ergibt sich mit den Rechenregeln in $GF(16)$ gemäß

$$
X^{(5)} = S \begin{pmatrix}
1101 & 1010 \\
1001 & 1010 \\
0111 & 1101 \\
1101 & 1110
\end{pmatrix} = \begin{pmatrix}
0001 & 1000 & 0000 & 0000 \\
0000 & 0001 & 1000 & 0000 \\
0000 & 0000 & 0001 & 1000 \\
0000 & 0000 & 0000 & 0001
\end{pmatrix} \begin{pmatrix}
1101 & 1010 \\
1001 & 1010 \\
0111 & 1101 \\
1101 & 1110
\end{pmatrix}
$$

$$
= \begin{pmatrix}
1101 \oplus (1000 \odot 1001) & 1010 \oplus (1000 \odot 1010) \\
1001 \oplus (1000 \odot 0111) & 1010 \oplus (1000 \odot 1101) \\
0111 \oplus (1000 \odot 1101) & 1101 \oplus (1000 \odot 1110) \\
1101 & 1110
\end{pmatrix}
$$

$$
= \begin{pmatrix}
1101 \oplus 0100 & 1010 \oplus 1111 \\
1001 \oplus 1101 & 1010 \oplus 0010 \\
0111 \oplus 0010 & 1101 \oplus 1001 \\
1101 & 1110
\end{pmatrix} = \begin{pmatrix}
1001 & 0101 \\
0100 & 1000 \\
0101 & 0100 \\
1101 & 1110
\end{pmatrix}.
$$

Aufgabe 16.6.5 *Rechnen Sie die Multiplikation der Matrix S^{-1} mit der im Rahmen des spaltenspezifischen Schritts der Rijndael-Entschlüsselung gegebenen Matrix $Y^{(2)} \in GF(16)^{4\times 2}$ zur Bestimmung der Matrix $Y^{(3)} \in GF(16)^{4\times 2}$ nach.*

Lösung der Aufgabe Die Lösung ergibt sich mit den Rechenregeln in $GF(16)$ gemäß

$$Y^{(3)} = S^{-1} \begin{pmatrix} 1001 & 0101 \\ 0100 & 1000 \\ 0101 & 0100 \\ 1101 & 1110 \end{pmatrix} = \begin{pmatrix} 0001 & 1000 & 1100 & 1010 \\ 0000 & 0001 & 1000 & 1100 \\ 0000 & 0000 & 0001 & 1000 \\ 0000 & 0000 & 0000 & 0001 \end{pmatrix} \begin{pmatrix} 1001 & 0101 \\ 0100 & 1000 \\ 0101 & 0100 \\ 1101 & 1110 \end{pmatrix}$$

$$= \begin{pmatrix} 1001 \oplus 0110 \oplus 1001 \oplus 1011 & 0101 \oplus 1100 \oplus 0101 \oplus 0110 \\ 0100 \oplus 1110 \oplus 0011 & 1000 \oplus 0110 \oplus 0100 \\ 0101 \oplus 0010 & 0100 \oplus 1001 \\ 1101 & 1110 \end{pmatrix}$$

$$= \begin{pmatrix} 1101 & 1010 \\ 1001 & 1010 \\ 0111 & 1101 \\ 1101 & 1110 \end{pmatrix}.$$

Selbsttest 16.6.6 Welche Aussagen über das Rijndael-Verfahren sind wahr?

?+? Das Rijndael-Verfahren ist ein symmetrisches Verschlüsselungsverfahren.

?+? AES ist eigentlich eine Bezeichnung für einen Standard, der auf dem Rijndael-Verfahren beruht.

?−? Das Rijndael-Verfahren arbeitet prinzipiell nur im Restklassenkörper $\mathbb{Z}_2$.

?−? Das Rijndael-Verfahren nutzt eine Folgerung aus dem Satz von Fermat und Euler aus.

?+? Das Rijndael-Verfahren wechselt von einer rein Block-orientierten auf eine Matrix-orientierte Sicht.

16.7 Anwendungs- und Sicherheitsaspekte symmetrischer Verfahren

Der Einsatz von symmetrischen Verschlüsselungsverfahren geschieht im Allgemeinen in einer **hybriden Umgebung**, d. h. in einem Umfeld, in dem sowohl symmetrische als auch asymmetrische Verschlüsselungstechniken benutzt werden. Dabei werden die Vorteile der beiden Verschlüsselungsmethoden kombiniert: Geschwindigkeit bei der symmetrischen Verschlüsselung und hohe Sicherheit bei der asymmetrischen Verschlüsselung. Die Verschlüsselung der eigentlichen Daten erfolgt mittels symmetrischer Verschlüsselung. Allerdings wird für jede Datenübertragung oder zu verschlüsselnde Datei ein eigener Schlüssel generiert, der sogenannte **Sitzungsschlüssel (session key)**, der dann mittels asymmetrischer Techniken verschlüsselt wird und dem Kommunikationspartner übermittelt bzw. der symmetrisch verschlüsselten Information angehangen wird. Da es sich bei einem Schlüssel nur um sehr wenige Daten handelt, fällt hier der Nachteil der langsamen asymme-

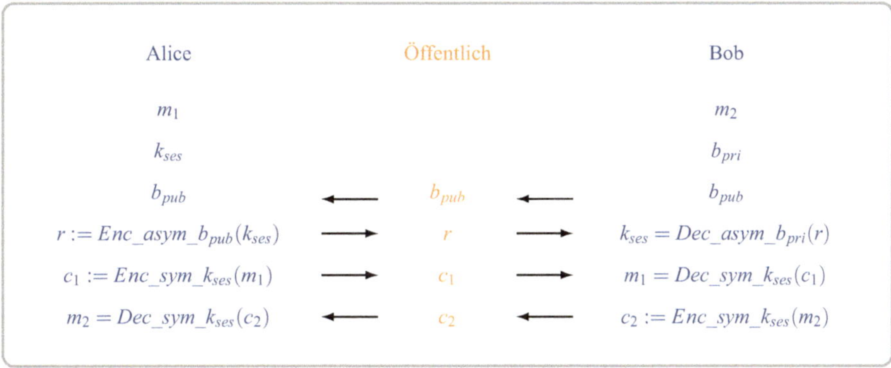

Abb. 16.4 Hybrides Protokoll

trischen Verschlüsselung praktisch nicht ins Gewicht. Die großen Datenmengen werden dann mittels Sitzungsschlüssel symmetrisch verschlüsselt (Details siehe Abb. 16.4).

Literatur

1. Daemen, J., Rijmen, V.: The Design of Rijndael: AES – The Advanced Encryption Standard. Springer, Berlin, Heidelberg (2002)
2. Bauer, F.L.: Entzifferte Geheimnisse, Methoden und Maximen der Kryptologie, 3. Aufl. Springer, Berlin, Heidelberg, New York (2000)
3. Buchmann, J.: Einführung in die Kryptographie, 6. Aufl. Springer, Berlin, Heidelberg (2016)
4. Delfs, H., Knebl, H.: Introduction to Cryptography: Principles and Applications, 3. Aufl. Springer, Berlin, Heidelberg (2015)
5. Eckert, C.: IT-Sicherheit: Konzepte–Verfahren–Protokolle, 10. Aufl. Walter de Gruyter, Berlin, Boston (2018)
6. Paar, C., Pelzl, J.: Kryptografie verständlich. Springer Vieweg, Berlin, Heidelberg (2016)
7. Wätjen, D.: Kryptographie, 3. Aufl. Springer Vieweg, Wiesbaden (2018)

In den letzten Jahren spielen Verschlüsselungsverfahren eine zunehmend wichtige Rolle, die auf sogenannten **elliptischen Kurven** beruhen (*Elliptic Curve Cryptosystems*, kurz: **ECC**). Der Mehrwert dieser ergänzenden Verschlüsselungstechnik liegt im Wesentlichen darin, dass man in vielen Fällen gleiche theoretische Sicherheit bei signifikant kürzerer Schlüssellänge erhält und damit zu Performance- und Ressourcen-Vorteilen kommt. Erstmals aufgetaucht sind Ideen dieses Typs gegen Mitte der achtziger Jahre des letzten Jahrhunderts in Arbeiten von Neal Koblitz und Victor S. Miller (vgl. z. B. [1, 2]). Im Folgenden wird lediglich die prinzipielle Idee dieses Zugangs skizziert, ohne jedoch auf die mathematischen Details, insbesondere die Beweise, einzugehen. Diese und vieles mehr findet man außer in den oben genannten Büchern auch im Lehrbuch [3].

Es sei $(\mathbf{K}, \oplus, \odot)$ ein beliebiger Körper mit 0 als neutralem Element der Addition und 1 als neutralem Element der Multiplikation. Unter der **Charakteristik eines Körpers K** (kurz: char **K**) versteht man die minimale Anzahl von Additionen von 1 mit sich selbst bis zur Erreichung von 0. Kann man 1 beliebig oft auf sich selbst addieren, ohne 0 zu erreichen, dann sagt man, **K** habe die Charakteristik 0. Die präzise Definition lautet wie folgt.

Definition 17.0.1 Charakteristik eines Körpers

Es sei $(\mathbf{K}, \oplus, \odot)$ ein beliebiger Körper. Falls es ein $r \in \mathbb{N}^*$ gibt mit $r1 = 0$, dann definiert man

$$\operatorname{char} \mathbf{K} := \min\{r \in \mathbb{N}^* \mid r1 = 0\} \, .$$

Falls für alle $r \in \mathbb{N}^*$ stets $r1 \neq 0$ gilt, dann definiert man

$$\operatorname{char} \mathbf{K} := 0 \, .$$

Die Größe char **K** wird als **Charakteristik des Körpers K** bezeichnet. ◄

Elektronisches Zusatzmaterial Die elektronische Version dieses Kapitels enthält Zusatzmaterial, das berechtigten Benutzern zur Verfügung steht https://doi.org/10.1007/978-3-658-30028-9_1.

Beispiel 17.0.2

Für einige ausgewählte Körper ergeben sich die folgenden Charakteristiken:

- $\operatorname{char} \mathbb{Z}_5 = 5$, denn $1 + 1 + 1 + 1 + 1 \equiv 0 \bmod 5$.
- $\operatorname{char} \mathbb{Z}_p = p$ für alle Primzahlen $p \in \mathbb{N}^*$.
- $\operatorname{char} \mathbb{Q} = 0$ und $\operatorname{char} \mathbb{R} = 0$, denn die Addition von 1-en ergibt nie 0.
- $\operatorname{char} GF(16) = 2$, denn $0001 \oplus 0001 = 0000$.
- $\operatorname{char} GF(2^n) = 2$ für alle Zahlen $n \in \mathbb{N}^*$.

17.1　Elliptische Kurven (char K > 3)

Ab jetzt sei $\mathbf{K}$ stets ein Körper mit $\operatorname{char} \mathbf{K} > 3$, also zum Beispiel $\mathbb{Z}_p$ für irgendeine Primzahl $p \in \mathbb{N}^*$ mit $p > 3$. Im Folgenden werden **elliptische Kurven über einem Körper mit** $\operatorname{char} \mathbf{K} > 3$ im Detail betrachtet. Die Einführung elliptischer Kurven über Körpern der Charakteristik 2 geschieht später. Elliptische Kurven über Körpern der Charakteristik 3 werden nicht weiter betrachtet.

Definition 17.1.1 Elliptische Kurve über K (char K > 3)

Es sei $(\mathbf{K}, \oplus, \odot)$ ein Körper mit $\operatorname{char} \mathbf{K} > 3$. Ferner seien $\alpha, \beta \in \mathbf{K}$ mit $4\alpha^3 \oplus 27\beta^2 \neq 0$ gegeben. Dann heißt $E_{\alpha,\beta}(\mathbf{K})$,

$$E_{\alpha,\beta}(\mathbf{K}) := \{(x, y) \in \mathbf{K} \times \mathbf{K} \mid y^2 = x^3 \oplus \alpha \odot x \oplus \beta\} \cup \{\mathcal{O}\},$$

elliptische Kurve über K. Alle Tupel $(x, y) \in E_{\alpha,\beta}(\mathbf{K})$ sowie das spezielle sogenannte Nullelement $\mathcal{O} \in E_{\alpha,\beta}(\mathbf{K})$ heißen **Punkte der elliptischen Kurve** $E_{\alpha,\beta}(\mathbf{K})$ und die Anzahl aller Punkte wird **Ordnung (Kardinalität) der elliptischen Kurve** $E_{\alpha,\beta}(\mathbf{K})$ genannt, kurz $|E_{\alpha,\beta}(\mathbf{K})|$. ◄

Beispiel 17.1.2

Für $\mathbf{K} := \mathbb{Z}_5$, $\alpha := 2$ und $\beta := 1$ sind zunächst wegen $\operatorname{char} \mathbf{K} > 3$ und $4\alpha^3 \oplus 27\beta^2 \neq 0$ die Voraussetzungen zur Definition der entsprechenden elliptischen Kurve erfüllt. Gemäß der allgemeinen Definition ergibt sich für $E_{2,1}(\mathbb{Z}_5)$ dann

$$E_{2,1}(\mathbb{Z}_5) := \{(x, y) \in \mathbb{Z}_5 \times \mathbb{Z}_5 \mid y^2 = x^3 \oplus 2 \odot x \oplus 1\} \cup \{\mathcal{O}\}.$$

Ein einfaches Durchtesten aller Tupel $(x, y) \in \mathbb{Z}_5 \times \mathbb{Z}_5$ liefert dann neben dem obligatorischen Punkt $\mathcal{O}$ die Punkte $(0, 1)$, $(0, 4)$, $(1, 2)$, $(1, 3)$, $(3, 2)$ und $(3, 3)$.

Abb. 17.1 Elliptische Kurve $E_{2,1}(\mathbb{Z}_5)$

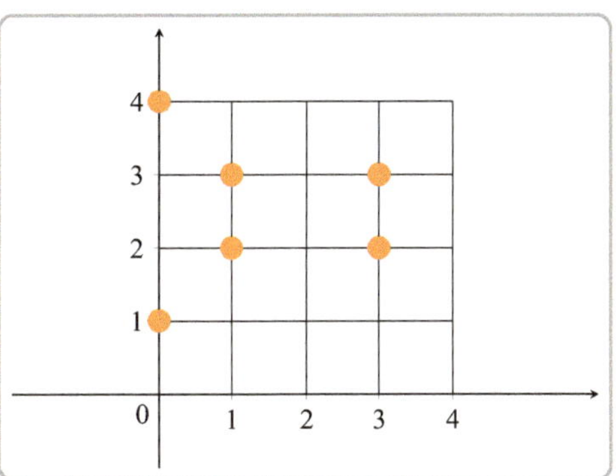

Also lautet die elliptische Kurve explizit

$$E_{2,1}(\mathbb{Z}_5) = \{\mathcal{O}, (0, 1), (0, 4), (1, 2), (1, 3), (3, 2), (3, 3)\} \,.$$

Man kann sich die Punkte dieser elliptischen Kurve gemäß Abb. 17.1 visualisieren, wobei man sich den Punkt $\mathcal{O}$ als im Unendlichen liegend vorstellen sollte.

▶ **Bemerkung 17.1.3 Motivation für Namensgebung** Es überrascht, dass eine endliche Menge von Punkten als **Kurve** bezeichnet wird. Dies hat historische Gründe und ist darauf zurückzuführen, dass z. B. die Visualisierung der Lösungsmengen elliptischer Gleichungen über $\mathbb{R}$ in der Tat Kurven im bekannten Sinne ergeben. Für die Lösungsmengen elliptischer Gleichungen über endlichen Körpern wurde diese Bezeichnung dann einfach übernommen.

Auf einer elliptischen Kurve $E_{\alpha,\beta}(\mathbf{K})$ lässt sich nun eine Operation $\boxplus$ erklären, die $E_{\alpha,\beta}(\mathbf{K})$ zu einer **kommutativen Gruppe** macht. Konkret wird die neue Operation $\boxplus$ wie folgt definiert:

- Für alle $(x, y) \in E_{\alpha,\beta}(\mathbf{K})$ und $\mathcal{O} \in E_{\alpha,\beta}(\mathbf{K})$ definiert man

$$\mathcal{O} \boxplus \mathcal{O} := \mathcal{O} \,, \qquad\qquad (x, y) \boxplus \mathcal{O} := (x, y) \,,$$
$$\mathcal{O} \boxplus (x, y) := (x, y) \,, \qquad\qquad (x, y) \boxplus (x, -y) := \mathcal{O} \,.$$

- Für alle $(x, y) \in E_{\alpha,\beta}(\mathbf{K})$ mit $y \neq 0$ definiert man

$$(x, y) \boxplus (x, y) := \left(\underbrace{\left(\frac{3x^2 \oplus \alpha}{2y} \right)^2 \ominus 2x}_{=:\lambda}, \left(\frac{3x^2 \oplus \alpha}{2y} \right) \odot (x \ominus \lambda) \ominus y \right).$$

- Für alle $(x_1, y_1), (x_2, y_2) \in E_{\alpha,\beta}(\mathbf{K})$ mit $x_1 \neq x_2$ definiert man

$$(x_1, y_1) \boxplus (x_2, y_2) := \left(\underbrace{\left(\frac{y_2 \ominus y_1}{x_2 \ominus x_1} \right)^2 \ominus x_1 \ominus x_2}_{=:\mu}, \left(\frac{y_2 \ominus y_1}{x_2 \ominus x_1} \right) \odot (x_1 \ominus \mu) \ominus y_1 \right).$$

Offenbar ist $\mathcal{O}$ also das neutrale Element dieser neuen Verknüpfung $\boxplus$ und zu

$$(x, y) \in E_{\alpha,\beta}(\mathbf{K})$$

ist stets

$$(x, -y) \in E_{\alpha,\beta}(\mathbf{K})$$

das jeweils inverse Element. Auch die Gültigkeit der übrigen Gesetze für kommutative Gruppen (Kommutativität, Assoziativität) lassen sich explizit nachweisen, wobei hier jedoch darauf verzichtet werden soll.

Beispiel 17.1.4

Für $\mathbf{K} := \mathbb{Z}_5$, $\alpha := 2$ und $\beta := 1$ ist die zugehörige elliptische Kurve bereits bekannt, nämlich

$$E_{2,1}(\mathbb{Z}_5) = \{ \mathcal{O}, (0,1), (0,4), (1,2), (1,3), (3,2), (3,3) \}.$$

Auf dieser Menge wird nun mit der gerade eingeführten Operation $\boxplus$ eine kommutative Gruppe etabliert. Konkret ergibt sich zum Beispiel für die Verknüpfung von $(1,2) \in E_{2,1}(\mathbb{Z}_5)$ mit sich selbst die Identität

$$(1,2) \boxplus (1,2) = \left(\underbrace{\left(\frac{3 \cdot 1^2 \oplus 2}{2 \cdot 2} \right)^2 \ominus 2 \cdot 1}_{\lambda}, \left(\frac{3 \cdot 1^2 \oplus 2}{2 \cdot 2} \right) \odot (1 \ominus \lambda) \ominus 2 \right)$$

$$= \left(\underbrace{\left(\frac{0}{4} \right)^2 \ominus 2}_{\lambda}, \left(\frac{0}{4} \right) \odot (1 \ominus \lambda) \oplus 3 \right)$$

$$= \left(\underbrace{0 \oplus 3}_{\lambda}, 0 \odot (1 \ominus \lambda) \oplus 3 \right) = (3,3)$$

oder für die Verknüpfung von $(0,1) \in E_{2,1}(\mathbb{Z}_5)$ mit $(3,2) \in E_{2,1}(\mathbb{Z}_5)$ die Beziehung

$$(0,1) \boxplus (3,2) = \left(\underbrace{\left(\frac{2 \ominus 1}{3 \ominus 0} \right)^2 \ominus 0 \ominus 3}_{\mu}, \left(\frac{2 \ominus 1}{3 \ominus 0} \right) \odot (0 \ominus \mu) \ominus 1 \right)$$

$$= \left(\underbrace{\left(\frac{1}{3} \right)^2 \oplus 2}_{\mu}, \left(\frac{1}{3} \right) \odot -\mu \oplus 4 \right)$$

$$= \left(\underbrace{(1 \odot 2)^2 \oplus 2}_{\mu}, (1 \odot 2) \odot -\mu \oplus 4 \right) = (1, 2 \odot -1 \oplus 4)$$

$$= (1, 2 \odot 4 \oplus 4) = (1,2) \ .$$

Man erhält auf diese Weise Schritt für Schritt die bewusst noch nicht ganz vollständig angegebene Verknüpfungstabelle für $E_{2,1}(\mathbb{Z}_5)$ mit der Operation $\boxplus$:

$\boxplus$	$\mathcal{O}$	$(0,1)$	$(0,4)$	$(1,2)$	$(1,3)$	$(3,2)$	$(3,3)$
$\mathcal{O}$	$\mathcal{O}$	$(0,1)$	$(0,4)$	$(1,2)$	$(1,3)$	$(3,2)$	$(3,3)$
$(0,1)$	$(0,1)$	$(1,3)$	$\mathcal{O}$	$(0,4)$	$(3,3)$	$(1,2)$	$(3,2)$
$(0,4)$	$(0,4)$	$\mathcal{O}$	$(1,2)$	$(3,2)$			
$(1,2)$	$(1,2)$	$(0,4)$	$(3,2)$	$(3,3)$	$\mathcal{O}$	$(1,3)$	$(0,1)$
$(1,3)$	$(1,3)$	$(3,3)$		$\mathcal{O}$	$(3,2)$	$(0,4)$	
$(3,2)$	$(3,2)$	$(1,2)$		$(1,3)$	$(0,4)$		$\mathcal{O}$
$(3,3)$	$(3,3)$	$(3,2)$		$(0,1)$		$\mathcal{O}$	$(0,4)$

▶ **Bemerkung 17.1.5 Geometrische Interpretation von $\boxplus$** Man kann die Addition von Punkten einer elliptischen Kurve auch geometrisch interpretieren. Da dies für eine Implementierung aber nicht relevant ist, wird an dieser Stelle auf eine entsprechende Erklärung verzichtet. Details zu diesem Aspekt elliptischer Kurven findet man z. B. in [4].

Beispiel 17.1.6

Man betrachte die elliptische Kurve $E_{\alpha,\beta}(\mathbb{Z}_{11})$ mit $\alpha := 3$ und $\beta := 3$, wobei man sich zunächst klar machen sollte, dass wegen char $\mathbb{Z}_{11} > 3$ und $4\alpha^3 \oplus 27\beta^2 \neq 0$ die notwendigen Voraussetzungen erfüllt sind. Gemäß der allgemeinen Definition ergibt sich also für $E_{3,3}(\mathbb{Z}_{11})$ die Menge

$$E_{3,3}(\mathbb{Z}_{11}) = \{(x,y) \in \mathbb{Z}_{11} \times \mathbb{Z}_{11} \mid y^2 = x^3 \oplus 3 \odot x \oplus 3\} \cup \{\mathcal{O}\} \,.$$

Ein einfaches Durchtesten aller Tupel $(x,y) \in \mathbb{Z}_{11} \times \mathbb{Z}_{11}$ liefert dann neben dem obligatorischen Punkt $\mathcal{O}$ die Punkte $(0,5)$, $(0,6)$, $(7,2)$, $(7,9)$, $(5,0)$, $(8,0)$ und $(9,0)$. Also lautet die elliptische Kurve explizit

$$E_{3,3}(\mathbb{Z}_{11}) = \{\mathcal{O}, (0,5), (0,6), (7,2), (7,9), (5,0), (8,0), (9,0)\} \,.$$

Man kann sich die Punkte der elliptischen Kurve wieder gemäß Abb. 17.2 visualisieren, wobei man sich den Punkt $\mathcal{O}$ als im Unendlichen liegend vorstellen sollte.

Auf dieser Menge wird nun wieder die Operation $\boxplus$ eingeführt. Konkret ergibt sich zum Beispiel für die Verknüpfung von $(7,2) \in E_{3,3}(\mathbb{Z}_{11})$ mit sich selbst die Identität

$$(7,2) \boxplus (7,2) = \left(\underbrace{\left(\frac{3 \cdot 7^2 \oplus 3}{2 \cdot 2} \right)^2}_{\lambda} \ominus 2 \cdot 7, \left(\frac{3 \cdot 7^2 \oplus 3}{2 \cdot 2} \right) \odot (7 \ominus \lambda) \ominus 2 \right)$$

$$= \left(\underbrace{\left(\frac{7}{4} \right)^2}_{\lambda} \ominus 3, \left(\frac{7}{4} \right) \odot (7 \ominus \lambda) \oplus 9 \right)$$

$$= \left(\underbrace{(7 \odot 3)^2 \oplus 8}_{\lambda}, (7 \odot 3) \odot (7 \ominus \lambda) \oplus 9 \right)$$

$$= (9, 10 \odot (7 \ominus 9) \oplus 9) = (9, 10 \odot 9 \oplus 9) = (9,0)$$

oder für die Verknüpfung von $(7,2) \in E_{3,3}(\mathbb{Z}_{11})$ mit $(8,0) \in E_{3,3}(\mathbb{Z}_{11})$ die Beziehung

$$(7,2) \boxplus (8,0) = \left(\underbrace{\left(\frac{0 \ominus 2}{8 \ominus 7} \right)^2}_{\mu} \ominus 7 \ominus 8, \left(\frac{0 \ominus 2}{8 \ominus 7} \right) \odot (7 \ominus \mu) \ominus 2 \right)$$

$$= \left(\underbrace{\left(\frac{9}{1} \right)^2}_{\mu} \oplus 4 \oplus 3, \left(\frac{9}{1} \right) \odot (7 \ominus \mu) \oplus 9 \right)$$

$$= \left(\underbrace{(9 \odot 1)^2 \oplus 7}_{\mu}, (9 \odot 1) \odot (7 \ominus \mu) \oplus 9 \right)$$

$$= (0, 9 \odot (7 \ominus 0) \oplus 9) = (0, 9 \odot 7 \oplus 9) = (0,6) \,.$$

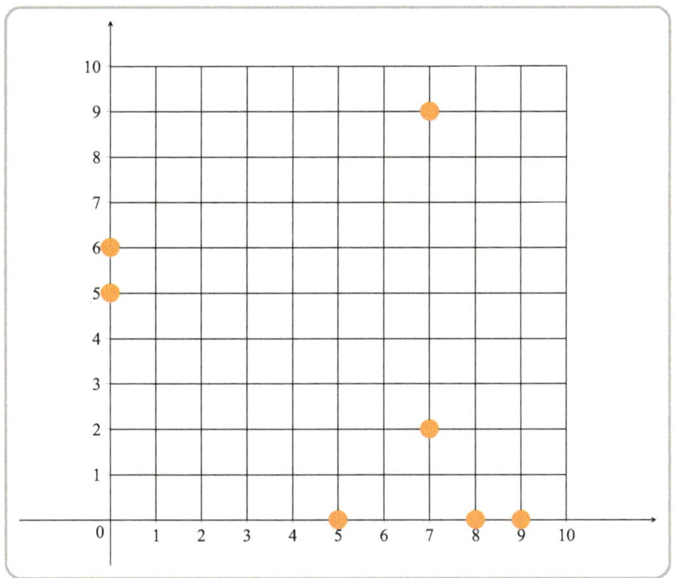

Abb. 17.2 Elliptische Kurve $E_{3,3}(\mathbb{Z}_{11})$

Man erhält auf diese Weise die Verknüpfungstabelle für $E_{3,3}(\mathbb{Z}_{11})$ mit der Operation $\boxplus$:

$\boxplus$	$\mathcal{O}$	$(0,5)$	$(0,6)$	$(7,2)$	$(7,9)$	$(5,0)$	$(8,0)$	$(9,0)$
$\mathcal{O}$	$\mathcal{O}$	$(0,5)$	$(0,6)$	$(7,2)$	$(7,9)$	$(5,0)$	$(8,0)$	$(9,0)$
$(0,5)$	$(0,5)$	$(9,0)$	$\mathcal{O}$	$(8,0)$	$(5,0)$	$(7,2)$	$(7,9)$	$(0,6)$
$(0,6)$	$(0,6)$	$\mathcal{O}$	$(9,0)$	$(5,0)$	$(8,0)$	$(7,9)$	$(7,2)$	$(0,5)$
$(7,2)$	$(7,2)$	$(8,0)$	$(5,0)$	$(9,0)$	$\mathcal{O}$	$(0,5)$	$(0,6)$	$(7,9)$
$(7,9)$	$(7,9)$	$(5,0)$	$(8,0)$	$\mathcal{O}$	$(9,0)$	$(0,6)$	$(0,5)$	$(7,2)$
$(5,0)$	$(5,0)$	$(7,2)$	$(7,9)$	$(0,5)$	$(0,6)$	$\mathcal{O}$	$(9,0)$	$(8,0)$
$(8,0)$	$(8,0)$	$(7,9)$	$(7,2)$	$(0,6)$	$(0,5)$	$(9,0)$	$\mathcal{O}$	$(5,0)$
$(9,0)$	$(9,0)$	$(0,6)$	$(0,5)$	$(7,9)$	$(7,2)$	$(8,0)$	$(5,0)$	$\mathcal{O}$

17.2 Aufgaben mit Lösungen

Aufgabe 17.2.1 *Vervollständigen Sie die Verknüpfungstabelle von $E_{2,1}(\mathbb{Z}_5)$ mit der Operation $\boxplus$.*

Lösung der Aufgabe Die vervollständigte Tabelle ergibt sich nach einiger Rechnung zu

$\boxplus$	$\mathcal{O}$	$(0,1)$	$(0,4)$	$(1,2)$	$(1,3)$	$(3,2)$	$(3,3)$
$\mathcal{O}$	$\mathcal{O}$	$(0,1)$	$(0,4)$	$(1,2)$	$(1,3)$	$(3,2)$	$(3,3)$
$(0,1)$	$(0,1)$	$(1,3)$	$\mathcal{O}$	$(0,4)$	$(3,3)$	$(1,2)$	$(3,2)$
$(0,4)$	$(0,4)$	$\mathcal{O}$	$(1,2)$	$(3,2)$	$(0,1)$	$(3,3)$	$(1,3)$
$(1,2)$	$(1,2)$	$(0,4)$	$(3,2)$	$(3,3)$	$\mathcal{O}$	$(1,3)$	$(0,1)$
$(1,3)$	$(1,3)$	$(3,3)$	$(0,1)$	$\mathcal{O}$	$(3,2)$	$(0,4)$	$(1,2)$
$(3,2)$	$(3,2)$	$(1,2)$	$(3,3)$	$(1,3)$	$(0,4)$	$(0,1)$	$\mathcal{O}$
$(3,3)$	$(3,3)$	$(3,2)$	$(1,3)$	$(0,1)$	$(1,2)$	$\mathcal{O}$	$(0,4)$

Aufgabe 17.2.2 *Bestimmen Sie alle Punkte auf $E_{1,3}(\mathbb{Z}_7)$, und geben Sie die komplette Verknüpfungstabelle von $E_{1,3}(\mathbb{Z}_7)$ mit der Operation $\boxplus$ an. Überprüfen Sie auch das Erfülltsein aller notwendigen Voraussetzungen, um $E_{1,3}(\mathbb{Z}_7)$ zu einer elliptischen Kurve werden zu lassen!*

Lösung der Aufgabe Für $\mathbf{K} := \mathbb{Z}_7, \alpha := 1$ und $\beta := 3$ sind zunächst wegen char $\mathbf{K} > 3$ und $4\alpha^3 \oplus 27\beta^2 \neq 0$ die Voraussetzungen zur Definition der entsprechenden elliptischen Kurve erfüllt. Gemäß der allgemeinen Definition ergibt sich für $E_{1,3}(\mathbb{Z}_7)$ dann

$$E_{1,3}(\mathbb{Z}_7) := \{(x,y) \in \mathbb{Z}_7 \times \mathbb{Z}_7 \mid y^2 = x^3 \oplus x \oplus 3\} \cup \{\mathcal{O}\}\,.$$

Ein einfaches Durchtesten aller Tupel $(x,y) \in \mathbb{Z}_7 \times \mathbb{Z}_7$ liefert dann neben dem obligatorischen Punkt $\mathcal{O}$ die Punkte $(4,1)$, $(4,6)$, $(5,0)$, $(6,1)$ und $(6,6)$. Also lautet die elliptische Kurve explizit

$$E_{1,3}(\mathbb{Z}_7) = \{\mathcal{O}, (4,1), (4,6), (5,0), (6,1), (6,6)\}\,.$$

Auf dieser Menge wird nun wieder die Operation $\boxplus$ eingeführt. Konkret ergibt sich zum Beispiel für die Verknüpfung von $(4,1) \in E_{1,3}(\mathbb{Z}_7)$ mit sich selbst die Identität

$$(4,1) \boxplus (4,1) = \left(\left(\underbrace{\frac{3 \cdot 4^2 \oplus 1}{2 \cdot 1}}_{\lambda} \right)^2 \ominus 2 \cdot 4, \left(\frac{3 \cdot 4^2 \oplus 1}{2 \cdot 1} \right) \odot (4 \ominus \lambda) \ominus 1 \right)$$

$$= \left(\left(\underbrace{\frac{0}{2}}_{\lambda} \right)^2 \ominus 1, \left(\frac{0}{2} \right) \odot (4 \ominus \lambda) \oplus 6 \right) = (6,6)$$

oder für die Verknüpfung von $(4, 1) \in E_{1,3}(\mathbb{Z}_7)$ mit $(6, 6) \in E_{1,3}(\mathbb{Z}_7)$ die Beziehung

$$(4, 1) \boxplus (6, 6) = \left(\underbrace{\left(\frac{6 \ominus 1}{6 \ominus 4} \right)^2 \ominus 4 \ominus 6}_{\mu}, \left(\frac{6 \ominus 1}{6 \ominus 4} \right) \odot (4 \ominus \mu) \ominus 1 \right)$$

$$= \left(\underbrace{\left(\frac{5}{2} \right)^2 \oplus 3 \oplus 1}_{\mu}, \left(\frac{5}{2} \right) \odot (4 \ominus \mu) \oplus 6 \right)$$

$$= \left(\underbrace{(5 \odot 4)^2 \oplus 4}_{\mu}, (5 \odot 4) \odot (4 \ominus \mu) \oplus 6 \right)$$

$$= (5, 6 \odot 6 \oplus 6) = (5, 0) \ .$$

Man erhält auf diese Weise die Verknüpfungstabelle für $E_{1,3}(\mathbb{Z}_7)$ mit der Operation $\boxplus$:

$\boxplus$	$\mathcal{O}$	$(4, 1)$	$(4, 6)$	$(5, 0)$	$(6, 1)$	$(6, 6)$
$\mathcal{O}$	$\mathcal{O}$	$(4, 1)$	$(4, 6)$	$(5, 0)$	$(6, 1)$	$(6, 6)$
$(4, 1)$	$(4, 1)$	$(6, 6)$	$\mathcal{O}$	$(6, 1)$	$(4, 6)$	$(5, 0)$
$(4, 6)$	$(4, 6)$	$\mathcal{O}$	$(6, 1)$	$(6, 6)$	$(5, 0)$	$(4, 1)$
$(5, 0)$	$(5, 0)$	$(6, 1)$	$(6, 6)$	$\mathcal{O}$	$(4, 1)$	$(4, 6)$
$(6, 1)$	$(6, 1)$	$(4, 6)$	$(5, 0)$	$(4, 1)$	$(6, 6)$	$\mathcal{O}$
$(6, 6)$	$(6, 6)$	$(5, 0)$	$(4, 1)$	$(4, 6)$	$\mathcal{O}$	$(6, 1)$

Aufgabe 17.2.3 *Zeigen Sie, dass die für eine elliptische Kurve $E_{\alpha,\beta}(\mathbf{K})$ (char $\mathbf{K} > 3$ und $4\alpha^3 \oplus 27\beta^2 \neq 0$) eingeführte Operation $\boxplus$ in der Tat kommutativ ist.*

Lösung der Aufgabe Die Kommutativität von $\boxplus$ ist lediglich für die Fälle

$$(x_1, y_1), (x_2, y_2) \in E_{\alpha,\beta}(\mathbf{K})$$

mit $x_1 \neq x_2$ zu zeigen; die übrigen Fälle sind offensichtlich kommutativ. Da in den zu betrachtenden Fällen die Berechnung gemäß

$$(x_1, y_1) \boxplus (x_2, y_2) := \left(\underbrace{\left(\frac{y_2 \ominus y_1}{x_2 \ominus x_1} \right)^2 \ominus x_1 \ominus x_2}_{=:\mu}, \left(\frac{y_2 \ominus y_1}{x_2 \ominus x_1} \right) \odot (x_1 \ominus \mu) \ominus y_1 \right)$$

zu erfolgen hat und μ offenbar invariant gegenüber einer Vertauschung von (x_1, y_1) und (x_2, y_2) ist, bleibt lediglich noch die Kommutativität bezüglich der zweiten Komponente nachzuweisen. Diese ergibt sich jedoch unmittelbar aus der folgenden Identität:

$$
\left(\frac{y_2 \ominus y_1}{x_2 \ominus x_1}\right) \odot (x_1 \ominus \mu) \ominus y_1 = \left(\frac{y_1 \ominus y_2}{x_1 \ominus x_2}\right) \odot (x_1 \ominus \mu) \ominus y_1
$$

$$
= \left(\frac{y_1 \ominus y_2}{x_1 \ominus x_2}\right) \odot (x_2 \ominus \mu \oplus x_1 \ominus x_2) \ominus y_1
$$

$$
= \left(\frac{y_1 \ominus y_2}{x_1 \ominus x_2}\right) \odot (x_2 \ominus \mu) \oplus y_1 \ominus y_2 \ominus y_1
$$

$$
= \left(\frac{y_1 \ominus y_2}{x_1 \ominus x_2}\right) \odot (x_2 \ominus \mu) \ominus y_2 \,.
$$

Selbsttest 17.2.4 Welche Aussagen über elliptische Kurven $E_{\alpha,\beta}(\mathbb{Z}_p)$, $p \in \mathbb{N}^*$ Primzahl mit $p > 3$ und $\alpha, \beta \in \mathbb{Z}_p$ geeignet, sind wahr?

?−? Die Menge $E_{\alpha,\beta}(\mathbb{Z}_p)$ ist eine Teilmenge von $\mathbb{Z}_p^2$.

?−? Die Menge $E_{\alpha,\beta}(\mathbb{Z}_p)$ wird mit einer speziellen Operation zu einem Körper.

?+? Die Menge $E_{\alpha,\beta}(\mathbb{Z}_p)$ wird mit einer speziellen Operation zu einer kommutativen Gruppe.

?+? Die Menge $E_{\alpha,\beta}(\mathbb{Z}_p)$ ist immer endlich.

17.3 EC-Diffie-Hellman-Verfahren (char K > 3)

Als einzige kleine Anwendung der Verschlüsselung mit elliptischen Kurven über Körpern mit Charakteristik größer als 3 wird im Folgenden das **EC-Diffie-Hellman-Verfahren für elliptische Kurven über Z_p mit** $p > 3$ skizziert. Wesentlich ist hier, wie auch bei allen anderen Adaptionen bekannter Verfahren auf elliptische Kurven, dass die klassische Potenzierung in den Körpern $\mathbb{Z}_p$ (oder auch $GF(2^n)$), d. h. die **mehrfache Multiplikation**, durch eine in der kommutativen Gruppe $E_{\alpha,\beta}(\mathbb{Z}_p)$ stattfindende **mehrfache Addition** ersetzt wird. Für beide Operationen ist dabei jeweils entscheidend, dass sie **assoziativ** sind: Genau dann funktioniert das Diffie-Hellman-Protokoll! Speziell in dem nun folgenden Kontext ist für $t \in \mathbb{N}^*$ und $(x, y) \in E_{\alpha,\beta}(\mathbb{Z}_p)$ mit $t(x, y)$ stets die t-fache Addition von (x, y) mit sich selbst bezeichnet, also

$$
t \cdot (x, y) := t(x, y) := \underbrace{(x, y) \boxplus (x, y) \boxplus \cdots \boxplus (x, y)}_{t \text{ mal}} \,.
$$

Alice		Öffentlich		Bob
p	$\longleftarrow$	p	$\longrightarrow$	p
α,β,x,y	$\longleftarrow$	α,β,x,y	$\longrightarrow$	α,β,x,y
a				b
$a(x,y)$	$\longrightarrow$	$a(x,y)$	$\longrightarrow$	$a(x,y)$
$b(x,y)$	$\longleftarrow$	$b(x,y)$	$\longleftarrow$	$b(x,y)$
$(k_1,k_2) = a(b(x,y))$				$(k_1,k_2) = b(a(x,y))$

Abb. 17.3   EC-Diffie-Hellman-Verfahren über $E_{\alpha,\beta}(\mathbb{Z}_p)$

Definition 17.3.1 EC-Diffie-Hellman-Verfahren ($\mathbf{K} = \mathbb{Z}_p$, $p > 3$)

Es sei $p \in \mathbb{N}^*$ eine hinreichend große Primzahl, insbesondere größer als 3, und $E_{\alpha,\beta}(\mathbb{Z}_p)$ eine gegebene elliptische Kurve (also $4\alpha^3 \oplus 27\beta^2 \neq 0$). Das **EC-Diffie-Hellman-Verfahren** ist ein asymmetrisches Verfahren zum Austausch eines geheimen Schlüssels $(k_1,k_2) \in E_{\alpha,\beta}(\mathbb{Z}_p)$ und wie folgt definiert:

Problem:	Alice und Bob möchten geheimen Schlüssel (k_1,k_2) vereinbaren
Öffentlich:	$p \in \mathbb{N}^*$ große Primzahl, $\alpha,\beta \in \mathbb{Z}_p$ geeignete EC-Parameter,
	$(x,y) \in E_{\alpha,\beta}(\mathbb{Z}_p)$ ebenfalls geeignet
Alice:	Wählt geheimes $a \in \mathbb{N}^*$ und sendet $a(x,y)$ an Bob
Bob:	Wählt geheimes $b \in \mathbb{N}^*$ und sendet $b(x,y)$ an Alice
Alice:	Berechnet Schlüssel $(k_1,k_2) = a(b(x,y))$
Bob:	Berechnet Schlüssel $(k_1,k_2) = b(a(x,y))$

Der prinzipielle Ablauf des EC-Diffie-Hellman-Verfahrens ist nochmals zusammenfassend in Abb. 17.3 skizziert. ◀

Beispiel 17.3.2

Alice und Bob möchten einen geheimen Schlüssel (k_1, k_2) vereinbaren. Dabei legen sie die bereits im Detail betrachtete elliptische Kurve $E_{2,1}(\mathbb{Z}_5)$ mit der Verknüpfungstabelle

$\boxplus$	$\mathcal{O}$	$(0,1)$	$(0,4)$	$(1,2)$	$(1,3)$	$(3,2)$	$(3,3)$
$\mathcal{O}$	$\mathcal{O}$	$(0,1)$	$(0,4)$	$(1,2)$	$(1,3)$	$(3,2)$	$(3,3)$
$(0,1)$	$(0,1)$	$(1,3)$	$\mathcal{O}$	$(0,4)$	$(3,3)$	$(1,2)$	$(3,2)$
$(0,4)$	$(0,4)$	$\mathcal{O}$	$(1,2)$	$(3,2)$	$(0,1)$	$(3,3)$	$(1,3)$
$(1,2)$	$(1,2)$	$(0,4)$	$(3,2)$	$(3,3)$	$\mathcal{O}$	$(1,3)$	$(0,1)$
$(1,3)$	$(1,3)$	$(3,3)$	$(0,1)$	$\mathcal{O}$	$(3,2)$	$(0,4)$	$(1,2)$
$(3,2)$	$(3,2)$	$(1,2)$	$(3,3)$	$(1,3)$	$(0,4)$	$(0,1)$	$\mathcal{O}$
$(3,3)$	$(3,3)$	$(3,2)$	$(1,3)$	$(0,1)$	$(1,2)$	$\mathcal{O}$	$(0,4)$

zugrunde. Die Primzahl p ist hier also bewusst nicht groß, sondern sehr klein gewählt worden, um so eine Handrechnung zu ermöglichen:

Öffentlich:	$p := 5, \alpha := 2, \beta := 1, (x, y) := (0, 1)$
Alice:	Wählt geheimes $a := 3$
	Sendet $a(x, y) = (0, 1) \boxplus (0, 1) \boxplus (0, 1) = (3, 3)$ an Bob
Bob:	Wählt geheimes $b := 2$
	Sendet $b(x, y) = (0, 1) \boxplus (0, 1) = (1, 3)$ an Alice
Alice:	Berechnet Schlüssel $3(1, 3) = (1, 3) \boxplus (1, 3) \boxplus (1, 3) = (0, 4)$
Bob:	Berechnet Schlüssel $2(3, 3) = (3, 3) \boxplus (3, 3) = (0, 4)$

Also lautet der vereinbarte geheime Schlüssel in diesem Fall $(k_1, k_2) = (0, 4)$.

▶ **Bemerkung 17.3.3 Sicherheit des EC-Diffie-Hellman-Verfahrens über** $E_{\alpha,\beta}(\mathbb{Z}_p)$ Das Verfahren ist sicher, falls ein Mitlesen von $a(x, y)$ oder $b(x, y)$ bei bekannten p, α, β, x und y keine Berechnung von a oder b ermöglicht (man bezeichnet dieses Problem auch in Anlehnung an das klassische **Diskrete-Logarithmus-Problem** als **ECDLP**, obwohl der Logarithmus im Kontext von Additionen von der Namensgebung her eher deplatziert ist). Dies ist für große Primzahlen p und geeignete Zahlen α, β, x und y der Fall, da die Funktionen $f : \mathbb{Z}_q \to E_{\alpha,\beta}(\mathbb{Z}_p)$ mit $f(t) := t(x, y)$ dann Einwegfunktionen sind, wobei

$$q := \min\{t \in \mathbb{N}^* \mid t(x, y) = \mathcal{O}\} \, .$$

Insbesondere sollte man bei der Festlegung von (x, y) darauf achten, dass das oben angegebene $q \in \mathbb{N}^*$, die sogenannte **Ordnung des Punktes** (x, y), möglichst groß wird sowie möglichst eine Primzahl ist. Weitere Details findet man z. B. in [1, 2, 4].

17.4 Aufgaben mit Lösungen

Aufgabe 17.4.1 *Rechnen Sie für* $p := 5$, $\alpha := 2$, $\beta := 1$, $(x, y) := (0, 4)$, $a := 2$ *und* $b := 3$ *den EC-Diffie-Hellman-Schlüsseltausch über der elliptischen Kurve* $E_{2,1}(\mathbb{Z}_5)$ *nach.*

Lösung der Aufgabe Die Lösung ergibt sich gemäß folgendem Schema:

Öffentlich:	$p := 5, \alpha := 2, \beta := 1, (x, y) := (0, 4)$
Alice:	Wählt geheimes $a := 2$
	Sendet $a(x, y) = (0, 4) \boxplus (0, 4) = (1, 2)$ an Bob
Bob:	Wählt geheimes $b := 3$
	Sendet $b(x, y) = (0, 4) \boxplus (0, 4) \boxplus (0, 4) = (3, 2)$ an Alice
Alice:	Berechnet Schlüssel $2(3, 2) = (3, 2) \boxplus (3, 2) = (0, 1)$
Bob:	Berechnet Schlüssel $3(1, 2) = (1, 2) \boxplus (1, 2) \boxplus (1, 2) = (0, 1)$

Also lautet der vereinbarte geheime Schlüssel in diesem Fall $(k_1, k_2) = (0, 1)$.

Aufgabe 17.4.2 *Machen Sie sich klar, dass die elliptische Kurve*

$$E_{3,3}(\mathbb{Z}_{11}) = \{\mathcal{O}, (0, 5), (0, 6), (7, 2), (7, 9), (5, 0), (8, 0), (9, 0)\}$$

nicht geeignet ist, um mit ihr ein EC-Diffie-Hellman-Verfahren über $E_{3,3}(\mathbb{Z}_{11})$ *zu definieren.*

Lösung der Aufgabe Anhand der bereits berechneten Verknüpfungstabelle von $E_{3,3}(\mathbb{Z}_{11})$ erkennt man sofort, dass die Elemente $(5, 0)$, $(8, 0)$ und $(9, 0)$ gänzlich ungeeignet sind, da bereits deren einmalige Addition mit sich selbst zu $\mathcal{O}$ führt. Bei den übrigen Elementen $(0, 5)$, $(0, 6)$, $(7, 2)$ und $(7, 9)$ sieht es nur unwesentlich besser aus: Nach lediglich vier identischen Summanden liefert jedes dieser Elemente das Nullelement $\mathcal{O}$.

Selbsttest 17.4.3 Welche Aussagen über das EC-Diffie-Hellman-Verfahren auf elliptischen Kurven $E_{\alpha,\beta}(\mathbb{Z}_p)$, $p \in \mathbb{N}^*$ Primzahl mit $p > 3$ und $\alpha, \beta \in \mathbb{Z}_p$ geeignet, sind wahr?

?−? Das EC-Diffie-Hellman-Verfahren ist ein symmetrisches Verschlüsselungsverfahren.

?−? Das EC-Diffie-Hellman-Verfahren dient zum Ver- und Entschlüsseln geheimer Nachrichten.

?+? Das EC-Diffie-Hellman-Verfahren dient der Vereinbarung eines geheimen Schlüssels.

?−? Das EC-Diffie-Hellman-Verfahren nutzt die Gültigkeit des Satzes von Fermat und Euler aus.

17.5 Elliptische Kurven (char $K = 2$)

Im vorausgegangenen Abschnitt wurden lediglich elliptische Kurven über Körpern $\mathbf{K}$ mit char $\mathbf{K} > 3$ betrachtet. Für die praktische Anwendung eignen sich aber insbesondere auch elliptische Kurven über Körpern $\mathbf{K}$ mit char $\mathbf{K} = 2$ sehr gut, denn die in ihnen benötigten binären Operationen lassen sich außerordentlich effizient und performant implementieren. Genau um elliptische Kurven dieses Typs soll es im Folgenden gehen. Ab jetzt sei $\mathbf{K}$ also stets ein Körper mit char $\mathbf{K} = 2$, also zum Beispiel $\mathbb{Z}_2 = GF(2)$ oder allgemein $GF(2^n)$ für $n \in \mathbb{N}^*$. Es werden nun im Detail **elliptische Kurven über einem Körper mit** char $\mathbf{K} = 2$ eingeführt.

Definition 17.5.1 Elliptische Kurve über K (char $K = 2$)

Es sei $(\mathbf{K}, \oplus, \odot)$ ein Körper mit char $\mathbf{K} = 2$. Ferner seien $\alpha, \beta \in \mathbf{K}$ mit $\beta \neq 0$ gegeben. Dann heißt $E_{\alpha,\beta}(\mathbf{K})$,

$$E_{\alpha,\beta}(\mathbf{K}) := \{(x, y) \in \mathbf{K} \times \mathbf{K} \mid y^2 \oplus x \odot y = x^3 \oplus \alpha \odot x^2 \oplus \beta\} \cup \{\mathcal{O}\},$$

elliptische Kurve über K. Alle Tupel $(x, y) \in E_{\alpha,\beta}(\mathbf{K})$ sowie das spezielle sogenannte Nullelement $\mathcal{O} \in E_{\alpha,\beta}(\mathbf{K})$ heißen **Punkte der elliptischen Kurve** $E_{\alpha,\beta}(\mathbf{K})$ und die Anzahl aller Punkte wird **Ordnung (Kardinalität) der elliptischen Kurve** $E_{\alpha,\beta}(\mathbf{K})$ genannt, kurz $|E_{\alpha,\beta}(\mathbf{K})|$. ◄

Beispiel 17.5.2

Für $\mathbf{K} := \mathbb{Z}_2 = GF(2)$, $\alpha := 0$ und $\beta := 1$ sind zunächst wegen char $\mathbf{K} = 2$ und $\beta \neq 0$ die Voraussetzungen zur Definition der entsprechenden elliptischen Kurve erfüllt. Gemäß der allgemeinen Definition ergibt sich für $E_{0,1}(\mathbb{Z}_2)$ dann

$$E_{0,1}(\mathbb{Z}_2) := \{(x, y) \in \mathbb{Z}_2 \times \mathbb{Z}_2 \mid y^2 \oplus x \odot y = x^3 \oplus 1\} \cup \{\mathcal{O}\}.$$

Ein einfaches Durchtesten aller Tupel $(x, y) \in \mathbb{Z}_2 \times \mathbb{Z}_2$ liefert dann neben dem obligatorischen Punkt $\mathcal{O}$ die Punkte $(1, 0)$, $(0, 1)$ und $(1, 1)$. Also lautet die elliptische

Abb. 17.4 Elliptische Kurve
$E_{0,1}(\mathbb{Z}_2)$

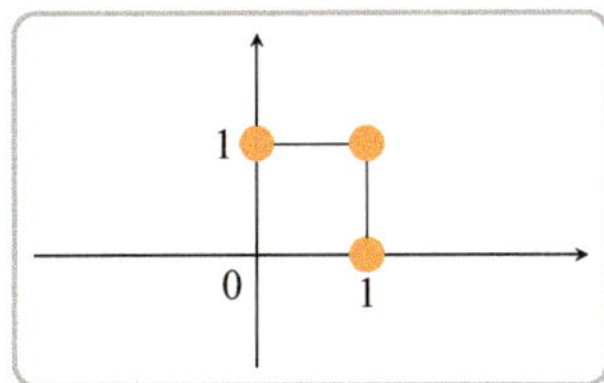

Kurve explizit

$$E_{0,1}(\mathbb{Z}_2) = \{\mathcal{O}, (1,0), (0,1), (1,1)\}\,.$$

Man kann sich die Punkte dieser elliptischen Kurve gemäß Abb. 17.4 visualisieren, wobei man sich den Punkt $\mathcal{O}$ als im Unendlichen liegend vorstellen sollte.

Auf der elliptischen Kurve $E_{\alpha,\beta}(\mathbf{K})$ lässt sich nun wieder eine Operation $\boxplus$ erklären, die $E_{\alpha,\beta}(\mathbf{K})$ zu einer **kommutativen Gruppe** macht. Konkret wird die neue Operation $\boxplus$ wie folgt definiert:

- Für alle $(x, y) \in E_{\alpha,\beta}(\mathbf{K})$ und $\mathcal{O} \in E_{\alpha,\beta}(\mathbf{K})$ definiert man

$$\mathcal{O} \boxplus \mathcal{O} := \mathcal{O}\,, \qquad\qquad (x, y) \boxplus \mathcal{O} := (x, y)\,,$$
$$\mathcal{O} \boxplus (x, y) := (x, y)\,, \qquad\qquad (x, y) \boxplus (x, x \oplus y) := \mathcal{O}\,.$$

- Für alle übrigen $(x_1, y_1), (x_2, y_2) \in E_{\alpha,\beta}(\mathbf{K})$ definiert man

$$(x_1, y_1) \boxplus (x_2, y_2) := (\underbrace{\mu^2 \oplus \mu \oplus x_1 \oplus x_2 \oplus \alpha}_{=:\lambda}, (\lambda \oplus x_1) \odot \mu \oplus \lambda \oplus y_1)\,,$$

$$\text{wobei}\quad \mu := x_1 \oplus \frac{y_1}{x_1}\quad \text{falls}\quad x_1 = x_2\,,$$

$$\mu := \frac{y_1 \oplus y_2}{x_1 \oplus x_2}\quad \text{falls}\quad x_1 \neq x_2\,.$$

Offenbar ist $\mathcal{O}$ also das neutrale Element dieser neuen Verknüpfung $\boxplus$ und zu

$$(x, y) \in E_{\alpha,\beta}(\mathbf{K})$$

ist stets

$$(x, x \oplus y) \in E_{\alpha,\beta}(\mathbf{K})$$

das jeweils inverse Element. Auch die Gültigkeit der übrigen Gesetze für kommutative Gruppen (Kommutativität, Assoziativität) lassen sich explizit nachweisen, wobei hier jedoch darauf verzichtet werden soll.

Beispiel 17.5.3

Für $\mathbf{K} := \mathbb{Z}_2 = GF(2)$, $\alpha := 0$ und $\beta := 1$ ist die zugehörige elliptische Kurve bereits bekannt, nämlich

$$E_{0,1}(\mathbb{Z}_2) = \{\mathcal{O}, (1,0), (0,1), (1,1)\} \,.$$

Auf dieser Menge wird nun mit der gerade eingeführten Operation $\boxplus$ eine kommutative Gruppe etabliert. Konkret ergibt sich zum Beispiel für die Verknüpfung von $(1,1) \in E_{0,1}(\mathbb{Z}_2)$ mit sich selbst wegen $\mu = 1 \oplus \frac{1}{1} = 0$ die Identität

$$(1,1) \boxplus (1,1) = (\underbrace{0^2 \oplus 0 \oplus 1 \oplus 1 \oplus 0}_{=:\lambda}, (\lambda \oplus 1) \odot 0 \oplus \lambda \oplus 1)$$
$$= (0, 0 \oplus 1) = (0,1)$$

oder für die Verknüpfung von $(0,1) \in E_{0,1}(\mathbb{Z}_2)$ mit $(1,0) \in E_{0,1}(\mathbb{Z}_2)$ wegen $\mu = \frac{1 \oplus 0}{0 \oplus 1} = 1$ die Beziehung

$$(0,1) \boxplus (1,0) = (\underbrace{1^2 \oplus 1 \oplus 0 \oplus 1 \oplus 0}_{=:\lambda}, (\lambda \oplus 0) \odot 1 \oplus \lambda \oplus 1)$$
$$= (1, (1 \oplus 0) \oplus 1 \oplus 1) = (1,1) \,.$$

Man erhält auf diese Weise eine Verknüpfungstabelle für $E_{0,1}(\mathbb{Z}_2)$ mit der Operation $\boxplus$ gemäß:

$\boxplus$	$\mathcal{O}$	$(1,0)$	$(0,1)$	$(1,1)$
$\mathcal{O}$	$\mathcal{O}$	$(1,0)$	$(0,1)$	$(1,1)$
$(1,0)$	$(1,0)$	$(0,1)$	$(1,1)$	$\mathcal{O}$
$(0,1)$	$(0,1)$	$(1,1)$	$\mathcal{O}$	$(1,0)$
$(1,1)$	$(1,1)$	$\mathcal{O}$	$(1,0)$	$(0,1)$

Beispiel 17.5.4

Man betrachte die elliptische Kurve $E_{\alpha,\beta}(GF(4))$ mit $\alpha := 00$ und $\beta := 01$, wobei man sich zunächst klar machen sollte, dass wegen char $GF(4) = 2$ und $\beta \neq 00$ die

Voraussetzungen zur Definition der entsprechenden elliptischen Kurve erfüllt sind. Gemäß der allgemeinen Definition ergibt sich also für $E_{00,01}(GF(4))$ die Menge

$$E_{00,01}(GF(4)) := \{(x, y) \in GF(4) \times GF(4) \mid y^2 \oplus x \odot y = x^3 \oplus 01\} \cup \{\mathcal{O}\}.$$

Ein einfaches Durchtesten aller Tupel $(x, y) \in GF(4) \times GF(4)$ liefert dann unter Anwendung der entsprechenden Verknüpfungstabellen für $GF(4)$ neben dem obligatorischen Punkt $\mathcal{O}$ die Punkte $(00, 01)$, $(01, 00)$, $(01, 01)$, $(10, 00)$, $(10, 10)$, $(11, 00)$ und $(11, 11)$. Also lautet die elliptische Kurve $E_{00,01}(GF(4))$ explizit

$$E_{00,01}(GF(4)) = \{\mathcal{O}, (00, 01), (01, 00), (01, 01), (10, 00), (10, 10), (11, 00),$$
$$(11, 11)\}.$$

Man kann sich die Punkte der elliptischen Kurve wieder gemäß Abb. 17.5 visualisieren, wobei auch hier der Punkt $\mathcal{O}$ als im Unendlichen liegend vorzustellen ist.

Auf dieser Menge wird nun wieder die Operation $\boxplus$ eingeführt. Konkret ergibt sich zum Beispiel für die Verknüpfung von $(10, 10) \in E_{00,01}(GF(4))$ mit sich selbst wegen $\mu = 10 \oplus \frac{10}{10} = 11$ die Identität

$$(10, 10) \boxplus (10, 10) = (\underbrace{11^2 \oplus 11 \oplus 10 \oplus 10 \oplus 00}_{=:\lambda}, (\lambda \oplus 10) \odot 11 \oplus \lambda \oplus 10)$$
$$= (01, (01 \oplus 10) \odot 11 \oplus 01 \oplus 10) = (01, 01)$$

oder für die Verknüpfung von $(10, 10) \in E_{00,01}(GF(4))$ mit $(11, 00) \in E_{00,01}(GF(4))$ wegen $\mu = \frac{10 \oplus 00}{10 \oplus 11} = 10$ die Beziehung

$$(10, 10) \boxplus (11, 00) = (\underbrace{10^2 \oplus 10 \oplus 10 \oplus 11 \oplus 00}_{=:\lambda}, (\lambda \oplus 10) \odot 10 \oplus \lambda \oplus 10)$$
$$= (00, (00 \oplus 10) \odot 10 \oplus 00 \oplus 10) = (00, 01) \,.$$

Man erhält auf diese Weise Schritt für Schritt die bewusst noch nicht ganz vollständig angegebene Verknüpfungstabelle für die elliptische Kurve $E_{00,01}(GF(4))$ mit der Operation $\boxplus$:

$\boxplus$	$\mathcal{O}$	$(00,01)$	$(01,00)$	$(01,01)$	$(10,00)$	$(10,10)$	$(11,00)$	$(11,11)$
$\mathcal{O}$	$\mathcal{O}$	$(00,01)$	$(01,00)$	$(01,01)$	$(10,00)$	$(10,10)$	$(11,00)$	$(11,11)$
$(00,01)$	$(00,01)$	$\mathcal{O}$	$(01,01)$	$(01,00)$	$(11,00)$	$(11,11)$	$(10,00)$	$(10,10)$
$(01,00)$	$(01,00)$	$(01,01)$	$(00,01)$	$\mathcal{O}$	$(11,11)$	$(10,00)$	$(10,10)$	$(11,00)$
$(01,01)$	$(01,01)$	$(01,00)$	$\mathcal{O}$					
$(10,00)$	$(10,00)$	$(11,00)$	$(11,11)$					
$(10,10)$	$(10,10)$	$(11,11)$	$(10,00)$			$(01,01)$	$(00,01)$	$(01,00)$
$(11,00)$	$(11,00)$	$(10,00)$	$(10,10)$			$(00,01)$	$(01,00)$	$\mathcal{O}$
$(11,11)$	$(11,11)$	$(10,10)$	$(11,00)$			$(01,00)$	$\mathcal{O}$	$(01,01)$

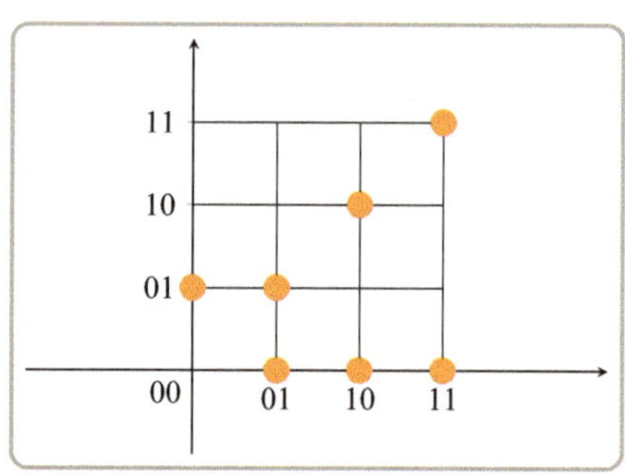

Abb. 17.5 Elliptische Kurve $E_{00,01}(GF(4))$

17.6   Aufgaben mit Lösungen

Aufgabe 17.6.1   *Vervollständigen Sie die Verknüpfungstabelle von $E_{00,01}(GF(4))$ mit der Operation $\boxplus$.*

Lösung der Aufgabe   Die vervollständigte Tabelle ergibt sich nach einiger Rechnung zu

$\boxplus$	$\mathcal{O}$	$(00,01)$	$(01,00)$	$(01,01)$	$(10,00)$	$(10,10)$	$(11,00)$	$(11,11)$
$\mathcal{O}$	$\mathcal{O}$	$(00,01)$	$(01,00)$	$(01,01)$	$(10,00)$	$(10,10)$	$(11,00)$	$(11,11)$
$(00,01)$	$(00,01)$	$\mathcal{O}$	$(01,01)$	$(01,00)$	$(11,00)$	$(11,11)$	$(10,00)$	$(10,10)$
$(01,00)$	$(01,00)$	$(01,01)$	$(00,01)$	$\mathcal{O}$	$(11,11)$	$(10,00)$	$(10,10)$	$(11,00)$
$(01,01)$	$(01,01)$	$(01,00)$	$\mathcal{O}$	$(00,01)$	$(10,10)$	$(11,00)$	$(11,11)$	$(10,00)$
$(10,00)$	$(10,00)$	$(11,00)$	$(11,11)$	$(10,10)$	$(01,00)$	$\mathcal{O}$	$(01,01)$	$(00,01)$
$(10,10)$	$(10,10)$	$(11,11)$	$(10,00)$	$(11,00)$	$\mathcal{O}$	$(01,01)$	$(00,01)$	$(01,00)$
$(11,00)$	$(11,00)$	$(10,00)$	$(10,10)$	$(11,11)$	$(01,01)$	$(00,01)$	$(01,00)$	$\mathcal{O}$
$(11,11)$	$(11,11)$	$(10,10)$	$(11,00)$	$(10,00)$	$(00,01)$	$(01,00)$	$\mathcal{O}$	$(01,01)$

Aufgabe 17.6.2   *Bestimmen Sie alle Punkte auf $E_{1,1}(\mathbb{Z}_2)$, und geben Sie die komplette Verknüpfungstabelle von $E_{1,1}(\mathbb{Z}_2)$ mit der Operation $\boxplus$ an. Überprüfen Sie auch das Erfülltsein aller notwendigen Voraussetzungen, um $E_{1,1}(\mathbb{Z}_2)$ zu einer elliptischen Kurve werden zu lassen!*

Lösung der Aufgabe   Für $\mathbf{K} := \mathbb{Z}_2 = GF(2)$, $\alpha := 1$ und $\beta := 1$ sind zunächst wegen $\operatorname{char}\mathbf{K} = 2$ und $\beta \neq 0$ die Voraussetzungen zur Definition der entsprechenden elliptischen Kurve erfüllt. Gemäß der allgemeinen Definition ergibt sich für $E_{1,1}(\mathbb{Z}_2)$ dann

$$E_{1,1}(\mathbb{Z}_2) := \{(x,y) \in \mathbb{Z}_2 \times \mathbb{Z}_2 \mid y^2 \oplus x \odot y = x^3 \oplus x^2 \oplus 1\} \cup \{\mathcal{O}\}.$$

Ein einfaches Durchtesten aller Tupel $(x,y) \in \mathbb{Z}_2 \times \mathbb{Z}_2$ liefert dann neben dem obligatorischen Punkt $\mathcal{O}$ lediglich noch den Punkt $(0,1)$. Also lautet die elliptische Kurve explizit

$$E_{1,1}(\mathbb{Z}_2) = \{\mathcal{O}, (0,1)\}\,.$$

Auf dieser Menge wird nun wieder die Operation $\boxplus$ eingeführt. In diesem einfachen Fall kann man die Verknüpfungstabelle für $E_{1,1}(\mathbb{Z}_2)$ mit der Operation $\boxplus$ direkt angeben:

$\boxplus$	$\mathcal{O}$	$(0,1)$
$\mathcal{O}$	$\mathcal{O}$	$(0,1)$
$(0,1)$	$(0,1)$	$\mathcal{O}$

Aufgabe 17.6.3 *Zeigen Sie, dass in einem Körper* $(\mathbf{K}, \oplus, \odot)$ *der Charakteristik* 2 *für alle* $x \in \mathbf{K}$ *die Gleichung* $2x = x \oplus x = 0$ *gilt.*

Lösung der Aufgabe Für $x = 0$ und $x = 1$ ist die Behauptung klar. Für alle übrigen $x \in \mathbf{K}$ folgt die zu zeigende Identität aus

$$2x = (x \oplus x) \odot 1 = (x \oplus x) \odot (x^{-1} \odot x) = ((x \oplus x) \odot x^{-1}) \odot x$$
$$= ((x \odot x^{-1}) \oplus (x \odot x^{-1})) \odot x = (1 \oplus 1) \odot x = 0 \odot x = 0 \, .$$

Aufgabe 17.6.4 *Zeigen Sie, dass für eine elliptische Kurve* $E_{\alpha,\beta}(\mathbf{K})$ *(char* $\mathbf{K} = 2$ *und* $\beta \neq 0$*) aus* $(x, y_1) \in E_{\alpha,\beta}(\mathbf{K})$ *und* $(x, y_2) \in E_{\alpha,\beta}(\mathbf{K})$ *folgt, dass entweder* $y_1 = y_2$ *oder* $y_2 = x \oplus y_1$ *gilt.*

Lösung der Aufgabe Wegen

$$(x, y_1), (x, y_2) \in E_{\alpha,\beta}(\mathbf{K})$$

gilt zunächst

$$y_1^2 \oplus x \odot y_1 = x^3 \oplus \alpha \odot x^2 \oplus \beta,$$
$$y_2^2 \oplus x \odot y_2 = x^3 \oplus \alpha \odot x^2 \oplus \beta.$$

Dies impliziert sofort $y_1^2 \oplus x \odot y_1 = y_2^2 \oplus x \odot y_2$. Da alle Rechnungen in einem Körper ablaufen, in dem gemäß der vorausgegangenen Aufgabe für alle $z \in \mathbf{K}$ die Identität $2z = z \oplus z = 0$ gilt, folgt somit

$$y_1^2 \oplus y_2^2 = x \odot y_1 \oplus x \odot y_2 \quad \text{bzw.} \quad (y_1 \oplus y_2)^2 = x \odot (y_1 \oplus y_2).$$

Nun ist entweder $y_1 \oplus y_2 = 0$ bzw. $y_1 = y_2$ oder aber $y_1 \oplus y_2 \neq 0$, woraus $y_1 \oplus y_2 = x$ bzw. $y_2 = x \oplus y_1$ folgt.

Selbsttest 17.6.5 Welche Aussagen über elliptische Kurven $E_{\alpha,\beta}(GF(2^n))$, $n \in \mathbb{N}^*$ und $\alpha, \beta \in GF(2^n)$ geeignet, sind wahr?

?−? Die Menge $E_{\alpha,\beta}(GF(2^n))$ ist eine Teilmenge von $GF(2^n)^2$.

?−? Die Menge $E_{\alpha,\beta}(GF(2^n))$ wird mit einer speziellen Operation zu einem Körper.

?+? Die Menge $E_{\alpha,\beta}(GF(2^n))$ wird mit einer speziellen Operation zu einer kommutativen Gruppe.

?+? Die Menge $E_{\alpha,\beta}(GF(2^n))$ ist immer endlich.

17.7 EC-Diffie-Hellman-Verfahren (char $K = 2$)

Als letzte kleine Anwendung der Verschlüsselung mit elliptischen Kurven wird im Folgenden das **EC-Diffie-Hellman-Verfahren für elliptische Kurven über** $GF(2^n)$ skizziert. Das prinzipielle Vorgehen ist identisch mit dem im Fall von Kurven über $\mathbb{Z}_p$ mit $p \in \mathbb{N}$ Primzahl größer als 3.

Definition 17.7.1 EC-Diffie-Hellman-Verfahren ($K = GF(2^n)$)

Es sei $n \in \mathbb{N}^*$ eine hinreichend große Zahl und $E_{\alpha,\beta}(GF(2^n))$ eine gegebene elliptische Kurve (also $\beta \neq 0$). Das **EC-Diffie-Hellman-Verfahren** ist ein asymmetrisches Verfahren zum Austausch eines geheimen Schlüssels $(k_1, k_2) \in E_{\alpha,\beta}(GF(2^n))$ und wie folgt definiert:

Problem:	Alice und Bob möchten geheimen Schlüssel (k_1, k_2) vereinbaren
Öffentlich:	$n \in \mathbb{N}^*$ große Zahl, $\alpha, \beta \in GF(2^n)$ geeignete EC-Parameter,
	$(x, y) \in E_{\alpha,\beta}(GF(2^n))$ ebenfalls geeignet
Alice:	Wählt geheimes $a \in \mathbb{N}^*$ und sendet $a(x, y)$ an Bob
Bob:	Wählt geheimes $b \in \mathbb{N}^*$ und sendet $b(x, y)$ an Alice
Alice:	Berechnet Schlüssel $(k_1, k_2) = a(b(x, y))$
Bob:	Berechnet Schlüssel $(k_1, k_2) = b(a(x, y))$

Der prinzipielle Ablauf des EC-Diffie-Hellman-Verfahrens ist nochmals zusammenfassend in Abb. 17.6 skizziert. ◄

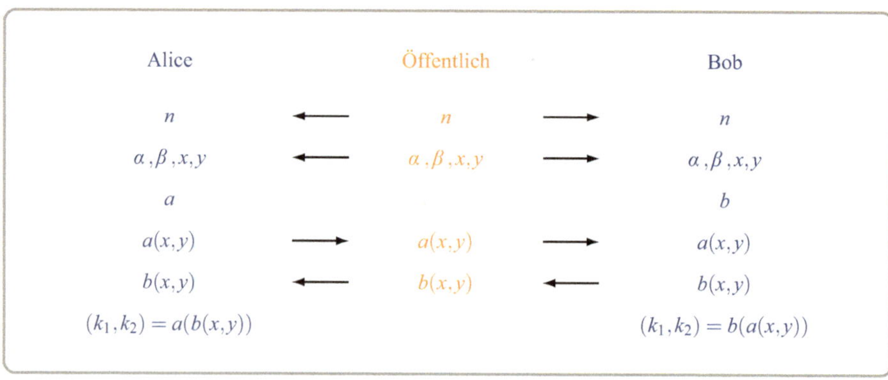

Abb. 17.6 EC-Diffie-Hellman-Verfahren über $E_{\alpha,\beta}(GF(2^n))$

Beispiel 17.7.2

Alice und Bob möchten einen geheimen Schlüssel (k_1, k_2) vereinbaren. Dabei legen sie die bereits im Detail betrachtete elliptische Kurve $E_{00,01}(GF(4))$ mit der Verknüpfungstabelle

$\boxplus$	$\mathcal{O}$	$(00,01)$	$(01,00)$	$(01,01)$	$(10,00)$	$(10,10)$	$(11,00)$	$(11,11)$
$\mathcal{O}$	$\mathcal{O}$	$(00,01)$	$(01,00)$	$(01,01)$	$(10,00)$	$(10,10)$	$(11,00)$	$(11,11)$
$(00,01)$	$(00,01)$	$\mathcal{O}$	$(01,01)$	$(01,00)$	$(11,00)$	$(11,11)$	$(10,00)$	$(10,10)$
$(01,00)$	$(01,00)$	$(01,01)$	$(00,01)$	$\mathcal{O}$	$(11,11)$	$(10,00)$	$(10,10)$	$(11,00)$
$(01,01)$	$(01,01)$	$(01,00)$	$\mathcal{O}$	$(00,01)$	$(10,10)$	$(11,00)$	$(11,11)$	$(10,00)$
$(10,00)$	$(10,00)$	$(11,00)$	$(11,11)$	$(10,10)$	$(01,00)$	$\mathcal{O}$	$(01,01)$	$(00,01)$
$(10,10)$	$(10,10)$	$(11,11)$	$(10,00)$	$(11,00)$	$\mathcal{O}$	$(01,01)$	$(00,01)$	$(01,00)$
$(11,00)$	$(11,00)$	$(10,00)$	$(10,10)$	$(11,11)$	$(01,01)$	$(00,01)$	$(01,00)$	$\mathcal{O}$
$(11,11)$	$(11,11)$	$(10,10)$	$(11,00)$	$(10,00)$	$(00,01)$	$(01,00)$	$\mathcal{O}$	$(01,01)$

zugrunde. Die Zahl n ist hier also bewusst nicht groß, sondern sehr klein gewählt worden, um so eine Handrechnung zu ermöglichen:

Öffentlich: $n := 2, \alpha := 00, \beta := 01, (x, y) := (10, 10)$

Alice: Wählt geheimes $a := 3$

                Sendet $a(x, y) = (10, 10) \boxplus (10, 10) \boxplus (10, 10) = (11, 00)$ an Bob

Bob: Wählt geheimes $b := 2$

                Sendet $b(x, y) = (10, 10) \boxplus (10, 10) = (01, 01)$ an Alice

Alice: Berechnet Schlüssel

                $3(01, 01) = (01, 01) \boxplus (01, 01) \boxplus (01, 01) = (01, 00)$

Bob: Berechnet Schlüssel

                $2(11, 00) = (11, 00) \boxplus (11, 00) = (01, 00)$

Also lautet der vereinbarte geheime Schlüssel in diesem Fall $(k_1, k_2) = (01, 00)$.

▶ **Bemerkung 17.7.3 Sicherheit des EC-Diffie-Hellman-Verfahrens über** $E_{\alpha,\beta}(GF(2^n))$ Das Verfahren ist sicher, falls ein Mitlesen von $a(x, y)$ oder $b(x, y)$ bei bekannten n, α, β, x und y keine Berechnung von a oder b ermöglicht (man bezeichnet dieses Problem auch hier wieder in Anlehnung an das klassische **Diskrete-Logarithmus-Problem** als **ECDLP**, obwohl der Logarithmus im Kontext von Additionen von der Namensgebung her eher deplatziert ist). Dies ist für große Exponenten n und geeignete Zahlen α, β, x und y der

Fall, da die Funktionen $f : \mathbb{Z}_q \to E_{\alpha,\beta}(GF(2^n))$ mit $f(t) := t(x, y)$ dann Einwegfunktionen sind, wobei

$$q := \min\{t \in \mathbb{N}^* \mid t(x, y) = \mathcal{O}\} \, .$$

Insbesondere sollte man bei der Festlegung von (x, y) darauf achten, dass das oben angegebene $q \in \mathbb{N}^*$, die sogenannte **Ordnung des Punktes** (x, y), möglichst groß wird sowie möglichst eine Primzahl ist. Weitere Details findet man z. B. in [1, 2, 4].

17.8 Aufgaben mit Lösungen

Aufgabe 17.8.1 *Rechnen Sie für $n := 2$, $\alpha := 00$, $\beta := 01$, $(x, y) := (11, 00)$, $a := 2$ und $b := 3$ den EC-Diffie-Hellman-Schlüsseltausch über der elliptischen Kurve $E_{00,01}(GF(4))$ nach.*

Lösung der Aufgabe Die Lösung ergibt sich gemäß folgendem Schema:

Öffentlich: $n := 2, \alpha := 00, \beta := 01, (x, y) := (11, 00)$

Alice: Wählt geheimes $a := 2$

              Sendet $a(x, y) = (11, 00) \boxplus (11, 00) = (01, 00)$ an Bob

Bob: Wählt geheimes $b := 3$

              Sendet $b(x, y) = (11, 00) \boxplus (11, 00) \boxplus (11, 00) = (10, 10)$ an Alice

Alice: Berechnet Schlüssel $2(10, 10) = (10, 10) \boxplus (10, 10) = (01, 01)$

Bob: Berechnet Schlüssel $3(01, 00) = (01, 00) \boxplus (01, 00) \boxplus (01, 00) = (01, 01)$

Also lautet der vereinbarte geheime Schlüssel in diesem Fall $(k_1, k_2) = (01, 01)$.

Selbsttest 17.8.2 Welche Aussagen über das EC-Diffie-Hellman-Verfahren auf elliptischen Kurven $E_{\alpha,\beta}(GF(2^n))$, $n \in \mathbb{N}^*$ und $\alpha, \beta \in GF(2^n)$ geeignet, sind wahr?

?−? Das EC-Diffie-Hellman-Verfahren ist ein symmetrisches Verschlüsselungsverfahren.

?−? Das EC-Diffie-Hellman-Verfahren dient zum Ver- und Entschlüsseln geheimer Nachrichten.

?+? Das EC-Diffie-Hellman-Verfahren dient der Vereinbarung eines geheimen Schlüssels.

?−? Das EC-Diffie-Hellman-Verfahren nutzt die Gültigkeit des Satzes von Fermat und Euler aus.

17.9   Anwendungs- und Sicherheitsaspekte von ECC-Verfahren

Im Folgenden werden einige wesentliche Aspekte zur Effizienz und zur Sicherheit von Verschlüsselungsverfahren über elliptischen Kurven beschrieben. Dabei ist es unerheblich, ob elliptische Kurven über $\mathbb{Z}_p$ mit Primzahl $p > 3$ oder über $GF(2^n)$ mit $n \in \mathbb{N}^*$ betrachtet werden. Ferner ist die Liste der betrachteten Punkte natürlich wieder nicht vollständig und spiegelt nicht den aktuellsten Erkenntnisstand relevanter Sicherheitskonditionen wider, bietet aber einen guten ersten Einstieg in die Problematik.

Zunächst geht es um die Frage, wie man für ein Element $\vec{g} := (x, y)$ aus der jeweiligen elliptischen Kurve sicherstellen kann, dass die von ihm erzeugte zyklische Untergruppe der elliptischen Kurve möglichst groß ist. Aufgrund des bekannten Satzes über die Kardinalität von Untergruppen (vgl. Satz 15.5.7), der natürlich auch in diesem Kontext gilt, ist es offenbar wünschenswert, dass die elliptische Kurve entweder $q \in \mathbb{N}^*$ Elemente mit q Primzahl oder $q - 1 \in \mathbb{N}^*$ Elemente mit q starke Primzahl besitzt. In diesem Fall erzeugt nämlich jedes Element $\vec{g} := (x, y)$, das nicht mit dem neutralen Element identisch ist, entweder direkt die komplette Kurve oder aber zyklische Untergruppen mit 2 oder $\frac{q-1}{2}$ Elementen. Da Elemente, die zyklische Untergruppen der Kardinalität 2 erzeugen, leicht identifiziert und verworfen werden können, ist sichergestellt, dass in den übrigen Fällen stets Elemente vorliegen, die eine hinreichend große Untergruppe erzeugen. Erwähnt sei abschließend noch, dass im Fall elliptischer Kurven über $\mathbb{Z}_p$ mit großer Primzahl p die Ordnung der eingesetzten elliptischen Kurven nicht gleich p, also gleich der Ordnung des zugrunde liegenden Körpers $\mathbb{Z}_p$, sein sollten (solche Kurven heißen **anomale elliptische Kurven**), und ebenfalls nicht gleich $p + 1$ sein sollten (solche Kurven heißen **supersinguläre elliptische Kurven**). Dabei wird zur konkreten Bestimmung der Ordnung einer elliptischen Kurve z. B. der sogenannte **Schoof-Algorithmus** eingesetzt, der diese Information mit vertretbarem zeitlichen Aufwand liefert. Die Details zu den obigen Fragenkomplexen würden allerdings den Rahmen dieses einführenden Buchs bei Weitem sprengen, so dass diesbezüglich lediglich auf [4] und die dort angegebenen Referenzen verwiesen sei.

Beispiel 17.9.1

Die elliptische Kurve

$$E_{2,1}(\mathbb{Z}_5) = \{O, (0, 1), (0, 4), (1, 2), (1, 3), (3, 2), (3, 3)\}$$

besitzt 7 Elemente. Da 7 eine Primzahl ist, erzeugt offenbar jedes von O verschiedene Element der Kurve die gesamte Kurve, wie man noch einmal leicht anhand der

Verknüpfungstabelle bestätigen kann:

$\boxplus$	$\mathcal{O}$	$(0,1)$	$(0,4)$	$(1,2)$	$(1,3)$	$(3,2)$	$(3,3)$
$\mathcal{O}$	$\mathcal{O}$	$(0,1)$	$(0,4)$	$(1,2)$	$(1,3)$	$(3,2)$	$(3,3)$
$(0,1)$	$(0,1)$	$(1,3)$	$\mathcal{O}$	$(0,4)$	$(3,3)$	$(1,2)$	$(3,2)$
$(0,4)$	$(0,4)$	$\mathcal{O}$	$(1,2)$	$(3,2)$	$(0,1)$	$(3,3)$	$(1,3)$
$(1,2)$	$(1,2)$	$(0,4)$	$(3,2)$	$(3,3)$	$\mathcal{O}$	$(1,3)$	$(0,1)$
$(1,3)$	$(1,3)$	$(3,3)$	$(0,1)$	$\mathcal{O}$	$(3,2)$	$(0,4)$	$(1,2)$
$(3,2)$	$(3,2)$	$(1,2)$	$(3,3)$	$(1,3)$	$(0,4)$	$(0,1)$	$\mathcal{O}$
$(3,3)$	$(3,3)$	$(3,2)$	$(1,3)$	$(0,1)$	$(1,2)$	$\mathcal{O}$	$(0,4)$

Beispiel 17.9.2

Die elliptische Kurve

$$E_{11,11}(GF(4)) = \{\mathcal{O}, (00,10), (01,10), (01,11), (10,00), (10,10)\}$$

besitzt 6 Elemente. Da 7 eine starke Primzahl ist, erzeugt offenbar jedes von $\mathcal{O}$ verschiedene Element der Kurve entweder die gesamte Kurve (geeignetes Element) oder eine Untergruppe der Kardinalität 2 (nicht geeignetes Element) oder 3 (geeignetes Element in dem Sinne, dass für große starke Primzahlen p auch $\frac{p-1}{2}$ noch groß genug ist). Man bestätige dies noch einmal anhand der folgenden Verknüpfungstabelle:

$\boxplus$	$\mathcal{O}$	$(00,10)$	$(01,10)$	$(01,11)$	$(10,00)$	$(10,10)$
$\mathcal{O}$	$\mathcal{O}$	$(00,10)$	$(01,10)$	$(01,11)$	$(10,00)$	$(10,10)$
$(00,10)$	$(00,10)$	$\mathcal{O}$	$(10,00)$	$(10,10)$	$(01,10)$	$(01,11)$
$(01,10)$	$(01,10)$	$(10,00)$	$(10,10)$	$\mathcal{O}$	$(01,11)$	$(00,10)$
$(01,11)$	$(01,11)$	$(10,10)$	$\mathcal{O}$	$(10,00)$	$(00,10)$	$(01,10)$
$(10,00)$	$(10,00)$	$(01,10)$	$(01,11)$	$(00,10)$	$(10,10)$	$\mathcal{O}$
$(10,10)$	$(10,10)$	$(01,11)$	$(00,10)$	$(01,10)$	$\mathcal{O}$	$(10,00)$

Ein zweiter wesentlicher Aspekt im Kontext elliptischer Verschlüsselungsverfahren ist die schnelle Berechnung von Termen des Typs $a\vec{g}$ mit $a \in \mathbb{N}^*$ und Kurvenelement $\vec{g}$. Würde man dies naiv machen, hätte man $a-1$ Additionen durchzuführen, was bei einem $a \in \mathbb{N}^*$ mit Hunderten von Bits in Dualdarstellung unrealistisch wäre. Was man stattdessen tut und was die Komplexität im Wesentlichen von a auf $\log_2(a)$ reduziert, wird, in Analogie zum klassischen Vorgehen bei der Potenzierung primitiver Wurzeln, anhand eines kleinen Beispiels erläutert.

Beispiel 17.9.3
Gesucht wird $42\vec{g}$. Da 42 in Dualdarstellung 101010 lautet, kann man leicht wie folgt verfahren: Die führende 1 im Dualcode setzt $\overrightarrow{out} = \vec{g}$. Folgende Einsen implizieren eine Überschreibung von $\overrightarrow{out}$ gemäß $\overrightarrow{out} = \overrightarrow{out} \boxplus \overrightarrow{out} \boxplus \vec{g}$, folgende Nullen eine Überschreibung von $\overrightarrow{out}$ gemäß $\overrightarrow{out} = \overrightarrow{out} \boxplus \overrightarrow{out}$. Konkret ergibt sich damit für das obige Beispiel:

$$\vec{g} \text{ Kurvenelement, } a = 42 = 101010_2;$$
$$1: \overrightarrow{out} = \vec{g};$$
$$0: \overrightarrow{out} = \overrightarrow{out} \boxplus \overrightarrow{out};$$
$$1: \overrightarrow{out} = \overrightarrow{out} \boxplus \overrightarrow{out} \boxplus \vec{g};$$
$$0: \overrightarrow{out} = \overrightarrow{out} \boxplus \overrightarrow{out};$$
$$1: \overrightarrow{out} = \overrightarrow{out} \boxplus \overrightarrow{out} \boxplus \vec{g};$$
$$0: \overrightarrow{out} = \overrightarrow{out} \boxplus \overrightarrow{out};$$

Beim dritten und letzten wesentlichen Aspekt im Kontext von Verschlüsselungsverfahren basierend auf elliptischen Kurven geht es um die Frage ihrer Sicherheit und möglichen Versuchen, sie zu brechen. Wie bereits herausgearbeitet wurde, besteht die Sicherheit EC-basierter Verschlüsselungsverfahren im Wesentlichen in der Schwierigkeit, bei gegebenem Kurvenelement $\vec{g}$ aus dem Ergebnis von $\vec{y} := a\vec{g}$ auf den benutzten Faktor a zu schließen (bisweilen als **ECDLP** bezeichnet). Würde man naiv versuchen, dieses Problem zu lösen, müsste man alle a ausprobieren und hätte so im ungünstigsten Fall eine Komplexität in der Größenordnung der Anzahl der Elemente der zugrunde liegenden elliptischen Kurve, genauer in der Größenordnung der Anzahl der Elemente der durch $\vec{g}$ erzeugten zyklischen Untergruppe, kurz

$$\langle \vec{g} \rangle := \{ t\vec{g} \mid t \in \mathbb{N} \}.$$

Geschickter ist es, die in Frage kommenden Faktoren a darzustellen in der Form

$$a = k \cdot m - l, \quad 1 \le k \le m, \, 0 \le l \le m - 1,$$

wobei

$$m := \left\lceil \sqrt{|\langle \vec{g} \rangle|} \right\rceil.$$

Tut man dies, kann man wegen

$$\vec{y} = a\vec{g} \quad \Longleftrightarrow \quad \vec{y} = (k \cdot m - l)\vec{g} \quad \Longleftrightarrow \quad \vec{y} \boxplus (l\vec{g}) = k \cdot (m\vec{g})$$

die Suche nach einer Lösung des auch hier als DLP bezeichneten Problems auf die Suche nach einem Paar

$$(k, l) \in \{1, 2, \ldots, m\} \times \{0, 1, \ldots, m - 1\}$$

zurückführen, welches der Identität

$$\vec{y} \boxplus (l\vec{g}) = k \cdot (m\vec{g})$$

genügt. Dazu bedarf es aber nur noch etwa $2m$ Operationen, d. h. die Komplexität ist von rund $m^2 \approx |\langle \vec{g} \rangle|$ auf lediglich $2m$ reduziert worden. Das folgende Beispiel erläutert das genaue Vorgehen.

Beispiel 17.9.4

Gegeben sei die elliptische Kurve

$$E_{2,1}(\mathbb{Z}_5) = \{\mathcal{O}, (0, 1), (0, 4), (1, 2), (1, 3), (3, 2), (3, 3)\}$$

mit 7 Elementen. Da 7 eine Primzahl ist, erzeugt offenbar jedes von $\mathcal{O}$ verschiedene Element der Kurve die gesamte Kurve, wie man noch einmal leicht anhand der Verknüpfungstabelle bestätigen kann:

$\boxplus$	$\mathcal{O}$	$(0, 1)$	$(0, 4)$	$(1, 2)$	$(1, 3)$	$(3, 2)$	$(3, 3)$
$\mathcal{O}$	$\mathcal{O}$	$(0, 1)$	$(0, 4)$	$(1, 2)$	$(1, 3)$	$(3, 2)$	$(3, 3)$
$(0, 1)$	$(0, 1)$	$(1, 3)$	$\mathcal{O}$	$(0, 4)$	$(3, 3)$	$(1, 2)$	$(3, 2)$
$(0, 4)$	$(0, 4)$	$\mathcal{O}$	$(1, 2)$	$(3, 2)$	$(0, 1)$	$(3, 3)$	$(1, 3)$
$(1, 2)$	$(1, 2)$	$(0, 4)$	$(3, 2)$	$(3, 3)$	$\mathcal{O}$	$(1, 3)$	$(0, 1)$
$(1, 3)$	$(1, 3)$	$(3, 3)$	$(0, 1)$	$\mathcal{O}$	$(3, 2)$	$(0, 4)$	$(1, 2)$
$(3, 2)$	$(3, 2)$	$(1, 2)$	$(3, 3)$	$(1, 3)$	$(0, 4)$	$(0, 1)$	$\mathcal{O}$
$(3, 3)$	$(3, 3)$	$(3, 2)$	$(1, 3)$	$(0, 1)$	$(1, 2)$	$\mathcal{O}$	$(0, 4)$

Gegeben sei nun als Ausgangselement $\vec{g} := (1, 2)$ und als Ergebnis der Addition $\vec{y} := (1, 3)$. Gesucht wird $a \in \mathbb{N}^*$ mit $\vec{y} = a\vec{g}$, d.h. $(1, 3) = a(1, 2)$. Wegen $m := \lceil \sqrt{7} \rceil = 3$ erhält man hier für das gesuchte a die Darstellung

$$a = k \cdot 3 - l, \quad 1 \le k \le 3, \ 0 \le l \le 2,$$

sowie die Äquivalenz

$$(1,3) = a(1,2) \quad \Longleftrightarrow \quad (1,3) = (k \cdot 3 - l)(1,2)$$
$$\Longleftrightarrow \quad (1,3) \boxplus (l(1,2)) = k \cdot (3(1,2))$$

Die Suche nach einer Lösung des DLPs ist also auf die Suche nach einem Paar

$$(k, l) \in \{1, 2, 3\} \times \{0, 1, 2\}$$

zurückgeführt, welches der Identität

$$(1,3) \boxplus (l(1,2)) = k(0,1)$$

genügt. Um dieses Paar zu bestimmen, legt man eine kleine Tabelle an:

k	1	2	3
$k(0,1)$	$(0,1)$	$(1,3)$	$(3,3)$
l	0	1	2
$(1,3) \boxplus (l(1,2))$	$(1,3)$	$\cdots$	$\cdots$

Man erkennt, dass für $k = 2$ und $l = 0$ dasselbe Ergebnis resultiert, also ergibt sich der gesuchte Faktor a zu

$$a = 2 \cdot 3 - 0 = 6 \,.$$

▶ **Bemerkung 17.9.5 Algorithmus von Shanks oder Babystep-Giantstep-Methode** Die prinzipielle Idee des obigen algorithmischen Vorgehens wurde erstmals von Daniel Shanks Anfang der 1970-er Jahre vorgestellt und wird in der Literatur häufig auch als Babystep-Giantstep-Methode bezeichnet, da bei vorgegebenem Kurvenelement $\vec{g}$ bei der Zerlegung von a gemäß

$$a = k \cdot \left\lceil \sqrt{|\langle \vec{g} \rangle|} \right\rceil - l \,, \qquad 1 \le k \le \left\lceil \sqrt{|\langle \vec{g} \rangle|} \right\rceil \,, \qquad 0 \le l \le \left\lceil \sqrt{|\langle \vec{g} \rangle|} \right\rceil - 1 \,,$$

in Hinblick auf k mit $\left\lceil \sqrt{|\langle \vec{g} \rangle|} \right\rceil$-Schritten (giant steps) und in Hinblick auf l mit Einerschritten (baby steps) voran geschritten wird.

Zur Abrundung dieser kleinen Einführung in die Theorie und Anwendung elliptischer Kurven sei empfohlen, einmal einen Blick in die entsprechenden **Technical Guidelines** des **BSI (Bundesamt für Sicherheit in der Informationstechnik)** zu elliptischen Kurven zu werfen.

17.10 Aufgaben mit Lösungen

Aufgabe 17.10.1 *Gegeben sei die bekannte elliptische Kurve*

$$E_{2,1}(\mathbb{Z}_5) = \{\mathcal{O}, (0,1), (0,4), (1,2), (1,3), (3,2), (3,3)\}$$

mit 7 Elementen. Berechnen Sie $6(1,2)$ *möglichst schnell.*

Lösung der Aufgabe Zur Erinnerung sei noch einmal die Verknüpfungstabelle notiert:

$\boxplus$	$\mathcal{O}$	$(0,1)$	$(0,4)$	$(1,2)$	$(1,3)$	$(3,2)$	$(3,3)$
$\mathcal{O}$	$\mathcal{O}$	$(0,1)$	$(0,4)$	$(1,2)$	$(1,3)$	$(3,2)$	$(3,3)$
$(0,1)$	$(0,1)$	$(1,3)$	$\mathcal{O}$	$(0,4)$	$(3,3)$	$(1,2)$	$(3,2)$
$(0,4)$	$(0,4)$	$\mathcal{O}$	$(1,2)$	$(3,2)$	$(0,1)$	$(3,3)$	$(1,3)$
$(1,2)$	$(1,2)$	$(0,4)$	$(3,2)$	$(3,3)$	$\mathcal{O}$	$(1,3)$	$(0,1)$
$(1,3)$	$(1,3)$	$(3,3)$	$(0,1)$	$\mathcal{O}$	$(3,2)$	$(0,4)$	$(1,2)$
$(3,2)$	$(3,2)$	$(1,2)$	$(3,3)$	$(1,3)$	$(0,4)$	$(0,1)$	$\mathcal{O}$
$(3,3)$	$(3,3)$	$(3,2)$	$(1,3)$	$(0,1)$	$(1,2)$	$\mathcal{O}$	$(0,4)$

Da 6 in Dualdarstellung 110 lautet, ergibt sich

$$\vec{g} = (1,2); \quad a = 6 = 110_2;$$
$$1: \vec{out} = (1,2);$$
$$1: \vec{out} = (1,2) \boxplus (1,2) \boxplus (1,2) = (0,1);$$
$$0: \vec{out} = (0,1) \boxplus (0,1) = (1,3);$$

Also gilt $6(1,2) = (1,3)$.

Aufgabe 17.10.2 *Gegeben sei die bekannte elliptische Kurve*

$$E_{2,1}(\mathbb{Z}_5) = \{\mathcal{O}, (0,1), (0,4), (1,2), (1,3), (3,2), (3,3)\}$$

mit 7 Elementen. Berechnen Sie das gesuchte $a \in \mathbb{N}^*$ *in der Identität* $(0,4) = a(1,2)$ *mit der Babystep-Giantstep-Methode.*

Lösung der Aufgabe Zur Erinnerung sei noch einmal die Verknüpfungstabelle notiert:

$\boxplus$	$\mathcal{O}$	$(0,1)$	$(0,4)$	$(1,2)$	$(1,3)$	$(3,2)$	$(3,3)$
$\mathcal{O}$	$\mathcal{O}$	$(0,1)$	$(0,4)$	$(1,2)$	$(1,3)$	$(3,2)$	$(3,3)$
$(0,1)$	$(0,1)$	$(1,3)$	$\mathcal{O}$	$(0,4)$	$(3,3)$	$(1,2)$	$(3,2)$
$(0,4)$	$(0,4)$	$\mathcal{O}$	$(1,2)$	$(3,2)$	$(0,1)$	$(3,3)$	$(1,3)$
$(1,2)$	$(1,2)$	$(0,4)$	$(3,2)$	$(3,3)$	$\mathcal{O}$	$(1,3)$	$(0,1)$
$(1,3)$	$(1,3)$	$(3,3)$	$(0,1)$	$\mathcal{O}$	$(3,2)$	$(0,4)$	$(1,2)$
$(3,2)$	$(3,2)$	$(1,2)$	$(3,3)$	$(1,3)$	$(0,4)$	$(0,1)$	$\mathcal{O}$
$(3,3)$	$(3,3)$	$(3,2)$	$(1,3)$	$(0,1)$	$(1,2)$	$\mathcal{O}$	$(0,4)$

Gesucht wird also $a \in \mathbb{N}^*$ mit $(0,4) = a(1,2)$. Wegen $m := \lceil \sqrt{7} \rceil = 3$ erhält man hier für das gesuchte a die Darstellung

$$a = k \cdot 3 - l\,, \quad 1 \le k \le 3,\ 0 \le l \le 2,$$

sowie die Äquivalenz

$$
\begin{aligned}
(0,4) = a(1,2) \quad &\Longleftrightarrow \quad (0,4) = (k \cdot 3 - l)(1,2) \\
&\Longleftrightarrow \quad (0,4) \boxplus (l(1,2)) = k \cdot (3(1,2))
\end{aligned}
$$

Die Suche nach einer Lösung des DLPs ist also auf die Suche nach einem Paar

$$(k,l) \in \{1,2,3\} \times \{0,1,2\}$$

zurückgeführt, welches der Identität

$$(0,4) \boxplus (l(1,2)) = k(0,1)$$

genügt. Um dieses Paar zu bestimmen, legt man eine kleine Tabelle an:

k	1	2	3
$k(0,1)$	$(0,1)$	$(1,3)$	$(3,3)$
l	0	1	2
$(0,4) \boxplus (l(1,2))$	$(0,4)$	$(3,2)$	$(1,3)$

Man erkennt, dass für $k = 2$ und $l = 2$ dasselbe Ergebnis resultiert, also ergibt sich der gesuchte Faktor a zu

$$a = 2 \cdot 3 - 2 = 4\,.$$

17.11   Verschlüsseln, Hashen, Signieren: Das Zusammenspiel

Mit dem Diffie-Hellman-, dem RSA-, dem DES- und dem AES-Verfahren sowie den elliptischen Kurven sind einige der wichtigsten grundlegenden **Verschlüsselungstechniken** vorgestellt worden, auf deren Basis man sich leicht in weitere konkurrierende oder ergänzende Verfahren einarbeiten kann. Was im Prinzip noch fehlt, um das praktische Umfeld der Verschlüsselung einigermaßen abzudecken, sind die sogenannten **Hash-** und **Signatur-Verfahren.** Hierbei handelt es sich um eine Familie von Verfahren, die einer gegebenen Datei oder Nachricht eine eindeutige Hex- oder Binärzahl zuordnen, mit der verifiziert werden kann, dass die Information im Laufe der Übertragung nicht unbefugt verändert wurde und tatsächlich vom vorgegebenen Absender stammt. Der Sender berechnet im einfachsten Fall mit dem Hash-Verfahren die Hash-Zahl zu seiner Datei oder Nachricht und stellt diese Zahl z. B. ins Netz. Der Empfänger erhält die Datei oder Nachricht, wendet ebenfalls den Hash-Algorithmus auf sie an und vergleicht die so erhaltene Hash-Zahl mit der durch den Sender veröffentlichten. Sind beide gleich, kann der Empfänger sicher sein, dass er die unverfälschte Nachricht des Senders erhalten hat. Will der Empfänger auch noch verifizieren, dass die Datei oder Nachricht wirklich vom genannten Sender stammt, kann der Sender z. B. die Hash-Zahl mit seinem geheimen Schlüssel eines asymmetrischen Verfahrens wie etwa **RSA** oder einer Variante des auf elliptischen Kurven beruhenden **DSA** (*Digital Signature Algorithm*), dem sogenannten **ECDSA**, verschlüsseln und der Datei oder Nachricht anhängen. Der Empfänger entschlüsselt dann diesen Anhang mit dem öffentlichen Schlüssel des Senders und kann so gleichzeitig die **Authentizität** des Senders als auch die **Integrität** der Nachricht verifizieren (**Signatur-Check**). Um schließlich auch noch sicher sein zu können, dass der jeweils eingesetzte öffentliche Schlüssel auch wirklich der des Senders bzw. des Empfängers ist, kommen auch noch sogenannte **Public-Key-Zertifikate** ins Spiel, die im Allgemeinen unter Hinzuziehung einer **vertrauenswürdigen Zertifizierungsinstanz** mittels eines digitalen Zertifikats bestätigen, dass der jeweilige öffentliche Schlüssel genau zum gewünschten Kommunikationspartner gehört. Vorausgesetzt, dass dieser Check im Hintergrund durchgeführt wird, kann nun der prototypische Ablauf einer derartigen Kommunikation zusammenfassend aus Abb. 17.7 entnommen werden.

Natürlich funktioniert das Ganze nur dann, wenn die geheimen Schlüssel wirklich geheim gehalten werden können und wenn niemand in der Lage ist, zu einer gegebenen Hash-Zahl eine Datei oder Nachricht zu konstruieren, die genau diese Hash-Zahl besitzt (quasi eine nicht injektive Einwegfunktion). Bekannte Algorithmen dieses Typs sind z. B. die sogenannten *Secure Hash Algorithms* **SHA-1** (inzwischen quasi gebrochen, da Kollisionen, allerdings mit großem Aufwand, nachgewiesen werden konnten) oder besser **SHA-2** und noch besser **SHA-3 (Keccak).** Hinsichtlich weiterer Details zum gesamten Umfeld von Verschlüsseln, Hashen und Signieren siehe man [5–8]. Bezüglich einer sehr schönen zusammenfassenden Darstellung des **ECDSA** sei schließlich auf [4] verwiesen.

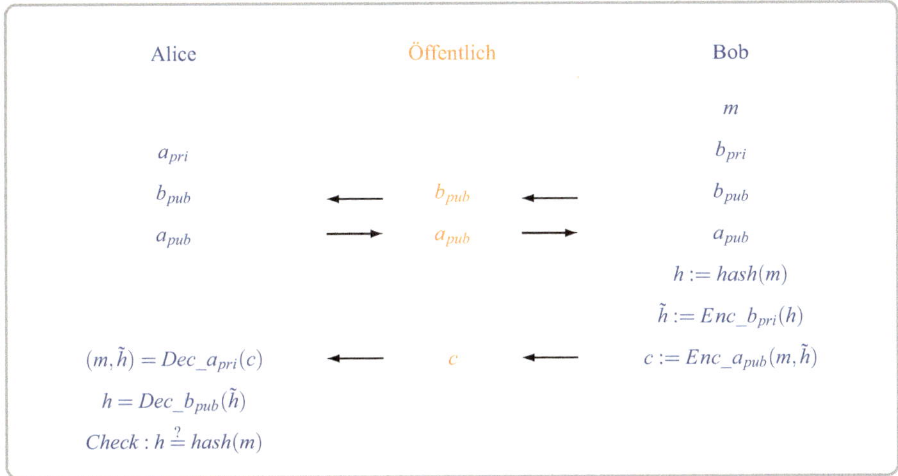

Abb. 17.7 Hash-Signatur-Verschlüsselung

Literatur

1. Hankerson, D., Menezes, A.J., Vanstone, S.: Guide to Elliptic Curve Cryptography. Springer, Berlin, Heidelberg, New York (2004)
2. Koblitz, N.: A Course in Number Theory and Cryptography, 2. Aufl. Springer, Berlin, Heidelberg, New York (1994)
3. Silverman, J.H.: The Arithmetic of Elliptic Curves, 2. Aufl. Graduate Texts in Mathematics. Springer, Heidelberg, London, New York (2009)
4. Werner, A.: Elliptische Kurven in der Kryptographie. Springer, Berlin, Heidelberg, New York (2013)
5. Buchmann, J.: Einführung in die Kryptographie, 6. Aufl. Springer, Berlin, Heidelberg (2016)
6. Eckert, C.: IT-Sicherheit: Konzepte–Verfahren–Protokolle, 10. Aufl. Walter de Gruyter, Berlin, Boston (2018)
7. Paar, C., Pelzl, J.: Kryptografie verständlich. Springer Vieweg Verlag, Berlin, Heidelberg (2016)
8. Wätjen, D.: Kryptographie, 3. Aufl. Springer Vieweg, Wiesbaden (2018)

Gerade in jüngster Zeit sind immer wieder Veröffentlichungen aufgetaucht, in denen **Quanten-Computer** (im Folgenden kurz: **QC**) eine zentrale Rolle spielen und z. T. sogar angedeutet wurde, dass erste ernstzunehmende QC-Realisierungen bereits existieren. Teilweise handelt es sich dabei um wenig seriöse Effekthascherei, allerdings sind auch Ergebnisse darunter, die durchaus ermutigend sind in Hinblick auf die Entwicklung eines echten leistungsfähigen QCs in nicht zu ferner Zukunft. Da bekannt ist, dass dann aufgrund des sogenannten **Shor-Algorithmus** [1] die klassischen asymmetrischen Verschlüsselungsverfahren (DH, RSA, ECDH usw.) nicht mehr sicher sind, und inzwischen auch die **NSA** zum behutsamen Übergang zu QC-resistenten Verfahren rät, macht es Sinn, sich auch im Rahmen dieses Buchs einführend damit zu beschäftigen. Wer schon jetzt detailliertere Informationen wünscht oder benötigt, sei zum Einstieg auf das Buch von Bernstein, Buchmann und Dahmen [2] verwiesen.

Wir beginnen mit der Skizzierung der generellen Problematik: Grundsätzlich würde es Sinn machen, in dem Moment, in dem QCs zum Kompromittieren von kryptografischen Verfahren verfügbar sind, auch das Verschlüsseln und Signieren mit Hilfe von QCs zu realisieren oder aber mindestens auf Techniken zuzugreifen, die quantenmechanische Konzepte berücksichtigen und damit den QC gewissermaßen mit den eigenen Waffen schlagen. Das prominenteste und bereits in der Praxis getestete Verfahren ist der sogenannte **Quanten-Schlüsseltausch**, bei dem, wie der Name schon sagt, der Schlüssel zwischen zwei Parteien so über geschickt eingesetzte Quantenzustände vereinbart wird, dass ein wie auch immer geartetes Mitlesen der Schlüsselvereinbarung die Information zerstört und von den kommunizierenden Schlüsselpartnern bemerkt wird. Leider ist jedoch davon auszugehen, dass es in den ersten Jahren real existierender QCs lediglich einigen wenigen vermögenden Institutionen möglich sein wird, eine derartige Quanten-Infrastruktur zu betreiben, und der große Rest der Welt darauf angewiesen sein wird,

Elektronisches Zusatzmaterial Die elektronische Version dieses Kapitels enthält Zusatzmaterial, das berechtigten Benutzern zur Verfügung steht https://doi.org/10.1007/978-3-658-30028-9_18.

B. Lenze, *Basiswissen Angewandte Mathematik – Numerik, Grafik, Kryptik*,
https://doi.org/10.1007/978-3-658-30028-9_18

Abb. 18.1 Gitter im $\mathbb{R}^2$

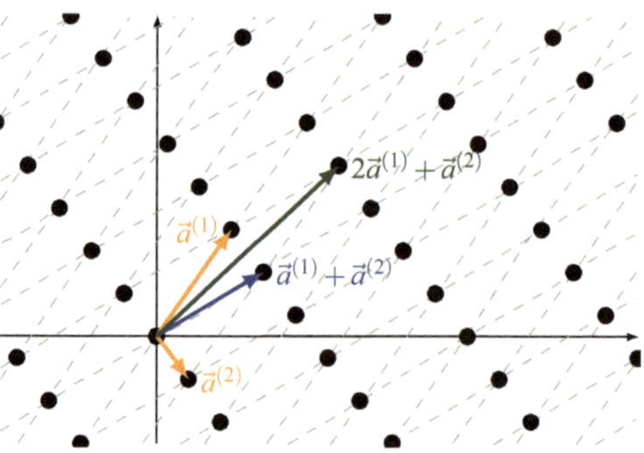

vertrauliche Kommunikation weiterhin unter Zugriff auf klassische Architekturen zu realisieren. Genau an dieser Stelle setzt die **Post-Quanten-Kryptografie** (im Folgenden kurz **PQCrypt**) an: Zu entwickeln sind Verfahren, die auch auf klassischen Architekturen eine sichere und vertrauliche Kommunikation gestatten, obwohl QCs existieren! Diese Verfahren sollten dann sinnvoller Weise schon jetzt Schritt für Schritt in realen Sicherheitsarchitekturen implementiert werden, so dass die eventuell irgendwann gelingende Realisierung von QCs keine desaströse Auswirkung auf bestehende Infrastrukturen hat.

Wir geben im Folgenden zunächst stichwortartig einen Überblick über die wesentlichen aktuellen Entwicklungen im PQCrypt-Kontext und werden anschließend exemplarisch auf einige der Verfahren genauer eingehen. Als Referenz und weiterführende Literatur gilt stets, wenn nichts anderes gesagt wird, das Buch von Bernstein, Buchmann und Dahmen [2].

- **Klassische symmetrische Techniken (symmetric-key-based)**
  Nach gegenwärtigem Kenntnisstand sind QC-Angriffe auf symmetrische Verschlüsselungsverfahren wie z. B. AES lediglich etwa doppelt so effizient wie bekannte Attacken ausgeführt mit klassischen Architekturen. Das bedeutet, positiv ausgedrückt, dass man lediglich die jeweilige Schlüssellänge verdoppeln muss, um auf vergleichbare theoretische Sicherheit zu kommen. Problematisch ist und bleibt allerdings auch hier, dass der Schlüssel zunächst sicher zwischen den kommunizierenden Parteien vereinbart werden muss.

- **Gitter-basierte Techniken (lattice-based)**
  Ein Gitter im Vektorraum $\mathbb{R}^n$ lässt sich im einfachsten Fall durch Vorgabe von n linear unabhängigen Vektoren $\vec{a}^{(1)}, \vec{a}^{(2)}, \ldots, \vec{a}^{(n)} \in \mathbb{R}^n$ definieren als

$$\mathbf{L} := \mathbf{L}[\vec{a}^{(1)}, \vec{a}^{(2)}, \ldots, \vec{a}^{(n)}] := \left\{ \sum_{i=1}^{n} x_i \vec{a}^{(i)} \mid x_i \in \mathbb{Z}, 1 \le i \le n \right\}$$

(siehe auch Abb. 18.1 für den zweidimensionalen Fall $n = 2$).
Harte Probleme im Zusammenhang mit Gittern, auf denen dann entsprechende Verschlüsselungs- und Signierverfahren aufgesetzt werden, sind z. B. das **Kürzester-Vek-**

tor-Problem (shortest vector problem, SVP), finde $\vec{y} \in \mathbf{L} \setminus \{\vec{0}\}$ mit

$$\|\vec{y}\|_2 = \min\{\|\vec{x}\|_2 \mid \vec{x} \in \mathbf{L} \setminus \{\vec{0}\}\}\,,$$

oder das **Nähester-Vektor-Problem (closest vector problem, CVP)**, finde für einen beliebig gegebenen Vektor $\vec{t} \in \mathbb{R}^n$ einen Vektor $\vec{z} \in \mathbf{L}$ mit

$$\|\vec{z} - \vec{t}\|_2 = \min\{\|\vec{x} - \vec{t}\|_2 \mid \vec{x} \in \mathbf{L}\}\,.$$

Man kann zeigen, dass zum Beispiel das QC-resistente **NTRU-Verschlüsselungsverfahren (N-th degree TRUncated polynomial ring scheme)** sowie das ebenfalls zukunftssichere **RLWE-Verschlüsselungsverfahren (Ring Learning With Errors scheme)** als Gitter-basierte Verfahren interpretierbar sind. Da diese beiden sehr aktuelle und prominente Vertreter im Umfeld der Post-Quanten-Kryptografie sind und auch bereits mit den uns bekannten mathematischen Techniken voll verstanden werden können, werden wir sie im Folgenden exemplarisch im Detail vorstellen. Hinzu kommt, dass Verfahren dieses Typs auch im Zusammenhang mit dem vom amerikanischen **National Institute of Standards and Technology** (kurz **NIST**) initiierten **Post-Quantum-Cryptography-Standardization-Project** zum Finden geeigneter QC-resistenter Verfahren eine wichtige Rolle spielen und sich somit auch aus diesem Grunde ein detaillierter Blick auf sie lohnt.

- **Einwegfunktionen-basierte Techniken (hash-based)**
  Es seien D, W zwei beliebige nicht leere Mengen und $f : D \to W$ sei eine injektive Funktion. Dann heißt f bekanntlich **Einwegfunktion (ohne Falltür)**, wenn gilt:
  - $f(x)$ ist für alle $x \in D$ **sehr effizient** berechenbar,
  - $f^{-1}(y)$ ist für alle $y \in f(D)$ **sehr schwer** berechenbar.

  Dabei bezeichnet $f(D) := \{f(x) \mid x \in D\} \subseteq W$ genau die Teilmenge des Wertebereichs W, deren Elemente als Funktionswerte von f angenommen werden. Lässt man die Forderung nach Injektivität fallen und verlangt zusätzlich lediglich, dass es faktisch unmöglich ist, zwei verschiedene Elemente $d_1, d_2 \in D$ mit $f(d_1) = f(d_2)$ zu finden, dann spricht man von einer **Hash-Funktion** ($f^{-1}(y)$ wäre hier dann natürlich eine Teilmenge von D). Die zusätzliche Forderung wird in diesem Zusammenhang auch **Kollisionsfreiheit** von f genannt und sie ist wesentlich, denn bei Hash-Funktionen ist der Wertebereich W üblicherweise endlich und der Definitionsbereich D dagegen von nicht endlicher Kardinalität, so dass Kollisionen prinzipiell unvermeidbar sind! Wie verhalten sich nun Einwegfunktionen bzw. Hash-Funktionen im QC-Kontext? Diesbezüglich ist zunächst noch einmal daran zu erinnern, dass die etablierten symmetrischen Verschlüsselungsverfahren (wie z. B. das AES-Verfahren) nach gegenwärtigem Stand der Forschung QC-resistent sind, sofern man mit entsprechend größeren Schlüsseln arbeitet. Insbesondere die dabei eingesetzten Techniken zum Durchmischen, Substituieren und Permutieren von Bit-Blöcken, wie sie auch bei der Konzeption von sicheren Einweg- und Hash-Funktionen benutzt werden, zeigen sich bisher QC-resistent. Deshalb werden derart bewährte Einwegfunktionen (ohne Falltür) zusammen mit entsprechenden Hash-Funktionen zur Verifikation von Signaturen eingesetzt, und erforscht, ob auf deren Basis auch Ver- und Entschlüsselungsverfahren aufgesetzt werden können.

- **Codierungsfunktionen-basierte Techniken (code-based)**
  Es sei $\mathbf{K}$ ein endlicher Körper und $n, r \in \mathbb{N}^*$ beliebig gegeben. Dann nennt man eine injektive lineare Funktion, also einen Monomorphismus G,

$$G : \mathbf{K}^n \to \mathbf{K}^{n+r},$$

einen linearen **Code-Generator**. Harte Probleme im Zusammenhang mit linearen Codes, auf denen dann entsprechende Verschlüsselungs- und Signierverfahren aufgesetzt werden, sind z. B. das **Minimal-Abstand-Decodierungsproblem (minimum distance decoding problem, MDDP)**, auch **Nächste-Codewort-Problem (nearest codeword problem, NCP)** genannt, finde für einen beliebig gegebenen Vektor $\vec{t} \in \mathbf{K}^{n+r}$ einen Vektor $\vec{y} \in \mathbf{K}^n$ mit

$$\operatorname{dist}(G(\vec{y}), \vec{t}) = \min\{\operatorname{dist}(G(\vec{x}), \vec{t}) \mid \vec{x} \in \mathbf{K}^n\}\,,$$

wobei dist eine festzulegende Metrik ist.

- **Multivariate-Funktionen-basierte Techniken (multivariate-function-based)**
  Es sei $\mathbf{K}$ ein endlicher Körper und $f^{(k)} : \mathbf{K}^n \to \mathbf{K}$, $1 \leq k \leq m$, seien m multivariate, z. B. maximal quadratische Polynomfunktionen vom Typ

$$f^{(k)}(x_1, x_2, \ldots, x_n) := \sum_{i=1}^{n} \sum_{j=1}^{n} a_{i,j}^{(k)} x_i x_j + \sum_{i=1}^{n} b_i^{(k)} x_i + c^{(k)}\,, \quad 1 \leq k \leq m\,,$$

mit a-, b- und c-Koeffizienten aus $\mathbf{K}$. Es ist bekannt, dass es bei geeigneter Wahl der Parameter auch für QCs extrem schwierig ist, für einen gegebenen Vektor $\vec{y} \in \mathbf{K}^m$ einen Vektor $\vec{x} \in \mathbf{K}^n$ zu finden, der das nicht lineare Gleichungssystem

$$f^{(k)}(\vec{x}) = y_k\,, \quad 1 \leq k \leq m\,,$$

exakt oder im Sinne einer besten Näherungslösung erfüllt. Dieses Problem ist dann der Ausgangspunkt zur Konstruktion entsprechender QC-resistenter Verschlüsselungs- und Signierverfahren.

- **Isogenien-ECC-basierte Techniken (isogeny-based)**
  Dieses vorletzte von uns erwähnte QC-resistente Verfahren hat den Charme, dass die bereits vorhandene Kryptografie-Infrastruktur basierend auf elliptischen Kurven im Wesentlichen weiter genutzt werden kann und lediglich ergänzt werden muss. Dazu betrachtet man ganz spezielle Abbildungen, sogenannte **Isogenien**, zwischen elliptischen Kurven ähnlichen Typs und gleicher Kardinalität. Die beiden elliptischen Kurven sind dann z. B. öffentlich und die verbindende Isogenie ist geheim und hat bestimmte wünschenswerte Eigenschaften im Kontext von Verschlüsseln und Signieren (siehe zum Einstieg z. B. [3] sowie die dort angegebenen Referenzen).

- **Verfahren auf nicht-kommutativen algebraischen Strukturen (non-commutative cryptography)**

  In bestimmten nicht-kommutativen algebraischen Strukturen mit multiplikativ geschriebener innerer Verknüpfung ist zum Beispiel für zwei Elemente a und b bekannt, dass es ein weiteres Element x gibt mit $x \cdot a \cdot x^{-1} = b$, jedoch das konkrete Finden von x stellt sich als ausgesprochen schwierig heraus! Das Problem wird in der Literatur **Konjugator-Suchproblem** genannt. Basierend auf diesem Problem kann man einen Schlüsseltausch definieren, der dem von Diffie-Hellman ähnelt, und auch asymmetrische Verschlüsselungsmethoden lassen sich auf diese Art realisieren, wobei beide Verallgemeinerungen nach gegenwärtigem Stand der Forschung als QC-resistent gelten. Bekannte algebraische Strukturen, die vielfach in diesem Kontext betrachtet werden, sind die sogenannten Zopfgruppen, deren mathematische Struktur dem Flechten von Zöpfen nachempfunden ist (bei Interesse sei hier zum Einstieg auf [4] verwiesen).

18.1 NTRU-Verfahren

Das **NTRU-Verfahren (N-th degree TRUncated polynomial ring scheme)** gehört, wie bereits erwähnt, zu den Gitter-basierten QC-resistenten Verfahren und arbeitet entsprechend seiner ursprünglichen Definition auf Polynomringen modulo eines Polynoms der Bauart $(X^N - 1)$, d. h. der Gitter-Aspekt steht dabei nicht im Vordergrund. In dieser Urform wurde das Verfahren um 1996 von den drei amerikanischen Mathematikern Jeffrey Ezra Hoffstein (geb. 1953), Jill Catherine Pipher (geb. 1955) und Joseph Hillel Silverman (geb. 1955), vorgestellt und gehört heute zu den prominentesten Vertretern QC-resistenter Verfahren (siehe [5]). Einen guten Einstieg zum Verständnis dieses Verfahrens bietet das von den oben genannten Entwicklern geschriebene einführende Lehrbuch [6] oder aber wieder das bereits erwähnte Buch von Bernstein, Buchmann und Dahmen [2].

Bevor wir das Verfahren hier präzise vorstellen können, müssen wir noch zwei wesentliche Vorbereitungen treffen. Zunächst müssen wir definieren, was man unter einem **Polynomring modulo eines festen Polynoms** versteht und dann muss geklärt werden, wie man in Analogie zu Einheiten und Inversen in Ringen zu entsprechenden **inversen Polynomen in Polynomringen** kommen kann.

Definition 18.1.1 Polynomring modulo eines festen Polynoms

Es sei $\mathbf{K}$ ein Körper mit den beiden inneren Verknüpfungen $\oplus$ und $\odot$ sowie $N \in \mathbb{N}^*$. Ferner sei $d(X) \in \mathbf{K}_N[X]$ ein Polynom mit genauem Grad N. Definiert man nun auf $\mathbf{K}_{N-1}[X]$ die übliche Polynomaddition und kürzt diese wie immer mit $\oplus$ ab, sowie eine modifizierte Polynommultiplikation $\odot$, die dem Produkt zweier im gewöhnlichen Sinne multiplizierten Polynomen das modulo $d(X)$ reduzierte Polynom zuordnet, kurz für $p(X), q(X) \in \mathbf{K}_{N-1}[X]$ setzt man

$$p(X) \odot q(X) := (p(X) \cdot q(X)) \quad \mathrm{mod}\ d(X)\,,$$

dann ist $(\mathbf{K}_{N-1}[X], \oplus, \odot)$ ein kommutativer Ring mit Einselement, der sogenannte **Polynomring über K modulo** $d(X)$. Man schreibt für ihn auch häufig abkürzend $\mathbf{K}[X]/d(X)$. Gilt wieder speziell

$$p(X) \odot q(X) = 1 \, ,$$

dann notiert man dies in der Form

$$q(X) = p(X)^{-1} \mod d(X) \qquad \text{bzw.} \qquad p(X) = q(X)^{-1} \mod d(X)$$

und nennt das Polynom $p(X)$ **multiplikativ invers zum Polynom** $q(X)$ **modulo** $d(X)$ bzw. $q(X)$ **multiplikativ invers zum Polynom** $p(X)$ **modulo** $d(X)$. Schließlich schreibt man häufig statt $\odot$ wieder einen einfachen Multiplikationspunkt $\cdot$, wenn aus dem Kontext klar ist, dass polynomiale Multiplikationen stets modulo $d(X)$ zu interpretieren sind, und auch statt $\oplus$ ein schlichtes Additionszeichen $+$, wenn keine Gefahr für Fehlinterpretationen besteht. ◄

Im Prinzip ist mit der obigen Definition lediglich unser schon bekanntes Umgehen mit modular multiplikativ inversen Polynomen in einen korrekten formalen Kontext gebracht worden, ohne erneut zu erwähnen, wie man z. B. derartige Polynome berechnen kann (Stichwort: Euklidischer Algorithmus). Als nächstes formulieren wir noch einen recht allgemeinen Satz, der uns in die Lage versetzt, im Fall, dass $q \in \mathbb{N}^*$ eine Primzahl ist, aus bereits bekannten modular multiplikativ inversen Polynomen in $\mathbb{Z}_{q,N-1}[X]$ auf entsprechende Polynome in $\mathbb{Z}_{q^2,N-1}[X]$ zu schließen.

▶   **Satz 18.1.2 Berechnung spezieller modular multiplikativ inverser Polynome** Es sei $q \in \mathbb{N}^*$ eine Primzahl sowie $N \in \mathbb{N}^*$ beliebig. Ferner sei $d(X) \in \mathbb{Z}_{q,N}[X]$ ein Polynom mit genauem Grad N sowie $d_N = 1$ und für das Polynom $p(X) \in \mathbb{Z}_{q,N-1}[X]$ existiere das modulo $d(X)$ inverse Polynom $p(X)^{-1} \in \mathbb{Z}_{q,N-1}[X]$. Dann gilt für das Polynom $h(X)$,

$$h(X) := p(X)^{-1} \cdot (2 - p(X) \cdot p(X)^{-1}) \mod d(X) \mod q^2 \, ,$$

die Modulo-Identität

$$p(X) \cdot h(X) \equiv 1 \mod d(X) \mod q^2 \, ,$$

m.a.W. $p(X)$ und $h(X)$ sind auch multiplikativ invers zueinander modulo $d(X)$, allerdings über $\mathbb{Z}_{q^2}$.

Beweis Zu zeigen ist, dass

$$p(X) \cdot h(X) = p(X) \cdot p(X)^{-1} \cdot (2 - p(X) \cdot p(X)^{-1}) \equiv 1 \mod d(X) \mod q^2$$

gilt. Da nach Voraussetzung die Identität

$$p(X) \cdot p(X)^{-1} \equiv 1 \quad \mod d(X) \mod q$$

gültig ist, muss $p(X) \cdot p(X)^{-1} \mod d(X)$ bei rein formaler Ausmultiplikation und Reduktion modulo $d(X)$ über $\mathbb{Z}$, aber ohne Reduktion modulo q, geschrieben werden können als

$$p(X) \cdot p(X)^{-1} \mod d(X) =: 1 + q \cdot f(X) \quad \text{mit} \quad f(X) \in \mathbb{Z}[X] \, .$$

Daraus folgt aber sofort

$$\begin{aligned}
p(X) \cdot h(X) &\equiv (1 + q \cdot f(X)) \cdot (2 - (1 + q \cdot f(X))) \quad \mod d(X) \\
&\equiv (1 + q \cdot f(X)) \cdot (1 - q \cdot f(X)) \quad \mod d(X) \\
&\equiv (1 - q^2 \cdot f(X) \cdot f(X)) \quad \mod d(X) \, ,
\end{aligned}$$

also wie behauptet $p(X) \cdot h(X) \equiv 1 \mod d(X) \mod q^2$. $\square$

▶ **Bemerkung 18.1.3 Polynomreduktion modulo $(X^N - 1)$** Im Rahmen des NTRU-Verfahrens sowie in den folgenden Beispielen müssen Polynome häufig bei gegebenem $N \in \mathbb{N}^*$ modulo $(X^N - 1)$ reduziert werden. Man mache sich dazu einmal kurz klar, dass diese Reduktion wegen

$$X^k = X^{k-N} \cdot (X^N - 1) + X^{k-N} \quad \text{für alle } k \in \mathbb{N}, \ k \geq N,$$

stets darauf hinausläuft, einfach die Koeffizienten der Polynome zusammenzufassen, deren Exponenten sich genau um N unterscheiden. Dies beschleunigt die Modulo-Reduktion natürlich ganz erheblich und ist ein entscheidender Grund für die Wahl dieses speziellen Reduktionspolynoms!

Beispiel 18.1.4

Es seien $q := 3$ sowie $p(X) := 2X^4 + X + 2 \in \mathbb{Z}_{3,4}[X]$, $p(X)^{-1} := X^4 + X^2 + X + 2 \in \mathbb{Z}_{3,4}[X]$ und $d(X) := X^5 - 1 \in \mathbb{Z}_{3,5}[X]$ gegeben. Man rechnet leicht nach, dass

$$p(X) \cdot p(X)^{-1} \equiv 1 \quad \mod d(X) \quad \mod 3$$

und

$$\begin{aligned}
h(X) &:= p(X)^{-1} \cdot (2 - p(X) \cdot p(X)^{-1}) \quad \mod (X^5 - 1) \quad \mod 9 \\
&= 4X^4 + 6X^3 + 7X^2 + X + 2
\end{aligned}$$

gilt (Beachte: $h(X) \bmod 3 = p(X)^{-1}$). Multipliziert man nun $p(X)$ mit $h(X)$, dann ergibt sich

$$
\begin{aligned}
p(X) \cdot h(X) &= (2X^4 + X + 2) \cdot (4X^4 + 6X^3 + 7X^2 + X + 2) \\
&= 8X^8 + 12X^7 + 14X^6 + 6X^5 + 18X^4 + 19X^3 + 15X^2 + 4X + 4 \\
&\equiv 27X^3 + 27X^2 + 18X + 10 \ \bmod (X^5 - 1) \\
&\equiv 1 \ \bmod (X^5 - 1) \quad \bmod 9 \,,
\end{aligned}
$$

also $h(X) = p(X)^{-1}$ in $\mathbb{Z}_9[X]/(X^5 - 1)$.

▶ **Bemerkung 18.1.5 Iterative Berechnung spezieller modular multiplikativ inverser Polynome** Man kann das oben skizzierte Vorgehen iterieren und bei gegebener Primzahl $q \in \mathbb{N}^*$ zunächst sukzessiv modular multiplikativ inverse Polynome über $\mathbb{Z}_{q^2}$, $\mathbb{Z}_{q^4}$, $\mathbb{Z}_{q^8}$, u.s.w. bestimmen. Da ferner für $r, s \in \mathbb{N}^*$ und $r < s$ aus modularen Äquivalenzen modulo q^s leicht auf Äquivalenzen modulo q^r geschlossen werden kann, bestimmt man bei diesem Vorgehen faktisch alle modular multiplikativ inversen Polynome über $\mathbb{Z}_{q^t}$ für alle $t \in \mathbb{N}^*$, die von Interesse sind. Dies wird ein wesentlicher Baustein bei der Konzeption des NTRU-Verfahrens sein.

Beispiel 18.1.6

Es seien $q := 3$ sowie $p(X) := 2X^4 + X + 2 \in \mathbb{Z}_{3,4}[X]$ und $d(X) := X^5 - 1 \in \mathbb{Z}_{3,5}[X]$ gegeben. Aufgrund des vorausgegangenen Beispiels wissen wir bereits, dass

$$
p_3(X) := X^4 + X^2 + X + 2 \in \mathbb{Z}_{3,4}[X]
$$

multiplikativ invers zu $p(X)$ modulo $d(X)$ über $\mathbb{Z}_3$ ist und entsprechend

$$
p_9(X) := 4X^4 + 6X^3 + 7X^2 + X + 2 \in \mathbb{Z}_{9,4}[X]
$$

multiplikativ invers zu $p(X)$ modulo $d(X)$ über $\mathbb{Z}_9$ ist. Wir berechnen nun

$$
\begin{aligned}
p_{81}(X) &:= p_9(X) \cdot (2 - p(X) \cdot p_9(X)) \quad \bmod (X^5 - 1) \quad \bmod 81 \\
&= 13X^4 + 78X^3 + 61X^2 + 46X + 29 \,.
\end{aligned}
$$

Beachte: $p_{81}(X) \bmod 3 = p_3(X)$ und $p_{81}(X) \bmod 9 = p_9(X)$. Multipliziert man nun $p(X)$ mit $p_{81}(X)$, dann ergibt sich wie erwartet

$$
\begin{aligned}
p(X) \cdot p_{81}(X) &= (2X^4 + X + 2) \cdot (13X^4 + 78X^3 + 61X^2 + 46X + 29) \\
&= 26X^8 + 156X^7 + 122X^6 + 105X^5 + 162X^4 + 217X^3 \\
&\quad + 168X^2 + 121X + 58 \\
&\equiv 162X^4 + 243X^3 + 324X^2 + 243X + 163 \ \bmod(X^5 - 1) \\
&\equiv 1 \ \bmod(X^5 - 1) \quad \bmod 81 \ .
\end{aligned}
$$

Definiert man schließlich noch

$$
p_{27}(X) := p_{81}(X) \ \bmod 27 = 13X^4 + 24X^3 + 7X^2 + 19X + 2 \ ,
$$

dann ergibt sich ebenfalls wie erwartet

$$
\begin{aligned}
p(X) \cdot p_{27}(X) &= (2X^4 + X + 2) \cdot (13X^4 + 24X^3 + 7X^2 + 19X + 2) \\
&= 26X^8 + 48X^7 + 14X^6 + 51X^5 + 54X^4 + 55X^3 + 33X^2 \\
&\quad + 40X + 4 \\
&\equiv 54X^4 + 81X^3 + 81X^2 + 54X + 55 \ \bmod(X^5 - 1) \\
&\equiv 1 \ \bmod(X^5 - 1) \quad \bmod 27 \ .
\end{aligned}
$$

Nach diesen Vorbereitungen können wir nun den prinzipiellen Ablauf des **NTRU-Verfahren** im Zusammenhang skizzieren.

Definition 18.1.7 NTRU-Verfahren

Das **NTRU-Verfahren** ist ein asymmetrisches Verfahren zum Ver- und Entschlüsseln einer geheimen Nachricht, die als (formales) Polynom gegeben ist, und es ist im Wesentlichen wie folgt definiert:

Problem: Alice möchte geheime Nachricht $m(X)$ von Bob empfangen

Alice: Wählt Zahl $n \in \mathbb{N}^*$ und Primzahlen $N, p, q \in \mathbb{N}^*$ mit $p \neq q$

    Wählt $g(X), f(X) \in \mathbb{Z}_{p,N-1}[X]$ mit $|g_i|, |f_i|$ klein für $0 \leq i < N$

    Berechnet $f_p(X) := f(X)^{-1} \in \mathbb{Z}_p[X]/(X^N - 1)$

    Berechnet $f_{q^n}(X) := f(X)^{-1} \in \mathbb{Z}_{q^n}[X]/(X^N - 1)$

    Berechnet $h(X) := p \cdot f_{q^n}(X) \cdot g(X) \bmod(X^N - 1) \bmod q^n$

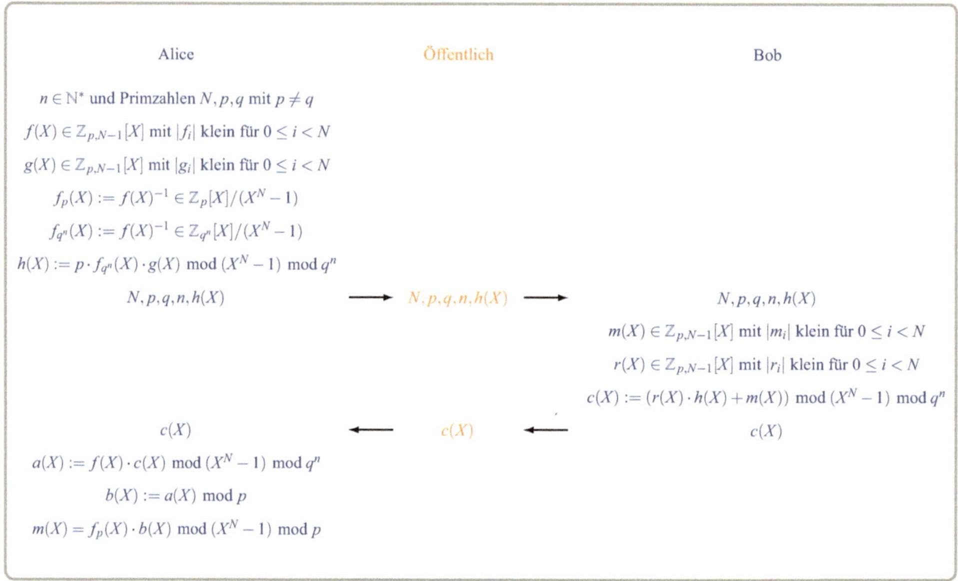

Abb. 18.2 NTRU-Verfahren

Öffentlich:	N, p, q, n und $h(X)$
Bob:	Wählt Nachricht $m(X) \in \mathbb{Z}_{p,N-1}[X]$ mit $|m_i|$ klein für $0 \leq i < N$
	Wählt $r(X) \in \mathbb{Z}_{p,N-1}[X]$ mit $|r_i|$ klein für $0 \leq i < N$
	Sendet $c(X) := (r(X) \cdot h(X) + m(X)) \bmod (X^N - 1) \bmod q^n$
Alice:	Berechnet $a(X) := f(X) \cdot c(X) \bmod (X^N - 1) \bmod q^n$
	Berechnet $b(X) := a(X) \bmod p$
	Berechnet $m(X) = f_p(X) \cdot b(X) \bmod (X^N - 1) \bmod p$

Der prinzipielle Ablauf des NTRU-Verfahrens ist nochmals zusammenfassend in Abb. 18.2 skizziert. ◄

Bemerkung 18.1.8 Wesentliches zum NTRU-Verfahren

(1) Falls die modular inversen Polynome zum gewählten $f(X) \in \mathbb{Z}_{p,N-1}[X]$ nicht existieren, wird $f(X)$ einfach erneut zufällig gewählt, bis dass die beiden modular inversen Polynome $f_p(X) := f(X)^{-1} \in \mathbb{Z}_{p,N-1}[X]$ und $f_{q^n}(X) := f(X)^{-1} \in \mathbb{Z}_{q^n,N-1}[X]$ jeweils modulo $(X^N - 1)$ mit Hilfe des erweiterten Euklidischen Algorithmus und unter Ausnutzung von Satz 18.1.2 berechenbar sind.

(2) Das NTRU-Verfahren funktioniert, wenn die folgenden, implizit von Alice bei der Entschlüsselung auszuführenden Schritte korrekt sind:

$$
\begin{aligned}
a(X) :&= f(X) \cdot c(X) && \mod (X^N - 1) \mod q^n \\
&= f(X) \cdot (r(X) \cdot h(X) + m(X)) && \mod (X^N - 1) \mod q^n \\
&= f(X) \cdot (r(X) \cdot p \cdot f_{q^n}(X) \cdot g(X) + m(X)) && \mod (X^N - 1) \mod q^n \\
&= r(X) \cdot p \cdot f(X) \cdot f_{q^n}(X) \cdot g(X) + f(X) \cdot m(X) && \mod (X^N - 1) \mod q^n \\
&= p \cdot r(X) \cdot g(X) + f(X) \cdot m(X) && \mod (X^N - 1) \mod q^n \\
&= p \cdot r(X) \cdot g(X) + f(X) \cdot m(X) && \mod (X^N - 1)
\end{aligned}
$$

Während die ersten Identitäten alle direkt aus den Festlegungen der Parameter im Rahmen des Verfahrens folgen, ist das letzte Gleichheitszeichen eine echte zu erfüllende Forderung. Damit das Verfahren nämlich funktioniert, muss die Reduktion modulo q^n faktisch keine Rolle spielen, d. h. die auftauchenden Polynomkoeffizienten sowie p im Vergleich zu q^n hinreichend klein sein. Denn z. B. für $p := 3$ und $q^n := 16$ und einen Polynomkoeffizienten wie 25 hätte die Reduktion modulo q^n einen Effekt, während sie für 7 ohne Relevanz wäre. Konkret würde dies zu folgenden beiden grundsätzlich verschiedenen Resultaten führen:

$$
\begin{aligned}
(25 \bmod 16) \bmod 3 &= 9 \bmod 3 = 0 \neq (25 \bmod 3) \bmod 16 \,, \\
(7 \bmod 16) \bmod 3 &= 7 \bmod 3 = 1 = (7 \bmod 3) \bmod 16 \,.
\end{aligned}
$$

Da q^n stets wesentlich größer als p ist und die Koeffizienten der Polynome $r(X)$, $g(X)$, $f(X)$ und $m(X)$ alle betragsmäßig klein (im Folgenden kurz: betragsklein) gewählt wurden, ist mit hoher Wahrscheinlichkeit immer der vertauschbare Fall gegeben. In real zu implementierenden Verfahren muss das natürlich explizit sichergestellt sein (Details zu dieser Problematik findet man z. B. in [6], Abschnitt 7.10)! Ist diese Bedingung erfüllt, läuft der Rest der Entschlüsselung wie folgt ab:

$$
\begin{aligned}
b(X) :&= a(X) && \mod p \\
&= p \cdot r(X) \cdot g(X) + f(X) \cdot m(X) && \mod p \\
&= f(X) \cdot m(X) && \mod p \\
f_p(X) \cdot b(X) &= f_p(X) \cdot f(X) \cdot m(X) && \mod (X^N - 1) \mod p \\
&= m(X)
\end{aligned}
$$

Wir betrachten ein einfaches Beispiel zur Illustration. Dabei benutzen wir durchgängig die sogenannte **zentrierte Notation für Polynome aus** $\mathbb{Z}_k[X]$, $k \in \mathbb{N}^*$, die wir zuvor kurz präzise einführen. Sinn und Zweck des Rechnens mit Polynomen in dieser zentrierten Notation ist es, die Beträge der Koeffizienten der auftauchenden Polynome klein zu halten.

Definition 18.1.9 Zentrierte Notation für Polynome aus $\mathbb{Z}_k[X]$

Es seien $k \in \mathbb{N}^*$ und $p(X) \in \mathbb{Z}_k[X]$ beliebig gegeben. Dann bezeichnet man das eindeutig bestimmte Polynom $\tilde{p}(X) \in \mathbb{Z}_k[X]$ mit Koeffizienten aus $(-\frac{k}{2}, \frac{k}{2}] \cap \mathbb{Z}$ und

$$\tilde{p}(X) \equiv p(X) \mod k$$

als **zentrierte Notation für** $p(X)$ und notiert es, wenn Missverständnisse ausgeschlossen sind, einfach wieder als $p(X)$. ◄

Beispiel 18.1.10

Für den Polynomraum $\mathbb{Z}_8[X]$ und das konkrete Polynom

$$2X^5 + 6X^4 + 7X^3 + X^2 + 4 \quad \text{ist} \quad 2X^5 - 2X^4 - X^3 + X^2 + 4$$

das zugehörige Polynom in zentrierter Notation und für den Polynomraum $\mathbb{Z}_{11}[X]$ und das Polynom

$$9X^6 + 6X^4 + 10X^3 + X^2 + X + 8 \quad \text{ist} \quad -2X^6 - 5X^4 - X^3 + X^2 + X - 3$$

das zugehörige Polynom in zentrierter Notation.

Nun können wir ein konkretes Beispiel für den Ablauf des NTRU-Verfahrens formulieren, wobei wir hier und im Folgenden stets die zentrierten Versionen der auftauchenden Polynome für die anstehenden Rechnungen verwenden, damit die Koeffizienten aller entstehenden Polynome betragsmäßig möglichst klein bleiben.

Beispiel 18.1.11

Alice möchte von Bob eine geheime Nachricht $m(X)$ empfangen. Dazu gehen sie wie folgt vor, wobei die auftauchenden Zahlen und Polynome natürlich wieder nicht groß, sondern moderat gewählt werden, um eine Handrechnung zu ermöglichen. Um den Aufschrieb übersichtlich zu halten, verzichten wir allerdings auf die explizite Berechnung der Zwischenschritte (siehe dazu Aufgabe 18.2.1) und geben lediglich die Ergebnisse an. Es wird allerdings nachdrücklich empfohlen, die Schritte einmal im Detail nachzurechnen und insbesondere konsequent die zentrierte Notation für die auftauchenden Polynome zu benutzen!

Problem:	Alice möchte geheime Nachricht $m(X)$ von Bob empfangen
Alice:	Wählt Zahl $n := 4$ und Primzahlen $N := 5, p := 3, q := 2$
	Wählt $g(X) := X^3 - X^2 + X - 1$ und $f(X) := -X^4 + X - 1$
	Berechnet $f_p(X) = X^4 + X^2 + X - 1$
	Berechnet $f_{q^n}(X) = 6X^4 + 7X^3 - 3X^2 + 4X + 1$
	Berechnet $h(X) := p \cdot f_{q^n}(X) \cdot g(X) \bmod (X^N - 1) \bmod q^n$
	$\quad = 8X^4 - 7X^3 + 4X^2 - 6X + 1$
Öffentlich:	N, p, q, n und $h(X)$
Bob:	Wählt Nachricht $m(X) := -X^4 + X^3 + X^2 - 1$
	Wählt $r(X) := X^4 - X^2 - X + 1$
	Sendet $c(X) := (r(X) \cdot h(X) + m(X)) \bmod (X^N - 1) \bmod q^n$
	$\quad = -5X^4 + 4X^3 + 3X^2 + 5X - 7$
Alice:	Berechnet $a(X) := f(X) \cdot c(X) \bmod (X^N - 1) \bmod q^n$
	$\quad = 4X^3 - 2X^2 + X - 3$
	Berechnet $b(X) := a(X) \bmod p = X^3 + X^2 + X$
	Berechnet $m(X) = f_p(X) \cdot b(X) \bmod (X^N - 1) \bmod p$
	$\quad = -X^4 + X^3 + X^2 - 1$

Also hat Alice nun Zugriff auf die geheime Nachricht $m(X) = -X^4 + X^3 + X^2 - 1$.

▶ **Bemerkung 18.1.12 Sicherheit und Varianten des NTRU-Verfahrens** Das Verfahren ist nach gegenwärtigem Stand der Forschung sicher und QC-resistent, wobei, je nach gewünschter theoretischer Sicherheit, z.Z. häufig folgende Parameter(bereiche) zur Anwendung kommen:

$$N > 1000 \, , \quad p := 3 \, , \quad q := 2 \, , \quad n > 10 \, .$$

Hinsichtlich Varianten und Verallgemeinerungen des Verfahrens sei wieder auf die Bücher [2, 6] hingewiesen.

18.2 Aufgaben mit Lösungen

Aufgabe 18.2.1 *Führen Sie alle Rechenschritte für das Beispiel 18.1.11 explizit aus.*

Lösung der Aufgabe *Im ersten Schritt müssen wir nun für $f(X) := -X^4 + X - 1 \in$ $\mathbb{Z}_{3,4}[X]$ das bezüglich $d(X) := X^5 - 1$ modular inverse Polynom $f_3(X) \in \mathbb{Z}_{3,4}[X]$ bestimmen. Mit Hilfe des erweiterten Euklidischen Algorithmus erhält man dies wie folgt:*

$$X^5 - 1 = -X \cdot (-X^4 + X - 1) + (X^2 - X - 1)$$
$$-X^4 + X - 1 = -X^2 \cdot (X^2 - X - 1) + (-X^3 - X^2 + X - 1)$$
$$-X^3 - X^2 + X - 1 = -X \cdot (X^2 - X - 1) + (X^2 - 1)$$
$$X^2 - 1 = 1 \cdot (X^2 - X - 1) + X$$
$$X^2 - X - 1 = X \cdot (X) + (-X - 1)$$
$$-X - 1 = -1 \cdot (X) + (-1)$$
$$X = -X \cdot (-1)$$
$$\text{Ergebnis:} \quad -1 =: t(X)$$

Beim sukzessiven Auflösen nach den Resten rechnen wir nun direkt stets modulo $d(X)$, so dass Vielfache von $d(X)$ direkt weggelassen werden können:

$$X^2 - X - 1 = (X^5 - 1) + X \cdot (-X^4 + X - 1)$$
$$\equiv X \cdot (-X^4 + X - 1) \quad \mod d(X)$$
$$X = (-X^4 + X - 1) + -(-X^2 - X + 1) \cdot (X^2 - X - 1)$$
$$\equiv (X^3 + X^2 - X + 1) \cdot (-X^4 + X - 1) \quad \mod d(X)$$
$$-1 = (X^2 - X - 1) + -(X - 1) \cdot (X)$$
$$\equiv (-X^4 - X^2 - X + 1) \cdot (-X^4 + X - 1) \quad \mod d(X)$$
$$\text{Ergebnis:} \quad f_3(X) = (-1)^{-1} \cdot (-X^4 - X^2 - X + 1)$$
$$= (-1) \cdot (-X^4 - X^2 - X + 1)$$
$$= X^4 + X^2 + X - 1$$

Also gilt $f_3(X) = X^4 + X^2 + X - 1$. Nun müssen wir für $f(X) := -X^4 + X - 1 = X^4 + X + 1 \in \mathbb{Z}_{2,4}[X]$ das bezüglich $d(X) := X^5 - 1 = X^5 + 1$ modular inverse Polynom $f_2(X) \in \mathbb{Z}_{2,4}[X]$ bestimmen. Erneut mit Hilfe des erweiterten Euklidischen Algorithmus erhält man dies wie folgt:

$$X^5 + 1 = X \cdot (X^4 + X + 1) + (X^2 + X + 1)$$
$$X^4 + X + 1 = X^2 \cdot (X^2 + X + 1) + (X^3 + X^2 + X + 1)$$
$$X^3 + X^2 + X + 1 = X \cdot (X^2 + X + 1) + 1$$

$$X^2 + X + 1 = (X^2 + X + 1) \cdot 1$$

$$Ergebnis: \quad 1 =: t(X)$$

Beim sukzessiven Auflösen nach den Resten rechnen wir nun direkt stets modulo $d(X)$, so dass Vielfache von $d(X)$ direkt weggelassen werden können:

$$X^2 + X + 1 = (X^5 + 1) + X \cdot (X^4 + X + 1)$$
$$\equiv X \cdot (X^4 + X + 1) \quad \mathrm{mod}\, d(X)$$
$$1 = (X^4 + X + 1) + (X^2 + X) \cdot (X^2 + X + 1)$$
$$\equiv (X^3 + X^2 + 1) \cdot (X^4 + X + 1) \quad \mathrm{mod}\, d(X)$$
$$Ergebnis: \quad f_2(X) = 1^{-1} \cdot (X^3 + X^2 + 1)$$
$$= X^3 + X^2 + 1$$

Also gilt $f_2(X) = X^3 + X^2 + 1$. Wir berechnen nun für $f(X) := -X^4 + X - 1 \in \mathbb{Z}_{4,4}[X]$ das bezüglich $d(X) := X^5 - 1$ modular inverse Polynom $f_4(X) \in \mathbb{Z}_{4,4}[X]$ unter Zugriff auf $f_2(X) = X^3 + X^2 + 1$:

$$f_4(X) := f_2(X) \cdot (2 - f(X) \cdot f_2(X)) \quad \mathrm{mod}\,(X^5 - 1) \quad \mathrm{mod}\, 4$$
$$= 2X^4 - X^3 + X^2 + 1 \,.$$

Also gilt $f_4(X) = 2X^4 - X^3 + X^2 + 1$ sowie wie erwartet $f_4(X) \bmod 2 = f_2(X)$. Wir berechnen nun für $f(X) := -X^4 + X - 1 \in \mathbb{Z}_{16,4}[X]$ das bezüglich $d(X) := X^5 - 1$ modular inverse Polynom $f_{16}(X) \in \mathbb{Z}_{16,4}[X]$ unter Zugriff auf $f_4(X) = 2X^4 - X^3 + X^2 + 1$:

$$f_{16}(X) := f_4(X) \cdot (2 - f(X) \cdot f_4(X)) \quad \mathrm{mod}\,(X^5 - 1) \quad \mathrm{mod}\, 16$$
$$= 6X^4 + 7X^3 - 3X^2 + 4X + 1 \,.$$

Also gilt $f_{16}(X) = 6X^4 + 7X^3 - 3X^2 + 4X + 1$ sowie wie erwartet $f_{16}(X) \bmod 4 = f_4(X)$ und $f_{16}(X) \bmod 2 = f_2(X)$. Im nächsten Schritt berechnen wir $h(X) \in \mathbb{Z}_{3,4}[X]$ gemäß

$$h(X) := 3 \cdot f_{16}(X) \cdot g(X) \quad \mathrm{mod}\,(X^5 - 1) \bmod 16$$
$$= 3 \cdot (6X^4 + 7X^3 - 3X^2 + 4X + 1) \cdot (X^3 - X^2 + X - 1)$$
$$\mathrm{mod}\,(X^5 - 1) \bmod 16$$
$$= 8X^4 - 7X^3 + 4X^2 - 6X + 1 \,.$$

Als nächstes wird die verschlüsselte Nachricht $c(X) \in \mathbb{Z}_{4,16}[X]$ aus den vorgegebenen bzw. bereits berechneten Polynomen bestimmt und dies führen wir noch einmal in aller

Ausführlichkeit vor:

$$
\begin{aligned}
c(X) &:= (r(X) \cdot h(X) + m(X)) \quad \mod (X^5 - 1) \mod 16 \\
&= (X^4 - X^2 - X + 1) \cdot (8X^4 - 7X^3 + 4X^2 - 6X + 1) + (-X^4 + X^3 + X^2 - 1) \\
&\quad \mod (X^5 - 1) \mod 16 \\
&= 8X^8 - 7X^7 - 4X^6 - 7X^5 + 11X^4 - 4X^3 + 10X^2 - 7X \\
&\quad \mod (X^5 - 1) \mod 16 \\
&= 11X^4 + 4X^3 + 3X^2 - 11X - 7 \quad \mod 16 \\
&= -5X^4 + 4X^3 + 3X^2 + 5X - 7 \, .
\end{aligned}
$$

Die folgenden beiden Schritte liefern die Zwischenergebnisse $a(X) \in \mathbb{Z}_{16,4}[X]$ und $b(X) \in \mathbb{Z}_{3,4}[X]$ gemäß

$$
\begin{aligned}
a(X) &:= f(X) \cdot c(X) \quad \mod (X^5 - 1) \mod 16 \\
&= (-X^4 + X - 1) \cdot (-5X^4 + 4X^3 + 3X^2 + 5X - 7) \quad \mod (X^5 - 1) \mod 16 \\
&= 4X^3 - 2X^2 + X - 3 \, .
\end{aligned}
$$

und

$$
b(X) := a(X) \mod 3 = X^3 + X^2 + X \, .
$$

Im finalen Schritt wird nun die Nachricht $m(X) \in \mathbb{Z}_{3,4}[X]$ berechnet und so das Verfahren abgeschlossen:

$$
\begin{aligned}
m(X) &= f_3(X) \cdot b(X) \quad \mod (X^5 - 1) \mod 3 \\
&= (X^4 + X^2 + X - 1) \cdot (X^3 + X^2 + X) \quad \mod (X^5 - 1) \mod 3 \\
&= -X^4 + X^3 + X^2 - 1 \, .
\end{aligned}
$$

Selbsttest 18.2.2   Welche der folgenden Aussagen über das NTRU-Verfahren sind wahr?

?−? Das NTRU-Verfahren ist ein symmetrisches Verschlüsselungsverfahren.

?+? Das NTRU-Verfahren dient zum Ver- und Entschlüsseln geheimer Nachrichten.

?+? Das NTRU-Verfahren kann auch zur Vereinbarung eines geheimen Schlüssels eingesetzt werden.

?−? Das NTRU-Verfahren nutzt die Gültigkeit einer Folgerung aus dem Satz von Fermat und Euler aus.

?+? Zur Berechnung der NTRU-Parameter wird der Euklidische Algorithmus eingesetzt.

18.3 RLWE-Verfahren

Das **RLWE-Verfahren (Ring Learning With Errors scheme)** gehört, wie das NTRU-Verfahren, zu den Gitter-basierten QC-resistenten Verfahren und arbeitet entsprechend seiner ursprünglichen Definition auf Polynomringen modulo eines Polynoms der Bauart $(X^N + 1)$ mit $N := 2^k$. Es gibt inzwischen zahlreiche Varianten dieses ringbasierten Vorgehens, wobei die hier vorgestellte Strategie angelehnt ist an die Vorschläge aus [8] sowie [7]. Da der prinzipielle Ablauf des Verfahrens deutlich einfacher ist als beim NTRU-Verfahren, können wir es direkt im Zusammenhang skizzieren.

Definition 18.3.1 RLWE-Verfahren

Das **RLWE-Verfahren** ist ein asymmetrisches Verfahren zum Ver- und Entschlüsseln einer geheimen Nachricht, die als (formales) Polynom gegeben ist, und es ist im Wesentlichen wie folgt definiert:

Problem:	Alice möchte geheime Nachricht $m(X)$ von Bob empfangen
Alice:	Wählt Primzahl $p \in \mathbb{N}^*$ sowie Zahl $k \in \mathbb{N}^*$ und setzt $N := 2^k$
	Wählt kleine Zahl $t \in \mathbb{N}^*$ mit $\mathrm{ggT}(p,t) = 1$
	Wählt $s(X), e(X) \in \mathbb{Z}_{p,N-1}[X]$ mit betragskleinen Koeffizienten
	Wählt $a(X) \in \mathbb{Z}_{p,N-1}[X]$
	Berechnet $b(X) := a(X) \cdot s(X) + t \cdot e(X) \quad \mathrm{mod}\,(X^N + 1) \,\mathrm{mod}\, p$
Öffentlich:	p, N, t und $a(X)$ und $b(X)$
Bob:	Wählt Nachricht $m(X) \in \mathbb{Z}_{2,N-1}[X]$
	Wählt $u(X), g(X), h(X) \in \mathbb{Z}_{p,N-1}[X]$ mit betragskleinen Koeffizienten
	Sendet
	$c(X) := -b(X) \cdot u(X) + t \cdot g(X) + m(X) \quad \mathrm{mod}\,(X^N + 1) \,\mathrm{mod}\, p$ und
	$d(X) := a(X) \cdot u(X) + t \cdot h(X) \quad \mathrm{mod}\,(X^N + 1) \,\mathrm{mod}\, p \quad$ an Alice
Alice:	Berechnet $\tilde{m}(X) := c(X) + d(X) \cdot s(X) \,\mathrm{mod}\,(X^N + 1) \,\mathrm{mod}\, p$
	Berechnet $m(X) = \tilde{m}(X) \,\mathrm{mod}\, t$

Der prinzipielle Ablauf des RLWE-Verfahrens ist nochmals zusammenfassend in Abb. 18.3 skizziert. ◄

▶ **Bemerkung 18.3.2 Wesentliches zum RLWE-Verfahren**

(1) Der Name des Verfahrens (RLWE bzw. Ring Learning With Errors) ist dadurch motiviert, dass z. B. auf Seite von Alice die Sicherheit des Verfahrens darin besteht, dass niemand bei bekanntem $p, N, t, a(X)$ und $b(X)$ über die

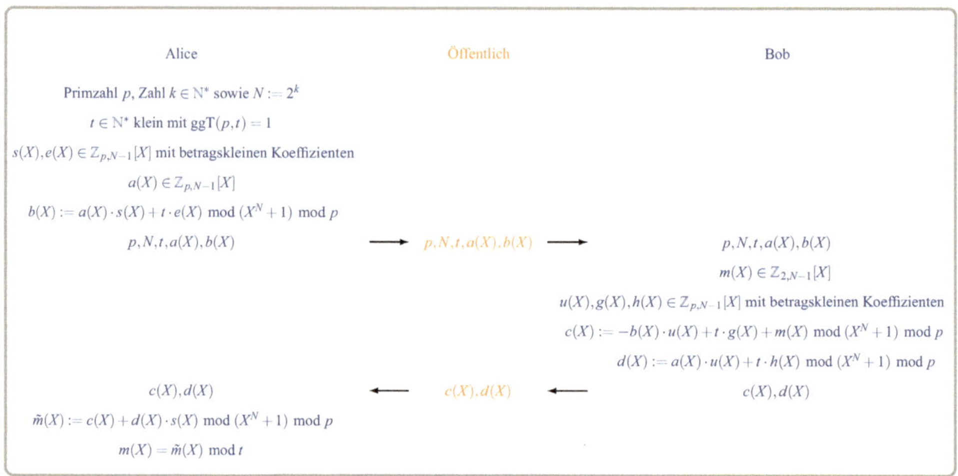

Abb. 18.3 RLWE-Verfahren

Identität

$$b(X) = a(X) \cdot s(X) + t \cdot e(X) \quad \mod (X^N + 1) \mod p$$

auf den geheimen Schlüssel $s(X)$ sowie das Fehlerpolynom $e(X)$ schließen kann. Man kann es also so sehen, dass im Polynomring $\mathbb{Z}_p[X]/(X^N + 1)$ das Polynom $b(X)$ aus dem Polynom $a(X)$ gelernt wurde und zwar nicht nur durch schlichte Multiplikation mit dem geheimen Polynom $s(X)$ (das wäre mittels $a(X)^{-1}$ ggf. einfach umkehrbar), sondern auch noch durch Addition eines kleinen Fehlerpolynoms $t \cdot e(X)$. Dies erschwert die Umkehrung bzw. die Bestimmung von $s(X)$ erheblich und sorgt für die nötige Sicherheit.

(2) Im Rahmen des RLWE-Verfahrens müssen Polynome bei gegebenem $N \in \mathbb{N}^*$ modulo $(X^N + 1)$ reduziert werden. Man mache sich dazu einmal kurz klar, dass diese Reduktion wegen

$$X^k = X^{k-N} \cdot (X^N + 1) - X^{k-N} \qquad \text{für alle } k \in \mathbb{N},\ k \geq N,$$

stets darauf hinausläuft, einfach die Koeffizienten der Polynome zusammenzufassen, deren Exponenten sich genau um N unterscheiden, wobei die Vorzeichenumkehrung zu berücksichtigen ist. Dies beschleunigt die Modulo-Reduktion natürlich enorm und ist ein entscheidender Grund für die Wahl dieses speziellen Reduktionspolynoms!

(3) Das RLWE-Verfahren funktioniert, da zunächst die folgenden, implizit von Alice bei der Entschlüsselung auszuführenden Schritte korrekt sind,

wobei jede Identität $\bmod (X^N + 1)$ und $\bmod p$ zu interpretieren ist:

$$\begin{aligned}
\tilde{m}(X) :&= c(X) + d(X) \cdot s(X) \\
&= -b(X) \cdot u(X) + t \cdot g(X) + m(X) \\
&\quad + (a(X) \cdot u(X) + t \cdot h(X)) \cdot s(X) \\
&= (-(a(X) \cdot s(X) + t \cdot e(X))) \cdot u(X) + t \cdot g(X) + m(X) \\
&\quad + (a(X) \cdot u(X) + t \cdot h(X)) \cdot s(X) \\
&= -a(X) \cdot s(X) \cdot u(X) - t \cdot e(X) \cdot u(X) + t \cdot g(X) + m(X) \\
&\quad + a(X) \cdot u(X) \cdot s(X) + t \cdot h(X) \cdot s(X) \\
&= m(X) + t \cdot (-e(X) \cdot u(X) + g(X) + h(X) \cdot s(X))
\end{aligned}$$

Reduziert man nun schließlich die letzte Identität modulo t, ergibt sich wie behauptet $m(X)$, sofern die Koeffizienten der beteiligten Polynome so klein waren, dass die vorherige Reduktion modulo p keinen Einfluss hatte. Denn z. B. für $p := 97$ und $t := 2$ und einen Polynomkoeffizienten wie 125 hätte die Reduktion modulo p einen Effekt, während sie für 31 ohne Relevanz wäre. Konkret würde dies zu folgenden beiden grundsätzlich verschiedenen Resultaten führen:

$$(125 \bmod 97) \bmod 2 = 28 \bmod 2 = 0 \neq (125 \bmod 2) \bmod 97 \,,$$
$$(31 \bmod 97) \bmod 2 = 31 \bmod 2 = 1 = (31 \bmod 2) \bmod 97 \,.$$

Die Situation in diesem Kontext ist also ähnlich wie beim NTRU-Verfahren!

Wir betrachten ein einfaches Beispiel zur Illustration. Dabei benutzen wir durchgängig die bereits bekannte **zentrierte Notation für Polynome aus** $\mathbb{Z}_k[X]$, $k \in \mathbb{N}^*$.

Beispiel 18.3.3

Alice möchte von Bob eine geheime Nachricht $m(X)$ empfangen. Dazu gehen sie wie folgt vor, wobei die auftauchenden Zahlen und Polynome natürlich wieder nicht groß, sondern moderat gewählt werden, um eine Handrechnung zu ermöglichen. Um den Aufschrieb übersichtlich zu halten, verzichten wir allerdings auf die explizite Berechnung der Zwischenschritte (siehe dazu Aufgabe 18.4.1) und geben lediglich die Ergebnisse an. Es wird wieder nachdrücklich empfohlen, die Schritte einmal im Detail nachzurechnen und insbesondere konsequent die zentrierte Notation für die auftauchenden Polynome zu benutzen!

Problem:	Alice möchte geheime Nachricht $m(X)$ von Bob empfangen
Alice:	Wählt Primzahl $p := 97$ sowie Zahl $k := 3$ und setzt $N := 2^3 = 8$

$$\text{Wählt kleine Zahl } t := 2 \text{ mit } \mathrm{ggT}(97, 2) = 1$$

$$\text{Wählt } s(X) := -X^7 - X^6 - X^5 + X^4 + X^3 + X^2 + X - 1$$

$$\text{Wählt } e(X) := -2X^6 - 2X^3 + 2X^2 - X + 1$$

$$\text{Wählt } a(X) := X^7 - X^6 + X^5 + 2X^4 + X - 2$$

$$\text{Berechnet } b(X) := a(X) \cdot s(X) + t \cdot e(X)$$

$$\mod (X^N + 1) \mod p$$

$$= 2X^7 + 2X^6 + 4X^5 - 2X^4 - 4X^3 + 6X^2$$

$$- 4X + 2$$

Öffentlich: p, N, t und $a(X)$ und $b(X)$

Bob: Wählt Nachricht $m(X) := X^6 + X^4 + X^3 + 1$

$$\text{Wählt } u(X) := -2X^6 + 3X^5 + 2X^3 - X$$

$$\text{Wählt } g(X) := -X^6 - X^2 + 2X$$

$$\text{Wählt } h(X) := -X^7 + X^5 + X^4 + X + 1$$

$$\text{Sendet } c(X) := -b(X) \cdot u(X) + t \cdot g(X) + m(X)$$

$$\mod (X^N + 1) \mod p$$

$$= -20X^7 + 27X^6 - 24X^5 + 7X^4 + X^3 + 14X^2$$

$$+ 12X - 17 \text{ an Alice}$$

$$\text{Sendet } d(X) := a(X) \cdot u(X) + t \cdot h(X) \quad \mod (X^N + 1) \mod p$$

$$= X^7 + 6X^6 - 4X^5 - X^4 + X^3 - 2X^2 + 1 \text{ an Alice}$$

Alice: Berechnet $\tilde{m}(X) := c(X) + d(X) \cdot s(X) \mod (X^N + 1) \mod p$

$$= -18X^7 + 15X^6 - 16X^5 + 11X^4 - X^3 + 6X^2$$

$$+ 8X - 21$$

$$\text{Berechnet } m(X) = \tilde{m}(X) \mod t = X^6 + X^4 + X^3 + 1$$

Also hat Alice nun Zugriff auf die geheime Nachricht $m(X) = X^6 + X^4 + X^3 + 1$.

▶ **Bemerkung 18.3.4 Sicherheit und Varianten des RLWE-Verfahrens** Es gibt inzwischen eine Fülle von Verfahren, die von ähnlichem Typ wie die hier vorgestellte RLWE-Variante sind. Hinsichtlich der zum Teil sehr technischen Details, insbesondere zum Nachweis der Sicherheit, sei wieder auf die Arbeiten [7, 8] und die dort genannten Referenzen verwiesen. Erwähnenswert ist in diesem Zusammenhang noch, dass die gegenwärtig wohl praxisnäheste

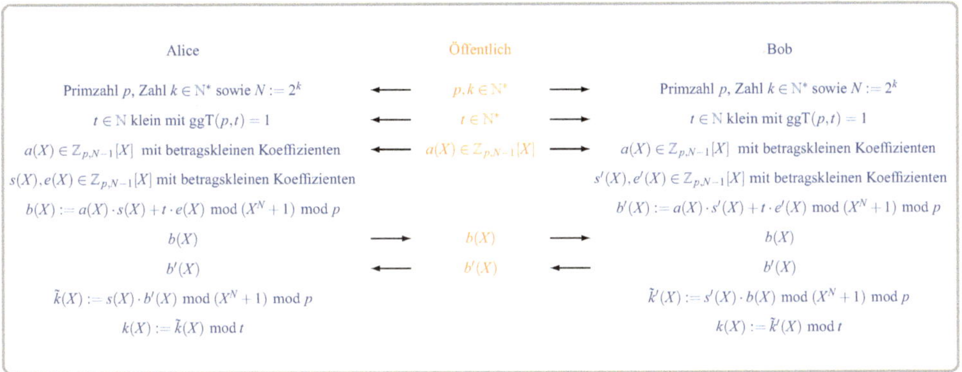

Abb. 18.4 RLWE-Schlüsselvereinbarung

Variante eine Schlüsselvereinbarungsstrategie vom Diffie-Hellman-Typ ist, für die inzwischen auch eine Implementierung als Teil des TLS-Protokolls existiert. Mit den von uns eingeführten Notationen lässt sich die prinzipielle Idee des Verfahrens qualitativ wie in Abb. 18.4 beschreiben, wobei sich die Korrektheit, d. h. die Übereinstimmung der beiden Schlüssel, unter ähnlichen Prämissen ergibt wie bei der zuvor vorgestellten Variante zum Nachrichtenaustausch. Konkret gilt

$$\tilde{k}(X) = s(X) \cdot b'(X) \bmod (X^N + 1) \bmod p$$
$$= s(X) \cdot a(X) \cdot s'(X) + t \cdot s(X) \cdot e'(X) \bmod (X^N + 1) \bmod p \,,$$
$$\tilde{k}'(X) = s'(X) \cdot b(X) \bmod (X^N + 1) \bmod p$$
$$= s'(X) \cdot a(X) \cdot s(X) + t \cdot s'(X) \cdot e(X) \bmod (X^N + 1) \bmod p \,.$$

Reduziert man die letzten beiden Identitäten modulo t, ergibt sich aufgrund der Kommutativität der modularen Polynommultiplikation wie behauptet

$$\tilde{k}(X) \bmod t = k(X) = \tilde{k}'(X) \bmod t \,,$$

sofern die Koeffizienten der beteiligten Polynome wieder so klein waren, dass die vorherige Reduktion modulo p keinen Einfluss hatte.

Hinsichtlich weiterer Verallgemeinerungen und Modifikationen, konkreter Ergebnisse zur QC-Resistenz bzw. zur grundsätzlichen Sicherheit sowie zur Implementierung im Rahmen des TLS-Protokolls sei z. B. auf [9, 10] und die dort angegebenen Referenzen verwiesen.

Beispiel 18.3.5

Alice und Bob möchten einen geheimen Schlüssel $k(X)$ vereinbaren. Dazu gehen sie wie folgt vor, wobei die auftauchenden Zahlen und Polynome natürlich wieder nicht groß, sondern moderat gewählt werden, um eine Handrechnung zu ermöglichen. Um den Aufschrieb übersichtlich zu halten, verzichten wir allerdings auf die explizite Berechnung der Zwischenschritte (siehe dazu Aufgabe 18.4.2) und geben lediglich die Ergebnisse an. Es wird aber nachdrücklich empfohlen, die Schritte einmal im Detail nachzurechnen und insbesondere konsequent die zentrierte Notation für die auftauchenden Polynome zu benutzen!

Problem:	Alice und Bob möchten Schlüssel $k(X)$ vereinbaren
Öffentlich:	Primzahl $p:=97$ und Zahl $k:=3$ sowie $N:=2^3=8$
	Kleine Zahl $t:=2$ mit $\mathrm{ggT}(97,2)=1$
	Polynom $a(X):=X^7-X^6+X^5+2X^4+X-2$
Alice:	Wählt $s(X):=X^7-X^6-X^5+X^3+X^2-1$
	Wählt $e(X):=-2X^6-2X^3+2X^2-X+1$
	Berechnet $b(X):=a(X)\cdot s(X)+t\cdot e(X)\quad \mathrm{mod}(X^N+1)\,\mathrm{mod}\,p$
	$\qquad =-X^7-X^6+3X^5-2X^4-7X^3+4X^2-X+3$
	Sendet $b(X)$ an Bob
Bob:	Wählt $s'(X):=X^7+3X^5+X^4-2X^3+3X^2+2X+1$
	Wählt $e'(X):=X^7-X^5+X^4+X^3+2X^2+X-2$
	Berechnet $b'(X):=a(X)\cdot s'(X)+t\cdot e'(X)\quad \mathrm{mod}(X^N+1)\,\mathrm{mod}\,p$
	$\qquad =-2X^7+9X^6-X^5-4X^4+9X^3-13X-6$
	Sendet $b'(X)$ an Alice
Alice:	Berechnet $\tilde{k}(X):=s(X)\cdot b'(X)\,\mathrm{mod}(X^N+1)\,\mathrm{mod}\,p$
	$\qquad =4X^7+17X^6+5X^5-X^4-16X^3-18X^2+11X+20$
	Berechnet $k(X)=\tilde{k}(X)\,\mathrm{mod}\,t=X^6+X^5+X^4+X$
Bob:	Berechnet $\tilde{k}'(X):=s'(X)\cdot b(X)\,\mathrm{mod}(X^N+1)\,\mathrm{mod}\,p$
	$\qquad =18X^7+15X^6-21X^5+X^4-2X^3+8X^2+5X+38$
	Berechnet $k(X)=\tilde{k}'(X)\,\mathrm{mod}\,t=X^6+X^5+X^4+X$

Nun haben Bob und Alice Zugriff auf den gemeinsamen geheimen Schlüssel $k(X)=X^6+X^5+X^4+X$.

18.4 Aufgaben mit Lösungen

Aufgabe 18.4.1 *Führen Sie die Berechnung von $b(X)$ für das Beispiel 18.3.3 explizit aus.*

Lösung der Aufgabe *Mit den Vorgaben $p := 97$, $k := 3$, $N := 2^3 = 8$ sowie $t := 2$ und den gewählten Polynomen*

$$s(X) := -X^7 - X^6 - X^5 + X^4 + X^3 + X^2 + X - 1 \,,$$
$$e(X) := -2X^6 - 2X^3 + 2X^2 - X + 1 \,,$$
$$a(X) := X^7 - X^6 + X^5 + 2X^4 + X - 2 \,,$$

gilt es

$$b(X) := a(X) \cdot s(X) + t \cdot e(X) \qquad \mathrm{mod}\,(X^8 + 1)\ \mathrm{mod}\ 97$$

zu berechnen. Wir beginnen mit der Multiplikation von $a(X)$ mit $s(X)$ über $\mathbb{Z}$ ohne irgendeine Reduktion und erhalten

$$
\begin{aligned}
a(X) \cdot s(X) = {}&(X^7 - X^6 + X^5 + 2X^4 + X - 2) \\
&\cdot (-X^7 - X^6 - X^5 + X^4 + X^3 + X^2 + X - 1) \\
= {}&-X^{14} - X^{12} - X^{11} - 3X^{10} - X^9 + 2X^8 + 2X^7 \\
&+ 5X^6 + 4X^5 - 3X^4 - X^3 - X^2 - 3X + 2 \,.
\end{aligned}
$$

Nun reduzieren wir das Ergebnis modulo $(X^8 + 1)$, indem wir die Polynome $X^{14} + X^6$, $0X^{13} + 0X^5$, $X^{12} + X^4$, $X^{11} + X^3$, $3X^{10} + 3X^2$, $X^9 + X$ und $-2X^8 - 2$ addieren und kommen so zum Zwischenergebnis

$$(a(X) \cdot s(X)) \,\mathrm{mod}\,(X^8 + 1) = 2X^7 + 6X^6 + 4X^5 - 2X^4 + 2X^2 - 2X \,.$$

Im finalen Schritt wird zentriert modulo 97 und $2e(X)$ addiert, also

$$
\begin{aligned}
b(X) &= (a(X) \cdot s(X) + 2e(X)) \,\mathrm{mod}\,(X^8 + 1)\,\mathrm{mod}\,97 \\
&= 2X^7 + 6X^6 + 4X^5 - 2X^4 + 2X^2 - 2X \\
&\quad + 2 \cdot (-2X^6 - 2X^3 + 2X^2 - X + 1) \,\mathrm{mod}\,(X^8 + 1)\,\mathrm{mod}\,97 \\
&= 2X^7 + 2X^6 + 4X^5 - 2X^4 - 4X^3 + 6X^2 - 4X + 2 \,.
\end{aligned}
$$

Aufgabe 18.4.2 *Führen Sie die Berechnung von $b(X)$ für das Beispiel 18.3.5 explizit aus.*

Lösung der Aufgabe *Mit den Vorgaben* $p := 97$, $k := 3$, $N := 2^3 = 8$ *sowie* $t := 2$
und den gewählten Polynomen

$$s(X) := X^7 - X^6 - X^5 + X^3 + X^2 - 1 \,,$$
$$e(X) := -2X^6 - 2X^3 + 2X^2 - X + 1 \,,$$
$$a(X) := X^7 - X^6 + X^5 + 2X^4 + X - 2 \,,$$

gilt es

$$b(X) := a(X) \cdot s(X) + t \cdot e(X) \qquad \mathrm{mod}\,(X^8 + 1)\ \mathrm{mod}\ 97$$

zu berechnen. Wir beginnen mit der Multiplikation von $a(X)$ *mit* $s(X)$ *über* $\mathbb{Z}$ *ohne irgendeine Reduktion und erhalten*

$$
\begin{aligned}
a(X) \cdot s(X) &= (X^7 - X^6 + X^5 + 2X^4 + X - 2) \cdot (X^7 - X^6 - X^5 + X^3 + X^2 - 1) \\
&= X^{14} - 2X^{13} + X^{12} + 2X^{11} - 2X^{10} - 2X^9 + X^8 - X^7 \\
&\qquad + 4X^6 + X^5 - X^4 - X^3 - 2X^2 - X + 2 \,.
\end{aligned}
$$

Nun reduzieren wir das Ergebnis modulo $(X^8 + 1)$, *indem wir die Polynome* $-X^{14} - X^6$, $2X^{13} + 2X^5$, $-X^{12} - X^4$, $-2X^{11} - 2X^3$, $2X^{10} + 2X^2$, $2X^9 + 2X$ *und* $-X^8 - 1$ *addieren und kommen so zum Zwischenergebnis*

$$(a(X) \cdot s(X)) \bmod (X^8 + 1) = -X^7 + 3X^6 + 3X^5 - 2X^4 - 3X^3 + X + 1 \,.$$

Im finalen Schritt wird zentriert modulo 97 *und* $2e(X)$ *addiert, also*

$$
\begin{aligned}
b(X) &= (a(X) \cdot s(X) + 2e(X)) \ \mathrm{mod}\,(X^8 + 1) \ \mathrm{mod}\ 97 \\
&= -X^7 + 3X^6 + 3X^5 - 2X^4 - 3X^3 + X + 1 \\
&\qquad + 2 \cdot (-2X^6 - 2X^3 + 2X^2 - X + 1) \ \mathrm{mod}\,(X^8 + 1) \ \mathrm{mod}\ 97 \\
&= -X^7 - X^6 + 3X^5 - 2X^4 - 7X^3 + 4X^2 - X + 3 \,.
\end{aligned}
$$

Selbsttest 18.4.3 Welche der folgenden Aussagen über das RLWE-Verfahren sind wahr?

?–? Das RLWE-Verfahren ist ein symmetrisches Verschlüsselungsverfahren.

?+? Das RLWE-Verfahren dient zum Ver- und Entschlüsseln geheimer Nachrichten.

?+? Das RLWE-Verfahren kann auch zur Vereinbarung eines geheimen Schlüssels eingesetzt werden.

?–? Das RLWE-Verfahren nutzt die Gültigkeit einer Folgerung aus dem Satz von Fermat und Euler aus.

?+? Zur Berechnung der RLWE-Parameter wird Polynomdivision mit Rest eingesetzt.

Literatur

1. Shor, P.W.: Polynomial-time algorithms for prime factorization and discrete logarithms on a quantum computer. SIAM J. Comput. **26**(5), 1484–1509 (1997)
2. Bernstein, D.J., Buchmann, J., Dahmen, E.: Post-Quantum-Cryptography. Springer, Berlin, Heidelberg (2009)
3. De Feo, L., Jao, D., Plût, J.: Towards quantum-resistant cryptosystems from supersingular elliptic curve isogenies. J. Math. Cryptol. **8**(3), 209–247 (2014)
4. Kunze, J.: Kryptographie mit Zopfgruppen: Eine Einführung. Lehmanns Media, Berlin: (2015)
5. Hoffstein, J., Pipher, J., Silverman, J.H.: NTRU: A Ring-Based Public Key Cryptosystem. In: Lecture Notes in Computer Science 1423. S. 267–288. Springer, New York (1998)
6. Hoffstein, J., Pipher, J., Silverman, J.H.: An Introduction to Mathematical Cryptography, 2. Aufl. Springer, New York (2014)
7. Lyubashevsky, V., Peikert, C., Regev, O.: On Ideal Lattices and Learning with Errors over Rings. J. ACM **60**(6), 1–43 (2013)
8. Brakerski, Z., Vaikuntanathan, V.: Fully Homomorphic Encryption from ring-LWE and Security for Key Dependent Messages. In: Proceedings of the 31st Annual Conference on Advances in Cryptology, Bd. 11, S. 505–524. Springer, Berlin, Heidelberg, New York (2011)
9. E. Alkim, L. Ducas, T. Pöppelmann und P. Schwabe: Post-quantum key exchange – a new hope. https://eprint.iacr.org/: Cryptology ePrint Archive, Report 2015/1092, 2015
10. J.W. Bos, C. Costello, M. Naehrig und D. Stebila: Post-quantum key exchange for the TLS protocol from the ring learning with errors problem. https://eprint.iacr.org/: Cryptology ePrint Archive, Report 2014/599, 2014

Namen-Index

Mathe-Index